猪病防控难题精准破解

赵鸿璋 曹广芝 赵波涛 主编

中原农民出版社

·郑州·

图书在版编目(CIP)数据

猪病防控难题精准破解 / 赵鸿璋,曹广芝,赵波涛主编. —郑州:
中原农民出版社,2016.12
ISBN 978 - 7 - 5542 - 0719 - 2

Ⅰ.①猪… Ⅱ.①赵… Ⅲ.①猪病-防治 Ⅳ.①S858.28

中国版本图书馆 CIP 数据核字(2017)第 005469 号

出版:中原农民出版社

地址:河南省郑州市经五路 66 号　　　　　**邮编:**450002

网址:http://www.zynm.com　　　　　　**电话:**0371—65788690

发行单位:全国新华书店

承印单位:辉县市伟业印务有限公司

开本:710mm×1010mm　　　1/16

印张:23.5　　　　　　　　　　　**插页:**32

字数:384 千字

版次:2017 年 3 月第 1 版　　　　　　**印次:**2017 年 3 月第 1 次印刷

书号:ISBN 978 - 7 - 5542 - 0719 - 2　　　**定价:**76.00 元

前　言

　　猪病是世界各主要养猪国家所面临的共同问题。我国的猪场尤其是中小规模猪场，当前呈现出疫苗越用越多，药品越用越高级，兽医越来越繁忙，而防治效果则越来越不理想的局面。从深层次的角度探讨猪病频发及多病原混合感染严重的原因，建立更加全面系统的综合防治体系，是当前规模化养猪疫病防控的现实需要。为此，我们组织了一批来自科研院校的专家、学者及猪场一线的基层技术人员，精心编写了这本《猪病防控难题精准破解》，旨在帮助养猪朋友走出猪病防治的误区。

　　本书共分四篇三十章，第一篇简单介绍了规模化猪场重大疫病流行的态势及猪场流行的主要疾病，重点介绍了猪病防控的新理念、临床诊断技术及药物使用应注意的问题，分析了猪多病原混合感染频发的原因，带你慧眼识猪病。第二篇针对目前规模化猪场焦点性疾病进行剖析，从而提出一些切实可行的防控方案。第三篇以临床诊疗案例为基础，为让养猪朋友对猪病有更加全面的认识，通过配合病案图片的方式解读了猪病高发的根源，让你对每个猪病都明明白白，从而找准应对的措施。第四篇面对全国猪病一片"混"的格局，编者精选了临床上的典型案例并附有大量的现场图片，和你共探鉴别猪多病原混合感染及辨证施治的方法。

　　作为一个养猪人，为了让养猪人少流泪，一种责任感驱使着我和妻子把养猪生产实践中的经验体会写出来转化为科普读物，以传播给更多的养殖朋友。今天在本书将要出版时，我心情非常激动，一是感谢中原农民出版社的领导及各位参与编辑的老师，是他们的量体裁衣搭建了读者和作者的朋友圈，及时传递了行业的最新信息，为养猪朋友们提供了最有力的帮助；二是我非常感谢宁波市明星饲料有限公司动物营养专家王旭晖董事长、河南省周口市畜牧局兽医学专家张华局长，他们在百忙之中对书稿进行认真细致的审阅并提出许多诚恳的修改意见；同时，也衷心地感谢杭州鑫杰动物保健品有限公司兽医专家王世杰和河南省平顶山市畜牧局高级畜牧师苏玉贤先生提供了大量的临床案例，是他们的大力支持才使本书卓显完美。

"问渠那得清如许，为有源头活水来。"若问该书创作的动力，我不得不借此机会，再次感谢同仁、感谢"猪友"，是你们的厚爱成就了这本书；是养猪人的泪及渴盼知识的愿望刺痛了我的心，才使我专心于养猪企业的现场，客观真实地记录了生产中的点点滴滴，用真实案例去剖析无数"红色儒商"的学者及专家对养猪人的误导。在此申明，本书所涉及的药品不含任何商品名，以国家药典为依据。本书的出版若能为养猪同仁、朋友提供力所能及的帮助，吾已足矣。

朋友，风雨养猪路，的确多艰险。上下求索，携手同行。

赵鸿璋

2017 年 2 月 1 日

目　录

第一篇
现代猪病防控的新思维及诊断技术

第一章　我国猪病流行的态势及防控新思维 / 3

第一节　我国猪病流行的特点及现状分析 / 3

第二节　猪病防控新思维 / 11

第二章　猪病防控的八大体系 / 15

第一节　搞好猪场的建筑设计是高效养猪的基础 / 15

第二节　强化猪场生物安全关键点的控制是前提 / 17

第三节　充足的营养体系是提高机体免疫力的有力保障 / 19

第四节　科学的免疫程序与及时的监测体系是关键 / 20

第五节　严格有序的消毒程序是保证 / 24

第六节　精细化的管理是杜绝猪病发生的根本 / 28

第七节　合理正确的药物保健是预防猪病的辅助措施 / 29

第三章　猪病的临床诊断技术 / 32

第一节　当前猪病诊断中应注意的一些问题 / 32

第二节　猪病诊断的基本方法 / 36

第三节　猪病症状体系的建立及临床快速诊断方法 / 45

第四节　猪场多病原混合感染模式分析 / 50

第四章　猪场科学用药指南 / 56

第一节　当前猪场用药的现状 / 56

第二节　影响药物使用的因素 / 59

第三节　猪场兽药使用指南 / 63

第二篇
当前猪场焦点性疫病解析

第五章　关于猪流行性腹泻病毒病蔓延有关问题的认识与反思 / 79

第六章　猪伪狂犬病频发的原因分析及防控探析 / 89

第七章　猪丹毒死灰复燃的原因分析及防控优选方案 / 97

第八章　应对猪口蹄疫的防控策略 / 102

第九章　破解猪呼吸道疾病综合征的有效措施 / 110

第三篇
猪的常见重大疫病防控技术

第十章　猪场疾病潜在的根源——猪群亚健康 / 121

第十一章　猪场健康的无形杀手——猪免疫与抑制综合征 / 130

第十二章　猪场疫病的催化剂——饲料霉菌毒素 / 139

第十三章　猪高热综合征的防治与思考 / 145

第十四章　科学认识猪繁殖与呼吸综合征 / 155

第十五章　做好猪瘟防控是猪群健康的保障 / 166

第十六章　猪免疫抑制的罪魁祸首——圆环病毒 2 型感染 / 177

第十七章　关注规模化猪场猪流行性感冒的危害 / 187

第十八章　免疫接种是控制猪细小病毒病的有效途径 / 193

第十九章　猪乙型脑炎—— 一个不容忽视的人畜共患病 / 199

第二十章　导致猪死亡的主要细菌性疾病——副猪嗜血杆菌病 / 207

第二十一章　伺机而动的潜在疾病——猪附红细胞体病 / 217

第二十二章　猪的一种新的肠道疾病——猪增生性回肠炎 / 229

第二十三章　主导呼吸道综合征的原发病原——猪气喘病 / 236

第二十四章　继发"猪高热病"的主要病原——猪传染性胸膜肺炎 / 243

第二十五章　绝不容放松警惕的人畜共患病——猪链球菌病 / 249

第二十六章　养猪生产中的大敌——母猪疲劳综合征 / 259

第四篇
猪场混合感染疫病防控

第二十七章　猪多病原混合感染　/271

第一节　猪蓝耳病病毒、圆环病毒、副猪嗜血杆菌、伪狂犬病毒混合感染　/271

第二节　猪蓝耳病病毒、猪圆环病毒、副猪嗜血杆菌、小袋纤毛虫混合感染　/275

第三节　猪蓝耳病病毒、圆环病毒、弓形虫、肺炎支原体混合感染　/279

第四节　猪流行性感冒病毒、胸膜肺炎放线杆菌、肺炎球菌、肺炎支原体混合感染症　/282

第五节　猪瘟病毒、链球菌、绿脓杆菌和支原体混合感染　/285

第六节　猪圆环病毒、伪狂犬病毒、传染性胸膜肺炎放线杆菌及致病性大肠杆菌混合感染　/289

第二十八章　猪两种病毒混合感染　/294

第一节　猪蓝耳病病毒与猪伪狂犬病毒混合感染　/294

第二节　仔猪伪狂犬病毒与猪瘟病毒混合感染　/297

第三节　猪流感病毒和猪瘟病毒混合感染　/301

第四节　猪蓝耳病病毒与猪瘟病毒混合感染　/304

第五节　猪伪狂犬病毒和猪细小病毒混合感染　/307

第六节　猪蓝耳病病毒与圆环病毒混合感染　/310

第二十九章　猪两种细菌混合感染　/314

第一节　猪胸膜肺炎放线杆菌与大肠杆菌混合感染　/314

第二节　猪多杀性巴氏杆菌与猪胸膜肺炎放线杆菌混合感染　/317

第三节　断奶仔猪链球菌与大肠埃希菌混合感染　/320

第四节　副猪嗜血杆菌和肺炎支原体混合感染　/323

第五节　猪巴氏杆菌和副猪嗜血杆菌混合感染　/326

第六节　猪链球菌和胸膜肺炎放线杆菌混合感染　/329

第三十章　猪两种病原混合感染　/332

第一节　猪附红细胞体与猪瘟病毒混合感染　/332

第二节　猪瘟病毒与链球菌混合感染　/335

第三节　猪瘟病毒与大肠埃希菌混合感染　/ 338

第四节　猪传染性胃肠炎病毒与大肠杆菌混合感染　/ 341

第五节　猪圆环病毒与附红细胞体混合感染　/ 344

第六节　猪瘟病毒与弓形虫混合感染　/ 347

第七节　仔猪伪狂犬病毒与大肠埃希菌混合感染　/ 350

第八节　猪圆环病毒和猪链球菌混合感染　/ 353

第九节　仔猪伪狂犬病毒与大肠杆菌混合感染　/ 356

第十节　猪附红细胞体与高致病性猪蓝耳病病毒混合感染　/ 360

参考文献　/ 363

第一篇

现代猪病防控的
新思维及诊断技术

愈来愈复杂的猪病无疑已经成为困扰我国养猪业健康发展的最大瓶颈。面对新病越来越多,各路专家沉溺于新病原、新课题的研究,各执一词,众说纷纭。但在临床上却没有使猪场疫病得到有效的控制,反而不减有增。疫病的蔓延,各色人等粉墨登场——利用所谓的新技术陶醉于忽悠与治疗,使养殖场疫苗免疫及药物保健越用越频繁,饲养成本越来越高,其结果造成养殖场的疫病问题越来越复杂,越来越失控,广大养殖场(户)亦陷入深深的困惑与恐慌!

探究中国式猪场疫病防控的根本解决之道,此所谓"动物疫病,守之以人;疫病日繁,守之以简;病原易变,守之以常"。

第一章

我国猪病流行的态势及防控新思维

长期深入一线动物养殖场（户），深深体会到国内规模化猪场主要发生的疫病种类多、疫情复杂，通常是多种病原体混合感染，其中既有几种病毒的混合感染，也有几种细菌的混合感染，还有病毒与细菌或寄生虫的混合感染。两种或两种以上病同时发生的较多见，甚至高达 5 种以上。临床症状上尤以呼吸道疾病、消化道疾病和繁殖障碍性疾病多见，在某些省区此类猪病呈广泛流行和蔓延。

第一节　我国猪病流行的特点及现状分析

当前的猪病流行现状，一是"老病新发"，造成的原因是长期没有将根治或者消除疾病作为最经济、最有效的疾病控制方式，促使病原不断地变异以此逃避免疫。二是"新病不断"，导致猪病的危害将日趋严重。从整体上来看，我国当前猪病的流行现状无外乎这两种情况。

一、我国猪病流行的特点

从近几年猪病的流行情况来看，猪病已从季节性流行转为常态，许多疾病常年存在，而且表现为多种病原的混合感染，治疗效果不好。特别是环境设施较差、管理水平较差的猪场，发病率更高，损失惨重。

1. 猪病已从季节性流行转为常态

疾病的季节性已不明显，许多原本季节性很强的疾病也打破了原有发病规律，如：冬季发生的五号病、病毒性腹泻在夏季也常常遇到；所谓的"高热综合征",南方以夏季发病为主,而北方则以冬季发病为主;呼吸系统综合征在全国猪场已成为共性,如断奶仔猪多系统衰竭综合征等更是不分季节,所以不能再用以往的发病规律去判断和预防疾病。

2.猪群老病新发、新病不断出现,危害日趋严重

无论是"老病新发"还是"新病不断",最突出的问题依旧是猪群腹泻(PED)问题。现在的猪群腹泻主要是流行性腹泻,其余是继发性腹泻,如伪狂犬等疾病都可导致腹泻,这是由于其全身性疾病的病原循环到胃肠道所引起。同时,一些新的疫病也不断涌现和流行,如猪接触性传染性胸膜炎、副猪嗜血杆菌病、猪繁殖和呼吸障碍综合征、猪圆环病毒 2 型感染、猪增生性肠炎等。这些新、旧传染病已是我国较大范围内猪场的常发病和多发病,给养猪业造成极大的危害。

3.接触性传染性疫病增多,危害严重

规模化养猪实行高密度饲养,集约化经营,从而使猪只彼此间距变小,一些接触性传染性疫病等的传播变得极为容易,如猪疥癣、猪痢疾;通过呼吸道传播的病原体随着病猪咳嗽、打喷嚏的飞沫以及呼气排出体外,健康猪吸进这些病原体后而引起传染,如猪气喘病、流行性感冒等;通过消化道传染的很多病原体都是随着猪的采食、饮水和拱土等进入体内,如猪瘟等;通过昆虫(如蚊子、虱子、跳蚤等吸血昆虫)叮咬传染,如猪附红细胞体病等。

4.混合感染、继发感染、并发感染增多,病情复杂,危害加大

由于兽医防疫上不足、环境卫生消毒不严、生物安全措施不到位,造成环境中残存多种病原体。一旦猪群抵抗力降低,环境、气候发生变化,强毒力病毒、细菌侵袭,即可出现从单一病原体所致疾病转为两种或多种病原体所致的多重感染或混合感染,因而生产上并发感染、继发感染和混合感染的病例显著上升,并导致猪群的高发病率和高死亡率。

混合感染中,既有 2 种病毒或 3 种病毒所致的双重或三重感染,2 种细菌或 3 种细菌所致的双重或三重感染,也有病毒与细菌、病毒与寄生虫、细菌与寄生虫的混合感染,甚至出现多种病原和其他因素引起的疾病综合征。例如,猪呼吸道疾病综合征(PRDC)便是某些病毒、细菌,以及环境应激、饲养管理等多种因素共同作用所引起的一种疾病综合征。目前,全国各地几乎都有这些疾病的发生,有的猪场发病率可达 40%～80%,死亡率达 20%以上,增重下降

5%～70%,饲料利用率下降 5%～25%,出栏时间推迟 15～20 天,并长期携带多种相关病原体,给疾病诊断和防治造成很大困难。

至于继发感染,必须经过临床症状、剖检变化和实验室检验结果综合分析后,才能做出正确诊断。目前在兽医临床上也极为常见,尤其是存在某些原发性感染的情况下,一旦饲养管理不善,消毒卫生不严,以及存在应激时,即易发生继发感染。在这些病原污染的猪场,猪群发病后的临床症状复杂,病情严重,现场也难以确诊,防治效果也很差,所造成的经济损失可谓巨大。

5. 疫病出现非典型化

在疫病流行过程中,受环境或免疫力的影响,某些病原的毒力常出现增强或减弱变化,从而出现新的变异株或血清型。加上猪群免疫水平不高或不一致,导致某些疫病在流行病学、临床症状和病理变化等方面从典型向非典型和温和型转变,从频繁的大流行转为周期性波浪形的地区性散发流行,最终使疫病出现非典型性变化(如非典型猪瘟),使某些旧病以新的面貌出现。此外,有些病原的毒力增强,即使经过免疫的猪群也常发病,给疾病诊断、免疫和防治造成较大困难。

集约化养猪场重视对传染病的防治,尤其是猪瘟等烈性传染病的防治。但近几年,出现了断奶仔猪的非典型猪瘟和成年母猪的隐性猪瘟,而多数情况下猪肺疫、猪大肠杆菌病和猪沙门菌病常与猪瘟混合感染,也可继发于猪瘟之后。猪繁殖和呼吸障碍综合征也经常同时发生,并继发感染嗜血杆菌、支原体、巴氏杆菌、芽孢杆菌和大肠杆菌等。这样就易造成误诊,导致猪群免疫失败。猪瘟的非典型化、隐性带毒和免疫失败仍是养猪生产中有待解决的课题。

6. "引进"疾病增加

当前我国的良种繁育体系滞后,为了适应养猪业的迅速发展,从国外引进新品种、新品系种猪的数量逐渐增多。由于检疫不严或缺乏有效的检疫、诊断与监测手段,致使一些新的疫病传入我国。许多商品猪场种群来源不固定,多途径购买种猪,又不了解引进场疫病发生情况,缺乏有效的隔离、监测手段和配套措施,使得不同地域间、不同繁育体系间疫病的传播越来越多,如猪传染性萎缩性鼻炎、猪伪狂犬病等。这些疾病具有很大潜在危险,目前已在我国部分猪场出现,务必引起高度重视。

7. 以繁殖障碍为主的传染病普遍存在,病因多样

近年来发生和流行许多传染病,如猪瘟、猪繁殖和呼吸障碍综合征,猪圆

环病毒 2 型感染、猪伪狂犬病、猪细小病毒病、猪流行性乙型脑炎、猪流感、猪布氏菌病、猪衣原体感染、猪钩端螺旋体病、附红细胞体病、弓形虫病等疫病均可引起猪的繁殖障碍,使许多规模猪场发生高比例的流产、死胎,造成极大的经济损失。要特别注意的是,猪瘟这一古老的疾病,可以引起母猪繁殖障碍为主症的新的致病特点。我国当前以猪繁殖和呼吸障碍综合征、圆环病毒 2 型感染、猪附红细胞体病造成的繁殖障碍最为普遍和严重。特别是这几种病原发生双重感染,可以引起 70% 以上的初产母猪发生流产、产死胎、弱仔,造成巨大的损失。

8. 呼吸道疾病日益突出

规模猪场的发展,使养猪生产者一味地追求高密度饲养。由于猪的活动范围狭窄,保温和通风之间往往顾此失彼,粪尿等污物又不能及时清扫,使舍内二氧化碳、二氧化硫、氨气等有害气体浓度加大,病原微生物大量繁殖,使猪极易患繁殖和呼吸障碍综合征、猪气喘病、猪传染性胸膜肺炎等呼吸系统疾病。近年来,猪呼吸道疾病已成为养猪生产的主要问题之一,发病率在 30%~80%,死亡率在 5%~30%,造成的经济损失很大,也是养猪疫病防治中十分突出和十分棘手的问题。在猪的各个日龄段,从母猪、哺乳仔猪、保育仔猪、育肥猪都存在呼吸道疾病的危害,现常称为猪呼吸道疾病综合征。这是近年来新提出的一个概念。

猪呼吸道疾病综合征的病因,一是病原性的,如前所述,由一种或两种以上病毒或细菌,或者是病毒和细菌共同感染引起的,如猪肺炎支原体、猪瘟病毒、猪繁殖和呼吸障碍综合征病毒、猪圆环病毒 2 型、猪伪狂犬病病毒、猪支气管败血波氏杆菌等;引起猪呼吸道疾病综合征的也可以是继发性病原体,如猪多杀性巴氏杆菌、副猪嗜血杆菌、猪沙门菌等。这几种细菌在健康猪的上呼吸道或肠道带菌比较普遍。一旦猪体抵抗力降低,就可能引起内源性继发感染,加重病情出现明显的呼吸道疾病的症状。另一个主要的病因就是饲养管理和环境应激因素引起的。这一点往往被人们忽视,如猪群饲养密度过大、不同日龄的猪只混养、猪舍潮湿、通风换气不良、空气中有害气体过多、卫生条件差、粪尿清除不及时、猪舍温度变化大、饲料单一、猪只营养不良等多种应激。

9. 细菌性疾病发生率增高,治愈率低

随着集约化、规模化程度的提高,畜禽商品流通的加大,环境污染加剧,加上疾病逐渐复杂化,临床治疗模式也发生了相应的变化,往往从单一治疗转为

综合治疗,抗病毒或抗细菌药物以及抗血清、球蛋白、中西药物混合使用。尤其是盲目滥用抗生素,使一些常见的细菌产生了强耐药性,使抗生素的疗效降低,并造成其在猪产品中的残留。大量使用抗生素在杀死有害菌的同时也杀死了有益菌,引起二重感染和内源性感染。因而一旦发生细菌性传染病,很多抗生素都难以奏效。长期用药不合理,滥用含抗生素和抗菌药物饲料,导致猪的细菌型传染病病原的抗药性增强,使人们对猪的细菌性疫病的控制难度不断加大。而一些不法药厂生产的抗生素效价低,有效成分达不到国家规定标准,在正常用药的情况下难以控制疾病,从而导致细菌性传染病(如猪链球菌病、大肠杆菌病)在猪群中反复流行。

10. 免疫抑制性疫病的危害日渐明显和严重

引起猪体免疫抑制的因素较多,疫病是其中一个主要原因。目前在我国普遍存在并造成了严重损失的猪繁殖与呼吸障碍综合征和圆环病毒 2 型感染是引起猪免疫抑制的两大疫病。这两种疫病的病原可以侵害猪的免疫器官和免疫细胞,造成猪体的免疫抑制,使猪的抗病能力显著减弱,增加对其他疾病的易感性,这可能也是目前我国猪病大幅增加和日趋复杂的原因之一。在实际生产中观察到,猪繁殖与呼吸道综合征和圆环病毒 2 型感染在较多猪场常常呈现双重感染(其双重感染率可达 50％以上)。在发生双重感染的猪场或猪群,繁殖障碍性疫病、呼吸道疾病、继发感染疾病十分严重,更难做出确切的诊断和防治。除了以上原因,应激、真菌毒素等引起的免疫抑制也不容忽视。

11. 高热病突出

猪高热病是由多种病原体感染引起的一种传染性疾病。该病传播快,呈地方性流行,发病率达 50％以上,个别严重的猪群高达 70％,死亡率在 40％～50％。经实验室检查,病原体主要有繁殖与呼吸道综合征病毒、猪瘟病毒、圆环病毒 2 型、伪狂犬病毒和流感病毒;继发病原有细菌(如链球菌、多杀性巴氏杆菌、附红细胞体、副猪嗜血杆菌、传染性胸膜肺炎放线杆菌、肺炎支原体与沙门菌等)以及弓形虫等。

12. 蚊、蝇等吸血昆虫传播的传染病增多

由于不注意消毒,养殖环境恶化,细菌大量繁殖,蚊、蝇、蠓大量滋生,加之商品猪长距离贩运,使蚊、蝇、蠓等吸血昆虫往往随运输工具将病原传播到异地,造成传染病流行。如猪的附红细胞体病在 2001 年前尚少见报道,可随后

却在全国各地相继流行。

13. 应激性疾病增多

由于规模化养猪中需要不断进行转群、称重、分群和并群,导致群体中争夺位次的打斗增多。生产者为了能充分发挥猪的生产潜力,使猪群始终处于高度紧张的生产状态之中,必将使猪的应激增高,从而使一些应激敏感猪内分泌发生紊乱,抗病力下降,一些散养条件下不易发生的疾病如胃溃疡、应激综合征则逐渐成为多发病。

14. 营养代谢病与中毒性疾病发生率呈上升趋势

近几年,大、小猪场营养代谢病时有发生,主要原因是饲料品质差,以各种维生素、钙、磷、锰、锌等缺乏症为主。中毒性疾病以霉玉米中毒为主,雨水过多造成玉米发霉而引起猪场出现玉米赤霉烯醇、黄曲霉毒素中毒。此外,饲喂以劣质豆粉配制的饲料引起仔猪腹泻或过量添加预防药物而引起猪群药物中毒的病例也很多。

15. 饲养管理方面的疾病增多

在饲养方面主要表现在:一是饲料搭配不合理或达不到全价饲料的要求;二是不能按生猪的不同生长阶段调整饲料配方;三是滥用饲料添加剂,如长期饲喂高铜、高锌、高铁饲料,使猪极易发生代谢障碍综合征。在管理方面主要表现在:一是猪舍建筑不合理;二是猪只密度大;三是猪舍环境恶劣;四是合群、并群不科学,使猪发生争斗,相互咬尾、咬耳,接触性传染病的发生增多。

二、重大猪病流行走向情况分析

从河南省生猪产业技术体系创新团队解伟涛老师提供的最新猪病的检测报告上看,猪的流行性腹泻、伪狂犬病、蓝耳病等疫病感染压力依然突出,一些老的疫病不仅没有净化,又出现新问题(变异、毒力返强等),增加了防控难度,其分析如下:

1. 猪伪狂犬病

该团队检测了 250 个猪场 5 629 份血清,采用美国 IDEXX 试剂盒进行伪狂犬野毒 gE 抗体鉴别诊断,其中血清阳性率为 39.6%(2084/5629),比 2013年上升了 8.6%。90.4%(226/250)的猪场伪狂犬野毒 gE 抗体检测结果呈阳性。详见下图。

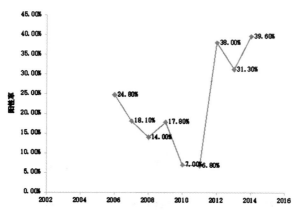

2006～2014 年猪伪狂犬野毒 gE 抗体阳性率

2014 年猪场伪狂犬野毒 gE 抗体检测结果

猪场类别	母猪群	育肥猪	猪场数量/个	猪场比例/%
阳性活跃场	阳性（＋）	阳性（＋）	219	87.6
阳性稳定场	阳性（＋）	阴性（－）	7	2.8
阳性猪场	阴性（－）	阴性（－）	24	9.6

　　感染猪群临床表现受免疫强度、感染压力、发病日龄和混合感染等多种因素影响，除了典型的临床症状外，多继发副猪嗜血杆菌病、猪链球菌病、猪胸膜肺炎等细菌性疾病。从总体上看，防疫规范的猪场发病相对较轻，临床症状不典型，保育中后期和育肥前期活跃较多（gE 抗体转阳）；防疫水平较差的猪场在哺乳仔猪和保育阶段问题比较突出，死淘率较高。

　　2.病毒性腹泻

　　在 90 份腹泻病料中，检测到的病原以流行性腹泻病毒为主，轮状病毒次之，传染性胃肠炎病毒未检测到。从临床观察可以看出，对于高密度、大单元、连体猪舍的大型猪场，感染压力相对较大。在一些猪场，由于产房和保育舍全进全出等生物安全措施不到位，腹泻问题依然突出。见下图。

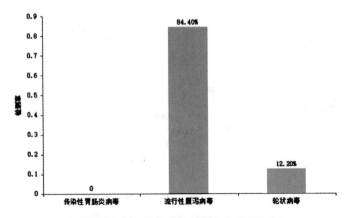

2014 年病毒性腹泻 RT－PCR 结果(90 份)

3. 蓝耳病

检测 200 个猪场 2 724 份血清,抗体阳性率为 82.3%(IDEXX 试剂盒),99% 的猪场检测结果呈阳性。其中种猪群(公猪和母猪)血清 1 331 份,抗体 S/P 均值 1.84,变异系数 C. V=65.9%,有 31% 的种猪抗体 S/P 值>3.0(偏高);18% 的仔猪(45~80 日龄)抗体 S/P 值>2.5(偏高)。PCR 检测病原 140 份,其中蓝耳病标准株阳性率 11.4%,变异株阳性率 38.6%。相对于病毒性腹泻和伪狂犬病,尽管绝大部分猪场是蓝耳病阳性场,场内猪群也时有发病,但整个生猪产业蓝耳病相对稳定,没有发现在行业内大面积暴发、流行的情况。

4. 猪瘟

在 3 410 份血清中,抗体合格率为 79.8%(IDEXX 试剂盒)。病原 PCR 检测 285 份,阳性率 1.1%。从行业整体来看,猪瘟比较稳定,主要以散发和非典型猪瘟为主,个别猪场因为存在因防疫漏洞而发生的典型猪瘟疫情。见下表。

2014 年猪瘟抗体检测结果

统计样本/个	合格率/%(阻断率>40)		
	整体	种猪	育肥>100 日龄
3 410	79.8	85.6	74.6

5. 口蹄疫

在 673 份血清中,O 型抗体阳性率为 78.7%(韩国金诺试剂盒),其中种猪群阳性率 90.0％,育肥猪阳性率 72.9％。O 型口蹄疫整体防控较好,个别猪场以散发为主。鉴于国内出现 A 型病例,建议密切关注该病发展趋势。

6.圆环病毒病

在 293 份血清中,抗体阳性率为 90.4％(韩国金诺试剂盒)。其中种猪群抗体 S/P 值 2.2,变异系数 C.V＝47.8％,有 14％的种猪抗体 S/P 值＞3.0(偏高);6％的仔猪(30～80 日龄)抗体 S/P 值＞2.5(偏高)。见下图。

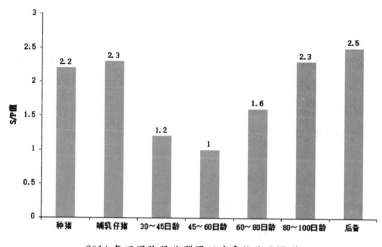

2014 年不同阶段猪群圆环病毒抗体 S/P 值

第二节 猪病防控新思维

我国养猪产业的技术落后,是一个不容回避的客观事实。落后的根本原因,是产业内局部存在的一些背离科学发展的倾向。这种倾向以没有受过专业教育的人员最为突出。这些人原本对系统的养猪科技知识掌握有限,仅凭参加过几次讲座、与业内从业人员的技术交流及参观一些猪场所获得的一些科技知识,就大胆地发挥自己的主观想象力,毫无章法地在此方面去创造、标新立异,其结果可想而知。"只有吐故纳新,才能脱离旧俗",这句话值得我们养猪人深思。换句话来说,只有改变一些过去陈旧的思维,树立猪病防控的新思维,才能走出猪病防治的怪圈。

一、规模化养殖场病毒病的根本解决之道

病毒病所诱发的机体代谢失衡、免疫抑制、病毒血症及脏器损伤等问题危

害日趋严重,尤其病毒病大多具备群发性、易变异及共生性等特性更使人们无所适从!

1. 规模化养殖场的病毒病防控反思

①群发病是"环境自然减负"的必然,关键在于防控其发生的条件、隐患及程度。②"病毒毒株变异"亦是病毒生存的必然,致病与否博弈于疾病与健康的平衡。③病毒致病根源于共生稳态、协同病原及应激等因素与机体抗病力博弈状态。

2. 规模化养殖场病毒病防控的三不宜

①不宜对抗病原,漠视"道法自然"、"生态平衡"、"物竞天择、适者生存"的自然法则。②不宜破坏共生稳态,忽视育种改良与抗病力、规模养殖与环境承载等和谐发展。③不宜滥用抗病毒药及抗生素,破坏动物机体自身解毒代谢功能、菌群平衡及抗病力。

二、规模化养殖场细菌病的根本解决之道

细菌病诱发生长消耗、整齐度差、脏器损伤或败血症等,细菌大多数具备应激发病,多血清型及高耐药性等生物特性。

1. 规模化养殖场的细菌病防控反思

①细菌病是免疫失常,环境应激结果,关键在于防控其发生的条件、隐患及程度。②多血清型及耐药性是细菌生存之必然,致病与否博弈于疾病与健康之平衡。③细菌致病根源于病毒感染、启动因子及应激等因素与机体抗病力博弈状态。

2. 规模化养殖场"细菌病"防控的三不宜

①不宜对抗病原,漠视"道法自然"、"生态平衡"、"物竞天择,适者生存"的自然法则。②不宜破坏菌群平衡,忽视动物机体自身免疫失常、黏膜保护及益菌制菌等。③不宜滥用抗生素及抗病毒药,损伤动物机体菌群平衡、自身解毒代谢功能及抗病力。

三、规模化养殖场呼吸系统疾病的根本解决之道

呼吸系统疾病长期困扰养殖业,其高用药成本、高复发性、病原的变异性和耐药性及药残带来的食品安全和消费信心危机等问题严重制约养殖业的发

展提升!

1.规模化养殖的呼吸系统疾病反思

①呼吸系统疾病是规模化养殖的必然,关键在于防控其发生的条件、隐患及程度。②呼吸系统疾病是环境废气、粉尘及病原对动物机体、呼吸道黏膜及呼吸系统损伤程度的表现。③呼吸系统疾病的危害程度,可用公式表达为疾病危害程度=应激×病原体含量×毒力÷机体抗病力。

2.规模化养殖呼吸道疾病防控的三不宜

①不宜对抗病原,促使病原变异、耐药性增加及复发性提高,使防控难度增大。②不宜相信药物万能论,忽视环境控制、肠道调养及动物机体呼吸道黏膜损伤的危害。③不宜滥用抗生素及抗病毒药,损伤动物机体胃肠黏膜、肝肾解毒代谢功能及抗病力。

四、规模化养殖场生殖系统疾病的根本解决之道

生殖系统疾病近年来变得更加复杂化和非典型化,其预警难度、辨别难度和防控难度的增加以及带来的不可逆的养殖效益损失等问题严重制约养殖业的效益实现与提升!

1.规模化养殖的生殖系统疾病反思

①生殖系统疾病大多具有不可逆性,关键在于防控其发生的条件、隐患及程度。②生殖系统疾病是环境、管理及病原等因素损伤机体生殖系统的血氧代谢及自我修复的结果。③生殖系统疾病的危害程度,可表述为疾病危害程度=损伤叠加延展×病原体毒力×应激÷机体抗病力。

2.规模化养殖生殖系统疾病防控的三不宜

①不宜重病症不重病因,忽视动物机体血氧代谢及自我修复失常的危害。②不宜重治疗不重监测,忽视临床观察、疫苗免疫评定及病原体的动态监测。③不宜滥用抗生素及抗病毒药,损伤动物机体肝肾生化功能、血氧代谢及免疫力。

五、规模化猪场常见猪病的动态监测与防治策略

1.阶段性猪病的临床观察

种猪阶段:乌眼圈、泪斑;妊娠后期慢食、便秘;产程过长、少乳;流产、死

胎等。

哺乳仔猪阶段：初生小猪瘦弱、战抖；腹泻、喘气；关节炎；个别较健壮小猪急性死亡等。

保育猪阶段：消瘦；喘气、流涕；关节炎；发热慢食、死淘率增高；个别猪只急性死亡。

育成猪阶段：发热慢食，粪便不良；流涕、咳喘、生长不良；个别较健壮猪急性死亡等。

2. 常见猪病的检测与结果判定

蓝耳病检测阶段：种公猪、育成猪，意义在于监测 PRRSV 活跃情况。

检测方法：ELISA（酶联免疫吸附试验）。

结果判定：阴性场，S/P 值 <0.4；阳性场，S/P 值 >0.4；疫苗免疫场，S/P 值 $0.8\sim2.0$；稳定场，S/P 值 $0.4\sim2.0$；感染场，S/P 值 >2.5。

猪瘟检测阶段：妊娠后期、哺乳期、保育期、育成期，疫苗免疫前 1 周和免疫后 $2\sim3$ 周，以及猪群阶段性发病前 1 周采血检测，意义在于指导程序制定。

检测方法：ELISA、HI（血凝抑制试验）。

结果判定：ELISA 标准化程度高，精确度高，特异性强。不受牛病毒性腹泻病毒（BVDV）、边界病病毒（BDV）影响。阻断率$<30\%$，为阴性（无抗体）；阻断率为 $30\%\sim40\%$，为可疑个体；阻断率$>40\%$，为抗体阳性。

HI 因人因时而异，稳定性、重复性差。HI 在 $32\sim64$ 时，为合格；HI 在 $32\sim64$ 时，表示免疫疫苗较佳。

第二章

猪病防控的八大体系

猪病在一年四季均可发生,尤其是季节交替的时间。导致猪发病的因素很多,有时并非是病原微生物或寄生虫,而是一些外界环境或管理因素造成的。这些因素的作用具有累积性,每一种因素都可降低猪只最终战胜病原体的能力,从而引起猪病的发生和流行。因此,我们要想有效地控制猪场疫病的发生,就必须建立一套全方位的防疫体系。

第一节　搞好猪场的建筑设计是高效养猪的基础

筹建一家上规模、上档次的猪场不是件容易的事情。寻找一个适宜养猪的场地,还要到国土、环保、工商、防疫等国家部门办理相关手续,一切尘埃落定之后,继而进入建设、引种、饲养等环节,待形成了规模,生产慢慢扩大,若一招不慎则全盘皆输。因此,搞好猪场生物安全体系建设是规避疫病风险的最基础工作。

一、猪场选址

猪场的场址是安全体系中最重要的要素,直接决定猪场是否能够长期健康发展。猪场应该建在向阳、地势高燥、通风良好、水电充足并有足够建筑面积的地方。要远离交通主干道,尽可能地远离其他畜牧场、屠宰加工场、畜产品交易点、居民区。为了便于防治疾病发生,最好有山坡、树林、湖泊等天然屏障隔离,因此可选择适宜的山坡地或山区地带。然而,因猪场饲料消耗较多、废弃物量大,要求交通必须方便,但是距公路又不能太近。一般要求距铁路、国家一级、二级公路的距离不少于 500 米,距三级公路不少于 200 米,距四级公路不少于 100 米,距居民点不少于 500 米,距其他猪场不少于 1 000 米。

二、猪场布局

猪场应使用栅栏或建筑材料建立明确的围墙和大门,防止猪场以外的人员、动物和车辆进入猪场内。场内总体来讲应设置生活区、管理区、生产区和隔离区。这 4 个区域应布局合理且严格区分。生活区应距生产区 500 米以上。管理区位于生活区的一端,以绿化带隔开,形成独立的建筑群。从生活区和管理区进入生产区都必须经过淋浴间和更衣室。隔离区在生产区下风向,尽量远离生产区,一般距出猪台不远处。

三、猪舍布局

生产区内猪舍宜采用三点布局。公猪站、配种舍、妊娠舍和产房设置一点。此点为整个猪场核心区,应远离大门和出猪台,居于上风向。保育舍、生长育肥舍分别单独设置。各点距离可在 50～500 米不等,彼此用绿化带或围墙隔开,三点间由路障或门控制,不能随意往来。猪舍宜以单元设置,一栋猪舍为一个单元,每单元间相距 10～15 米,有猪道相连。猪道两旁宜建 1.2 米高矮墙作为护栏,且三面硬化。

四、消毒设施布局

规模化猪场由外到内,至少设置四道消毒设施。第一道设在猪场大门,有门卫室、更衣室、淋浴室、熏蒸房、消毒池(盆)和消毒走廊,供进场车辆、人员和物资消毒用。熏蒸房用于进入生活区物品熏蒸消毒。消毒池的有效长度为进出最大车辆车轮周长的 2 倍以上。消毒池和消毒走廊的上方要盖顶且安装喷雾消毒装置。第二道设在生活区和管理区进入生产区的入口处,供进入生产区的员工、工具及场区车辆消毒用,设施与第一道大致相似。不同点是,这里没有门卫室和门卫,取而代之的是仓库和仓库管理员。第三道分别设置于生产区内三点隔离布局区的连通门口,供进出员工、猪群转移、用具等消毒用,设消毒池和配备电动喷雾消毒机。第四道分别设在各单元间进出口处,供进出人员、猪群、用具等消毒用,设消毒盆、消毒池,配备喷雾消毒机。上述四道消毒设施必须制定并严格执行相应的消毒操作规程。

五、猪场规模

从生物安全和危机控制两方面考虑,猪场规模不宜过大,建立超大型的猪场更不可取。因为猪场大,区域内猪群密集,产生的病原微生物多,敏感猪只也多,一旦发生传染病,很难净化,因此一场传染病可能就会持续较长时间,造成的损失也比较严重。而在较小的猪场传染病可以在非常短的时间内使全场猪受到感染,净化相对容易,因此一场传染病在较小的猪场可能不会持续很长时间。若要扩大养猪规模最好应建造若干个相互隔离的猪场而不是建造一个大猪场,一个独立猪场的规模一般不超过 5 万头。

第二节　强化猪场生物安全关键点的控制是前提

建立规模养猪生物安全体系就是为了通过各种方法排除疫病威胁,保护猪群健康,保证养猪场正常生产发展,发挥最大生产优势。因此,它既是猪疾病的预防体系又是保证最大限度发挥猪生产性能的生产管理体系,也是实现企业利益与社会责任和谐统一的关键。

一、引种的控制

猪场最好采取自繁自养模式,引种的猪只要求健康状况良好,无传染病发病史。2～6 胎的母猪所产的后代,引种之前需按程序免疫,引入后、配种前再免疫 1 次。每批要引进不同体重的后备母猪,以便配种均衡,但仍然需要进行45 天的隔离。

二、车辆的控制

车辆停在猪场门口,必须进场的车辆,需经彻底消毒后进入猪场,但不能进入生产区。猪场内使用的车辆,如饲料转运车、猪转运车,每次使用后必须进行清洗消毒,所销售猪只一旦装车绝不能返回。

三、人员控制

饲养员回场需更衣、消毒、隔离。非本场饲养人员不得进入生产区。生产管理人员进入每栋猪舍鞋底都要消毒,进出发病猪舍需穿专用隔离服和胶鞋。

四、饲料控制

饲料与猪群接触最密切。控制饲料及其原料在加工和运输过程中可能出现的生物安全风险,可以明显降低猪群健康问题的发生概率。主要注意3点:饲料中禁止添加除鱼类加工品以外任何动物源性原料(包括猪牛羊骨粉、肉骨粉、血粉、血浆蛋白粉和奶源性制品)。运输饲料的车辆做到专车专用。为了加强饲料及其原料加工运输过程的控制,由猪场主管兽医或其他技术人员每半年对提供饲料的厂家进行饲料厂家生物安全评估。

五、猪只控制

防止病原微生物通过猪只进入猪场应遵循两个原则:猪群的单向流动不可逆原则,即猪群只能从洁净区向非洁净区单向流动。所谓洁净区和非洁净区实际上是个相对的概念,不同的区域其含义不同。相对于整个猪场区域,猪场以外是非洁净区,以内是洁净区;而在猪场内部区域,生活区是非洁净区,生产区是洁净区;相对于生产区,凡是猪群活动的区域(如猪道、圈舍)是洁净区,其他区域是非洁净区。所以,一般情况下生产母猪只能在分娩舍和怀孕舍之间相互流动,因为这两个区的洁净等级是一样的。而生长育肥猪只能从产房→保育舍→育肥舍→出猪台流动。转运或销售猪只时,也是单向流动,尤其是到达出猪台的猪只绝不可返回原舍,只能放进隔离舍内。

六、工具物品的控制

猪场物品一旦进入生产区,不得向外界借出,更不得借给其他猪场。工具物品在猪场内部使用管理要引起高度重视,外部物品购入要严格消毒,内部物品和工具严格限制串用,如注射器、保定器、剪牙钳、B超器械、转运车。

七、药品疫苗控制

目前市场上兽药、疫苗产品质量参差不齐,作为猪场管理者一定要冷静思考,分清好坏,以免造成误用。选疫苗本着"能物流不外购"的原则进行采购,尽量减少和猪场人员接触的机会,尽量降低因采购行为而使疫病传入的风险。疫苗购入后对外包装都要进行严格的消毒。

八、水源控制

猪场的水源可以是自来水或者深井水,但应定期检查水质是否有化学污染和病原微生物(主要监测大肠杆菌数)。定期添加次氯酸钠 2~4 毫克/吨,消毒净化饮水。严禁用地表水作饮用水和冲洗栏舍。

九、控制场内其他带毒生物

带毒生物有很多,如老鼠、鸟类、猫、狗、鸡、鸭等,这些生物多数带毒而本身不发病,却对猪场生物安全构成了巨大的威胁。如老鼠是钩端螺旋体病的带毒者;夏季蚊蝇滋生,是乙型脑炎、附红体的高发季节;猫、狗是弓形虫病原的传播者,鸟类是衣原体的传播者,还能携带口蹄疫病毒,而其自身不发此病。

十、自然通风控制

根据报道口蹄疫、流行性腹泻可通过自然通风进行传播,猪场外围种植防护树林,能缓解大风速度。

第三节　充足的营养体系是提高机体免疫力的有力保障

一、理清营养与疾病的关系

营养充足的饲料,不仅是动物生长所需,而且对免疫系统的发育也有重要作用。适宜的营养可以增强动物对疾病的抵抗力和抗应激能力,减少或消除疾病,维护动物正常的生理机能和生理状态,使动物的生产性能得到充分发挥。在饲料的配制和使用过程中,要充分考虑猪只在不同生长发育阶段、不同的健康状况、不同的环境、不同的季节下的营养需求。同时要关注营养的安全性,防止饲料霉变,做到定期清理料槽。

二、注重种猪饲粮的营养补给

种猪营养水平的高低,关系到自身繁殖性能及后代的健康。母猪在妊娠后期日粮添加脂肪,不仅有利于胎儿的生长需要,而且有利于提高初生仔猪体内的能量储存、仔猪的存活率和生长速度。在母乳料中添加膨化大豆及进口鱼粉,可以提高哺乳母猪泌乳能力与母乳质量。

三、强化仔猪饲料的可消化性

由于仔猪的生理机能不健全,消化器官不发达、胃酸不足、消化酶活性低、微生物区系常有变化,决定其对营养的要求较高,所以要选用优质原料,如优质鱼粉、乳清粉等,制成高消化率、高赖氨酸、较好的适口性、低 pH 的全价日粮。

四、保证生长猪的采食量,促进其安全健康生长

在饲料营养水平达到要求的情况下,猪只的发育状况取决于其采食量,因此,我们要采取一切措施保证猪只的最大采食量,如少喂勤添、湿拌料,对弱小猪及时调群、单独饲喂、定时驱赶等。

五、注意特定时期和特殊生理阶段的营养补充

猪只在应激及疫病期间体蛋白质损失增加,机体代谢增强,对养分(蛋白质和氨基酸、维生素、微量元素)的需要增加。母猪在分娩时适当提高血糖、血钙、血钾浓度可促进分娩过程中子宫括约肌的收缩,从而加快产仔速度、降低死胎数和减少难产的发生。后备猪、种公猪、空怀母猪配种前后易缺乏生殖营养,此时适当补充生殖营养可以调理其内分泌机能,完善并增强生殖器官功能。

第四节　科学的免疫程序与及时的监测体系是关键

通过疫苗接种进行免疫,是目前猪场管理、控制和保护猪群免受许多疾病侵袭,保持猪群健康稳定生产的重要手段。疫苗接种并不等于免疫,只有猪对

接种疫苗产生足够的抗体才有免疫力。疫苗接种并非所有的猪都产生免疫力,因此,必须做好日常的疫病检查和监测工作,根据猪只免疫的抗体消长规律及时调整免疫程序才能达到事半功倍的效率。

一、猪场免疫程序的编制及操作注意事项

1. 猪场免疫程序的编制

目前国内外尚未有统一的免疫程序,养猪生产者必须根据各地的具体情况和各种疫(菌)苗的性能自行制定,并能科学地做到具体问题具体分析,切记不要生搬硬套,下表所列的免疫程序为某猪场针对当前猪场危害较大的疫病,拟定的免疫程序,具有一定的实用性及可行性,供参考。

浙江某规模化猪场免疫程序

猪场类别	疫苗名称	免疫剂量	接种时间	注射方法
种猪群（公猪、基础母猪,不含后备猪）	猪瘟高效活疫苗	2头份	每年3次普防	颈部肌内注射
	猪丹毒、肺疫二联活疫苗	2头份	每年2次普防	颈部肌内注射
	猪伪狂犬基因缺失灭活疫苗	1头份	每年3次普防	颈部肌内注射
	猪圆环病毒灭活疫苗	1头份（2毫升）	每年3次普防	颈部肌内注射
	猪细小病毒灭活疫苗	1头份（2毫升）	公猪每年2次普防;母猪产后15～20天免疫1次	颈部肌内注射
	猪乙型脑炎活疫苗	1头份	3月下旬普防	颈部肌内注射
	猪链球菌三价灭活疫苗	2头份	每年2次普防	颈部肌内注射
	猪传染性胃炎流行性腹泻二联活疫苗	1头份	9月上旬普防,间隔4周加强1次,二免后在临产前30～35天跟胎免疫至翌年4月	后海穴注射
	猪口蹄疫高效浓缩灭活疫苗	3.5毫升	4次/年	颈部肌内注射

猪场类别	疫苗名称	免疫剂量	接种时间	注射方法
商品猪	猪瘟高效活疫苗	2头份	21～25日龄首免；55～60日龄二免	颈部肌内注射
	猪丹毒、肺疫二联活疫苗	2头份	50～60日龄	颈部肌内注射
	猪圆环病毒灭活疫苗	1头份（2毫升）	7～14日龄首免；28～35日龄二免	颈部肌内注射
	猪链球菌三价灭活疫苗	2头份	25～30日龄首免	颈部肌内注射
	猪伪狂犬基因缺失灭活疫苗	1头份	1～3日龄滴鼻；70～75日二免	颈部肌内注射
	猪支原体肺炎灭活疫苗	1头份	7～14日龄首免；28～35日龄二免	颈部肌内注射
	猪口蹄疫高效浓缩灭活疫苗	3毫升	65～70日龄首免，间隔4周加强1次	颈部肌内注射

备注：

1.后备母猪的常规免疫：从配种前10周龄起开始做猪乙型脑炎活疫苗1头份→猪细小病毒灭活疫苗1头份（2毫升）→猪伪狂犬基因缺失灭活疫苗1头份→猪乙型脑炎活疫苗1头份→猪细小病毒灭活疫苗1头份（2毫升）→猪瘟高效活疫苗→猪圆环病毒灭活疫苗1头份→猪伪狂犬基因缺失灭活疫苗1头份→猪口蹄疫高效浓缩灭活疫苗3毫升→猪丹毒、肺疫二联活疫苗2头份→猪瘟高效活疫苗1头份→猪圆环病灭活疫苗1头份→猪链球菌三价灭活疫苗→猪口蹄疫高效浓缩灭活疫苗3毫升。每次免疫间隔时间为5天，基础疫苗结束后即可配种，然后转入上述的防疫程序。

关于其他疫苗免疫的提示：①关于蓝耳病疫苗的免疫，根据本场情况。②猪伪狂犬基因缺失灭活疫苗的免疫设定，是按进口疫苗最高含量设定的，不同的疫苗厂家效价不同，临床上要依本场的实际免疫抗体进行调整。③猪圆环病毒灭活疫苗、猪支原体肺炎灭活疫苗一定要免疫2次才能达到最佳效果。④使用副猪嗜血杆菌灭活苗进行免疫，一定要清楚流行的血清型号和疫苗的型号相匹配，否则无效。

2.免疫注射过程中的注意事项

(1)把好疫苗的质量关　首先要从正规的渠道进货，把好疫苗的采购关。对选购的疫苗，产品必须要有批准文号、有效日期和生产厂家，"三无"产品不可用。只有把好采购关，才能确保疫苗质量的稳定性。

(2)正确的储运　疫苗怕热，需要低温保存，特别是活苗对温度更加敏感。因此，在选购疫苗后，应采取最快的运输方法，尽量缩短运输时间。凡要求在

2～10℃储存的灭活苗宜在同样的温度下运送,凡需低温储存的活苗,应按制品的温度进行包装运输,购回去后需严格按使用说明书上的规定进行储藏,以保证效价。

(3)规范免疫接种技术 ①免疫接种前对使用的疫苗要逐瓶检查,检查瓶子有无破损,封口是否严密,瓶签是否完整,有效期是否已过,有一项不合格均不能使用,应做报废处理。②接种疫苗必须由受过专业培训的兽医技术人员负责操作,按规程要求进行接种。③免疫接种的器材如注射器、针头、镊子、稀释液瓶等要洗净,并经煮沸消毒后方可使用。④稀释后的疫苗溶液要固定一个注射针头,避免反复吸取时污染瓶内疫苗,要求一猪更换一次针头。⑤接种疫苗应检查和了解猪群的疫情,若有严重的传染性疾病流行时,则应停止接种,若有个别病猪,应该剔除、隔离,然后接种健康猪。⑥免疫接种后,特别在 1 小时内,要由专人认真检查猪群中有无过敏或严重应激反应的,同时准备好肾上腺素等抗过敏药品,便于及时抢救。⑦注射活疫苗前后 10 天,不应饲喂含抗生素的饲料或注射任何抗菌药物。弱毒苗是活苗制品,接种后在猪体内繁殖,不断刺激免疫反应发生,如果遇到抗菌药物,疫苗就会受到抑制或被杀死,从而使疫苗不能产生足够的保护力。

二、建立及时的监测体系

及时检测猪群抗体水平,对猪群存在的病原进行跟踪检查,以此为依据建立和修改健康控制方案,并按照方案及时监测,有利于疫情到来临时采取相应的措施。

常规检测每季度 1 次,所取样本应代表本阶段的群体状况,并要求具有相同的免疫背景,日龄相近,数量不少于 5 头。同时对出售的种猪、仔猪健康状况进行跟踪。

跟踪监测是为了更好地指导免疫。抗体水平跟踪监测后,应根据抗体消长规律确定免疫时间。当猪群抗体水平参差不齐,抗体保护率低于 80％时,应认真查找原因,采取补救措施。当猪场猪只的症状疑似某种传染病时,兽医技术人员应及时进行抗原检测,加强日常临床观察。

第五节　严格有序的消毒程序是保证

卫生消毒是规模化猪场兽医防疫卫生保健工作中的一项重要措施。为了保持猪场内的清洁卫生,降低场内病原体的密度,净化生产环境,减少疾病的发生,猪场必须根据自己的实际情况,制定严格的消毒制度,为猪群建立良好的生物安全体系,以切断各种疫病的传播途径,确保猪只健康成长。

一、消毒的基本概念

消毒就是指用物理的、化学的和生物的方法杀灭物体中及外界环境中的病原微生物。

灭菌是指杀死物体上包括病原微生物在内的所有微生物,是一种消毒措施。在兽医学上,消毒的确切定义不仅仅限于灭菌,还指将传播媒介上的病原微生物清除,使之无害化。因此有以下几点需要强调:①消毒的方式不仅是灭菌,也可以用清除的方法。②消毒所针对的不仅是细菌,而且包括真菌、病毒等微生物,甚至还有它们所产生的毒素。③消毒的目的是使传播媒介无害化,因而不一定将传播媒介上所有的微生物杀灭或消除,但是,那些能够使畜禽感染发病的致病微生物必须杀灭。

二、猪场卫生消毒的种类及方法

1. 消毒的种类

根据消毒的目的不同,消毒可分为预防性消毒、临时消毒和终末消毒三类。

(1)预防性消毒　没有明确的传染病存在,对可能受到病原微生物或其他有害微生物污染的场所和物品进行消毒,称为预防性消毒。结合平时的饲养管理对猪舍、场地、用具和饮水等进行定期消毒,以达到预防一般性传染病的目的。预防性消毒通常按制定的消毒制度按期进行,常用的消毒方法是清扫,洗刷,然后喷洒消毒药液。

(2)临时消毒　也叫紧急消毒,当发生传染病时,对疫源地进行的消毒称为临时消毒。其目的是及时杀灭或清除传染病排出的病原微生物,消毒的对象包括病猪停留的场所、房舍,病猪的各种分泌物、排泄物、剩余饲料、管理用具以及管理人员的手、鞋、口罩和工作服等。在集中病猪的地方,如隔离舍、兽医院等进行临时的消毒,也具有重要的意义。

(3)终末消毒 在病猪解除隔离、痊愈或死亡后,或者在疫区解除封锁前,为了彻底地消灭传染病的病原体而进行的最后消毒称为终末消毒。大多数情况下,终末消毒只进行一次,不仅病猪周围的一切物品、猪舍等要进行消毒,有时病痊愈猪的体表也要消毒。

在畜牧业生产中,应切实加强预防性消毒工作,建立严格的消毒制度,配备责任心强的专职消毒人员,这样才可以有效地切断传染途径,节省药物开支,提高养殖效益。

2. 消毒的方法

兽医消毒常用的方法大致分为三类:物理消毒法、化学消毒法和生物学消毒法。

(1)物理消毒法 物理消毒法是指用物理因素杀灭或消除病原微生物及其他有害微生物的方法。物理消毒方法的特点是使用迅速,消毒物品上不遗留有害物质。常用的物理消毒方法有:自然净化、机械除菌、热力灭菌和紫外线辐射等,其中具有良好的灭菌作用的方法是热力灭菌。

(2)化学消毒法 化学消毒法是指用化学药品在动物体表抑制和杀灭病原微生物的方法。化学消毒法具有消毒效果好,不需要复杂的器械和设备,操作方法简单易行等特点,是目前兽医消毒工作中最常用的方法。化学消毒法包括:①浸洗或清洗法。如接种疫苗或打针时,对注射局部用强效碘、酒精棉球擦拭即属此法。在发生了传染病后,对圈舍的地面、墙裙用消毒液清洗也属于这种消毒法。②浸泡法。将被消毒物品浸泡在消毒药液中,此法常用于医疗、剖检器械的消毒。此外,在动物体表感染寄生虫等时,采用杀虫或其他药剂进行药浴也是一种浸泡消毒法。③喷洒法。此为消毒时最常用的有效消毒方法。消毒时将配好的消毒药液,装入喷雾器内,对猪体表,猪圈舍、地面、墙壁、用具、放牧地、车、船以及畜产品等进行喷雾消毒,可用于发生传染病的消毒或平时的定期消毒,喷雾时应注意喷洒均匀。④熏蒸消毒法。此法利用某些化学消毒剂易于挥发,或是两种化学剂起反应时产生的气体对环境中的空气及物体进行消毒的方法。二氧化氯熏蒸消毒法、过氧乙酸气体消毒法、甲醛熏蒸消毒法即属此类消毒方法。

(3)生物学消毒法　生物学消毒法是利用某些生物消灭致病微生物,其作用缓慢、效果有限,但费用较低,多用于大规模弃物及排泄物的卫生处理。

三、猪场消毒的程序及要求

1. 日常消毒

(1)入场人员的消毒要求　场门、生产区以及生产车间门前必须设有消毒池,池内的消毒液必须保持有效的浓度,消毒液每周一、周四进行更换。每次更换要有记录,走道的消毒垫必须保持潮湿(消毒液浸湿);进场前必须先用消毒剂洗手,将手和暴露在外面容易接触到的手臂清洗干净,洗完后自然干燥;入场前必须喷雾消毒 30 秒,达到全身微湿;脚踩消毒垫或消毒池 1 分钟,消毒垫(池)的消毒液要用高浓度的消毒液;员工外出回场需在门卫处洗头、洗澡,更换场内预先准备的干净衣服和鞋子方可入内。

(2)进入生产区的消毒要求　员工或场外人员进入生产区须经过洗头、洗澡、更换工作服和工作鞋后方能进入生产区。

(3)进入猪舍的消毒要求　进入猪舍的人员必须穿胶鞋和工作服,双脚必须踏入消毒池消毒 10 秒以上或者更换猪舍内部的胶鞋,并且洗手消毒。

(4)猪舍内部消毒　各栋舍内按规定打扫卫生后,每周一、周四带猪喷雾消毒 2 次。

(5)饲料及断奶仔猪运输车辆的消毒　车辆在进场前必须严格喷雾消毒 2 次,要用消毒液将车表面完全打湿:包括车头、车底、车轮、内外车厢、顶棚等。消毒时间间隔 30 分钟,消毒后方可从消毒池进入场区,门卫并负责填表做好记录。种猪运输车辆必须转猪专用,具备两副垫板,并将垫板泡于消毒池中 24 小时后晾干后交替使用。

(6)销售淘汰种猪消毒要求　销售的淘汰种猪要用内部车辆运到离种猪场 500 米以外的下风方向或更远的地方再将猪转到商贩车上,售猪车辆的消毒程序按照饲料和断奶仔猪运输车辆的消毒要求进行;赶猪人员要分工明确,分阶段站岗,不同工人应该穿不同颜色衣服。不得在猪栏和上猪台之间来回往返;要防止淘汰猪返回,淘汰猪要从淘汰专用通道出场,不得使用正常的生产通道和上猪台;销售结束后对使用过的上猪台、秤等工具以及过道及时清理、冲洗、消毒;参与淘汰猪出售的人员,衣鞋要及时清洗、消毒。

2. 场区内消毒

猪舍外的走道、装猪台、生物坑为消毒重点，每周三消毒 1 次。外界出现重大疫情时，要用生石灰在场周围建立 2 米宽的隔离带。解剖病死猪只后必须用消毒剂消毒现场，尸体进入生物坑、焚烧炉焚烧，无害化处理。地表用消毒液泼洒，再用生石灰掩盖，参与人员不得在生产区随意走动，更换衣服洗澡消毒后方可返回生产岗位。

3. 空舍消毒

空舍后先将灯头、插座及电机等设备用塑料薄膜包好，整理舍内用具和清理舍内垃圾，用洗衣粉 1：400 对整个猪舍进行喷洒、浸泡，待停放 30 分钟完全浸泡后用压力为 4 兆帕高压水枪进行清洗。风扇、百叶窗、水帘等地方进行清洗时应将高压水枪枪头调成喷雾状，避免水压过大损坏设备。

清洗完毕后马上打开风扇抽风让猪舍干燥后，然后用消毒药对栏舍所有表面进行全面消毒，消毒时间不低于 2 小时。消毒后 12 小时用清水再次冲洗栏舍，再用消毒药彻底喷雾消毒 1 次。

第二次消毒后 12 小时再用清水将栏舍进行冲洗，将栏舍内所有表面喷湿，用高锰酸钾/甲醛熏蒸 2 天；用量为每立方米用高锰酸钾 6.25 克、40％甲醛 12.5 毫升；计算为长×宽×高（包括凹凸部分）。方法：①先喷湿栏舍；使室温保持在 27℃左右。②每 3～4 米放置一平底容器；在所有容器内放入高锰酸钾后再量取甲醛，从猪舍一端开始迅速倒入甲醛，或先倒入甲醛而后将称量好的、用纸包的高锰酸钾放入容器，这样更安全。如事先在容器内放入 1/2～1 倍量的水，可使反应缓和，不致使消毒药溅出来。③关闭门窗熏蒸 12 小时以上。④进猪前至少通风 24 小时。空栏消毒时间最好控制在 7～10 天，最低不得低于 3 天。

4. 器械消毒

（1）注射器针头消毒　注射疫苗前，清洗注射器针头，高压灭菌消毒 30 分钟或煮沸消毒 45 分钟，晾干备用。

（2）注射部位消毒　通常用 2％～5％碘酊消毒，一次涂抹碘酊不宜过多，尽量等干燥后再注射，否则碘酊通过注射针孔进入体内杀灭疫苗而造成疫苗防疫失败；再用 75％酒精消毒（即取 95％酒精 75 毫升加蒸馏水至 95 毫升）。

注射用过的针头先用清水洗干净，连同清洗后的注射器高压灭菌 30 分钟或煮沸消毒 45 分钟，晾干后再使用。

第六节　精细化的管理是杜绝猪病发生的根本

在生产管理中要推行数字化、程序化、标准化、精细化管理的理念，通过采取科学精细化的饲养管理，为猪只提供安全、舒适、良好的饲养环境。

一、坚持"全进全出"

猪群一律要分群隔离饲养（种公猪舍、后备母猪舍、配种妊娠舍、产仔舍、保育仔猪舍、育肥猪舍、隔离舍），实行"全进全出"的饲养管理制度，防止疫病交叉传播。当一批猪只全部出舍后，要及时清扫猪舍，安装好饮水器与料槽，修理损坏的门窗、猪栏、猪圈、保温箱、天棚、墙壁、地面、通道及排污沟等，然后用高压水枪冲洗 2 次，干燥后进行 3 次全面消毒，空舍 2 天后可进入下一批猪只。只有这样才能更好地阻断疾病的传播，打破疾病的传播链，使病原微生物的毒力不能再增加，提高猪群的日增重和改善饲料的转化率。

二、猪舍内要保证"三度"、保持"两干"、坚持"一通"

1. 保证"三度"

一是保证猪舍内的正常温度。猪对温度的高低非常敏感，在诸多环境因素中起主导作用。猪只生长发育最适宜的环境温度 18～24℃，仔猪出生后最适温度 32～35℃，1 周后为 27～29℃，3 周后为 24～26℃；保育猪为 22～24℃；育肥猪为 17～22℃；后备母猪与妊娠母猪为 22～25℃；分娩母猪为 24～25℃，分娩后的 10 天为 20～23℃；种公猪为 20～22℃，大猪怕热，小猪怕冷。温度过高易造成热应激，诱发高热综合征的发生，温度过低易造成冷应激，诱发呼吸道病综合征的发生，最终影响猪只的正常生长与健康。温度适宜，猪只生长快，料肉比最低。二是保证猪舍内空气的相对湿度在 64%～75% 为宜。三是保证适宜的饲养密度。根据猪圈的大小放入猪只，仔猪每头需要有 0.6～0.8 米^2 的活动空间；肥猪每头要求为 0.9～1 米^2 活动空间；后备种猪每头要求为 1～3 米^2 活动空间；生产母猪每头要求为 1.6 米^2 活动空间；种公猪单栏饲养。

2."两干"

一是要保持猪舍内的清洁干净,二是要保持干燥。在干燥的环境中病原微生物不易繁殖,有利于防止病原体的扩散与引发疫病的发生。潮湿的环境不仅有利于病原微生物的繁殖,造成疫病的传播,而且不利于猪只健康生长。

3.坚持"一通"

猪舍内要常年坚持通风与空气自然流动,可减少空气中的尘埃、微生物与有害气体(二氧化碳、氨气、硫化氢、氮等)的数量,有利于防止呼吸道各种疾病的传播与发生。

三、减少各种应激

生产管理中存在很多应激因素,如断尾、剪牙、打耳号、去势、注射、断奶、转群、并圈、换料、环境改变、温度突变、饲养员更换,任何一个大的应激都有可能降低抗病能力。要提高猪群非特异性免疫力,避免各种传染病的发生,就要尽量减少猪群应激。为减少断奶应激,断奶前3天可饲喂稀糊料,断奶时体重不要低于6.5千克。为减少转群应激,转群一定要做到一对一,可以将每窝最小的仔猪集中饲养,特别护理。

四、精心观察

要经常观察猪群,做到平时看神态、喂料看食欲、清扫看粪便,发现问题及时解决。把问题控制在萌芽状态,比问题发生后再去解决的作用更大。注意断奶、转群、分娩、免疫注射等风险阶段的生产管理。

第七节 合理正确的药物保健是预防猪病的辅助措施

根据目前猪场的疫病流行动态,在猪可能发病的年龄或流行的季节,或发病的初期,对相关猪群进行群体投药,常可有效地防止疫病的发生或终止流行。

一、猪群保健方案

猪场赢利的关键是对猪场疾病的有效控制,而控制猪场疾病的关键是加强保健和管理工作,现推荐如下加药保健方案。

1. 后备母猪的保健

(1)药物预防　后备母猪配种前 1 个月内,有选择性地添加药物,有利于提高受胎、产仔率及净化其他细菌性疾病,可在每吨饲料添加 80％泰妙菌素 125 克＋30％强力霉素 1 000 克(或金霉素 500 克);或 8.8％泰乐菌素 1 200 克＋磺胺二甲氧嘧啶 200 克,连喂 1 周。

(2)驱虫　种公猪选用 1％的阿维菌素在春、秋两季各注射 1 次,每千克体重 0.3 毫克,后备母猪在每吨饲料中添加 2 克有效成分的阿维菌素或伊维菌素粉剂,连喂 1 周,间隔 2 周再驱 1 次。

2. 妊娠猪的保健

母猪妊娠期应进行适当的药物保健,有利于母猪与胎儿的健康发育,产仔安全,预防疾病的发生。

(1)治全身感染　每吨饲料加 8.8％泰乐菌素 1 200 克＋磺胺二甲氧嘧啶(TMP)200 克,连喂 1 周。

(2)控制附红细胞体感染　每吨饲料加 30％强力霉素 1 000 克＋8.8％泰乐菌素 1 200 克,连喂 1 周。

(3)驱虫　母猪产前 20 天左右,肌内注射 1％伊维菌素,每千克体重 0.3 毫克。

3. 母猪产前产后的保健

这一阶段保健的主要目标:净化乳汁,减少仔猪黄白痢;防止血液原虫隐性感染;仔猪均匀健壮;预防产后感染;促使发情正常。平安度过蓝耳病、支原体混合感染危险期。因此,这一阶段的保健不管是对母猪还是对仔猪,都显得非常重要。

(1)产前 7 天至产后 7 天　每吨饲料添加 20％替米考星 400 克＋清热解表提高机体免疫力的中草药提取物(按厂家推荐说明)。

(2)产后当天　①静脉滴注葡萄糖生理盐水 1 000 毫升,复合维生素 B20 毫升,林可霉素 60 万单位或 2％的左氧氟沙星 200 毫升/次,可有效地防治产后"三联征"的发生。

4. 仔猪保健计划

哺乳仔猪要预防仔猪黄白痢、传染性胃肠炎、呼吸道疾病,同时,2～4 周龄

的弓形虫问题也不容忽视。针对这种情况,推荐如下保健方案:

(1)仔猪出生 1～3 日龄 每头仔猪肌内注射 1 毫升进行补铁(含铁 150 毫克);15 日龄第二次补铁,每头仔猪肌内注射 2 毫升(含铁 300 毫克)。

(2)三针保健 针对副猪嗜血杆菌严重的猪场,建议仔猪出生 1 天、7 天、21 天时分别注射长头孢赛呋钠 10 毫克/千克。

5. 仔猪断奶前后的保健

18～35 日龄:黄芪多糖(按说明)+多种维生素(按说明书使用)+2%葡萄糖粉饮水加药,连续 5 天。

6. 保育生长阶段的保健

重点控制呼吸道疾病,在饲料中有针对性地加药,如每吨饲料添加 20%替米考星 400 克+30%强力霉素 1 000 克;或 10%氟苯尼考 500 克+30%强力霉素 1 000 克;或 40%林可霉素 400 克+30%强力霉素 1000 克,连喂 1 周。

驱虫:仔猪转入保育舍后,在每吨饲喂中添加 2%阿维菌素或伊维菌素预混剂 1 000 克,连喂 1 周,连续 2 次饲喂,每次间隔 7～10 天。

第三章

猪病的临床诊断技术

对疫病的防治关键是诊断。猪病诊断的目的是为了正确地认识疾病，以便及时采取有效的预防和治疗措施。诊断是防治工作的先导，只有及时、准确地诊断，防治工作才能有的放矢，卓见成效，否则，往往会盲目行事，贻误时机，使疾病由轻变重，由小变大，最后酿成疫情的不断扩散，给养猪业带来重大的经济损失。

猪传染性疾病常用的诊断方法有：流行病学诊断、临床诊断、病理解剖诊断、病原学诊断和免疫学诊断等。由于每个疫病的特点各有不同，特别是现在的猪病多为复合感染，常需根据具体情况而定，有时需要运用几种方法综合进行确诊，有时仅需采用一两种方法就可以及时做出诊断。

第一节　当前猪病诊断中应注意的一些问题

一、对当前猪病发生和流行特点要有清楚的认识

由多种致病因子的协同作用，导致混合感染发生，已成为当前猪病的主流。致病因子可以是数种细菌或数种病毒、寄生虫，同时还有环境条件、饲料营养等若干因子的参与。当前单一因子的致病和具有典型症状或典型剖检变化的猪病越来越少见，由于某些新病原体的传入，原有病原体的变异或血清型的改变，以及饲养环境和条件变化等因素，致使发生一病多型、一病多症、一症多病的现象非常普遍，在当前猪病诊断中对这些特点要有清楚的认识。

二、要重视和正确对待实验室诊断

当前猪病以传染性疫病为主,实验室诊断仍是猪病诊断的重要手段。它是对确定病原体和病原体感染状况的客观依据,但它只是认识疾病方法的一个方面,必须清楚认识和正确对待,目前常遇到如下问题:

1. 关于血清学诊断

血清学诊断多用于监测抗体。目前猪群同时遭受数种病原体感染的情况极为普遍,如在许多猪群中可检出蓝耳病、猪圆环病毒感染、猪萎缩性鼻炎、猪气喘病、猪伪狂犬病、猪传染性胸膜肺炎等多种抗体,其中虽有一些是免疫接种而致,但是,除使用标记性疫苗外,一般难于区分自然感染或是免疫接种形成的抗体。如要明确自然感染在本次疫病中的致病作用,应监测双份血清,即在监测第一份血清后间隔 3~4 周再监测同一头猪的血清,否则即使测出某种疫病的血清抗体阳性,也不能确定该猪群正在发生的就是某种病。最好要监测猪群中究竟存在有几种疫病抗体,它们与当前发病之间的关系如何。进行血清抗体的监测对传染病的感染状况和免疫应答情况可提供重要依据,所以对猪群尤其是种猪群每年应定期做主要疫病的血清学抗体监测。

2. 关于病原诊断

病原诊断具有极重要的价值,但常有以下问题:①病毒性疾病的病毒分离鉴定诊断耗时长,费用高,在一般性猪群发病时难于实现。目前已研制出许多先进的分子生物学诊断方法,如 PCR 技术,由于诸多原因,它与普遍应用于生产实践尚有较远的距离。②细菌分离常无菌生长。这往往是用于接种的病料是采用多种抗菌药物治疗过的病死猪,病原菌已被杀死或抑制,所以做细菌分离要采自未用抗菌药物治疗的病死猪。③实验室药敏结果往往与临床疗效不一致。这是由于未分离到主要致病菌,或因药物在猪体内的药物代谢动力学或药物的生物活性等方面的原因造成。如近几年氨基糖苷类药物,在实验室内药敏度较高,但经口服途径投药吸收率很低,对已形成全身性菌血症的疫病往往无疗效。更常见的抗菌药物临床治疗无效的原因往往是多病因的复合感染,或许多组织脏器已遭受严重而不可逆的损害,所以药敏试验也与临床疗效不一致。④分离到的细菌与发病无直接因果关系。目前健康猪带菌现象非常普遍,如可从 50% 以上健康猪的扁桃体中分离到猪链球菌,还从不少猪呼吸道分离到多杀性巴氏杆菌,但它们往往不是致病的主要原因。⑤在许多健康猪、患病猪和病愈猪的血液中,可发现一些大小和形态不同,运动方式各异的被认为是附红细胞体的微生物,它们在血液中出现的数量和时间无规律,用多种药物治疗和预防,都不影响它的消长,目前还不能说明它的致病作用,所以不能一发现这些微生物的存在,就诊断为附红细胞体病。⑥虽检出一种或数种微生物,但要确定是否与当前发病有关,尚需做大量细致的检验,不能草率下结论。⑦目前有些实验室诊断试剂存在有特异性不强或不够稳定,重复性不好等问题,直接影响了诊断的准确性。⑧被检病料的采集和检验方法、操作技术等,也是影响实验室诊断正确性的重要因素。

三、正确认识临床诊断

由于猪病种类的增多,混合感染的加剧,而致近些年猪病的临床表现极为复杂,使具有特异性的指征很少,而且同一种病的临床症状多样,许多类似的临床表现普遍存在。当前临床上可见不少病猪有耳部发蓝,耳、四肢下端、腹部、大腿后侧及尾根等处皮肤发绀瘀血,出现大小不一的出血性紫红、紫黑色斑点,眼睑色暗、结膜水肿、分泌物增多等表现,几乎成为病猪的共有症状,所以也就成了一般症状,不属于某种疾病所特有,故而不能见有耳部皮肤发蓝就诊断为蓝耳病,见眼睑水肿就诊断为猪水肿病等。应尽可能找出具有意义的症状、兼顾不典型症状,结合其他诊断方法,从发病机制方面进行深入分析,力求做出合理的解释和诊断。

四、关于剖检和病理学诊断

通过剖检可直接观察到一些器官的某些病理学变化,以及病变性质和程度,可与临床诊断等相互印证,是提供疫病本质的物质基础,常可作为核对临床诊断,阐明模糊的生前临床症状的有效方法。目前对病死猪进行解剖检查所获得的资料价值大于临床诊断,尤其对当前以混合感染为主的猪病诊断,具有更重要意义。但是,病理诊断的特异性不强,而且有时某些明显的病变与器官功能作用或直接致死的原因并不完全一致,但它仍然是一种简单、直观、准确率较高的诊断方法,它虽可为疫病诊断提供很有价值的资料,但不能作为唯一的诊断依据。

五、做好现场调查的重要性

现场调查除可看到猪群的状态外,还可较全面地了解到环境条件、饲养设备、生物安全设施及落实情况,以及饲养管理水平等,有时可发现一些本场人员已"习以为常"的现象。但实际是致病或诱发疫病的主要因子。目前条件性、应激性疫病所占发病比例很高,如当前猪呼吸道病综合征及腹泻性疫病的发生,与猪舍内通风、空气质量、温度和湿度的控制,转群及饲料营养、管理水平等关系极为密切,亲临现场调查常可获得有助于诊断的重要资料。

六、注意流行病学的变化

除经常关注本场或当地疫情,血清学或病原分离的监测情况的变化外,还应关注周边地区及外省的猪病发生流行、发展和分布的情况,掌握疫病的种类、性质,可为制定预防控制措施提供依据。如 2001 年夏秋季节猪病流行猖獗,在短时内传播至相邻的一些省、市,后经实验室诊断证实,是在猪有复合感染的情况下,发生了猪流行性感冒,致使疫情加重,流行迅速。而猪萎缩性鼻炎和猪气喘病等病的传播速度则会慢得多,所以流行病学可为猪传染病的宏观诊断提供有价值的资料。

七、对免疫抑制性因素要认真评估

猪的免疫抑制性疫病大多没有特异性临诊表现及剖检变化,但它广泛存在并日渐增加,危害深远。饲料(主要是玉米)被霉菌污染产生霉菌毒素造成猪的免疫抑制的情况尚未被更多的人所认识。近些年不少地方发现,虽用猪瘟弱毒疫苗多次、加大剂量进行免疫注射,但抗体水平仍然低下,这与免疫抑制因素有一定关系。发生免疫抑制时,还易发生应激性疾病及对某些疾病的感应性增强,出现明显的临床症状,以及高于寻常的发病率和死亡率,所以在当前猪病诊断时要充分考虑免疫抑制性因素对发病的影响。

八、充分收集素材,综合分析诊断

由于当前多因子所致的猪病占主导地位,确诊难度很大,所以必须收集大量素材,依靠多种诊断方法,综合分析,分清主次,做出确切合理的诊断。其中应注意猪在发病前虽已用过疫苗免疫,但仍不能完全保证不发生相应的疫病。

同样,虽对病猪用药是完全有针对性的特效药,但疗效仍然不佳,这也不能否定诊断的正确性。还应注意不要把注意力完全集中在找病原体上,环境因素、饲养管理失误、应激因素及免疫抑制或低下,以及饲料中的不良成分(如抗生素残渣)、过量添加成分(如高铜引起的贫血和腹泻)及有害成分(如激素、瘦肉精)等,都是猪病发生的因素,必须纳入猪病综合诊断的内容。

第二节　猪病诊断的基本方法

正确的诊断是预防猪病的重要环节,它是制定防疫措施、控制疫情和减少经济损失的重要手段。由于猪病的特点各有不同,常需根据具体情况而定,有时仅采用一两种方法就可以做出诊断,现将各种诊断方法简介如下:

一、流行病学诊断

流行病学诊断是通过询问、调查、查阅有关资料和现场查看,然后进行归纳整理和分析判断,为进一步诊断提供可靠的依据和线索。流行病学调查应弄清以下几方面情况:

1.流行情况

了解发病的时间、地点、发病季节、传播速度及传播情况,疫区内各种动物的数量和分布情况;发病动物的种类、数量、年龄、性别及感染率(感染数/易感动物数×100%)、发病率(发病数/易感动物数×100%)、致死率(病死数/发病数×100%)、死亡率(死亡数/易感动物数×100%)等。

2.病史调查

了解该猪场或该地区过去发生过什么疫病,过去是否有类似病的发生,其经过及结果如何,猪群是否自繁自养,最近是否从外地引进猪只,是否经过检疫与隔离等。

3.免疫接种及病猪治疗情况调查

了解发病猪场或地区进行了何种疫苗的免疫接种;应查明接种的时间、方法、接种密度,疫苗的来源、运送及保管方法等;了解病猪的治疗情况,查明用何种药物、用量、效果等。

4.饲养管理情况的调查

(1)猪舍环境　猪舍的位置、地形、建筑结构、光照、通风等与某些疾病的发生有一定关系。如猪舍寒冷、潮湿常为呼吸道疾病的致病条件;光照不足、通风不良、缺乏运动,会影响仔猪的代谢和发育。

(2)卫生管理　猪舍的饲料卫生、运动场卫生、饮水卫生、粪便的清除及处理等情况,对疫病的发生也很重要。如猪舍泥泞、饲槽不洁,常是仔猪副伤寒的发病条件;环境不卫生和母猪乳头不洁,常是大肠杆菌的致病因素。

(3)饲料品质　饲料的组成、质量、种类、储存、调制方法及饲喂制度等,不仅可影响猪的发育,也是某些代谢性疾病、消化系统疾病发生的直接因素。如母猪产前、产后营养缺乏或不足,常是引起仔猪发育不良的重要原因;维生素、矿物质及微量元素缺乏或不足,常引起仔猪佝偻病、白肌病、维生素缺乏症等疾病;饲料的调制方法不当,或在加工、储存过程中形成或混入有毒物质,常是中毒的原因(如亚硝酸盐中毒、食盐中毒、各种农药中毒等)。

(4)其他情况调查　了解疫区内地形、河流、矿产、交通、气候、政治、经济、生产生活等情况,对综合分析诊断疫病(尤其是地方病)有一定的帮助。

二、临床诊断

临床症状诊断是通过对发病猪群进行群体观察和对病猪进行个体检查,从而确定疾病怀疑范围的过程,为最后确诊提供重要线索。一般先进行群体观察,然后进行个体检查。

1.一般检查

(1)精神状态检查　健康育肥猪贪吃好睡,仔猪灵活好动,不时摇尾。精神沉郁是各种热性病、缺氧以及其他许多疾病的表现。病猪表现卧地嗜睡、眼半闭、反应迟钝、喜钻草堆、离群独处或扎堆。昏睡时,病猪躺卧不起,运动能力丧失,只有给予强烈刺激才突然觉醒,但又很快陷入昏睡状态,多见于脑膜炎和其他侵害神经系统的疾病过程中。昏睡时,病猪卧地不起,意识丧失,反射消失,甚至瞳孔散大,粪尿失禁,见于严重的脑病、中毒等。有的表现为精神兴奋,容易惊恐,骚动不安,甚至前冲后撞,狂奔乱跑,倒地抽搐等,见于脑及脑膜充血、脑膜炎、中暑、伪狂犬病和食盐中毒。

(2)皮肤检查　着重检查皮温、颜色、丘疹、水疱、皮下水肿、脓肿和被毛等。

①皮温。检查皮温时,可用手触摸耳、四肢和股内侧。全身皮温增高,多见于感冒、组织器官的重度炎症及热性传染病;全身皮温降低,四肢发凉,多见于严重腹泻、心力衰竭、休克和濒死期。②皮肤颜色。检查皮肤颜色只适用于白色皮肤猪。皮肤有出血斑点,用手指按压不褪色,常见于猪瘟、弓形虫病等;皮肤有瘀血斑块时,指压不褪色,常见于猪丹毒、猪肺疫、猪副伤寒等传染病;皮肤发绀见于亚硝酸盐中毒及重症心肺疾病。仔猪耳尖、鼻盘发绀,也见于猪副伤寒。③丘疹。为皮肤上出现米粒大到豌豆大的压圆形隆起,见于猪痘及湿疹的初期。④水疱。为豌豆大小、内含透明浆液的小疱,若出现在口腔、蹄部、乳房皮肤,见于口蹄疫和猪传染性水疱病;如果出现在胸、腹部等处皮肤,见于猪痘以及湿疹。⑤皮下水肿。其特征是皮肤紧张,指压留痕,去指后慢慢复平,呈捏粉样硬度。额部、眼睑皮肤水肿,主要见于猪水肿病。体表炎症及局部损伤,发生炎性水肿时,有热、痛反应。⑥脓肿。猪皮肤脓肿十分常见,主要为注射时消毒不严或皮肤划伤感染化脓菌引起。初期局部有明显的热、痛、脓肿,而后从中央逐渐变软,穿刺或自行破溃流出脓汁。⑦局部脱毛。主要见于猪疥螨和湿疹。

(3)眼结膜检查　主要是检查眼结膜颜色的变化,眼结膜弥散性充血发红,除结膜炎外,见于多种急性热性传染病、肺炎、胃肠炎等组织器官广泛炎症;结膜小血管扩张,呈树枝状充血,可见于脑炎、中暑及伴有心机能不全的其他疾病;可视黏膜苍白是各种类型贫血的标志;结膜发绀(呈蓝紫色)为病情严重的象征,如最急性型猪肺疫、胃肠炎后期,也见于猪亚硝酸盐中毒;眼结膜黄染,见于肝脏疾病、弓形虫病、钩端螺旋体病等;眼结膜炎性肿胀,分泌物增多,常见于猪瘟、流感和结膜炎等。

(4)腹股沟淋巴结检查　猪浅表淋巴结大多数都深在,不易进行检查,只有腹股沟淋巴结位置浅表,便于检查。腹股沟淋巴结肿大,可见于猪瘟、猪丹毒、圆环病毒病、弓形虫病等多种传染病和寄生虫病。

(5)体温检查　许多疾病,尤其是患传染病时,体温升高往往较其他症状出现得更早,因此,体温反应是猪患病的一个重要症状。猪的正常体温为38.5～40.0℃,体温升高,见于许多急性热性传染病和肺炎、肠炎疾病过程中;体温降低,多见于大出血、产后瘫痪、内脏破裂、休克以及某些中毒等,多为预后不良的表现。

2. 系统间检查

(1)心脏检查　猪正常心率为60～80次/分。心跳次数增加,主要见于传染病等急性发热性疾病。

(2)呼吸系统检查　检查猪的呼吸系统时,着重检查呼吸次数、呼吸运动、鼻液、咳嗽和喉部有无肿胀等。①呼吸次数检查。健康猪的呼吸次数为18～30次/分。呼吸次数增多,见于肺部疾病,如各型肺炎、肺充血、肺水肿、胸膜炎及胸水,以及各种高热性疾病、疼痛性疾病和亚硝酸盐中毒。②呼吸类型检查。健康猪呼吸时胸壁与腹壁的运动协调,起伏强度大致相等,为胸腹式呼吸。若呼吸时胸壁的起伏特别明显,而腹壁运动微弱,称为胸式呼吸,可见于膈肌破裂、腹壁创伤、腹膜炎和腹腔大量积液等;若呼吸时腹壁起伏明显,而胸壁运动微弱,称为腹式呼吸,可见于胸壁创伤、肋骨骨折、胸膜炎、胸膜肺炎、胸腔大量积液、气喘病等。③鼻液检查。健康猪鼻孔有少量鼻液,如有大量鼻液流出,为呼吸器官患病的表现。流无色透明、水样的浆液性鼻液,可见于呼吸道炎症、猪传染性萎缩性鼻炎、感冒的初期;鼻液黏稠、蛋清样、灰白色不透明、呈牵丝状,可见于呼吸道卡他性炎症、猪传染性萎缩性鼻炎和感冒的中后期;流黏稠混浊,呈糊状、膏状、灰白色或黄白色浓性鼻液,可见于感冒、流行性感冒的中后期。猪打喷嚏时,发生鼻出血,是猪传染性萎缩性鼻炎的特征。若为粉红色鼻液,除见于肺水肿、肺充血外,是猪接触性胸膜肺炎的特征。④咳嗽检查。健康猪不发生咳嗽或仅发生一两声咳嗽,若连续发咳则是呼吸器官患病的表现,如支气管炎、肺炎、各种呼吸器官传染病;猪低头拱腰,连续发咳,直到将呼吸道中的渗出物咳出咽下为止,为慢性气喘病的特征。

(3)消化系统检查　消化系统疾病是常见、多发病,其他系统疾病也常会引起消化系统机能紊乱。因此,消化系统的检查有着重要的临床意义。检查猪消化系统,应着重检查食欲、呕吐、腹围、排粪状态及粪便。①食欲。健康猪食欲旺盛,而病猪往往表现食欲不振,甚至食欲废绝。废绝后出现食欲,表示病情好转。异食是食欲紊乱的另一种表现,病猪喜吃垫草、泥土、灰渣、碎布、麻绳等,多由于消化不良、慢性腹泻、维生素和微量元素缺乏症等引起。②呕吐。多于咽、食管、胃肠黏膜或腹膜受到刺激后发生。猪胃食滞、胃炎、胃肠道黏膜或腹膜受到刺激后也可发生。猪胃食滞、胃炎、仔猪蛔虫病、日本乙型脑炎、脑炎以及某些中毒病过程中,都可能发生呕吐。另外,某些传染病如猪传染性胃肠炎、流行性腹泻等也常见呕吐。③腹围检查。腹围较正常增大,特别是左肋下区突出,病猪呼吸困难,表现为不安或犬坐,多为胃臌气或过食,触诊左肋下区紧张而抵抗明显。④排粪及粪便检查。排粪扰乱表现为腹泻、便秘、失禁自痢、里急后重等。检查粪便注意其性状、颜色及有无寄生虫。7日龄以内的仔猪排血样稀便,为仔猪红痢的特征;育肥猪排黏稠性血样粪便,则为猪痢疾的特征;7日龄以内仔猪排黄色水样稀便,是仔猪黄痢的表现;而20～30日龄的仔猪排灰白色糊状粪便,常见于仔猪白痢;猪排灰色腥臭的稀便,多见于猪瘟、副伤寒病。

(4)泌尿生殖系统检查 ①泌尿系统检查。泌尿器官的疾病在猪只比较少见,大多继发于一些传染病、寄生虫病及中毒。猪的泌尿系统检查主要检查排尿情况及尿液的变化。频频排少量的尿,这是膀胱及尿道黏膜刺激的结果,多见于膀胱炎及阴道炎。在猪患急性肾炎、呕吐、下痢、热性病或饮水减少时,则排尿次数减少。猪的正常尿液为水样,澄清透明,当泌尿系统发炎时,因尿中混有大量黏液及细胞成分,尿的稠度增加。给予某些药物也能影响颜色,如内服山道年后,尿呈红黄色,注射美蓝后,尿呈蓝色。正常的尿液中,一般不见有红白细胞,尿内有红细胞或血色素,叫作血尿或血色素尿,都与一定的疾病有关系,如猪瘟、炭疽、肾炎以及膀胱和尿道出血等,尿中血液来自肾脏或膀胱。血液在尿中分布均匀,如果来自尿道,则在新鲜尿液中能看到血丝,并在不排尿时,于尿道口可以发现血滴,猪尿中的液体也可能来自生殖道,应注意鉴别。②生殖系统检查。猪患慢性包皮炎时,包皮开口处结出脓样分泌物。在猪瘟时,常见包皮积尿,包皮肿大,大多皮肤浮肿,触诊呈捏粉样,无热不痛;睾丸肿大,见于睾丸炎;阴囊肿大,见于阴囊水肿或阴囊疝。在母猪患阴道炎及子宫内膜炎时,阴户常流出稀薄污秽的液体,子宫蓄脓时则流出脓样的分泌物。如果是胎衣滞留,则排出污秽恶臭的液体,并且混有零碎胎膜。母猪患乳腺炎时,乳房肿大发硬,并常因疼痛而拒绝哺乳。当患猪痘及口蹄疫等疾病时,可于母猪的乳头发现脓疮或水疱。

(5)神经系统检查 ①中枢神经机能检查。中枢神经机能紊乱,在临床上表现为抑制和兴奋两种形式。抑制是中枢神经机能降低,动物对刺激的感受性减弱或消失。按其程度可分为沉郁、昏睡和昏迷。兴奋为大脑皮质兴奋性增高的状态。病猪表现狂躁不安,不断鸣叫,乱走乱串等症状,见于脑炎、中毒和某些传染病。②感觉机能检查。在临床上检查痛觉。针刺时,健康猪有回头竖耳、躲闪等反应。皮肤感觉减弱,见于脑炎、产后瘫痪、濒死期等;皮肤感觉增高,可见于脊髓炎、皮肤局部炎症等。③运动机能检查。注意病猪有无做圆周运动,向前暴进或后退、运动失调、痉挛和瘫痪等表现,见于各型脑炎、猪瘟、伪狂犬病、猪水肿病,有机磷和食盐中毒等;持续性痉挛,使肌肉呈现僵硬的状态,见于破伤风。

三、病理解剖诊断

在猪病的诊断中,病理解剖诊断是重要方法之一。通过对病死猪的尸体解剖观察体内各组织脏器的病理变化,为确诊提供依据。有许多疾病在临床上往往无典型症状,而剖检时,却有一定的特征性病变,尤其是对猪传染病的诊断更是不可缺少的重要诊断方法。在许多情况下,通过流行病学诊断、临床诊断和病理解剖诊断仍不能准确诊断时,可以采取某些脏器材料进行实验室诊断,所以病死猪的尸体剖检就成了确诊疾病的重要过程。

1. 外部检查

首先检查猪毛的状况,被毛有无光泽、有无污物、是否焦乱蓬散、毛根是否有出血或脱毛现象。查看肛门附近粪便污染情况,皮肤的硬度、厚度、弹性、有无出血斑点或肿胀溃烂现象,四肢、蹄甲、关节有无肿胀或破溃等异常现象,眼结膜的颜色或眼睑有无异常,下颌淋巴结是否有肿胀现象或有无液体渗出,口腔有无液体等。最后触摸腹部有无变软、变硬或积液现象。比如有皮肤表面出现大小比较一致的方形、菱形或圆形疹块就能断为常见的亚急性猪丹毒;皮肤多有密集的或散在的出血点及瘀血点可常见于急性猪瘟或猪伤寒等疾病;四肢蹄部有水疱就可多见于口蹄疫、水疱病等;皮肤有凸起的脓包,切开脓包内流出黏稠液体可怀疑链球菌病或棒状杆菌病等。

2. 病猪尸体的固定

尸体放置为背卧位,先切割两前肢内侧与胸壁相连的皮肤、肌肉,然后切割两后肢内侧腹股沟部的皮肤、肌肉,使髋关节脱臼仅以部分皮肤与躯体相连,将四肢向外侧摊开,以便保持尸体仰卧姿态。

3. 腹腔的剖开及检查

从剑状软骨后方沿腹壁正中线由前向后至耻骨联合切开腹壁,再沿两侧最后肋骨纵切腹壁到脊柱部,腹腔内的脏器就全部显露出来,剖开腹腔时,一并检查皮下的变化。主要看皮下有无出血点、黄染和脂肪颜色。切开腹部皮肤时同时检查腹股沟淋巴结的变化情况,有无肿大、出血坏死等异常现象。

腹腔切开后,先检查腹腔脏器的位置是否正常和有无异物等。然后由隔处将食管打好结并切断;再由骨盆处将直肠打好结并切断;将脾脏、胃、肠、肝脏、胰脏、肾脏取出,摘除的器官依次放置到托盘上以便分别对其进行检查。①脾脏:大小、重量、颜色、质地、表面和切面的性状。如急性猪瘟就可在脾脏的边缘常见出血性梗死灶。②胃:检查胃表面的彭起度,胃内容物的性状、颜色、气味,胃壁的变化,剥离内容物看胃黏膜有无出血、脱落、穿孔等现象。③肠:检查肠壁的薄厚,黏膜有无脱落、出血,肠的变位。肠淋巴结有无肿胀、出血等。如猪的副伤寒的大肠黏膜表面就覆盖着糠麸样物质。④肝脏:肝脏大小、颜色、质地等。⑤胆囊:看外观的颜色,是否肿大,胆囊根基部有无充血或出血,划破胆囊壁看胆汁的颜色和黏稠度、胆囊内壁有无出血斑点和溃疡等。⑥胰脏:大小是否肿胀、颜色、有无充血或出血、质地等。⑦肾脏两个肾先做比较,大小是否一致、有无肿胀。剥去肾被膜看肾脏表面有无出血点、白斑等。然后将肾脏切开检查肾盂、肾盏等有无肿大、出血等。⑧膀胱:看膀胱的弹性、内存尿液的颜色、膀胱内膜有无出血点等。

4. 剖开胸腔与各器官的检查

用刀或剪骨刀切断两侧肋软骨和与肋骨结合部,再把刀伸入胸腔划断脊柱左右两侧肋骨与胸椎连接部肌肉,按压两侧胸壁肋骨,折断肋骨与胸椎的连接,即可敞开胸腔。

打开胸腔后先观察胸腔内有无积液、有无粘连、是否有纤维素样渗出物,如传染性胸膜肺炎具备该病理变化。①肺脏:注意看左右的肺脏的大小、质地、颜色、有无出血或脓疱等,如猪的气喘病肺脏的病变为肉样,放在水中下沉。猪肺疫的肺脏表面因出血水肿呈大理石的外观变化。②心脏:看心包膜有无出血,有无心包积液,切开心脏看二尖瓣、三尖瓣有无异常变化,如猪丹毒的溃疡性心内膜炎,二尖瓣的腱束上有灰白色菜花样赘生物。

5. 剖开颅腔检查

清除头部皮肤和肌肉,先在两侧眶上突后缘做一横锯线,从此锯线两端经额骨、顶骨侧面到嵴外缘做二平行的锯线,再从枕骨大孔两侧做一"V"形锯线与两纵线相连。此时将头的鼻端向下立起,用槌敲击枕嵴,即可揭开颅顶。看有无积液、出血点、萎缩或坏死等变化。

6. 口腔和颈部器官采出及检查

剥去颈部和下颌部皮肤后,用刀切断两下颌支内侧和舌连接的肌肉,左手指伸入下颌间隙,将舌牵出,剪断舌骨,将舌、咽喉、气管一并摘除。看气管有无黏液、出血点等;扁桃体有无肿大、出血点、溃疡或化脓等,口腔黏膜、齿龈有无破溃、出血点等异常变化。

7. 淋巴结的检查

要特别注意下颌淋巴结、颈浅淋巴结等体表淋巴结,肠系膜淋巴结、肺门淋巴结等内脏器官附属淋巴结,注意其大小、颜色、硬度,及其与其周围组织的关系及横切面的变化。

8. 收集病理材料的处理和送检

尸体剖检后,如果诊断仍有疑问或需要提出详细材料时,要求对各器官进行病理组织学检查;采取病变部分的组织用 100% 福尔马林固定后,送有关兽医或动物疾病监控部门检查。如果是需要送检单位距离较远,应将病料冰冻冷藏储存,打好包装封闭进行快递。

9. 病理剖检的注意事项

猪死亡后,应立即进行尸体的剖检,时间越短诊断准确率就越高。夏季的猪须在死后 6 小时之内剖检完成,冬季不得超过 24 小时。

在搬运病猪尸体时,运送前必须用消毒药液浸透的卫生材料,将其尸体的天然空堵塞或包扎,体表的全身用消毒液喷洒,防止病原体的散播。运送病猪使用的车辆及工具应严密消毒,受污染的环境和一些污物应立即深埋或焚烧。尤其对于突然死亡而又怀疑炭疽病的可能的猪只尸体,要先采血做涂片检查,如确诊为炭疽,严禁解剖,立即上报相关部门,以防形成难以消杀的芽孢。

剖检中要做好记录,将每项检查的各种异常的病理变化和现象详细记录下来,以便根据病理变化和异常现象做出初步诊断。

剖检过程必须注意每个参加人员的自身防护,如果出现术者的皮肤损伤应立即进行消毒清洗,处理要完善防止感染。未经检查的脏器,不能用水冲洗,以免改变其原有的色彩。

剖检后必须将尸体进行无害化处理,进行焚烧或深埋,或抛到规定的火碱坑内埋葬。剖检后的所用器具必须用消毒液浸泡消毒处理。解剖人员术后应换工作服消毒,术者的双手,先用肥皂水洗涤,然后用消毒液冲洗,最后用消毒水冲洗。所有参入人员特别注意鞋底的消毒处理;解剖台、解剖室的周围环境要彻底进行消毒处理,最后进行熏蒸消毒,防止留有死角出现病原体的扩散。

四、实验室检测

由于猪的许多疫病缺乏特征性临诊症状和病理变化,仅依靠流行病学诊断、临床诊断和病理解剖学诊断,还不能做出准确诊断,故需进行实验室诊断。实验室诊断包括病理组织学诊断、病原学诊断、动物试验接种和免疫学诊断等。

1. 实验室检测的作用

(1)了解猪群的健康状况　通过病原检测,可以了解猪群是否感染某种病原,如果感染,阳性率是多少;通过抗体检测可以了解猪群的整体免疫状况,从而掌握整个猪群的健康状况,为相应措施的采取提供依据。

(2)为免疫程序的制定和修改提供依据　猪群在免疫某种疫苗后通过定期检测,可以了解猪群是否产生抗体、产生抗体水平的高低,从而为免疫程序的制定和修改提供依据。此外,目前市场上疫苗厂家众多,疫苗质量参差不齐,加上疫苗运输、保存、注射等环节都会影响免疫效果,通过实验室检测可以了解这些疫苗质量是否有保证,为下一步的疫苗选择提供参考。

(3)猪场疫病净化　通过定期对某种病原进行实验室检测,掌握猪场某种病原的真实存在情况,采取相应的措施,如淘汰阳性感染猪、建立阴性种猪群、"全进全出"等措施逐步完成对某种疾病在猪场的根除。如通过对猪伪狂犬gL抗体的检测,确定伪狂犬病病毒感染猪群或猪只,从而采取扑杀、隔离等措施达到猪群净化的目的。

2. 实验室检测的内容

实验室检测的内容很多,目前临床上主要的有病原检测和抗体检测两种:

(1)病原检测　病原检测分两种,一种是采用某种方法,如细菌培养、动物接种等直接检测某种病原微生物是否存在;另一种是采用 PCR(聚合酶链式反应)等方法检测样品中某种病原微生物的核酸是否存在,从而间接反映某种病原微生物是否存在。第一种方法做起来费时费力,第二种方法方便快捷,在较短时间就能得到结果,所以目前病原检测主要采用的是第二种方法。

(2)抗体检测　抗体检测目前普遍采用的是 ELISA 方法,检测血清中某种病原的抗体含量。实验室目前主要使用的商品化的成品试剂盒。

3. 实验室检测的实施

实验室检测的实施是一个系统工程,从样品的采集到实验室检测各个环节都要严格把关,这样得出的数据才真实可靠,具有可分析性。

(1)样品采集量的确定 采样数量与猪群的规模大小相关,通常是以基础生产母猪的数量来确定。一般按基础生产母猪数量的 10%～15% 抽样,进行血清学监测。

(2)样品采集方法 检测项目不同,采样方法和注意事项也有所不同。如做 PCR 检测病原时,可以采集病变组织或者动物血液,组织要求是具有典型病变的部位,血液最好是发病期的血液,采集后,最好置于－20℃冰箱保存。做 ELISA 检测时,采集的血液不能加抗凝剂,室温下静置 3～5 小时(季节不同,时间有所变化),待血液凝固有血清析出时,低速离心分离血清,装入 1.5毫升离心管中,置于 4℃冰箱保存。

(3)样品运输 采集的病变组织和血清应置于放有低温冰袋的泡沫箱中进行运输,避免反复冻融,每份样品都应有相应的标签,并保证在抵达实验室时仍能被辨认。同时应提供详细的猪场信息和联系方式(尤其是电话号码),以便检测结果出来时能及时联系和沟通。运输方式的选择应本着在价格可接受的范围内,抵达目的地的时间越短越好。

(4)实验室的选择 检测结果的准确性和可靠性取决于各个方面,但实验室条件是其中最重要的环节之一,比如实验室检测环境要具备恒温、恒湿等条件才能保证抗体检测的准确性。所以在选择实验室时,在广泛听取同行意见,征求相关猪病专家建议的基础上,进行认真比较。

4. 检测数据的利用

通过各种检测方法得出的数据,如果不经过相关专家的分析和解释,养殖者一般不能正确理解。这也提醒养殖场在选择实验室时,要求实验室不仅能提供检测数据,也能提供详细的分析报告和建议,如阳性率、阴性率、差异度等。此外还应要求实验室对当前的免疫程序、用药情况、疫苗质量等提出建议,只有这样才能真正做到"检有所值,检有所用"。

第三节　猪病症状体系的建立及临床快速诊断方法

由于猪病的复杂性、复合型及突发性,经常难以迅速准确地诊断和采取及时有效的防控措施,致使猪病迅速蔓延。很多猪病又是人、畜共患病,加之人们急于防治猪病大量而滥用抗生素，又给公共卫生和食品安全埋下了巨大隐患。因此，建立猪病症状分类和临床快速诊断，其意义不仅是建立了新的猪病分类方法，而且其具有很大的实际应用价值。

一、以症状为中心建立猪病分类体系的意义

《猪病学》一书是将某一种猪病在古今中外的所有研究发现的症状统统罗列出来，供研究者参考和使用，而在临床上很难见到书中罗列的所有症状。很多一线工作者形象地说："如果将书中某一猪病的所有症状在临床上都找到，猪早就死了。"症状罗列得越多，实际工作中越抓不着重点。因此，以现行猪病相关的书中列出的所有猪病症状及病理变化作为诊断依据，不但难以记忆，而且临床诊断率不高。专家在教授每一个疾病时是按照病名、定义、病原、流行病学、症状、病理变化、诊断的顺序进行的。而实际发生猪病时人们首先看到的是症状。因此，以症状为中心建立全新的猪病分类体系，不但是猪病分类体系的创新，而且切合实际，是进行快速准确诊断猪病的基础。

二、建立猪病症状分类法和临床快速诊断方法

1. 用权重分析法确定症状信息的价值

在猪病诊疗的临床实践中，绝大部分情况是细菌病、病毒病、真菌病、内科病和产科病等混合发生的复杂疾病，即多种疾病共同表现在一个（群）病例上，临床表现为综合症候群。这是猪病难以预防、难以诊断、难以控制和难以治疗的原因所在。初学者见到这种病例根本无从下手进行诊断和防制，看起来什么病都像，不敢做出临床诊断。本方法是在建立猪病症状分类的基础上，将症状归类为症候群，用权重分析法确定症状信息在某种疾病诊断中的价值，用四重包围法锁定目标疾病，依次来快速确诊临床上重点怀疑的疾病。

2. 建立症候群的快速诊断导向系统

本书把猪病初步归类七大类症候群。比如下痢症候群，母猪繁殖障碍和无乳症候群等。在每大类症候群中划分了常见的某一类猪病症候群，如乳猪下痢，保育猪及中、大猪下痢等。在某一类猪病症候群里，又细分了某种疾病的典型症状作为临床猪病诊断的索引。例如：生后1～3天发病，黄色含凝乳块稀便，迅速死亡——查仔猪黄痢，脂肪性腹泻；生后3～10天发病，灰白腥臭稀便，死亡率低——查仔猪白痢，轮状病毒感染等。最后列出重点怀疑的一个

或几个疾病。用这种四重包围法,使临床工作者通过主要症状的权重比较分析,就能快速锁定重点怀疑的疾病,然后再详细查阅怀疑疾病的详细资料。之后再检查病猪寻找新的诊断依据——临床症状和病理变化,进一步完善临床的诊断。通过反复进行查阅比对,基本能够确定临床症状典型的猪病。确定了初步诊断后,据此进行验证性防治工作,用防治效果来确定临床诊断猪病的准确程度。

三、用回归诊断法确诊疾病

在初步确定了临床诊断结果后,用快速诊断与联合诊断技术进行实验室回归检验,以便验证用信息权重分析法得出的初步临床诊断结果的准确性及可信性。①用 PCR、ELISA 等快速诊断与联合诊断技术进行细菌病验证诊断。②用 PCR、ELISA 等快速诊断与联合诊断技术进行病毒病验证诊断。③用实验室和血液生物化学等方法进行内科病、外科病及产科病验证诊断。

四、七大类症候群的初步架构

1. 第一类:猪下痢症候群

(1)乳猪腹泻 ①生后 1~3 天发病,黄色含凝乳块稀便,迅速死亡——查仔猪黄、红痢,脂肪性腹泻。②生后 7 日龄后发病,灰白腥臭稀便,死亡率低——查仔猪白痢、轮状病毒感染。③生后 7 天左右发病,血样稀便,死亡率高——查仔猪红痢、坏死性肠炎。④上吐下泻,大、小猪都发病,病程短,死亡率高——查传染性胃肠炎或流行性腹泻、中毒。⑤冬春发病,水样腹泻,快速脱水,乳猪多发——轮状病毒感染、低血糖症。

(2)保育猪及育肥猪腹泻 ①潮湿季节多发,高热 41℃左右,便秘或腹泻,耳朵腹部红斑——副伤寒、猪瘟。②2~3 月龄猪排黏液性血便,持续时间长,迅速消瘦——查猪血痢、肠炎。③上吐下泻,大、小猪都发病,病程短,中、大猪死亡率低——查传染性胃肠炎或流行性腹泻,马铃薯中毒。

2. 第二类:母猪繁殖障碍及产后无乳症候群

(1)流产、产死胎、木乃伊胎、返情和屡配不孕 ①流产、产死胎、木乃伊及弱仔,母猪咳嗽,发热——查伪狂犬病。②有蚊虫季多发,妊娠后期母猪突然流产,未见其他症状——查流行性乙型脑炎。③初产母猪产死胎、畸形胎、木乃伊胎,未见其他症状——查细小病毒感染。④妊娠 4~12 周流产,公猪睾丸炎——查布氏杆菌病。⑤潮湿季节多发,母猪流产,与母猪不同时发病的还有中、大猪身体发黄、血尿——查钩端螺旋体病。⑥母猪发热,厌食,怀孕后期流产,死胎,产弱仔,断奶小猪咳嗽,死亡率高——查蓝耳病。

(2)母猪产后无乳 ①产后少乳、无乳,体温升高,便秘——查无乳综合征。②母猪产后体温升高,乳房热痛,少乳、无乳——查乳腺炎。③母猪产后从阴道排出多量黏液无乳——查子宫内膜炎。

3.第三类:猪皮肤及神经症状症候群

(1)皮肤斑疹、水疱及渗出物 ①5～6日龄乳猪发病,红斑水疱,结痂,脱皮——查渗出性皮炎。②炎热季节猪皮肤出现发红,体温升高,神经症状——查日射病或热射病。③见光后皮肤出现斑疹,发红疼痛,避光后减轻——查饲料疹。

(2)静止及行动异常、怪叫 ①中、大猪皮肤大片斑疹,发热,咳嗽,整群发病——查皮炎肾病综合征。②新生仔猪神经症状,体温高,妊娠母猪流产、死胎、咳喘——查伪狂犬病。③猪突然倒地,四肢划动,口吐白沫死亡——查链球菌性脑膜炎,仔猪水肿病,亚硝酸盐中毒,食盐中毒,氢氰酸中毒,黑斑病甘薯中毒,砷中毒。④仔猪出生后战抖,抽搐,走路摇摆,叼不住乳头——查仔猪先天性肌肉震颤,新生仔猪低血糖症。⑤仔猪呼吸心跳加快,拒食,震颤,步态不稳——查猪脑心肌炎。⑥皮肤干燥,被毛粗乱,干眼病,步态不稳,易惊——查维生素A缺乏症。⑦流涎,瞳孔缩小,肌肉震颤,呼吸困难——查有机磷中毒。

4.第四类:仔猪全身性疾病症候群

(1)仔猪体温升高性全身性疾病 ①体温升高,扎堆,眼屎黏稠,初腹泻后便秘,皮肤红斑点——查猪瘟、副伤寒。②高热,皮肤上有像烙铁烫过的打火印,凸出皮肤——查猪丹毒。③体温升高,呈犬坐姿势张口呼吸,从口鼻流出带血泡沫——查传染性胸膜肺炎。

(2)仔猪体温不升高性全身性疾病 ①8～13周龄仔猪普遍长势差,消瘦,腹泻,呼吸困难——查猪圆环病毒病。②皮肤黏膜苍白,越来越瘦,被毛粗乱,全身衰竭——查铁缺乏症。③病猪症状一致,神经异常,上吐下泻,呼吸困难——查中毒。④消瘦,全身苍白,发黄,腹泻,长势差——查寄生虫病。

5.第五类:猪咳嗽、喘息及喷嚏症候群

(1)育成猪咳嗽 ①病初体温升高,咳嗽,流鼻液,结膜发炎,皮肤红斑——查猪肺疫。②长期咳嗽,气喘时轻时重,吃喝正常,一般死亡率低——查猪气喘病。③全群同时迅速发病,体温升高,咳嗽严重,眼鼻有多量分泌物——查猪流感。④早晚、运动或遇冷空气时咳嗽严重,鼻液黏稠,僵猪——查猪肺丝虫病。

(2)乳猪咳嗽 ①咳嗽,发热,呕吐,腹泻,神经症状——查伪狂犬病。②咳嗽,颌下肿包,高热,流泪,鼻吻干燥——查链球菌病。③呼吸困难,高热,出血点斑,皮肤紫红色——查传染性胸膜肺炎。④呼吸困难,肌肉震颤,后肢麻痹,共济失调,打喷嚏,皮肤紫红——查蓝耳病。⑤咳嗽,高热,腹泻或便秘,体表红斑,血便——查弓形虫病。

(3)乳猪打喷嚏 ①喷嚏甩鼻,黏性鼻液,呼吸困难,鼻子拱地蹭——查猪萎缩性鼻炎。②咳喘喷嚏,全群同时迅速发病,体温升高,眼鼻有多量分泌物——查猪流感。③咳嗽喷嚏,肌肉震颤,后肢麻痹,共济失调,皮肤紫红——查蓝耳病。

6. 第六类:乳猪呕吐、跛行症候群

(1)乳猪呕吐 ①呕吐,发热,腹泻,呼吸困难,神经症状——查伪狂犬病。②呕吐,体温升高,眼屎黏稠,初腹泻后便秘,皮肤红斑点——查猪瘟。③上吐下泻,大、小猪都发病,病程短,死亡率高——查传染性胃肠炎、流行性腹泻。④呕吐、腹泻,快速脱水,冬春发病,乳猪多发——查轮状病毒感染。⑤呕吐,拒食,麻痹,震颤,兴奋状态下死亡,心肌变性——查猪脑心肌炎。

(2)乳猪跛行 ①腿瘸,一肢或多肢关节周围肌肉肿大,站立困难——查猪链球菌病。②站立、步态不稳,发育好的小猪多发,脸部水肿——查仔猪水肿病。③蹄壳裂开、出血,腿瘸,脱毛,烂皮——查生物素缺乏症,蹄部磨损。④经常带猪用氢氧化钠消毒猪舍,猪蹄底部溃烂、出血,腿瘸——查氢氧化钠消毒问题。

7. 第七类:高热不退及失明症候群

(1)高热不退 ①2月龄以上猪持续发热,神经症状,震颤,仰头拱背,间歇发作——查链球菌病。②高热不退,全身初发红后发黄,背部毛根出血,高温高湿季节多发——查猪附红细胞体病。③长时间在强烈阳光或高温环境下,全身发红,体温升高,兴奋、休克——查日射病、热射病。④高热不退,肌肉震颤,剧烈呼吸,皮肤发紫,有应激史——查猪应激综合征。⑤体温升高,剧烈咳嗽,全群同时迅速发病,眼鼻有多量分泌物——查猪流感。⑥高热不退,咳嗽,腹泻或便秘,体表红斑,血便——查弓形虫病。

(2)猪失明　①失明,皮干毛乱,运动障碍,神经症状——查维生素 A 缺乏症。②失明,神经症状,严重口渴,肌肉痉挛,体温不高——查食盐中毒。

第四节　猪场多病原混合感染模式分析

混合感染是 2 种或 2 种以上病原体对同一宿主共同感染的现象。在当前的养猪生产中,由于环境消毒不彻底,生物安全措施不到位等因素造成的混合感染的病例屡见不鲜,导致部分规模化猪场饲养猪群的高发病率和高死亡率,给疾病诊断和防治工作带来了极大的困难,只有科学地辨证施治才能更好地降低疾病带来的损失,做到收益最大化。

一、混合感染概要

1. 产生的历史背景

1996 年猪繁殖与呼吸综合征(猪蓝耳病)侵入我国后,迅速在国内规模化猪场蔓延。随着 1998 年圆环病毒 2 型的侵入,多种病原混合感染频频发生,流行严重。混合感染是在我国尚未消灭猪瘟的前提下出现的多种病毒、细菌等病原微生物先后侵入猪体构成的综合征,主要导致母猪繁殖障碍综合征、呼吸综合征、下痢综合征、免疫抑制综合征等症状。

2. 老问题新课题

老问题是混合感染出现了有增无减的流行趋势,不但种类增加,而且流行区域继续扩展,具有普遍性,成为猪的主流疾病,造成巨大经济损失。新课题是应对混合感染在概念、病因学、流行病学、临床学、病理学、发病学等方面需从理论上进行阐述。

二、病因学

1. 生物学因子

包括各种病毒、细菌、寄生虫等。

2. 病原毒力变异

病原毒力变异表现为增强和减弱。原因是有效弱毒疫苗广泛大剂量应用,引发病毒的毒力变异,其过程在免疫的机体内,经过漫长的自然选择。病原侵入动物机体与相应抗体相遇后,其基因组合发生了由强变弱或由弱变强的遗传学变化。以猪瘟病毒为例,由不能在免疫过的机体生存逐渐转变为在机体细胞内转录复制,机体逐渐成为猪瘟病毒栖息场,宿主成为病毒的携带者,导致病毒在机体内"合法化",与其"和平共处",并不断排出体外污染周围环境,成为新的传染源。免疫猪在野毒感染下不发病,成为病毒携带者,双方生命保存延续,形式上双方受益,但未成正果。出现了"猪瘟带毒母猪综合征",带毒母猪可垂直感染胎儿,其子代产生免疫耐受,对疫苗接种无应答,但可被野毒感染发病死亡。在猪场内形成恶性循环,给猪场带来严重后果。"猪瘟带毒母猪综合征"的出现即是多病原在规模化猪场混合感染模式的代表和先驱者。

三、流行病学

1. 易感猪

猪场出现了成年猪只感染不发病的病原携带者,俗称潜伏感染猪。种猪在 1 年自然环境中与微生物接触和多种疫苗接种产生相应免疫抗体与免疫细胞,成为病毒携带者,携带的病毒可垂直感染给胎儿,其本身不发病可维持正常生产,即"种猪带毒综合征",主要有猪瘟、蓝耳病、圆环病毒病、伪狂犬病等。不同猪场感染率和感染频率不一,有的母猪个体最高携带疾病达 5 种以上。

2. 流行病学特点

表现出多样性,即普遍性、全局性、区域性、孤立性、暴发性、多发性、突然性。诊治上使发病猪场措手不及,许多问题不能切实解决。

3. 混合感染增多的主要因素

(1)基本建设与饲养管理 基础设施差,不能保证舍内正常温度,饲料配方不达标,营养物质缺乏与不全,造成免疫机能下降。

(2)免疫抑制病增多 蓝耳病、圆环病毒病、伪狂犬病等免疫抑制病增多造成混合感染增多。

(3)应激因素 断奶、换料、转群、异地运输、季节变化及气温突变、舍内环境不达标等应激因素也可诱发混合感染。

(4)药物影响　抗菌药物的滥用、乱用造成免疫抑制。

(5)霉菌毒素　可以损害免疫系统,引起免疫抑制。

(6)疫苗　疫苗质量、运输和保管存在一定的问题。有的疫苗不但未能起到保护作用反而成为人工接种病毒的工具,猪被感染发病死亡。

4.多种病原体隐性感染

成年猪为多种病原体隐性感染,成为传染来源,表现为可长期带毒。

5.生产不稳定性

一旦管理失误、营养配伍不达标,可致机体非特异性免疫功能降低。外加抗体效价普遍低于保护范围,猪瘟野毒侵入,出现孤立性局部小暴发。

四、临床症状

病原多元化导致临床症状重叠复杂化。混合感染的临床模式＝原发性感染＋继发性感染＋并发感染。

1.临床症状分类

(1)2种及以上病毒性疾病混合发生　如流行性腹泻和猪瘟混合发生,猪瘟和猪丹毒的混合发生、猪瘟和猪细小病毒病的混合发生等。

(2)2种及以上细菌性疾病混合发生　猪巴氏杆菌病、猪支原体肺炎和猪链球菌病混合发生,副猪嗜血杆菌病和猪链球菌病的混合发生等。

(3)病毒性＋细菌性疾病混合发生　如猪瘟带毒母猪垂直感染子代患哺乳仔猪下痢、蓝耳病和链球菌疾病混合发生病,猪瘟和猪支原体肺炎的混合发生,圆环病毒2型和副猪嗜血杆菌的混合感染等。

(4)寄生虫＋病毒性疾病混合发生　如猪瘟、口蹄疫、蛔虫混合发生,猪蓝耳病、猪乙型脑炎、猪弓形虫病混合发生等。

2.临床分型

以病程分急性型、亚急性型和慢性型3种类型。混合感染在相对稳定期持续一段时间后,因应激因素引发急性型,几天内全群发病,多发生在哺乳和断奶阶段。特别是初生阶段腹泻性传染病,发病和死亡率均高于单一病原感染。亚急性型多在流行中期出现,慢性型在流行后期出现。

五、病理学形态

混合感染发病猪的各有关组织、器官、系统等在形态上必然出现非特异性和特异性病变,特征是同一机体、同一系统、同一器官出现不同病原体引起的不同病理变化。应当善于区别不同病原体所致病理变化特征才可鉴别混合感染疾病种类,基础是掌握单一感染各种猪病的病理变化特征。

六、发病学

1.发病学分类

(1)多病原感染在猪群潜伏 隐性感染中,某一个体在不同阶段感染多种病原体,不发病呈亚临床状态。猪瘟、蓝耳病、圆环病毒 2 型的病原体可以存在于同一个体组织细胞内,并在机体增殖并不断排毒污染环境,传播疾病,时刻威胁猪只健康。在正常饲养管理环境中,猪可以正常生存、生产稳定,但经济效益不理想。

(2)原发感染 原发性感染是与继发性感染相对而言,是机体最早发生的疾病,广义上可以理解由一种病原微生物感染;也可以由多种病原微生物先后发生感染。此外任何致病性病原微生物均可作为原发病的病原。单一感染是诊断混合感染基础,是临床兽医科技人员应具备的基本功。

原发性感染形式:可以由一种或多种病原微生物感染构成。当前主要病原微生物是病毒、支原体、衣原体,这类病原体毒力致病性与被侵入机体免疫状态密切相关,但总体上除猪瘟病毒外,其他病原致病力不强,侵入机体后引起机体免疫抑制,从而影响免疫接种的效果发生传染病。有时出现区域性流行造成巨大经济损失。

(3)继发性感染 继发感染病原多为细菌,有多种形式,常见为细菌或病毒与细菌间的继发感染。在原发病持续感染基础上,由于应激因素作用下,机体免疫功能降低,机体内外环境中一些常在细菌毒力增强致机体发病,在此基础上出现混合感染暴发。

继发感染特点:继发病多为致病力弱的病原体,在呈慢性隐性感染状态下,如蓝耳病毒和圆环病毒侵入我国后,导致我国猪病出现严峻形势。猪群中存有潜在猪呼吸综合征时,在猪瘟抗体保护率低的情况下,出现猪瘟免疫失败,因大气环境急骤变化,引起猪流感暴发;此时原呼吸综合征猪群继发流感将造成发病率升高治愈率下降,有时甚至"全军覆灭"。

2. 混合感染对机体损害机制

各种病原微生物,侵入动物机体后,首先出现非特异性与特异性免疫应答,机体发生机能代谢、生化以及形态学变化,在不同系统、器官、组织及细胞出现相应病原体特异性反应,临床病理学上出现相应"症候群"、"病变群"。体内同时感染多种病原体,宿主成为多病原携带者,机体各组织器官发生损伤性程度可想而知。猪患病后妨碍了机体的正常生命活动,不利于机体的生存,其生产能力下降及经济价值降低。

七、诊断

1. 流行病学诊断

每种疾病流行病学都有一定规律。用流行病学方法,从全局的观点对所发生的疾病进行诊断,依此对各种疾病风险进行评估,提高防范疾病意识,为疾病的确诊提供依据。例如几天内几乎全群都发病,体温一时升高,眼肿,流鼻涕等症状,可诊断为流行性感冒;如全群腹泻即诊断病毒性胃肠炎。

2. 病理学诊断

在剖检现场根据解剖发现的特异性病变,能当场讲述混合感染中的每种疾病的名称,并提出原发病、并发病、继发病结论。以每种疾病的病原学特点,对案例发病机制,做出定性诊断,可以判定各种疾病在混合感染中所扮演的角色,最后确定本案诊断结论,可及时控制疫情扩散。

3. 化验室诊断

(1)细菌学方法　培养分离、化学染色、生化试验等。

(2)病毒学方法　用特殊细胞培养液分离未知病毒。

(3)免疫学与分子生物学方法　检测抗原和抗体。

(4)动物接种　将样品处理后或分离培养的病原根据其不同的特性接种到对待检病原敏感的实验动物(如小白鼠、鸽子等),通过观察其是否发病和发病症状来进行判断。

4. 临床诊断

临床诊断是疾病第一时间出现的异常信号。许多临床症状具有特征性,例如咳嗽、气喘是呼吸系统疾病共同症状,具体定性是某种呼吸道疾病需做尸体剖检,观察呼吸器官病变才可做出定性诊断。临床诊断为化验室诊断提供方向,是混合感染疾病诊断的最基本方法。

5.病原学在诊断中的意义

在同一器官分离 2 种以上病原体时,单以此确定不了病原体侵入的先后,更不能作为原发病确认的唯一根据。当前规模化猪场潜伏隐性带毒感染普遍存在情况下,分离出猪瘟病毒、蓝耳病病毒、圆环病毒 2 型、伪狂犬病病毒等病毒时应当与流行病学、临床症状、病理变化相结合进行分析判断。

八、预防对策

1.对于 2 种以上病毒性病原体的混合感染的防控

对于这种防控在临床治疗中十分常见。因为造成混合感染的多半是病毒,在防御这类型的疾病时多是以抗病毒为主要手段,同时防止病猪感染,合理提高病猪的免疫力。在临床治疗上以中药类型为主,常见的有板蓝根、双黄连和四黄制剂,借助饮水和注射这两种手段控制疾病的发生,同时再根据具体的病症配合使用其他的药物,如此便可以取得良好的治疗效果。

2.改善养殖场的生存环境

养殖场的良好环境是避免生猪出现混合感染的最佳途径,是预防疾病混合感染以及出现新疾病的最有效措施。在对生猪进行喂养的时候,杜绝使用变质的饲料,应选用适合猪群生长的优质饲料,在生活方面提高猪的身体素质。近几年来,只注重追求养殖数量,对养殖环境要求减轻了,导致混合感染的病例屡见不鲜。单一病原的感染尚可容易   和控制,但是混合感染病原较多,临床症状表现复杂,给猪病的诊断和防   带来了一定的难度。

3.采取有效的措施处理已经发生混合感染的病猪

一旦养殖场内出现了病猪,及时采取有效的措施,及时隔离病猪,并且对发病的猪舍进行快速消毒,及时清理其余生猪的生存环境,保证可以立刻提供舒适的、健康的生存环境给尚处在健康状态生猪。在疾病多发的季节,处理好猪舍的环境。夏季常常会出现高温的天气,在这个疾病多发的季节,保持猪舍内适宜的温度和通风工作是必需的,适宜的温度和舒适的通风条件有助于提高猪群的体质和疫病的快速恢复。

第四章

猪场科学用药指南

猪场使用药物防治疾病是目前控制生猪疫病的主要手段之一，但由于用药不当以及滥用药物，造成全球范围内耐药性病原体的迅速增加。抗菌(寄生虫)药效逐渐下降甚至对某些病原菌(寄生虫)束手无策，导致某些猪疾病难以治愈，进而影响其生产性能。因此，在兽医临床上只有做到科学合理地使用药物，才能保证生猪养殖业乃至肉制品行业健康发展！

第一节　当前猪场用药的现状

一、忽视标本兼治

在猪只发生疫病之后，重视治疗，忽视查找病因，没有对生病猪只进行标本兼治。只有标本兼治，才能最大程度上保证猪只进行治愈。

二、盲目加大用药剂量

药物的使用剂量逐渐增大，并且没有节制，如土霉素用量从 0.3×10^{-3} 增大到 2.0×10^{-3} 以上；氟本尼考从 0.3×10^{-4} 增大到 1.0×10^{-4} 以上；磺胺类从 0.2×10^{-3} 增大到 1.0×10^{-3} 以上。有人认为剂量越大预防治疗效果越好，其实不然。有些药物安全系数较小，治疗量和中毒量较接近，大剂量使用很容易引起副作用甚至中毒，造成猪只中毒死亡或慢性药物蓄积中毒，损害机体肝、肾功能，致使自身解毒功能下降，给防治疾病带来困难。有些药物在体内滞留和蓄积，使畜产品内药物残留量增高，危害人体健康，同时破坏肠道正常菌群的生态平衡,杀死敏感细菌群,而不敏感的致病菌继续繁殖,引起二重感染。细菌产生抗药性后,随着耐药菌株的形成和增加,导致各种抗菌药物临床使用寿命越来越短,可供选择的药物越来越少,这不但会给临床治疗带来困难,而且加大了用药成本。

三、药物滥用

1. 不良兽药厂的"忽悠"

目前,有许多药厂靠精美华丽的包装和大肆吹嘘的广告迷惑生产需求者,如能治多种猪病的药;宣传"立即见效"、"十分钟见效"、"当日见效"以及"一针治愈"的药;与某某株式会社或与某某国家合作生产、引进技术,甚至有国外厂址的药;含有纳米技术的药等。

2. 夸大药物疗效,迷惑养殖户

在猪高致病性蓝耳病暴发后,治疗此病的药物和疫苗层出不穷,但效果大家有目共睹,并不尽如人意。

3. 随意进行药物配伍

药物配伍既存在药物间的协同作用,也存在拮抗作用。一些养猪场兽医人员发现猪只有病,盲目选购几种药物,在不了解配伍效果的情况下,自行搭配使用,轻者造成药物疗效降低或无效,重者造成猪只中毒。

4. 不按规定疗程用药

有些饲养者在治疗过程中用一种药物,使用两天自认为效果不理想就立即更换药物,有时一种疾病连续更换几种不同的药物。这样做往往达不到应有的治疗效果,并且会延误治疗时机,造成疫病难以控制。还有的饲养者用一种药物治疗见有好转就停药,结果导致疾病复发而很难治愈。

5. 不执行休药期制度

休药期的长短与药物在动物体内的消除率和残留量有关,而且与动物种类、用药剂量和给药途径相关。国家对有些兽药,特别是药物饲料添加剂都规定了休药期,但是部分养殖场(户)使用含药物添加剂的饲料时很少按规定执行休药期制度,直至猪出栏前才给猪停药。

6. 兽用原料药直接使用的情况屡禁不止

在兽医临床上直接使用原料药的现象比较普遍,从而导致一系列问题的

发生,如严重的药物毒副反应、药物残留等。

四、盲目相信进口药品或新特药

有些饲养者认为进口药、新特药效果好,不管价格多贵都用。实际上有很多种药虽然名字不一样,其药物的有效成分大同小异,加之有些厂家在说明书上不注明有效成分,更造成了用药中的混乱。在临床用药时,首先对病因病症有一个正确的诊断,然后针对性地选择药物,不要一味追求进口药或新特药,更不能使用无厂址、无批号、无生产日期、无有效成分含量的"四无"药品。

五、重治疗轻预防

有些养殖场对管理的重要性认识不够,不关注动物福利,预防用药意识差,不发病不用药,其后果是疾病发展到中后期才实施治疗,严重影响了治疗效果,加大了用药成本。

六、只图省力,不注意给药途径

在临床治疗上,有很多药物给药途径不同,疗效也大不相同。如氨基糖苷类(链霉素、新霉素、卡那霉素、庆大霉素等)胃肠道很难吸收,只有采用肌内注射或静脉滴注才能取得很好的效果。肌内注射是猪病临床最常用的给药途径,进行肌内注射,必须保证药物不能注入脂肪。因为注入脂肪中的药物很难吸收,且易导致无菌性脓肿。肌内注射的最佳部位是颈外侧紧靠耳根的后部,在用药时,要根据药物的性质合理选择给药方法。

七、只追求生长速度和利润,导致药物残留

长期或无节制地使用某些抗生素、磺胺类或激素类催肥药物或添加剂等,大量残留在畜产品中被人类利用,危害人类的健康。因此,在饲养和治疗当中,应特别注意以下几点:庆大霉素、卡那霉素、激素类等对哺乳期仔猪可以使用,断奶后尽量不用;氯霉素、性激素只允许少量用于种猪,禁止用于商品猪。

八、认为疫苗是万能的,接种了疫苗就万事大吉

疫苗的保护是有条件的,都是在一定攻毒量条件下发挥作用。就算免疫非常成功,如果环境中致病微生物的攻击量超过测试的攻毒量,仍然有发病的

可能。典型的事例如口蹄疫普通苗,只能抵挡 20 个攻毒量,而实际生产中,环境中超过 20 个攻毒量的情况大大存在。因此,就出现接种后又发生口蹄疫的情况,即使用了浓缩苗也只能抵挡 200 个攻毒量。所以疫苗不是万能的,接种疫苗后仍然要采取综合防治措施,并长年坚持不懈。

九、人药兽用现象依然存在

《兽药管理条例》明令禁止人药兽用,然而在生产中,一方面兽药抗生素的品种较少,一方面有的养殖场(户)担心兽药的质量不如人用药,且片面认为人用药更有效。因此常使用人用药物,而没有意识到药物残留对人类的危害。

第二节　影响药物使用的因素

药物应用后在机体内产生的作用(效应)常常受到多种因素的影响,例如药物的剂量、制剂、给药途径、联合应用、生理因素、病理状态等,都可影响药物的作用,不仅影响药物作用的强度,有时还可改变药物作用的性质。因此,兽医在临床上使用药物时,除应了解各种药物的作用外,还有必要了解影响药物作用的一些因素,以便更好地掌握药物使用的规律,充分发挥药物的治疗作用,避免引起不良反应。

一、药物方面的因素

1. 药物的剂型

同一种药物不同剂型,药效发挥的快慢、强弱不同。一般水针剂注射吸收较快,散剂口服吸收快于片剂;包被处理可以改善对猪只味觉的刺激,缓释剂能显著延长药效,靶向制剂可以使药物定向分布于病灶部位。但是在生产中,一些猪场为了省钱直接使用原料药,不但适应性差、毒副作用大,而且添加不均匀、利用率低、残留高。

2. 药物的剂量

在安全范围内,药物的作用会因剂量大小而不同,一般表现为量的差异,即剂量越大,血药浓度越高,作用越强,过量则会引起毒性反应,发生中毒甚至死亡。但有些药物随剂量由小到大其作用会发生质的变化。例如,大黄小剂量时有健胃作用,中等剂量可以止泻,而大剂量则表现为泻下;75%浓度的酒精有很好的杀菌效果,可用于体表消毒,而高浓度的酒精则使细菌表层蛋白质凝固,杀菌力反而降低。

3.复方制剂

复方制剂的成分及各自的剂量均已固定,虽然使用比较安全、方便,但针对性不强,难以解决不同病情的实际问题。

4.药物的质量

由于制药的工艺不同,药物的质量会有很大差异。提取和纯化工艺会影响药物有效成分及杂质的含量,杂质或不纯物如不能彻底除净会影响药物本身的效果,大分子杂质还可能导致过敏反应;制药工艺的差异,包括所赋剂型的不同,可能导致药物颗粒大小不同而影响药物吸收,在使用后血药浓度会有很大差异,疗效也大不相同。

二、药物使用方法的因素

1.用药时间间隔与次数

给药的时间间隔应根据药物的半衰期和最低有效浓度而定,一般情况下要保证下次给药时血液药浓度大于或等于最低有效浓度,尤其是抗菌药物。给药次数应根据猪只的病情及药物在机体内的消除速度而定,半衰期短的药物,给药次数应适当增加,对毒性大或消除慢的药物要严格控制用量和疗程,在肝肾功能低下时为防止蓄积中毒,应减少剂量和给药次数。

2.给药的途径

不同的给药途径主要影响药物的吸收速度、吸收量及血药浓度,进而影响药物的作用快慢与强弱。猪场常用给药途径吸收速度由快到慢依次为静脉注射→肌内注射→皮下注射→内服。但个别药物也因给药途径不同,而改变药物的作用性质和药理活性。如硫酸镁内服产生泻下作用,肌内注射或静脉注射则产生中枢抑制、抗惊厥作用;儿茶酚胺类药品口服无效,只有注射才有拟交感活性。

3.使用药物的疗程

为了维持血药的有效浓度,比较彻底地治疗疾病,坚持给药到症状转好或病原体消灭后才停止给药,这段时间过程称为疗程,也叫重复用药。但重复用药会使猪只对药物的反应性逐渐降低,需要不断增加剂量,才能达到原来的疗效。疗程过短,病原体只能被暂时抑制,一旦停药,受抑制的病原体又重新生长繁殖,会出现严重的复发症状;不到疗程,不待药物治疗见效就过早更换药物,可能会贻误最佳治疗时机;随意延长疗程,长时间应用同一种或同一类药物,会使机体产生耐药性或蓄积中毒,严重影响猪只生长。

4. 联合用药

临床上为了增强疗效,或减少药物的不良反应,或分别治疗不同症状与并发症,常常采取同时或短期内先后使用两种或两种以上的药物,这时各种药物之间常有相互作用,使得药物的作用、治疗效果以及不良反应发生变化。合理的配伍具有协同或相加作用,可以增强疗效,否则会相互拮抗使疗效降低,甚至出现意外的毒性反应。作用相反的药物一般不能配伍,但作用相似的药物也并不一定都能并用。如强心苷(洋地黄)与钙制剂,虽都能强心,但二者并用会增加洋地黄对心脏的毒性。

5. 药物使用的操作

规模猪场由于猪群大而且密集饲养,控制疾病大多需要群体用药,往往采取在饲料或饮水中投药,料中加药时如果搅拌不均匀,或饮水加药时的溶解度达不到标准(甚至使用非水溶性药物),或水溶后包被被破坏,及由于猪只高热或药物异味影响采食、饮水等,都会使治疗效果大打折扣。

三、机体方面的因素

1. 生理差异

猪只不同的日龄、性别及生理阶段对药物的反应有一定的差异,仔猪断奶以前各种生理功能,包括自身调节功能尚未充分发育、肝肾功能不健全,对药物反应比较敏感;老龄及怀孕母猪对某些药物亦比较敏感,会有不同程度的不良反应。

2. 机体的状态

疾病的严重程度固然与药效有关,但猪只同时感染其他疾病时也会影响药效。猪只瘦弱、营养不良时对同样剂量的药物比较敏感;饲料中蛋白质不足,缺乏维生素或钙、镁等成分,会使肝微粒体酶活性降低,影响药物与血浆蛋白的结合,增加对药物的不良反应;肾功能不全时,药物排泄障碍,必须延长给药的时间间隔，否则会因药物在体内蓄积而发生中毒；在循环机能减退时药物的运转、吸收发生障碍时也会影响药物的使用效果。

3. 机体对药物反应的变化

在连续用药一段时间后，机体对药物的反应可能会发生改变，有时出现耐受现象，化学结构类似或作用机制相同的几种药物之间有时也有交叉耐受现象。

四、病原体方面的因素

1. 病原体的敏感性

各种抗生素都有其独自的抗菌谱，但对其敏感细菌的不同状态，药效也不尽一致，如青霉素对繁殖型的细菌效果好，对生长型的细菌效果差；有的抗寄生虫药只对成虫有效，对幼虫却无效；本来对药物敏感的细菌，由于长期用药量不足，导致细菌逐渐通过基因突变或改变代谢途径而产生耐药性。

2. 病原体的数量与毒力

病原体的数量与毒力也直接影响药物的使用效果。一般在疾病的隐性感染阶段，病原体的数量较少，随着病程的发展病原体在环境和猪只体内迅速复制大量繁殖，数量急剧增加，病原体的致病力往往在疾病流行的初期较强，随机体的非特异性免疫力的对抗而有所减弱，但有时随着强毒的持续感染，机体的免疫力也会降低，因此早期用药效果较好。

五、环境方面的因素

药物的使用效果与猪只的饲养管理有着密切的关系，药物是外因，机体是内因，外因必须通过内因才能起作用。饲养密度过大，猪只拥挤时可大大增加药物的毒性，当猪舍黑暗并通风不良时，药物的副作用表现较为强烈，治疗效果减弱。对猪只加强营养、精心护理、注意栏舍卫生，增强自身抵抗力，才有利于药效的发挥。另外，很多药物如消毒药的作用效果都受环境的温度、湿度、作用时间以及环境中的有机物多少等条件的影响，同时猪只在应激条件下也会明显影响药物的使用效果。

第三节　猪场兽药使用指南

抗菌药物是一类使用最广泛和最重要的药物,在预防畜禽传染病和某些寄生虫病中具有其他药物不可替代的作用,但如果用药不当,仍会产生许多不良影响。如引起菌群失调、对机体的毒性反应、诱发敏感菌的耐药性等问题,造成药效降低、畜禽生产性能下降、生产成本提高、药物残留。因此,必须正确合理地选择预防用抗菌药物。

一、猪场兽药使用应该注意的问题

1. 药物的使用必须做到安全

(1)禁止使用国家规定的违禁药品　为保证猪肉食品安全,应严格执行国务院《兽药管理条例》和农业部公告第 176 号、193 号、560 号和 1519 号等国家法律法规,不能将人用药转为兽用,禁止使用已经淘汰的兽药。《兽药管理条例》第四十一条规定:禁止在饲料和动物饮水中添加激素类药品和国务院兽医行政主管部门规定的其他禁用药品。经批准在饲料中添加的兽药,应当由兽药生产企业制成药物饲料添加剂后方可添加。禁止将原料药直接添加到饲料及动物饮水中或者直接饲喂动物。农业部公告第 176 号《禁止在饲料和动物饮水中使用的药物品种目录》中规定肾上腺素受体激动剂、性激素、精神药品、各类抗生素滤渣等 5 大类共 40 个品种禁用。农业部公告第 193 号《饲养动物禁用的兽药及其化合物清单》禁止使用兴奋剂类、性激素类、具有雌激素样作用的物质、氯霉素、氨苯砜、硝基呋喃类、硝基化合物、催眠镇静类、林丹、毒杀芬、呋喃丹、杀虫脒、双甲脒、酒石酸锑钾、锥虫肿胺、孔雀石绿、五氯酚酸钠、各种汞制剂、硝基咪唑类等 21 类药物。农业部公告第 560 号《兽药地方标准废止目录》中的禁用品种有 5 大类 56 种类。农业部公告第 1519 号《禁止在饲料和动物饮水中使用的物质》中有禁用品种 11 种。

(2)严格执行国家规定的兽药休药期　为避免在动物产品内兽药残留超标所制定的休药期规定是保障动物产品安全所必须遵守的原则。正常情况下,药物半衰期后,药物在体内的消除率能达 95％以上。但休药期随着药物种类和给药途径的不同差异却很大,如砷制剂往往残留时间较长,为了防止残留,休药期一般应控制在 4 周以上。国家标准《无公害食品——生猪饲养兽药使用准则》规定了在生猪出栏前的停药时间。不同药物休药期也不同,如盐酸二氟沙星注射液的休药期为 45 天,而乙酰甲喹(痢菌净)的休药期则为 35 天。其他凡是在其附录中未规定休药期的兽药品种,应遵守不少于 28 天的规定,确保猪肉食品安全。

(3)不得使用假、劣和过期兽药　使用假、劣和过期兽药,不但起不到预防和治疗动物疾病的效果,相反还会带来严重的不良后果。购买和使用国家批准生产的正规兽药产品,杜绝使用非法厂家生产的"三无"产品。同时,注意参考《兽药使用指南》,不要轻信少数生产厂家的"包治百病"的虚假广告宣传。选药时要从药品的生产批号、出厂日期、有效期、检验合格证以及产品标签和使用说明书等方面详细检查,确认无质量问题后才可选用。禁止使用过期药物、变质药物、劣质药物和淘汰药物。

2. 药的使用力求正确与合理

(1)按说明书规定用药　用药前先要了解药物的成分和有效成分的含量,不要盲目按商品名称用药。目前市场上的兽药产品生产厂家很多,产品名称各异,有些兽药产品成分不同但名称相似,有些兽药产品名称相同但成分含量不同。因此,不管使用什么兽药,都要详细阅读其使用说明书,根据有效含量和厂家建议量合理使用。

(2)正确诊断,对症选药　目前影响猪群健康的疾病多为病毒病,可继发其他病毒病或并发细菌病,呈多病因混合感染。在发生某种猪病时,要根据流行病学、临床症状、解剖变化、实验室检验结果等综合分析,做出准确的诊断,然后有针对性地选择药物。所选药物要安全、可靠、方便、价廉,达到"药半功倍"的效果。对细菌性疾病,需先进行药敏试验,这对预防和治疗细菌性疾病很有意义。任何抗生素都有一定范围的抗病原作用,如果细菌不在某种抗生素的抗菌谱范围内,或不在敏感范围内,则该种抗生素对于此细菌无效或基本无效,这样不但耽误了治疗,还加重了药物副反应。总体来讲,应综合分析,不可依一种症状表现盲目治疗。应在综合诊断的基础上,选择敏感药物,确定给药途径、用药剂量、用药疗程,了解该药物的有效血药浓度、半衰期等,有针对性地选用药物。

(3)准确计算、掌握好药物最佳剂量　一般来说,药物疗效在一定范围内随着剂量的加大而加强,但要防止为了追求药物疗效随意加大药物剂量,而无视药物副作用的现象。使用剂量过小,达不到药物在血液中的有效浓度,起不到抑菌和杀菌作用,还容易产生耐药性。使用剂量过大,则毒副作用大,不但造成浪费,更重要的是引起积蓄中毒。如消化道用药的剂量过大,破坏肠道的微生态平衡,发生内源性感染,使潜伏的沙门菌、大肠杆菌大量繁殖而导致生猪发病,还可引起外源感染,让外来的病原菌无阻拦侵入。用药时,除应根据《中国兽药典》的配套书《兽药使用指南》的规定剂量用药外,兽医还应根据药物的理化性质、毒性和病情发展需要临时调整剂量,根据药物的有效成分含量和生猪体重计算正确用量,才能更好地发挥药物的治疗作用。另外,兽医应熟悉各种药物计量单位和国际单位的换算,做到准确计量。除抗生素药物外,其他药物也不可随意改变剂量。如使用泻下药治疗便秘时,剂量过大造成腹泻失水;使用收敛药治疗腹泻时,剂量过大会引起便秘;过量使用解热药物,可引起体温下降,影响新陈代谢。某些药物如磺胺类药物,需要首次剂量加倍,是为了迅速达到有效血药浓度,给病原微生物以致命打击,然后再根据情况降为维持量。但是,注意不是任何药物都需要首次剂量加倍。特别注意过量使用抗生素,会使病原微生物产生耐药性,给以后的治疗带来困难。对初生仔猪用药特别小心计量不能超量,否则会造成严重后果。

(4)选择合适的药物剂型　不同的药物剂型,其动物机体吸收的快慢、多少是不同的,其生物利用度、有效血药浓度及疗效也是不同的。在针剂、粉剂、片剂、膏剂、气雾剂、液体剂等众多剂型中,选定合适的药物剂型,才会收到最佳的用药效果。

(5)掌握好用药时机　通常情况下,用药越早效果越好,特别是微生物感染性疾病,及早用药可以迅速、有效控制病情。而细菌性疾病造成的腹泻,则不宜过早止泻,因为过早止泻会使病菌不能及时排除,反而在体内大量繁殖,这不但不能使猪的病情好转,反而会引起更为严重的腹泻。一般对症治疗的药物不宜早用,因为早用这些药物,虽然可以缓解症状,但在客观上会损害动物机体的保护性反应机能,掩盖发病真相,会给诊断和防治带来困难。

(6)合理搭配用药,注意配伍禁忌　猪生病很多情况属混合感染,需要多种药物配合使用,临床上常用的药物种类繁多,但不同的药物药理作用、物理、化学性质不同,若混合在一起,有的可以增强疗效,减轻毒性反应,但有的可能产生有毒物质,使药物失去药效,而只有合理的配伍才有药效相加的效果。有些药物有配伍禁忌,混用会导致药物的物理性状改变,如酸性药物与碱性药物合用会使药效降低或丧失;口服活菌制剂时应禁止用抗菌药物和吸附剂,磺胺类药物与维生素C合用会产生沉淀;磺胺嘧啶钠加葡萄糖会析出结晶;磺胺嘧啶在pH较低的溶液中发生理化性质变化。还有些药物配伍属药物动力学禁忌,如泰妙菌素与某些抗球虫药物(马杜霉素、盐霉素等)配伍会引起其在肝脏中竞争代谢,导致聚醚类药物在肝脏中蓄积,引起中毒。在日常药物使用中,牢记药物配伍禁忌,具体可参照《药物配伍禁忌表》。应尽量避免多种药物混用,特别是同类抗生素和毒性作用相同的药物联合使用。其次,青霉素不能与喹诺酮类、四环素类(土霉素、金霉素、强力霉素等)、大环内酯类联用,因为这两类药物能使细菌蛋白的形成迅速受到抑制,细菌处于静止状态,暂时停止生长和繁殖,此时青霉素不能发挥抑制细菌细胞壁合成的作用。阿莫西林、头孢类药物的基本药理作用与青霉素相同,都不宜与上述三类药物混合使用。

(7)注意药物的毒副作用 很多药物在起到预防和治疗疾病的同时,也会对机体产生一定的毒副作用。常言道:"是药三分毒",讲的就是这个道理。因此我们在使用药物时,一定要慎重,不要随意增加剂量和延长用药时间,避免造成机体急性或慢性中毒。

3.兽药使用的有效性

(1)充分考虑药物特性 抗生素药物一般很难进入脑脊液,只有磺胺嘧啶钠才能进入,因此治疗猪的脑部感染,如猪链球菌性脑炎,应首选磺胺嘧啶钠。通过内服能吸收的药物,可以用于全身感染性疾病的治疗。而内服不能吸收的药物,如磺胺脒等,就只能用于胃肠道细菌感染疾病治疗。

(2)选择合适的给药途径 不同的给药途径可影响药物吸收的速度和数量,影响药效的快慢和强弱。静脉注射可以立即产生作用,肌内注射次之,口服最慢。如全身感染采用注射用药好,肠道感染口服用药好,苦味健胃药如龙胆酊、马钱子酊等,只有通过口服才能刺激味蕾,提高对食物的兴奋性,加强唾液和胃液分泌,发挥药物疗效。在群体投药保健和治疗时提倡口服,可减少注射应激,降低治疗成本。

药物混饲,常用于保健用药。混饲时要注意所用药物的适口性,对适口性差的药物可适当增加调味剂,如葡萄糖等;还要注意药物混在饲料中的均匀度,对不同阶段的猪要采用不同的添加量。

饮水投药。必须选用可溶于水或混悬于水中的药物,不可选用那些易沉淀、快速分解的药物,如青霉素、维生素C在水中极易分解,很快失效,不宜于饮水投药。

肌内注射和静脉注射。肌内注射是治疗猪病最常用的给药方式,适宜于普通治疗。对于大剂量且不适宜肌内注射的药物或需补液时,可采用静脉注射。静脉注射吸收快,可迅速达到药物在体内的有效浓度,但对于种猪等体形大的猪而言,需将猪保定好,否则难以施行。

皮下注射和穴位注射。某些药物需缓慢吸收,宜采用皮下注射,如伊维菌素等。某些药物宜采用穴位注射,如流行性腹泻病毒疫苗在后海穴注射比肌内注射的效果明显。治疗肠道炎症引起的腹泻时也可采用后海穴内药物注射。

(3)注意药物有效浓度　给药间隔时间要合理。不同药物的半衰期不同,药物进入机体内其有效浓度的维持时间长短对治疗效果有影响,因此用药间隔时间就要根据半衰期来考虑。如肌内注射卡那霉素,有效浓度维持时间是12 小时,可以一天只注射 2 次,而青霉素粉针剂则应间隔 4~6 小时重复用药。

(4)充分考虑用药疗程　治疗猪病使用抗生素时,要注意按疗程给药,否则造成病原微生物对多种抗生素产生耐药性,使疾病极易复发,给治疗带来困难。对于治疗一般感染性疾病的抑菌、杀菌药物,一个疗程为 3~4 天,最少不能低于 3 天,最长不能超过 7 天。使用药物要连续,不应一天换一种或一天换多种药物,连续用某种药两三天后,若无效则考虑换药;换药时首先考虑所感染致病病原体的属性和可能的敏感药物。

(5)尽量选用效能多样或有特效的药　如仔猪黄白痢用药应尽早选用氟喹诺酮类或庆大霉素;猪弓形虫感染首选磺胺类药物。猪密螺旋体引起的猪痢疾首选痢菌净;附红细胞体感染时,则应尽量选用四环素类和血虫净(三氯脒)。

(6)注意猪的个体差异　临床用药要根据猪的具体情况及个体差异(如怀孕、过敏)选用最可靠、最安全、最方便易得的药物制剂。孕猪的用药一切从保胎原则出发,首先考虑对胎儿有无直接或间接影响,其次对母体有无毒副作用,不用妊娠禁忌药物。

(7)合理使用抗生素,避免耐药性的产生　不管是治疗病毒病还是细菌病,不管是猪病的预防还是治疗,人们多用抗生素类药物。但是抗生素类药物并不能抑制和杀灭病毒。由于抗生素的大量和频繁使用,病原微生物的数量不断增加,甚至出现超级细菌。人类一旦感染超级细菌,生存者很少,因为这种细菌对大多数抗生素都不敏感。在人类的耐药性中,动物过量使用抗生素可能是主要原因。要防止病原菌产生耐药性就需要猪场兽医科学诊断疾病,正确选用抗生素,选择合理的用量和恰当的疗程,做到处方用药。在猪群保健方面尽量少用抗生素,不选择人类常用的抗生素,特别是喹诺酮类的三、四代头孢类药物,选择有效的替代品。

(8)辨证施治,综合治疗　在治疗疾病时应该根据疾病发生、发展情况采取综合性治疗措施。一方面,针对病原,选用有效的抗生素或抗病毒药物;另一方面,改善饲养管理,提高机体的抗病力和恢复机体的生理机能,缓解或消除某些严重症状,如解热、镇痛、强心、补液等。正确处理对因治疗与对症治疗的关系,两者巧妙地结合将能取得更好的疗效。如病毒性腹泻一般采取消炎、止泻、补液、防脱水等对症治疗。在发病过程中长期发热,可消耗体内大量的维生素,导致患病食欲差,这些维生素得不到有效补充,会出现维生素缺乏症,引起猪的新陈代谢障碍,造成久治不愈。对这样的病例,在治疗原发病的同时应适当辅以维生素 C、维生素 B 族治疗,必要时增加输液、补糖等措施,加强护理,对病的康复有一定的促进作用,可使病在短期内治愈。总之,诊断疾病要准确、采取措施要及时、药物选择要科学、用药群体要明确、用药方法要合理、用后观察要仔细。同时加强饲养管理,搞好环境消毒与猪舍卫生,才能收到满意的治疗效果。

二、猪场常用药物合理选用、配伍及使用方法

用于猪的治疗药物主要青霉素类药物、磺胺类药物、四环素类药物、大环内酯类药物、氨基糖苷类药物、头孢菌素类药物、林可胺类药物。下面对这些药物在临床上的选用、配伍及使用方法进行逐一介绍。

1. 抗生素药物的合理选用

抗生素药物的合理选用

	抗原微生物	所致疾病	首选药物	次选药物
革兰阳性菌	猪丹毒杆菌	猪丹毒、关节炎	青霉素 G	红霉素
	金黄色葡萄球菌	败血症、化脓疮、心内膜炎、乳腺炎	青霉素 G	红霉素、头孢类、林可霉素、磺胺类
	耐青霉素金黄色葡萄球菌	化脓疮、乳腺炎、败血症、心内膜炎	耐青霉素酶的半合成青霉素	阿莫西林、红霉素、庆大霉素、林可霉素
	链球菌	链球菌性化脓疮、肺炎、乳腺炎、猪链球菌病	青霉素 G	红霉素、头孢类、磺胺类
革兰阴性菌	大肠杆菌	小猪黄痢、白痢、水肿病、腹泻、泌尿生殖道感染、腹膜炎、败血症	喹诺酮类、氟苯尼考	强力霉素、氨基糖苷类、磺胺类
	沙门菌	肠炎、下痢、仔猪副伤寒	喹诺酮类、氟苯尼考	阿莫西林、氨苄青霉素、磺胺类
	巴氏杆菌	猪肺疫	氨基糖苷类、头孢类	磺胺类、喹诺酮类、四环素类
	嗜血杆菌	肺炎、胸膜肺炎	林可霉素、氨苄青霉素	喹诺酮类、氨基糖苷类、四环素类
其他	霉形体（支原体肺炎）	猪气喘病	泰妙菌素、替米考星	泰乐菌素、北里霉素、强力霉素、林可霉素、喹诺酮类
	猪密螺旋体	猪痢疾	痢菌净	泰乐菌素、林可霉素
	钩端螺旋体		青霉素 G	链霉素、四环素
	弓形虫	猪弓形虫病	磺胺类＋甲氧苄啶	

2.常见药物配伍结果

常见药物配伍结果

类别	药物	配伍药物	结果
青霉素类	氨苄青霉素、阿莫西林、青霉素G钾	链霉素、新霉素、多黏霉素、喹诺酮类、庆大霉素、卡那霉素	疗效增强
		替米考星、强力霉素、氟苯尼考	降低疗效
		维生素C、多聚糖磷脂酶	沉淀、分解失效
		氨茶碱、磺胺类	沉淀、分解失效
头孢类	头孢拉定、头孢氨苄	硫酸新霉素、庆大霉素、喹诺酮类、硫酸黏杆菌素	疗效增强
		氨茶碱、维生素C、磺胺类、强力霉素、氟苯尼考	沉淀、分解失效、降低疗效
氨基糖苷类	硫酸新霉素、庆大霉素、卡那霉素、链霉素	氨苄青霉素、头孢拉定、头孢氨苄、强力霉素、抗菌增效剂	疗效增强
		维生素C	抗菌减弱
		同类药物	毒性增强
大环内酯类	硫氰酸红霉素、替米考星	硫酸新霉素、庆大霉素、氟苯尼考	增强疗效
		林可霉素	降低疗效
		磺胺类、氨茶碱	毒性增强
		氯化钠、氧化钙	沉淀、析出游离
多黏菌类	硫酸黏杆菌素	强力霉素、氟苯尼考、头孢氨苄、替米考星、喹诺酮类	疗效增强
		硫酸阿托品、头孢类、硫酸新霉素、庆大霉素	毒性增强
四环素类	强力霉素、金霉素	同类药物及泰乐菌素、泰妙菌素、抗菌增效剂	增强疗效（减少使用量）
		氨茶碱	分解失效
		三价阳离子	形成不溶性难吸收的络合物

续表(1)

类别	药物	配伍药物	结果
氯霉素类	氟苯尼考	硫酸新霉素、强力霉素、硫酸黏杆菌素	疗效增强
		氨苄西林钠、头孢拉定、头孢氨苄	降低疗效
		喹诺酮类、磺胺类	毒性增强
		叶酸、维生素 B_{12}	抑制红细胞生成
喹诺酮类	诺氟沙星、恩诺沙星、环丙沙星	头孢拉定、头孢氨苄、氨苄西林钠、链霉素、硫酸新霉素、庆大霉素、磺胺类	疗效增强
		四环素、强力霉素、氟苯尼考	疗效降低
		氨茶碱	析出沉淀
		金属阳离子 Ca^{2+}、Mg^{2+}、Fe^{2+}、Al^{3+}	形成络合
茶碱类	氨茶碱	维生素 C、强力霉素、盐酸肾上腺素等酸性药物	混浊分解失效
		喹诺酮类	降低疗效
洁霉素类	盐酸林可霉素	甲硝唑	疗效增强
		替米考星	疗效降低
		磺胺类、氨茶碱	混浊、失效
抗球虫药	氨丙啉	维生素 B_1	疗效降低
	二甲硫铵	维生素 B_1	疗效降低
	莫能霉素、杜马霉素、盐酸霉素	泰妙菌素、竹桃霉素	抑制动物生长,甚至中毒死亡
影响组织代谢药	维生素 B_1	生物碱、碱性药液	沉淀
		氧化剂、还原剂	分解、失效
		氨苄青霉素、头孢类、多黏菌素	破坏、失效
	维生素 B_2	碱性药液	破坏、失效
		氨苄青霉素、头孢类、多黏菌素、四环素、金霉素、土霉素、硫酸新霉素、卡那霉素、林可霉素	破坏、灭活

类别	药物	配伍药物	结果
影响组织代谢药	维生素C	氧化剂	破坏、失效
		碱性药液(氨茶碱)	氧化失效
		钙制剂溶液	沉淀
		氨苄青霉素、头孢类、四环素、土霉素、红霉素、酸新霉素、链霉素、卡那霉素、林可霉素、强力霉素	破坏、灭活
	氯化钙	碳酸氢钠、碳酸氢钠溶液	沉淀
	葡萄糖酸钙	碳酸氢钠、碳酸氢钠溶液、水杨酸盐、苯甲酸盐溶液	碳酸氢钠、碳酸氢钠溶液

3.猪场常用抗生素药和抗寄生虫病药物的使用方法

猪场常用抗生素药和抗寄生虫病物的使用方法

名称	制剂	用法与用量	休药期
青霉素钠(钾)	注射粉针	肌内注射:每千克体重2万～3万单位	
氨苄青霉素钠	注射粉针	肌内或静脉注射:每千克体重10～20毫克,1日2～3次,连用2～3天	
羟氨苄青霉素(阿莫西林)	注射粉针	肌内或静脉注射:每千克体重10～20毫克,1日2～3次,连用2～3天	
普鲁卡因青霉素	注射粉针或注射液	肌内注射:每千克体重2万～3万单位,1日1次,连用2～3天	
头孢噻呋钠	注射粉针	肌内注射:每千克体重3～5毫克,1日1次,连用2～3天	
硫酸链霉素	注射粉针	肌内注射:每千克体重10～15毫克,1日2次,连用2～3天	
硫酸庆大霉素	注射液	肌内注射:每千克体重2～4毫克,1日2次,连用2～3天	40天
硫酸庆大霉素－小诺霉素	注射液	肌内注射:每千克体重1～2毫克,1日2次,连用2～3天	

名称	制剂	用法与用量	休药期
硫酸新霉素	粉剂	拌料或饮水:每千克体重 10 毫克,连用 3～5 天	3 天
硫酸阿米卡星	注射液	皮下或肌内注射:每千克体重 5～10 毫克,连用 3～5 天	
盐酸林可霉素—壮观霉素(按 1∶2 比例)	预混剂	混饲:每千克饲料 44 克,连用 5～7 天	5 天
	可溶性粉剂	混饮:每千克体重 5 毫克,连用 3～5 天	5 天
	注射针剂	肌内注射:每千克体重 5～10 毫克	
硫酸安普霉素	可溶性粉剂	混饮:每千克体重 12.5 毫克,连用 5～7 天	21 天
土霉素	预混剂	混饲:每千克体重 10～25 毫克,1 日 2 次,连用 2～3 天	5 天
	长效注射液	肌内注射:每千克体重 10～25 毫克 1 日 1 次,连用 2～3 天	28 天
盐酸金霉素	预混剂	混饲:每千克体重 10～25 毫克,连用 3～5 天	5 天
盐酸四环素	预混剂	混饲:每千克体重 10～25 毫克,连用 3～5 天	5 天
盐酸强力霉素	预混剂	混饲:每千克体重 3～5 毫克,连用 3～5 天	5 天
氟苯尼考	预混剂	混饲:每千克体重 20～30 毫克,连用 3～5 天	30 天
	注射液	肌内注射:每千克体重 20 毫克,每间隔 48 小时 1 次,连用 2 次	30 天
烟酸诺氟沙星	注射液	肌内注射:每千克体重 10～25 毫克	10 天
	可溶性粉剂	口服:每千克体重 10 毫克,连用 5～7 天	8 天
烟酸或环丙沙星	注射液	肌内或静脉注射:每千克体重 2 毫克	10 天
恩诺沙星口服液	注射液	肌内或静脉注射:每千克体重 2.5 毫克,1 日 2 次,连用 3～5 天	10 天
	口服液	口服(仔猪灌服):每千克体重 10～25 毫克,1 日 2 次,连用 3～5 天	8 天

名称	制剂	用法与用量	休药期
甲磺酸达诺沙星	注射液	肌内注射:每千克体重 1.25～2.5 毫克,1日 2 次,连用 3～5 天	25 天
乙酰甲喹(痢菌净)	注射液	肌内注射:每千克体重 2～5 毫克	
	预混剂	拌料混饲:每千克体重 5～10 毫克,1 日 2 次,连用 3 天	
喹乙醇	预混剂	混饲:饲料中添加严格控制在 0.005％～0.01％,连用 3 天	35 天
越霉素 A	预混剂	混饲:每千克体重 5～10 毫克,连用 5～7 天	
乳糖酸红霉素	注射粉针	静脉注射:每千克体重 2～5 毫克,1 日 2 次,连用 3 天	
吉他霉素(北里霉素)	片剂	口服:每千克体重 20～40 毫克,连用 3～5 天	7 天
	预混剂	混饲:每千克体重 20～40 毫克,连用 3～5 天	
酒石酸北里霉素	可溶性粉剂	混饮:每千克体重 10～20 毫克,连用 1～5 天	7 天
泰乐菌素	注射液	肌内注射:每千克体重 8～10 毫克,1 日 2 次,连用 3 天	14 天
酒石酸泰乐菌素	注射液	皮下或肌内注射:每千克体重 5～15 毫克,1 日 2 次,连用 3 天	14 天
磷酸泰乐菌素	预混剂	混饲:每千克体重 8～10 毫克,连用 3～5 天	14 天
磷酸替米考星	预混剂	混饲:每千克体重 4～5 毫克,连用 5～7 天	14 天
延胡索泰妙菌素	可溶性粉剂	混饮:每千克体重 4～6 毫克,连用 5 天	7 天
	预混剂	混饲:每千克体重 4～10 毫克,连用 5～7 天	5 天

续表(3)

名称	制剂	用法与用量	休药期
杆菌肽锌	预混剂	混饲:每千克体重 4~40 毫克,连用 5~7 天	7 天
杆菌肽锌—硫酸黏杆菌素	预混剂	混饲:每千克体重 2~20 毫克,连用 5~7 天	7 天
硫酸黏杆菌素	可溶性粉剂	混饮:每千克体重 2~20 毫克,连用 5~7 天	7 天
	预混剂	混饲:每千克体重 2~20 毫克,连用 5~7 天	5 天
硫酸小檗碱	注射液	肌内注射:每千克体重 50~100 毫克	
林可霉素	注射液	肌内注射:每千克体重 4~8 毫克,1 日 2 次	2 天
	预混剂	混饲:每千克体重 4~8 毫克,连用 5~7 天	
	可溶性粉剂	混饮:每千克体重 4~8 毫克,连用 5~7 天	5 天
黄霉素	预混剂	混饲:每千克体重 5 毫克,连用 5~7 天	
磺胺嘧啶	注射液	静脉或肌内注射:每千克体重 20~30 毫克,1 日 2 次,连用 3 天	2 天
	片剂或粉剂	内服:每千克体重首次 0.14~0.2 克,维持量 0.07~0.1 克,连用 3 天	
磺胺二甲基嘧啶	注射液	静脉或肌内注射:每千克体重 50~100 毫克,1 日 2 次,连用 3 天	
	片剂或粉剂	内服:每千克体重首次 0.14~0.2 克,维持量 0.07~0.1 克,连用 3 天	
磺胺甲基异噁唑	片剂或粉剂	内服:每千克体重首次 0.14~0.2 克,维持量 0.07~0.1 克,1 日 2 次,连用 3 天	

名称	制剂	用法与用量	休药期
磺胺对甲氧嘧啶钠（磺胺-5-甲氧嘧啶）	片剂或粉剂	内服:每千克体重首次 50~100 毫克,维持量 25~50 毫克,1 日 2 次,连用 3 天	
复方磺胺对甲氧嘧啶钠注射液	注射液	肌内注射:每千克体重 15~25 毫克,1 日 2 次,连用 3 天	
磺胺间甲氧嘧啶（磺胺-6-甲氧嘧啶）	片剂或粉剂	内服:每千克体重首次 50~100 毫克,维持量 25~50 毫克,1 日 2 次,连用 3 天	
	注射液	静脉注射:每千克体重 50 毫克,1 日 2 次,连用 3 天	
磺胺氯哒嗪钠	粉剂	内服:每千克体重首次 20 毫克,连用 5~10 天	3 天
磺胺脒	片剂	内服:每千克体重首次 0.1~0.2 克,1 日 2 次,连用 3 天	
甲氧苄啶	复方制剂	内服:常与磺胺药 1∶(4~5)配合使用	
二甲氧苄啶	复方制剂	内服:常与磺胺药 1∶(4~5)配合使用	
阿苯哒唑或芬苯哒唑	粉剂	混饲:每千克体重 5 毫克,连用 5~7 天	14 天
阿维菌素或伊维菌素	注射液	皮下注射:每千克体重 0.2~0.3 毫克	18 天
	0.6% 预混剂	混饲:0.2~0.3 毫克	5 天
妥曲珠利(百球清)	溶液剂	小猪灌服:每千克体重 7~20 毫克	
双甲脒	溶液剂	药浴、喷洒、涂擦,配成 0.025%~0.05% 溶液	7 天

第二篇

当前猪场
焦点性疫病解析

猪病是养猪业中令人最为关心的话题，也是养猪业中最为棘手的问题。2010开始猪流行性腹泻病毒病在我国大面积暴发流行，又出现腹泻综合征；2012年猪伪狂犬病的频发及猪丹毒病的日趋活跃，呈地方性流行，造成不少猪死亡；养殖户对猪口蹄疫的防控重视程度达到极度的敏感状态，但仍让人们防不胜防；绵连不断的呼吸道疾病，时刻是养猪人的心痛之恨……如果在养猪生产中认真地去执行猪场的防疫制度，其实猪病都是可防可控的。

第五章

关于猪流行性腹泻病毒病蔓延有关问题的认识与反思

【知识链接】

英国在1971年首次发现猪流行性腹泻病毒（porcine epidemic diarrhea virus，PEDV），当时主要是在育肥猪和架子猪间引起急性的腹泻，被称为"猪流行性病毒性腹泻"。此病1982年被命名为"猪流行性腹泻"，并在荷兰、比利时、德国、法国、瑞士、保加利亚、匈牙利、日本、韩国等国均有发生，但欧、亚地区间致病情况有所不同。欧洲地区，此病主要引起6～15周龄猪只腹泻，属较轻微的腹泻，一般1周后康复，损失并不严重；亚洲地区，此病已成为地方性疾病，导致仔猪死亡率较高，我国感染较为严重。自20世纪70年代陆续在我国出现该病以来，近年来，其流行区域和流行强度在不断扩大和增强，对哺乳仔猪造成很高的致死率，经济损失巨大。近年对全国26个省、市、自治区调查表明，猪流行性腹泻（PED）的总死亡率占36种疾病总死亡率的1.74％，PED与猪传染性胃肠炎（TGE）混合感染率已上升至30.77％。从2010年10月，PED在我国再次大面积暴发流行，临床表现为各年龄段猪只均发生腹泻，尤其以哺乳仔猪较为严重（病死率达80％以上）。据分析，此次流行毒株发生变异是导致猪场免疫失败的重要原因，这也显示，之前的疫苗免疫或母源抗体并不足以保护猪只免受PEDV流行毒株的感染，免疫策略需要变换及改进。

【病例案例】

1. 基本情况

2012年1月初，某猪场种猪阶段的个别母猪突然发生呕吐，有的表现食欲减退或废绝，体温38～39℃，翌日约20％的怀孕母猪少食或拒食，30％的母猪发生腹泻，粪便恶臭；随后有一栋分娩舍母猪零星发生腹泻，哺乳仔猪也出现精神委顿、厌食、呕吐和明显的水样腹泻,粪便呈黄色、淡绿色或灰白色,并有气泡。在母猪与哺乳仔猪基本治愈后,保育仔猪及中、大猪先后又有零星发生腹泻。该场从疫情发生到得到控制共 2 周时间,哺乳仔猪死亡 83 头,占存栏率约 8.5%(83/980);保育猪死亡 6 头,占发病率的 3.3%(6/178);其他无死亡,防治效果较为显著。

2.治疗

(1)少食或厌食的哺乳母猪 用 5% 葡萄糖盐水 1 000 毫升、氨苄西林 5克、维生素 C 5 克、三磷酸腺苷钠注射液 15 毫克,静脉注射。

(2)腹泻母猪 乳酸环丙沙星 8 毫克/千克,颈部注射,2 次/天,连用 3 天。

(3)仔猪 对于发病单元的仔猪,首先要保证栏舍干燥,提高栏舍内的温度,单元内所有仔猪一出生就注射丁胺卡那霉素 0.5 毫升/头,发生呕吐和腹泻的仔猪,灌服 1∶5 稀释的聚维酮碘 2~3 毫升,每天 1~2 次。发病仔猪用硫酸新霉素和东莨菪盐碱配制成 1∶1 的合剂灌服 1 毫升,每天 2 次,口服补液盐(自由采食)。未发病单元的仔猪出生后即灌服 1∶5 稀释的聚维酮碘 2~3 毫升,每日 1 次,连续 3 天。

(4)发病保育仔猪、育成猪 在每吨饮水中添加口服补液盐(氯化钠 3 500克、氯化钾 1 500 克、碳酸氢钠 2 500 克、葡萄糖 25 000 克)+70% 阿莫西林 300 克,自由饮用。同时肌内注射痢菌净 2 毫克/千克体重或硫酸阿米卡星 8毫克/千克体重。

(5)怀孕第 30~70 天的中期母猪 紧急补注猪传染性胃肠炎与猪流行性腹泻二联灭活苗,4 毫升/头,交巢穴注射。将发病较轻的仔猪内脏搅碎,用其浸泡液拌料喂饲产前 10~20 天怀孕后期的母猪,使其产生自身免疫。

【技术破解】

一、PED 临床表现及病理特征

1.临床表现

此次流行疫情以腹泻为共同特征,但仔细分析临床病例表现并不相同。常见的有如下几种:

(1)只在哺乳仔猪群发生的腹泻 病例集中在哺乳仔猪群,即使在哺乳猪群,发病日龄差别也非常明显,3~7 日龄发病、9~15 日龄发病、断奶前后发病。其次,多数猪群的表现是先出现消化不良性白色稀便(15日龄下仔猪),2～3次之后很快转化为水样腹泻,1～3天后大批死亡。低日龄发病猪群中常见神经功能异常(站立不稳、先天性哺乳机能不全、战抖等)病例。

(2)在哺乳仔猪群、保育猪群同时发生的腹泻 病例集中在产房和保育舍,多发于仔猪体重差异悬殊、部分个体发育迟缓、消瘦猪群。表现为前期消化不良性白色、黄色、或黄白相间稀便,之后出现水样腹泻,3～5天后出现死亡,病死率20%左右。产房和保育舍保温性能较差,消毒和隔离制度落实不到位,人员流动失控、产房和保育舍空气质量差、持续不断流水作业是其共同特征。

(3)先哺乳仔猪,后扩展至保育猪群或先保育猪群,后扩展至哺乳仔猪的腹泻 前者初始病例现于产房,之后扩展至保育舍。后者初始病例现于保育舍,之后扩展至产房。临床症状、特征与同时发病猪群相近,但病程经过较长,病死率差异显著,处置措施恰当的猪场病死率在5%～15%,反之可达60%。

(4)在哺乳、保育和育肥猪群均有病例的腹泻 此种病例以初期排黄色、黏性、带有明显腥臭气味(或消化不良性)稀便,2～3天后转为灰色稀便,再经1～2天后转为水样腹泻,5天后才发生死亡为主要特征,病死率10%左右。

(5)不分年龄段的腹泻 腹泻病例分布于猪群的各个年龄段,甚至包括大育肥猪和经产的繁殖母猪。此种病例初期以"过料性"稀便开始,3天左右转为水样腹泻。母猪和育肥大猪很少死亡,死亡病例集中于保育猪和哺乳仔猪,日龄越低,病死率越高。

2. 剖检病变

不同病例剖检的差异很大:①外观可见病死猪只消瘦,被毛无光泽,有的皮肤发白,有的胸腹下与股内侧皮肤有蓝紫色小点或蓝色斑块,有的耳部发紫等。②消化系统的组织器官发生明显异常,可见小肠充血、肠黏膜脱落、肠壁变薄发亮;肠管内充满乳白色、灰白色或黄绿色液状物,内含有泡沫和水样的凝乳块;肠黏膜绒毛萎缩;肠系膜充血、水肿;胃底部充血,内容物呈鲜黄色并混有乳白色凝乳块;较大的猪只可见胃溃疡,有的还可见有坏死病灶。③肠系膜淋巴结因病例的不同阶段表现为非出血性肿大、充血性肿大、出血性肿大、瘀血性肿大(多见于急性或死亡病例)。髂骨前淋巴结肿大并伴有出血、瘀血,部分病例的血样病脂肪浸润(表面浅黄、实质浅黄),或表面灰褐色,偶见深灰色。肝脏变性、灰白色针头状坏死灶,同时有硬化趋势;胆囊透明,胆汁分泌不足且异常稀薄。低日龄病例仅见肾被膜的脏层同肾脏紧密相连,难以分离;月龄前后仔猪则表现为肾脏表面针尖状出血点,或呈豌豆大小略显灰白的透明泡,保育猪和育肥猪表现最为复杂,有肾表面针尖状出血等。

二、追根溯源

1. 实验室检测结果

(1)来自一线不同地区的检测情况　2012年3月至2013年12月,汇总了福建龙岩,安徽宣城、安庆、六安、淮北、阜阳,江苏淮安,河南周口及河北承德、张家口等23家规模化猪场963个的检测样本,其化验结果如下:猪流行性腹泻病毒阳性率为69头、占12%(665/962),传染性胃肠炎病毒阳性性率为29头、占31%(282/962),伪狂犬病毒阳性率为19头、占33%(186/962),猪瘟病毒阳性率为24头、占74%(238/962),大肠杆菌阳性率38头、占14%(367/962),球虫阳性率为12.5%(6/48,该项只对南方龙岩地区进行了检测)。

(2)来自科研机构方面的报道　根据多家检测部门证实,本次大面积的仔猪腹泻疫情主要是由猪流行性腹泻病毒引起。据哈尔滨兽医研究所专门从事腹泻病毒研究的冯力研究员介绍,从2011年3月至今他们实验室对来自全国11个省市的148份样品(粪便或小肠内容物)进行了检测分析,结果表明,PEDV的阳性率为55.4%(82/148),猪传染性胃肠炎病毒(TGEV)的阳性率为39.2%(58/148),二者的混合感染率为25.9%,猪轮状病毒(PRV)的阳性率为10.8%(16/148),而猪嵴病毒(Kobu病毒)的阳性率很低。并且分离出PEDV、TGEV等种病毒,结合发病猪的日龄、临床发病症状(呕吐、腹泻和脱水)和实验室检测结果及PEDV、TGEV流行特征,冯力认为仔猪腹泻病的主要病原为PEDV,其次为TGEV。

从上述检测结果来看,多数是以流行性腹泻、大肠杆菌及其他病毒混合感染或交替发生。

2. 科研机构的研究观点综述

腹泻流行肆虐又束手无策的时势呈现出众多学者不同的观点,其一华中农业大学指出,博卡病毒或Kobu病毒导致猪腹泻;二是南京农业大学则认为蓝耳病是猪腹泻的原因;三是农业部种猪质量监督检验测试中心樊福好博士指出,母猪体内毒素导致猪腹泻严重;四是还有人提出新的病毒如沙波病毒 (Sapovirus)、诺如病毒(Norovius)等;五是综合征又伺机抬头,继猪呼吸道病综合征、乳腺炎-子宫炎-综合征之后,大凡混合感染又无法确定病原的就多以综合征来命名,典型的就有高热综合征,现在又出现腹泻综合征也顺理成章。

3. 诊断发现的问题值得深思

(1)肝源性腹泻扮演什么角色 诊断中见到腹泻哺乳仔猪的肝脏肿大、变性,乃至有硬化的外观与手感;胆囊萎缩,只占据部分胆窝,没有胆汁,或者胆囊高度肿大、薄而半透明,胆汁呈淡黄色、稀薄如水。肝脏的这种病变应该不是在较短期内因腹泻而可以形成。在剖杀 1 日龄哺乳仔猪或未发生腹泻的 1～3 日龄哺乳仔猪时同样发现这类肝脏病变,与此同时,还发现在肝脏病变的同时,肾脏、脾脏均有高度变性。这表明,在发生腹泻前哺乳仔猪的实质脏器均受到严重损伤,特别是肝脏与胆囊的损伤引发胆汁分泌障碍形成的肝源性腹泻在本次腹泻中的作用没有得到重视!

(2)免疫缺陷造成的过失 哺乳仔猪腹泻不是某单一病因引发的,不同的猪群主导病因可能完全不一样,所接触的现场具有一定的局限性,从检测结果及剖检来看,为何猪瘟和伪狂犬检出阳性率这么高?兽医界一直呼吁的——猪瘟疫苗带毒问题并未得到相关部门的重视,大量的携带病毒猪瘟疫苗随着强制免疫在大范围内使用,为哺乳仔猪发生病毒性腹泻埋下了伏笔。有部分仔猪腹泻的场都普遍存在猪群的猪瘟抗体水平参差不齐,野毒感染率偏高,这种情况是不是猪群系统免疫存在缺陷的主要标志?凡仔猪排泄青、绿色粪便的对应母猪,基本上都存在严重的猪瘟免疫缺陷。其次是不是伪狂犬免疫存在漏洞,使临床表现涉及感染猪的多个系统的器官组织及猪群各生产阶段的全过程?感染猪的免疫功能一旦局部或全部出现缺陷,相应致病基因的功能就会单独或同时启动表达,不同的病变就会呈现。

(3)疑似口蹄疫对免疫功能的损伤 生产上最常见到的是,凡遭受疑似口蹄疫侵害的猪场,其猪群的特异性及非特异性免疫功能基本无法躲过被破坏的厄运,细菌或病毒继发感染的机会随之到来,仔猪腹泻也是个典型的例子,凡遭遇疑似口蹄疫的猪场几乎都会在短时间内继发仔猪腹泻(如某猪场 2 月 12 日发生疑似口蹄疫,紧接着 2 月 22 日就发生了仔猪腹泻)。而遭受过顽固性仔猪腹泻的猪场,如果前面短期内未遭受过口蹄疫侵扰,绝大多数随后会继发疑似口蹄疫。这充分说明,无论是仔猪腹泻还是口蹄疫,最根本的原因还是猪群的系统免疫功能受到损害，成为"姊妹病"，系统性问题的产生如果不从源头上加以彻底解决，各部分的问题就会在不同时期以各种形式逐步或同时暴露出来。

（4）不可忽略大肠杆菌的致病性　不少新生仔猪腹泻的猪只都分离到大肠杆菌，且流行病学、发病情况与肠毒素大肠杆菌类似，发病猪场注射进口的大肠杆菌多价苗后能显著降低死亡率。但是，大肠杆菌一般为条件菌，很难导致如此大范围的发病。发病率及死亡率之高是单纯大肠杆菌很难达到的，综合病理变化、病毒检测结果，可以知道肠毒素大肠杆菌尽管不是本轮腹泻的主导病原，但它是新生仔猪反复发生腹泻和腹泻死亡率居高不下的一个主要诱因。

（5）霉菌毒素　霉菌毒素对猪群免疫功能所造成的损害已广为人知。2011年上半年普遍反映玉米霉变严重，市场上很难买到好的玉米，母猪食用了霉变饲料中毒，毒素通过胎盘传给仔猪，造成仔猪消化系统病变，从而引起腹泻。但生产上要解决此类问题似乎变得日渐困难，各种霉菌毒素吸附剂似乎对问题的解决没有多少实际帮助，有时甚至会有副作用——不少已知或未知的微量或痕量营养元素很可能亦随之被吸附并随粪排出体外。临床上所见顽固性仔猪腹泻严重的猪场，很大程度上存在饲料的霉菌毒素污染问题。

（6）母体内蓄积的毒物也是造成仔猪腹泻的因素　福建龙岩某集团公司猪场2012年2月22日发生仔猪腹泻后死亡惨重，3月2日编者应邀前去帮助处理，查看其原处理方案，几乎任何措施他们都做过尝试，且没有一点疗效，翻看其保健方案并对其进行成本测算，按此计算如果正常情况出栏1头100千克体重的商品猪，防疫费用为180～200元，由此推测是不是因为在母猪"产前产后药物保健"过多的添加，导致怀孕母猪肝肾受损，对毒物排泄功能下降，体内蓄积的毒物（重金属、抗生素和霉菌毒素）进一步损害新生仔猪的肝肾而引发仔猪腹泻？限于无化验条件，于是建议选择2窝出生3日龄刚开始腹泻和5窝7日龄发生腹泻的仔猪采取超早期断奶，结果停喂母乳后腹泻即止，随后进行大面积的推广，获得了较好的效果，也验证了当初的推理。

（7）猪舍卫生条件与保温效果　猪场的卫生条件与猪群的健康状况有密切关系，而猪舍内温度也往往是诱发仔猪腹泻的外因之一。然而，南方猪场大多都是卷帘式的结构，猪舍保温效果较差，但在发病期间还采用水冲式的工艺清理卫生，从而造成不可估量的损失。因此在冬季需要加强猪舍的保温，保持猪舍干燥,保持猪舍的温度和湿度在舒适的环境(产仔舍温度 20～23℃,相对湿度在 65%～75%,新生仔猪躺卧区 30～32℃),对预防本病的发生和流行是非常重要的。

(8)猪流行性腹泻病毒本身发生变异　对于本次流行病毒的病原学特性和致病特性还有待于深入研究。回顾过去 20 年我国养猪业的发展和疾病控制策略,特别是流行性腹泻和传染性胃肠炎的控制策略,不难发现以下与本次腹泻大流行相关的可能因素:①本次流行的 PED,与以往日本、韩国流行的亚洲病毒十分相似,以感染哺乳仔猪、造成严重损失为特征。②2009 年以来,国内出现大量的母猪扩群(特别是大型牧场),从国外(如澳大利亚)的经验看,PED 的流行与大量新母猪的扩群有密切关系。③国内外研究显示,PEDV 弱毒苗口服免疫效果显著优于肌内注射途径免疫的弱毒苗和灭活苗,而我国仅有 PEDV 灭活疫苗上市。④自 2000 年左右韩国发生 PED 大流行以来,周边地区均有暴发,我国一直处于地方性流行状态。⑤我国的 PEDV 野毒与韩国分离株极为相似,而与欧洲疫苗株距离较远。⑥PED 在局部地区首先暴发后,未能及时有效控制,逐渐蔓延后出现大流行。

三、防控模式

众所周知,生产上一旦发生仔猪腹泻,几乎没有任何药物可以用于有效治疗,况且,在养猪生产上仅仅针对某种病而采取相应措施已是相当被动的行为。根据猪场的现状,采取全方位的符合科学原理而又切实有效的防范措施,在保障猪群健康的基础上,达到提高生产性能、降低饲养成本的目的,才是养猪人应该追求的目标。

1. 预防方案

(1)建立严格的生物安全措施是基础　门卫消毒卫生要求。①每年 9 月至翌年 3 月实行全面封场。②严格控制人员外出,所有人员以及物品、用品、饲料等必须经过消毒后方可入场。③门卫负责每天将工作区进行 2 次消毒,上、下午各 1 次。④对更衣室内消毒池的麻袋片每天要进行更换消毒液,用浸泡消毒药水的拖把将更衣室内的地面拖干净,同时打开紫外线灯再消毒。⑤猪场内不准饲养其他动物,避免疫病相互传播。

实行分点隔离饲养与"全进全出"的饲养制度。每批猪只全部出栏后对猪舍要进行彻底清扫、冲洗,然后连续消毒 3 次,空舍 2～4 天,再进入下一批新猪,这样可以消灭传染源,切断传播途径,防止疫病交叉传播。

强化消毒措施:平时分娩舍与保育舍应每周带猪消毒 2 次,猪舍的外环境每月清扫后消毒 2 次。猪场内的粪沟每周定期使用 3% 氢氧化钠溶液处理 1 次。

(2)科学精细化的饲养管理是关键　从源头抓起,确保母猪的健康。①对哺乳母猪要给予全价优质的饲料,保证其营养的全面、均衡,可使仔猪获得充足而富有营养的乳汁。母猪的乳汁稀薄,营养不全,缺乏维生素与矿物质,也可引发仔猪黄白痢。②产房、产床要清扫干净,彻底消毒,并保持通风干燥、清洁卫生、温度适宜、冬暖夏凉。产仔舍内要保持无吸血昆虫、无鼠害、无寄生虫卵。③母猪进产房之前要用 32℃ 温水清洗全身,然后用 1∶1 000 卫康或 0.5% 强力消毒灵等带消毒后再进入产房待产,以避免母猪将病原带入产房,污染环境。④母猪产仔后,产床要立即清扫消毒,母猪的乳房与乳头要用 0.1% 高锰酸钾水溶液擦洗干净,然后才能固定乳头让仔猪吃初乳,严防病原菌从口而入。⑤做好母猪"三炎症",即子宫内膜炎、阴道炎与乳腺炎的预防,因为这些产科疾病发生后直接影响到仔猪的吃奶及腹泻疾病与其他疾病的发生。

把新生哺乳仔猪的护理工作放到重中之重。①仔猪出生后要用干净的消毒纱布或毛巾将其全身擦洗干净,放入保温箱中待 20 分钟左右,使其尽快适应自然环境,然后再固定乳头吃初乳。②仔猪断脐、打耳号等要严格用碘酊消毒,防止感染,避免发生各种应激。③分娩舍的温度要保持在 20～24℃,保温箱内的局部温度:仔猪 1 日龄 32～34℃、8～14 日龄 30～32℃、15～30 日龄 28℃,低温环境与室内温差变化过大均可加重腹泻疾病的发生。④让仔猪饮用清洁的饮水,防止其吸吮脏水及尿液等,否则易诱发仔猪腹泻。⑤仔猪出生第 3 天补铁、补硒,每头肌内注射牲血素 1 毫升,0.1% 亚硒酸钠—维生素 E 注射液 0.5 毫升;或者每头肌内注射铁制剂 12 毫升,可预防仔猪缺铁性贫血与缺硒性腹泻。⑥仔猪于 7 日龄开始补料,可在乳猪料中添加微生态制剂及多种复合维生素,以提高机体免疫力和改善肠道功能,确保仔猪健康生长。

一丝不苟地做好免疫预防工作是保障。做好免疫接种工作,是减少发病的重要手段,所以要认真做好如下几种疫病的免疫:①母猪在分娩前使用猪传染性胃肠炎(TGE)、流行性腹泻(PED),也可使用含有轮状病毒的三联活疫苗 1 次肌内注射 1 头份(4 毫升),免疫保护期为半年;免疫母猪所产仔猪可经吃

初乳后获得 30 天的被动免疫保护；仔猪出生后于吃初乳前每头肌内注射 0.5
头份疫苗，间隔 30 分钟后再吃初乳，其免疫保护期为 1 年；仔猪断奶前 7 天，
每头肌内注射疫苗 1 头份，免疫保护期为半年；种公猪与育肥猪每头肌内注射
疫苗 1 头份，免疫保护期为半年。②生产母猪一定要按照科学的免疫程序免
疫接种好猪瘟疫苗、伪狂犬病疫苗与口蹄疫疫苗等。只要母猪的免疫抗体水
平高，不仅可间接保护好仔猪，而且可以避免与减少发生腹泻疾病时出现各种
病毒混合感染而增加发病率与死亡率。③仔猪的免疫预防：仔猪进入保育舍
之前，一定要按照科学的免疫程序接种好猪瘟疫苗、圆环病毒病疫苗、伪狂犬
病疫苗、口蹄疫疫苗、气喘病疫苗与链球菌病多价灭活疫苗等。这样不仅能有
效防止仔猪发生腹泻，而且可减少混合感染与继发感染的出现，避免病情复杂
化，造成更大的损失。

2. 发病时处理措施

(1)发病猪群的及时隔离　隔离工作非常重要，很多人对于这个环节基本
不做，如果不及时隔离，那么这个发病的猪就会成为一个传染源，会派出大量
的病原，很容易引起其他猪的感染，同时发病猪由于自身抵抗力下降，身上有
特殊的气味很容易被其他猪攻击或者压死，给养猪者造成损失。

(2)针对病毒性腹泻进行合理的返饲　对于处理腹泻比较严重、病情无法
控制的猪场，在做好消毒隔离的前提下，可采用返饲法对怀孕母猪进行口服
(具体做法是把刚刚出现腹泻 1～2 天的仔猪剖杀后取胃肠及其内容物剪碎并
添加适量的阿莫西林粉然后拌料喂母猪，每头仔猪内脏可喂 5 头左右母猪)，
饲喂 2 周后，母猪产下的仔猪腹泻会明显减少。

(3)做好保温工作，实施早期断奶　饲料中有毒物质(重金属、抗生素和霉
菌毒素)的超标，已成为不争的事实，在保证温度的前提下，通过营养的手段在
发病期间给予易消化、适口性好，营养充足以及吸收好的乳制品，实施早期断
奶营养支持疗法是减少病猪死亡的必要措施。

(4)不可忽视的消毒工作　猪发病过程中的传播，常规的消毒容易造成消
毒死角，或者湿度过大等问题，采用过氧乙酸 1∶1 000 的熏蒸消毒，对于切断
或者降低感染概率有明显的效果。

(5)对症治疗　由于腹泻易造成猪脱水死亡，为了降低仔猪的死亡率，可
对患猪及时补充电解质和水分(可通过直接饮水、腹腔注射或静脉注射等)。

【提示与思考】

　　腹泻病综合防治的要点:需要先弄清病因,有针对性,不能想当然;做好产子舍的保温;做好全群免疫,不留易感猪群;多点饲养,实行"全进全出",严格的消毒与空舍;避免应激;提高机体自身抗病力。而目前,病毒性腹泻的免疫策略主要是免疫途径、口服、滴鼻、肌内注射、后海穴位注射。免疫方式方面,对于哺乳仔猪,一定要采用被动免疫;断奶、保育、育肥、成猪(母猪与种公猪)采用主动免疫的方式。在免疫过程中,避免出现以下情况:①没有针对性的使用疫苗(感染病原与使用疫苗完全不匹配或是猪群中存在混合感染,或是多血清型的存在)。②不做全群免疫,导致免疫失败。③群体中易感动物存在。④抗体与母源抗体的干扰及免疫程序的不合理。⑤疫苗的质量与保存(疫苗的生产达不到质量标准,疫苗在运输过程中,没有按照冷链要求进行运输,疫苗稀释后在常温下放置过长)。⑥免疫抑制病导致的免疫失败。⑦疫苗的使用不规范。⑧病原的变异,导致的免疫失败。

第六章

猪伪狂犬病频发的原因分析及防控探析

 【知识链接】

伪狂犬病(Pseudorabies,PR)最早发生于1813年美国的一头牛,病牛极度瘙痒,最后死亡,因此,本病也被称为"疯痒病"。伪狂犬病是多种家畜和野生动物都可感染的一种急性传染病,家畜中以猪发生较多,但犬也可感染发病。由于本病与狂犬病有类似症状,所以以往认为与狂犬病是同一种疾病,后来匈牙利学者阿乌杰斯基证明此病与狂犬病不是同一种疾病,而是一种独立的疾病。瑞士于1849年首次采用"伪狂犬病"这个名词。20世纪60年代以前,伪狂犬病在东欧的地位很重要,后来,在美国和世界上大多数养猪地区,伪狂犬病上升为一种重要疾病。正如发生此病较早的欧美国家所形容:"像一团吹不散的乌云,笼罩着欧美养猪业长达数十年之久。"目前已有50多个国家暴发流行此病,造成的经济损失十分巨大。我国从20世纪70年代后期开始,猪伪狂犬病的发生急剧增加,除呈现急性暴发的特点外,还发生于各种用途、各种日龄的猪,以及猪群的隐性带毒,对猪群的威胁时刻存在。现今我国未遭受此病感染的猪群已为数不多,该病已成为近年对养猪业造成巨大经济损失的主要疫病之一,其危害程度仅次于猪瘟。

【病例案例】

河南某猪场存栏猪1 200头,自2014年9月2日至10月17日,先后发生了以母猪流产、死胎,哺乳仔猪发热、呕吐、四肢痉挛,且死亡率高为特征的疾病。本次发病的成年猪先后有58头,主要表现流鼻汁、咳嗽、呼吸困难,病程在5天左右,多可自愈,其中发病的妊娠母猪有26头,妊娠母猪除上述症状外,主要表现流产、死胎、早产,成年猪未见有死亡;仔猪发病613头,死亡589头,发病仔猪症状基本相同,表现为体温升高(可达42℃),精神沉郁,食欲降低或废绝,离群呆立或呈犬坐姿势,肌肉战抖,有时腹泻、流涎和呕吐。随着病情的发展出现共济失调,步态蹒跚,兴奋时不自主地前冲或做转圈运动,倒地,四肢划动,间歇性抽搐。后期病猪瘫痪,机体衰竭,昏迷而死亡。在发病期间曾用各种抗生素进行治疗,并进行了猪瘟免疫接种,均无效。

【技术破解】👆

一、要清楚猪伪狂犬病的流行现状

1.2011 年前的流行情况

2011 年之前全国不同区域都有猪伪狂犬病的发生,但是主要以散养户和小型养殖场发病为主。主要原因可能包括:发病猪场伪狂犬病的免疫不规范,疫苗接种次数减少,频繁更换不同厂家疫苗,猪场免疫不全面,只免疫种猪群,不免疫育肥猪群,引种来源复杂,从伪狂犬病阳性厂区引种,引种前未检出种猪是否带毒等。

2.2011 年至今的流行发病情况及临床特征

(1)基本流行情况　本病多发生于寒冷、气温多变的秋季、冬季和春季,有一定的季节性。哺乳仔猪出生后第 3 天发病,表现为精神沉郁,不吃奶,呕吐,腹泻,鸣叫,兴奋不安,转圈或卧地昏睡,四肢痉挛,呼吸衰竭而死亡,发病率为100%,死亡率高达 95%;断奶前后的仔猪发病表现为呼吸困难,咳嗽、流鼻涕,有的呕吐、腹泻,部分病猪出现神经症状,死亡率为 30%左右,成年猪多为隐性感染,症状一般轻微,有的出现呕吐、腹泻、咳嗽,多能耐过,死亡率很低。母猪表现为不育、返情率高、屡配不孕,妊娠母猪大批流产,产死胎或木乃伊胎;种公猪表现为睾丸肿硬、萎缩、性能低或丧失,精子活力差等。

(2)近几年的流行特点　2011 年至今猪伪狂犬的流行区域不断扩大,伪狂犬野毒感染逐年上升,其发生及暴发不再局限于散养户和小型养殖场,大型规模场也有发生且表现典型的临床病症。

当前猪伪狂犬病的临床表现大概有三个方面:一是母猪流产,其流产表现跟蓝耳病不一样,患病母猪本身没有其他症状,早上还吃料,下午流产,第 2 天又恢复正常,母猪群因伪狂犬病流产的比例大概有 5%,主要是怀孕 60 天以后的母猪;二是哺乳仔猪,10 日龄内死淘率高,可达 15%以上,主要表现为发热、毛松、扎堆、部分猪死亡前有神经症状,部分患病仔猪有呕吐、腹泻、死亡之前病猪倒地、流涎,而出生 3 天的仔猪出现整窝死亡,日龄稍大的仔猪,也会出现部分死亡,损失较大。三是中大猪呼吸道问题严重,常出现突然死亡,鼻孔流血症状。临床表现为如咳嗽、喘气等,常见并发传染性胸膜肺炎,从而导致病猪急性死亡。

(3)病理变化 通过对伪狂犬病死猪剖检,可以发现它们共同的病变特征就是扁桃体有白色坏死点,伪狂犬病毒的特点就是对组织细胞的致死性,它引起的病变主要是脏器、扁桃体、脾肾等的白色坏死点为主。

二、猪伪狂犬病流行的原因探讨

1. 种猪引进及购买精液存在的问题

目前有些种猪企业不能自律,明明知道自己的种猪存在问题,但为了自身利益,还是千方百计去推销自己的种猪,因引种引回病的案例也并非是个案,所以猪场在不得不引进种猪或购买公猪精液时,一定要对种猪企业猪进行详细的考察和了解,有必要进行采血抽检,否则,稍有不慎就会把带毒的种猪引回来,成为猪伪狂犬病的传播源。

2. 猪场自身种猪带毒传播的问题

有些猪场不注重疫病检测,对自己的种猪群健康情况根本不清楚。如果猪群是伪狂犬病病毒的携带者,可以通过公猪精液和母猪怀孕垂直传播给仔猪。因此,阳性种猪和带毒母猪也是猪伪狂犬病持续流行的重要原因。

3. 人为因素及生物安全存在的问题

(1)犬、猫、鼠类动物已成为该病的传播媒介 在一些专业户甚至一些规模化猪场,老板对生物安全意识淡薄,养狗看门成了时尚,养猫捕鼠成了他们的得意杰作,外来人员车辆随便进入猪场,在发生伪狂犬病的场家中,这类猪场占的比例最高。

(2)人的意识问题 这方面主要表现在小规模猪场及养殖户,对疫苗免疫没有充分的认识,更谈不上对疫苗质量的选择,认为免疫不免疫无所谓,有的免疫也是不按要求,结果造成猪群频频发病。

(3)病死猪处理不当 病死猪、流产仔猪、胎衣乱扔乱放,有的猪场直接把病死猪和流产仔猪、胎衣喂狗。据报道河南某地区 2012 年春节前后,接近猪场的村庄及猪场饲养的狗都出现莫名其妙的发病、死亡,追究原因都是因喂病死猪引发的。

(4)大环境因素的影响 2011 年以来,全国大面积的新生腹泻加快了猪伪狂犬病的流行,猪场全群或者很长时间地发生腹泻,造成粪便污染环境,粪便中若存在伪狂犬病毒,接触到带毒粪便的猪就会感染,因为抗体不能阻断野毒的感染。猪场发生腹泻时,有些人建议返饲,正确的返饲固然很好,但选用的病料中如果存在猪瘟、伪狂犬等病毒的话,就等直接把病毒喂给了母猪,这样的散毒方法风险相当大,可以毁掉整个猪场。

4.疫苗及其免疫方面存在的问题

(1)免疫不合理及疫病关注点下降　前几年好多猪场受到过伪狂犬的危害,所以选择、应用疫苗都非常谨慎,由于疫苗质量和免疫密度在一定程度上达到要求,所以猪伪狂犬病被控制得不错,曾经有一段时间风平浪静。随着时间的推移,许多猪场都掉以轻心了,人们关注的焦点多在繁殖障碍与呼吸道综合征、圆环病毒病等疾病,很多猪场对猪伪狂犬病的防疫开始放松。免疫不科学的做法主要有 4 种常见的情况:一是只做母猪的免疫,不对仔猪或育肥猪进行免疫;二是母猪用进口疫苗,仔猪用国产疫苗;三是不断地更换不同毒株的疫苗;四是对仔猪和后备种猪免疫的松懈,很多猪场对仔猪没有滴鼻免疫的意识,通常仔猪只在 30～45 日龄时免疫 1 次,然后就不再加强免疫了。对留种的后备母猪也是等到配种前才免疫,这种情况容易导致免疫空白期的出现。所以说,猪伪狂犬病的多发基本都是免疫不科学,免疫程序不合理所导致的。

(2)疫苗选择及使用方法的问题　目前有的猪场使用猪伪狂犬灭活疫苗,但根据现在的情况,猪伪狂犬灭活疫苗已经失去了作用,不能用区分免疫猪和野毒感染猪、有缺陷的伪狂犬疫苗是造成我国养猪业重大损失的罪魁祸首之一。加上现在生物制品厂家繁多,质量参差不齐,各厂家推广力度加大,各厂家业务员频繁地讲解自己的伪狂犬疫苗质量好,使好多猪场改了以前的疫苗,特别是中小养猪场,更换疫苗厂家太频繁,疫苗质量的下降,加上免疫密度不够,保证不了种猪一年 3～4 次的防疫,所以也很难产生很高且持续时间长的抗体来保护仔猪。

(3)不重视抗体检测　当前还有相当一部分猪场不重视抗体监测,认识不到该病的危害。伪狂犬病毒为疱疹病毒,感染后终身带毒,散毒污染环境。传染源没有清除,猪群感染越来越多,最后暴发出来。现在还有种猪场不定期检测伪狂犬野毒,结果是卖出去的种猪先天带毒。

5.毒力变异

据报道:华中农业大学何启盖教授2012年在山东、河南等省份分离到9株猪伪狂犬病毒,基因检测表明,所分离毒株与疫苗株比较,毒力相关的基因RRI和免疫原性gB基因都出现了连续碱基的缺失,由于免疫原性基因和独立基因的变化,使原有疫苗免疫保护力下降,疫苗免疫保护时间缩短,这是一些做过疫苗免疫的规模猪场发病的原因之一。那为什么毒力会出现变异?这与阳性猪场带毒猪,长期大剂量免疫,免疫过于频繁,从而造成毒株变异有关。

6.免疫抑制病所致

传染病是引起猪免疫抑制的主要原因之一。近年来圆环病毒病、繁殖障碍与呼吸道综合征、猪瘟、猪支原体肺炎、胸膜肺炎等疾病流行,使猪对其他病原的易感性增强,对多种疫苗免疫力反应会下降,甚至导致免疫失败。有些病毒直接侵袭猪的淋巴器官和免疫细胞,诱导某些细胞因子的释放,激活抑制性细胞,从而影响免疫效果,加强免疫后抗体仍参差不齐,保护率达不到要求。

三、防控策略

目前对本病无特效药治疗,主要以预防为主。对伪狂犬病的控制除按常规的隔离、消毒、控制人员流动外,主要以应用疫苗免疫接种作为防治本病的重要手段。对该病防治极有帮助的是基因缺失疫苗,这类疫苗可以防止此病的严重暴发和减少病毒的增殖,因此可减少对其他猪的威胁。同时,接种这类疫苗的猪和受野毒感染的猪,可借助血清学试验进行鉴别,做到及时淘汰感染猪并根除猪群中的病毒,从而防止再次感染。

1.严抓引种管理,切断源头感染

猪场尽可能自繁自养,如需要引种,一定要从伪狂犬病阴性或野毒感染阴性种猪场引入,并严格隔离检疫2个月,采取血样进行检测,PR抗体或野毒感染抗体为阴性者可与本场猪群混群饲养,以后与本场猪群一样每半年做1次血清学检测。对检测出的野毒感染抗体阳性猪要隔离饲养,注射疫苗后做育肥猪处理,不能做种用。

2.严格执行消毒措施

伪狂犬病病毒对外界环境抵抗力很强,但一般浓度的消毒药却能将其杀死,如 0.5%石灰乳或 0.5%碳酸钠消毒 1 分钟,2%的石炭酸消毒 2 分钟,1%～2%的氢氧化钠可立刻杀死。对猪舍地面、墙壁、设施每周定期消毒 1 次以上,发生疫情时则 2～3 天消毒 1 次,消毒液可用 2%～3%的氢氧化钠溶液或 20%新鲜的石灰水,动物粪尿放入发酵池或沼气池处理,减少病原传播。

3.疫苗预防与净化

(1)疫苗预防　疫苗免疫接种是预防和控制乃至消灭猪伪狂犬病的根本措施,现已研制出的疫苗有灭活苗,弱毒苗,基因缺失苗。早期的疫苗大多为弱毒苗和灭活苗,弱毒苗和灭活苗在预防控制猪伪狂犬病方面虽然能起一定的作用,但是弱毒苗不能防止病毒在动物体内的复制和排出,即存在着毒力返强和散毒的危险,而灭活苗虽然安全性较好,但其免疫效率却较低,免疫时用量较大有时还可能导致注射部位肿胀,出现过敏反应。因此,随着对伪狂犬病病毒分子生物学研究的不断深入,基因工程疫苗的研制成为新的热点,先后有多株基因缺失疫苗问世,使最终根除伪狂犬病成为可能。

(2)免疫接种　实践证明,免疫接种是控制本病最有效措施之一,特别是高感染率、高密度饲养的地区。现在使用的疫苗大多数是基因缺失苗,伪狂犬病阳性场和阴性场要选择基因缺失苗以方便抗体检测(目前国内已有可区分野毒和基因缺失苗感染产生抗体的商品化试剂盒)。推荐免疫程序:①后备种猪配种前免疫 2 次,每次间隔 2～3 周。经产母猪和种公猪每年免疫 3～4 次。高阳性率的小猪群(>2%)1～3 日龄滴鼻 1 头份,10 周龄肌内注射 1 头份;阴性或低阳性率的小猪群(<2%),9 周龄肌内注射 1 头份。对暴发伪狂犬病的猪场,可用弱毒苗进行 2 次紧急接种,间隔时间为 2 周,配种不到 3 周和临产前 2 周内要分娩的母猪到安全期补打。②普免:种猪群一年 4 次普防猪伪狂犬病基因缺失苗 1 次,后备种猪使用前免疫 2 次,间隔 2～3 周加强 1 次。商品猪 1～3 日龄滴鼻 1 头份,如使用进口疫苗的猪场,按疫苗厂家提供的说明要求,一般 56～64 天进行第 2 次免疫 1 头份,抗原含量特别高的疫苗 77～84 天进行第 2 次免疫 1 头份。国产疫苗一般 35～42 天进行 2 次免疫 1 头份。

(3)猪场伪狂犬病的净化方案　猪群中控制和净化猪伪狂犬病主要有 4 种方案,但选择何种方式则根据以下因素进行判断,首先,该病流行程度;第二是否有尽快要求消除该病的需要;第三,费用问题;第四,再次感染猪伪狂犬病的可能性。①淘汰—扩群方法。扑杀→消毒→空置 30 天不进猪;时间选择在温暖月份;优点是成功率大;缺点是费用高。适用情况:在感染严重,同时又有其他疾病、品系的遗传价值不大、猪场全封闭、经济实力强的猪场使用。②后代隔离方法。乳仔猪10～21天断奶,转入清洁区,距离越远越好;优点是阻断多种传染因子的传播,降低抗生素和疫苗的需要,明显提高生产成绩;缺点是对管理不利。要注意母猪舍应无毒。③检测和淘汰方法。反复多次对全场猪群逐只进行伪狂犬野毒抗体检测,淘汰伪狂犬野毒抗体阳性猪只,再引进伪狂犬野毒抗体阴性种猪扩群。该方法对管理影响小,实施方便,但是对伪狂犬野毒阳性率比较高的猪场不适用,需多次检验,检验费用比较高。④管理与免疫。与检测和淘汰的方法相似,其不同在于不是在一定时间内进行全群的检测和淘汰,而是在淘汰血清学阳性的种猪时,用血清学阴性的种猪按正常的换代计划进行换代。因此,所需时间长,当最后所测猪群中所有猪只均为阴性时,则可认为该场无猪伪狂犬病。

4. 发病时的紧急防治方案

对发病猪场,要采取果断措施:①立即封锁发病猪舍并扑杀发病仔猪,全场种猪(母猪和公猪)普免1次,视情况在3～4周加强免疫1次。对哺乳期的仔猪进行滴鼻免疫,疫苗用蒸馏水或生理盐水稀释。进行滴鼻免疫过后的仔猪,分别在10周龄和14周龄各注射免疫1次。为防止交叉感染,加强消毒并管制人员与器械进出发病猪舍。②控制并发或继发感染。本病常与传染性胸膜肺炎、多杀性巴氏杆菌、副猪嗜血杆菌、链球菌等细菌并发或继发感染,需要应用有效的抗生素进行控制。一是若产房及保育猪与副猪嗜血杆菌、链球菌或葡球菌混合感染,可在2日龄(配合剪牙)、7～10日龄(配合阉割去势)及断奶时注射长效头孢青霉素;二是若中大猪与传染性胸膜肺炎、多杀性巴氏杆菌混合发生呼吸道疾病综合征,全群中大猪每吨料添加20%替米考星400克＋70%阿莫西林300克,连用7天。③隔离、淘汰发病猪。本病带毒猪具有持久排毒的特点,因此对于本病康复的猪,需要做好隔离饲养,没有价值的尽早淘汰,同时对尸体、死胎、流产物和其他污染物、排泄物做无害化处理,并加强卫生消毒,以减少环境载毒量。

【提示与思考】

　　值得关注的是,伪狂犬病病毒是猪呼吸系统疾病综合征(PRDC)的重要原发性病原之一,伪狂犬病病毒存在与 PRDC 典型症状发生的时间紧密相关,因此该病对养猪业危害极大。及时准确地诊断是控制猪伪狂犬病的前提,由于猪伪狂犬病在临床症状和病理变化与猪瘟、猪繁殖与呼吸综合征、猪链球菌病等不易区分,在部分猪场同时存在混合感染,确诊必须依赖实验室检测方法。而对于规模化猪场,应用 gE 基因缺失疫苗配合商业化的 gE - ELISA 抗体检测试剂盒进行野毒抗体监测,对猪伪狂犬病净化是切实可行的措施之一。

第七章

猪丹毒死灰复燃的原因分析及防控优选方案

【知识链接】

猪丹毒(swine erysipelas)俗称"打火印",其病原是单端杆菌属的红斑丹毒丝菌,又称为丹毒杆菌。本菌为革兰阳性的细长小杆菌,没有荚膜和芽孢。猪丹毒杆菌血清型分类和病原细胞壁上特殊的可溶性肽葡聚糖有关,并有29个之多,相当复杂。本菌的抵抗力很强,暴露于日光下能存活10个月,而在掩埋的尸体内能存活长达7个月之久,但是对常规消毒液的抵抗力不强,常规消毒液能将其杀灭。

依据临床症状分为急性型,亚急性型(疹块型),慢性型。急性型呈败血症,亚急性型在皮肤上出现紫红色疹块,慢性型则主要发生心内膜炎、皮肤坏死及多发性非化脓性关节炎。猪丹毒原本沉寂多年,然而近一两年来我国江西、浙江、湖南等地该病日趋活跃,呈地方性流行,造成不少猪死亡,给养猪行业造成极大的损失,该病值得关注。

【病例案例】

2012年8月,安徽郎溪某一猪场,开始公、母猪断续出现发热,不食,因曾饲喂过一段时间的不新鲜麸皮,加之个别小猪出现阴户红肿情况,有的专家就判断为单纯的霉菌毒素中毒,采用中西药物投放饲料控制病情,结果用药1周,死亡公、母猪12头,随后临出栏大猪出现不吃,发热,皮肤起疹,采用头孢类针剂大剂量多次注射无效,饲料拌药(氟苯尼考类)防控也无效,发病陆续增多。后编者判定为猪丹毒并提出以下方案:一是采取速效与长效缓释相结合的给药途径,肌内注射青霉素钠3万单位/千克体重+硫酸头孢喹肟混悬液2毫克/千克体重,每天2次;二是在每吨饲料中添加70%阿莫西林(含克拉维酸钾)500克+10%包被肠溶恩诺沙星1 000克+卡巴匹林钙500克连续饲喂5

天;三是加强栏舍清洁卫生及消毒工作,采用葵甲溴铵戊二醛喷雾消毒,每天 2 次。经过治疗后 5～7 天基本控制病情,随后让饲料加药停止,减少消毒频率,改为 1 周 2 次。

【技术破解】🖐

一、流行特点

本病一年四季都有发生,病猪、带菌猪和鼠是主要的传染源。夏初至秋末湿热季节发病相对较多。从近年来的发病情况来看,多呈地方型、暴发性流行在同一猪场内部,传播速度较快。母猪和中大猪多发,小猪少发,母猪高度易感,症状较重。目前观察到的死亡率不一,及早使用头孢类抗生素死亡率低,病后期治愈率低。

粪便是本病传播的主要媒介之一,此前发生过猪流行性腹泻区域的猪场高度易感。从临床上观察到有的猪场在腹泻康复后半个月左右发生猪丹毒,这一现象表明粪污横流可能是本病的主要传播途径。

这两年猪丹毒的临床表现,经常出现急性死亡,没来得及用药猪就死了,该病很容易反复,看似康复的猪并没有食欲,病程较长,疹块难以消退,绵延 7～15 天,且极易反复。

二、病因分析

沉寂多年的猪丹毒近年死灰复燃并非偶然,主要原因有:①养殖户多年放弃免疫猪丹毒疫苗,猪丹毒杆菌经过几十年的进化与变异,毒力增强。②长期滥用抗生素导致细菌严重耐药,原本视作对猪丹毒特效的青霉素,在本轮疫情中显得无能为力,单纯的阿莫西林也未能控制疫情,人类研发新药的速度赶不上细菌的耐药性,让我们需要寻找新的敏感抗生素来对付猪丹毒。③美国猪病学及国内相关报道,饲喂黄曲霉毒素污染严重饲料及寄生虫感染可成为该病暴发的直接诱因,这从临床上也证实了霉菌毒素中毒引起的猪丹毒疾病暴发。④气温突变,夏季高温,突然更换饲粮,连续生产,不空舍消毒,病毒感染,尤其是感染猪繁殖与呼吸综合征病毒和猪流感病毒。⑤2012 年的猪丹毒是在全国上下大面积暴发是在猪流行性腹泻的背景下发生的,各地对腹泻的粪便几乎是不加任何处理就肆意排放,粪便流转是猪丹毒发生流行的主要传播途径,况且腹泻过后猪体质又很虚弱,猪丹毒在机体抵抗力下降时可发生自体内源性感染。

三、临床症状及病理变化

1. 临床症状

临床症状一般分为急性型、亚急性型和慢性型 3 种。

(1)急性型(败血症型)　此型最为常见,在流行初期,以突然暴发、急性经过和高的死亡率为特征。病猪体温升至 42℃ 以上,高热稽留,恶寒战抖,食欲减退。喜卧,步态不稳,关节僵硬。发病 1～2 天后,皮肤上出现紫红斑,尤以耳、颈、背、腿外侧多见,其大小形状不一,指压时红色消失,指去复原。如不及时治疗,往往在 2～3 天内死亡,病死率为 80%～90%。

(2)亚急性型(疹块型)　通常取良性经过,以皮肤上出现疹块为特征,俗称"打火印"。体温 41℃ 左右,发病后 2～3 天,在背、胸、颈、腹侧、耳后和四肢皮肤上,出现深红、紫黑色大小不等的疹块,形状有方形、菱形、圆形或不规则形,也有融合成一大片的。发生疹块的部位略有凸起,与周围皮肤界限明显,很像烙印,故有"打火印"之称。随着疹块的出现,则体温下降,病情减轻。10 天左右可康复,也有少数病例转为败血症型死亡,死亡率为 2%～5%。

(3)慢性型　慢性型多由急性型转来,常见的有浆液性纤维素性关节炎、疣状心内膜炎和皮肤坏死 3 种类型。浆液性纤维素性关节炎型,常发生于腕关节和肘关节,受害关节肿胀、疼痛、僵硬、步态强拘,甚至发生跛行。疣状心内膜炎型,主要表现为呼吸困难,心跳增速,听诊有心内杂音,此种病猪很难治愈。通常因心脏停搏突然倒地死亡。皮肤坏死型常发生于猪的背、肩、耳及尾部。局部皮肤肿胀、隆起、坏死、变黑,硬似皮革样,逐渐与新生组织分离,最后脱落,遗留一片无毛瘢痕。

2. 病理变化

主要病变有脾脏肿大,脾脏横切面白髓周围呈特有的"红晕"现象;胃肠道充血,其中十二指肠呈卡他性炎症;少数心内膜有菜花样赘生物;全身淋巴结肿大出血。

四、防治措施

1.预防本病发生的办法

一是要提高猪体抗病能力,预防内源性传染。有些健康猪体内有猪丹毒杆菌,机体抵抗能力降低时,能引起发病。因此,要加强猪群的科学饲养管理,喂给全价日粮,保持猪舍卫生,定期消毒,在夏季做好防暑降温工作,避免出现高温高湿;并且需要适当减少养殖密度。二是要杜绝外来的畜产品入场,不准把市场销售的生猪肉带入生产区。场内食堂用肉,由场内自己解决供应。加强饮水消毒和管理,防止病从口入,特别是使用自然水和浅表水的养殖户要注意水源的消毒,对全场定期进行环境消毒。三是要搞好猪群的预防接种工作,在高发区域及高发季节,断奶后接种猪丹毒弱毒冻干苗,间隔1个月再接种1次;要坚持定期的免疫接种工作,其免疫注射密度应达到100%。可选用猪丹毒、猪肺疫二联活疫苗,每头母猪每年2次,每次注射4头份,仔猪55～60日龄注射4头份。四是加强猪舍的巡栏工作,及时发现发病猪并进行相应处理。

2.对发病猪场的处理

发病后就地迅速采取扑灭措施。主要采取"隔"、"消"、"处"和有效治疗的措施。"隔"就是对病猪进行隔离治疗,对假定健康猪进行药物预防。"消"就是对猪场、猪舍、用具、设备等认真消毒。"处"就是对粪便、垫料、病猪尸体和废弃物进行无害化处理。对发病猪用过硫酸氢钾复合粉按1∶200比例对水喷洒消毒,重点喷洒猪身疹块处。粪便堆积发酵,绝不让粪尿污水肆意排放,粪沟、水沟撒生石灰消毒。

有效治疗就是选择对猪丹毒杆菌最敏感的药物进行治疗。首选的药物是青霉素,对急性型(败血症型)病例,要首选青霉素,其次是环丙沙星。青霉素4万～8万单位/千克体重,肌内注射或静脉注射,每天2～3次,连续用3～5天,有极好疗效。肌内注射青霉素钠3万单位/千克体重＋硫酸头孢喹肟混悬液2毫克/千克体重,每天2次。速效与长效缓释相结合,同时每吨饲料中添加70%阿莫西林500克＋10%包被肠溶恩诺沙星1 000克＋卡巴匹林钙500克,饲喂5～7天。

【提示与思考】

　　过去教科书及文献资料提及用青霉素治疗本病时需 1 日注射多次,甚至每 4 小时注射 1 次。这对于当今大规模饲养模式下群体性发病是难以操作的,改进的办法是选用速效(青霉素钠)与长效缓释抗生素(硫酸头孢喹肟混悬液)相结合注射的方式来解决,一方面减少人的劳动量和对猪的刺激,另一方面维持猪机体持久的血药浓度,持续杀灭病原,防止反弹。同时,优选药物进行科学配伍,既可成倍增强药效,又可降低抗生素的使用剂量、延缓耐药性的产生。本案中优选包被肠溶恩诺沙星与阿莫西林克拉维酸钾配伍,有理论依据,更有实际效果,是抗击猪丹毒的有力武器。

第八章

应对猪口蹄疫的防控策略

【知识链接】

口蹄疫（foot and mouth disease，FMD）又称口疮热，是世界兽医卫生组织列为的一类烈性传染病。该病由口蹄疫病毒引起偶蹄动物的一种急性、热性、高度接触性传染病，主要特征是口腔黏膜、蹄部、乳房、皮肤出现水疱，继而发生溃疡的一类传播速度极快的传染病。近年来不少国家和地区都暴发了本病，造成了很大的经济损失。

【病例案例】

2014年3月山西芮城某规模化猪场，从湖北某种猪场引进150头种猪，引进后进行隔离观察并在饲料中添加抗应激药物及抗生素给以预防。2天后发现猪出现跛行、不吃，猪场人员误认为是长途运输应激引起，翌日又发现病例增多，有的猪只趴窝不起，对猪进行测量体温，发现体温都在40.5℃以上，驱赶猪只不能起立，有的即使能起立运动却出现明显的疼痛，有的猪只蹄冠已出现水疱。业主才怀疑是口蹄疫并专业人士帮助甄别。通过现场诊断，业主的怀疑得到确认，医嘱让其按国家规定的要求去处理报检，对场里其他假定健康猪群进行高效疫苗接种并进行封场及消毒。

【技术破解】

一、口蹄疫流行新特点

1.口蹄疫病原的多型性

口蹄疫病毒属于单股RNA病毒，根据病毒的血清学特性，目前研究表明：有7个无交互免疫性的血清型，即A、O、C、南非Ⅰ、南非Ⅱ、南非Ⅲ型和亚洲

Ⅰ型。每一血清型又分若干个不同数目的亚型(亚型有 65 个),同一血清型之间只有部分交互免疫性,以 O 型分布和流行最广。各型之间抗原性不同,彼此之间不能交叉免疫,但各型在发病症状方面没有差异。这种病毒容易发生变异,因此常有新的亚型出现。与其他血清型一样,在流行过程中 O 型常发生抗原结构的变异,呈现抗原"漂移"现象,导致其亚型或流行毒株的抗原性与毒力发生变异。这种变异的结果,使规模化猪场的免疫效果不尽如人意。病猪是该病的主要传染源,一旦被感染,在临床症状出现之前,即从病猪体内开始排出大量致病力很强的病毒,发病初期排毒量最多,症状恢复阶段排毒量逐渐减少。据国外资料介绍:因免疫注射密度达不到要求、防疫措施跟不上及疫苗保护率低等原因,造成了一些猪场年年注射,年年不能控制,长此下去就给口蹄疫病毒及猪只机体造成了强大的免疫压力,促使其不得不改变本身结构,以适应猪只机体对疫病的抵抗力,久而久之,这些病毒就渐渐变异成一种新的毒株,使现行疫苗的保护力低。这种变异结果使猪场的免疫预防效果令人琢磨不定。

2. 对外界环境有极强的抵抗力

研究表明:口蹄疫对温度、酸碱度、光辐射及干燥等环境因素有很强的抵抗力。口蹄疫病毒是无囊膜病毒(裸病毒),对外界环境有极强的抵抗力。当温度低于 $-20℃$ 时,病毒十分稳定,可保存数年之久,在 $4\sim7℃$ 时也可存活数周,$26℃$ 也可生存 3 周,就是在 $37℃$ 也可存活 2 周。口蹄疫病毒对酸特别敏感,在 pH 为 5.0 时,1 秒钟即可灭活 90%;对碱亦十分敏感,1% 氢氧化钠 1 分钟可杀死病毒;该病毒在 $4℃$、pH 为 $7\sim7.6$ 时十分稳定,当 pH 小于 4 和大于 9 时,可被迅速灭活;紫外线可使该病毒迅速灭活;干燥不能杀灭该病毒,而被其污染了的垫草则可传播疾病。在自然条件下,该病毒多因高温及强烈的阳光照射而失活。夏季酷热、光照强烈,口蹄疫发生的概率就大大减小,而秋末到春初这段时间的气温较低,阴冷潮湿,光照不足,因而我国规模化猪场一般呈现夏少、秋多、冬春季大发作的流行态势。

3. 口蹄疫传染力强,传染媒介和感染途径多,传染速度快、范围广

猪对口蹄疫病毒十分敏感。在所有易感动物中,猪对该病毒很敏感,猪感染该病毒的通道为消化道、呼吸道和伤口。由于该病毒随风传播距离可达 $50\sim100$ 千米,因而气源性传播是该病毒的重要传播途径。对猪而言,由于气

源性感染所需病毒量仅为通过口腔感染所需病毒量的 0.1%（也有人认为是 0.01%～0.001%），因此，有人认为被感染猪群的第一个病例很可能是由气源性感染所致，以后的感染可通过口腔或其他途径传播。

4.口蹄疫发病的感染特征

猪口蹄疫仅见猪发病未见牛羊发病。猪发病主要集中在密集饲养的规模猪场，散养猪较少发生，同一猪场（仓库）或同一栋猪舍的发病率可达 90%～100%。不论年龄、性别，所有的猪都可能感染发病，即感染率、发病率高，但成年猪死亡率仅 3%～5%，仔猪特别是初生乳猪死亡率可达 60%～80%，且常常是全窝死亡。

5.口蹄疫无明显或严格的季节性

以秋末冬春为发病季节，流行规律大致是"秋冬开始，冬春转剧，春末减缓，夏季基本平息"。历史上在一定区域内口蹄疫每隔 1～2 年或 3～5 年流行 1 次，现在常常是年年流行，甚至一年流行 2 次，此伏彼起。有时经免疫接种的猪场也不可避免。

6.临床症状的变化

由从前的潜伏期 1～2 天，主要表现蹄部、口腔、鼻盘等部位的典型症状变为临床症状不明显或不典型。仔猪发病由先前的肠炎、心肌炎到现在的心肌炎比率增大，而且心肌炎的发病群体也有所扩大，同时蹄部和吻突也发病，育肥猪心肌炎的死亡率已升高。无明显的口蹄疫症状，这就使得病猪在强应激或药物注射后迅速表现死亡，给养殖户造成了较大的经济损失，同时也延误了对口蹄疫的有效预防时机。

7.猪的口蹄疫持续感染、病猪痊愈康复后，该病毒能在猪体内存在一个相当长的时间

一些研究者从患猪瘟或肺炎的心肌和扁桃体内分离到 56 株口蹄疫，其中 O 型为 31 株，A 型为 20 株，C 型 5 株，从而认为该病毒具有普遍的健康带毒或感染后带毒。还有人注意到，从非疫区内收购的猪只，在长途运输途中或抵达目的地之后，因环境突然变化，导致猪只体质虚弱，致使其免疫力下降而发生了口蹄疫，表明猪只确实存在长期隐性带毒的现象。这也能够在一定程度上解释了在无外界口蹄疫病毒侵入的情况下，非疫区内突然暴发口蹄疫的现象。

8.高度重视饲料中霉菌毒素的危害

几乎所有的霉菌毒素都对猪的免疫系统有破坏作用，使猪机体抵抗力下

降,免疫系统不足以抵抗病原体的侵害,为疾病的发生创造了有利条件;同时,霉菌毒素导致猪产生免疫抑制,引起猪群免疫失败,使之注射疫苗后抗体水平仍然很低,诱发多种疾病的发生,导致疫病传播。

9. 可在不同动物间传播

多达 30 余种偶蹄兽共患病,而且与其他传染病最大不同点在于,口蹄疫病毒易在不同的动物间传播,猪场中人携带并传播口蹄疫病毒危害尤为严重。由于猪、牛对口蹄疫病毒有同源性,因此在流行过程中,口蹄疫病毒强烈感染猪而不感染牛。

二、临床症状

口蹄疫自然感染的潜伏期为 1～2 天。猪只突然跛行,不愿站立,仔细观察蹄冠、蹄踵、蹄叉、唇内面、齿龈、舌面、口腔腭部、颊部黏膜以及母猪(哺乳母猪为主)的乳房等部位出现大小不等的水疱和溃疡。有的蹄冠部在出现水疱前可见一明显隆起的白圈,跛行明显。病猪初期表现精神不振,不愿采食,同时伴有体温升高。水疱内充满淡黄色或微浊的浆液,水疱会很快破溃,如无细菌继发感染,约 1 周病损部位结痂愈合,如有细菌继发感染,水疱发生化脓与坏死、溃疡,蹄不能着地,甚至蹄壳脱落。整个病程 7～8 天,蹄部严重病损则需 3 周以上才能痊愈。

1. 哺乳仔猪

最急性感染时无任何临床症状突然死亡,有的尖叫几声死亡,有的是跳动几下死亡,短期内几乎整窝死亡;哺乳仔猪受感染时,水疱症状有时不明显,由于是急性心肌炎死亡,所以,"虎斑心"较为明显,这种情况出现后 3～4 天,母猪才会表现出临床症状。

2. 哺乳母猪

正带仔哺乳母猪感染后,吃奶的仔猪会很快受到感染,即使使用抗生素抗继发感染治疗,仔猪的死亡率也很高,特别是母猪乳头上的水疱溃烂时,仔猪的感染和死亡更快。所以,在难以避免哺乳母猪感染的情况下,为保仔猪,2 周以上能断奶的仔猪应想办法尽快断奶,断奶后即便感染,死亡率也会较低。2 周以上的哺乳母猪尽快断奶,还有利于保护母猪的乳头不受伤害,如果该母猪是在生产的 1 周之前感染的,产后的哺乳仔猪健康几乎不会有任何问题,如果该母猪是在产前1周之内感染的,产后的哺乳仔猪大多会不同程度地感染,但死亡率可能不高。

3.妊娠母猪

感染率相对哺乳母猪要低得多,乳房部位几乎不会出现水疱,个别母猪会发生流产,感染1周以后的自愈母猪,所产仔猪大部分健康。

4.断奶空怀猪

自愈母猪一般不影响发情配种,但有的母猪下一胎次产仔数可能相对要少。

5.种公猪

发病期没发热或只有一两天的发热,对精液品质影响很小,自发病起2周后就可参加配种。但发热时间较长的公猪,对精液品质影响较大,应在自愈后2~3周,经精液品质检查后再决定是否使用。

6.断奶保育猪、生长育肥猪

个别继发感染重症猪可因治疗不及时死亡,因此,应注意观察猪群,对重症猪及时进行抗感染治疗,避免猪只出现死亡。成年大猪多呈良性经过,无继发感染时,约2周自行康复,致死率一般不超过3%。

三、病理变化

病死猪尸体消瘦,鼻镜、口腔黏膜、咽喉、气管等可见大小不一的圆形水疱和溃疡灶,个别猪局部感染化脓,有脓样渗出物。有的猪表现纤维素性口炎、卡他性出血性胃肠炎。重症病猪心包膜有弥散性及点状出血,心肌切面有灰白色或淡黄色的斑点或条纹,称"虎斑心"。真胃和大小肠黏膜出血性炎症。

四、诊断

猪的结节性疹,特别是发生在吻突上的结节性疹,易与口蹄疫混淆,需认真鉴别。结节性疹是结节,除吻突上已发生外,其他体表有毛处也发生结节,不产生水疱,结节消退后留下的是肌化灶,猪患结节性疹体温一般不高。口蹄疫的水疱一般发生在蹄部、无毛处和吻突上,其他体表有毛处一般不产生水疱,水疱皮很薄、易破裂,水疱皮破裂后留下红色烂斑,而不会出现肌化灶,口蹄疫是高热性传染病。根据以上特点,容易鉴别两种疾病。

五、防控措施

世界上防治口蹄疫的办法大体分为3种,第一种是扑杀;第二种是扑杀、免疫相结合;第三种疫苗免疫。我国对口蹄疫实行预防为主的方针,一旦有口蹄疫传入、发生,扑灭的原则是"早、快、严、小"四个字。"早"即早发现可疑畜、病畜,发现愈早愈能尽快启动口蹄疫防治预案,把疫病扑灭在萌芽时期,减少损失。"快"是防疫工作行动要快。快确诊、快隔离、快封锁、快消毒、快处理感染病畜、快通报等。"严"是严格执行口蹄疫防控情况。"小"是划定疫点的范围要小,减少工作量和工作阻力,努力使损失降到最小限度。具体的综合措施如下:

1. 实行强制免疫

免疫预防是控制本病的主要措施,非疫区要根据接邻国家和地区发生口蹄疫的血清型选择同血清型的疫苗。发生口蹄疫的地区,应当鉴定口蹄疫血清型,然后选择同血清型的疫苗。

免疫程序为经产母猪在分娩后15天和分娩前45～60天分别接种一次O型口蹄疫高效浓缩灭活疫苗(OZK/93株)3毫升/次;所产仔猪60～65日龄首免O型口蹄疫高效浓缩灭活疫苗(OZK/93株)接种1毫升/次,后海穴注射,随后间隔30天二免,再隔30天三免。公猪为每年4次(每季度1次),每次3毫升O型口蹄疫高效浓缩灭活疫苗(OZK/93株)接种。后备母猪在初次配种前45天和配种前15天分别接种1次O型口蹄疫高效浓缩灭活疫苗(OZK/93株),3毫升/次;分娩前45～60天免疫1次O型口蹄疫高效浓缩灭活疫苗(OZK/93株),3毫升/次,分娩后15天免疫1次O型口蹄疫高效浓缩灭活疫苗(OZK/93株),3毫升/次。所产仔猪60～65日龄首免O型口蹄疫高效浓缩灭活疫苗(OZK/93株),1毫升/次,后海穴注射,随后间隔30天二免,2毫升/次,再隔30天三免,3毫升/次。

生产实践表明:作为灭活疫苗,口蹄疫苗应于首免后的30天加强免疫1次,效果较好。只免疫1次,就不能使免疫记忆细胞产生累加反应,刺激机体产生高水平的抗体。

2. 施行强制封锁,严防疫情扩散

按照《中华人民共和国动物防疫法》规定,发生一类动物传染病时,要对疫

点、疫区实行强制封锁。封锁是迅速扑灭口蹄疫，防止大范围传播的有效措施。

3. 实行强制扑杀，彻底消除疫源

强制扑杀病畜和同群畜。发生口蹄疫后，为防止扩大传染、蔓延，应立即对病畜及同群畜进行扑杀处理，扑杀后的尸体在动物防疫监督人员的监督下，进行1.5米以下深埋或焚烧等无害化处理。

4. 实行强制检疫，限制病畜及其产品流动

口蹄疫是法定检疫对象，为了防止口蹄疫传进、传出，必须严把检疫关。禁止从有口蹄疫的国家、地区引进偶蹄动物及其产品，对有可能来自疫区的动物及产品必须进行严格检疫。应做好产地检疫、屠宰检疫和动物及动物产品的运输检疫，不让染疫动物及动物产品流动。

5. 实行强制消毒，全面净化环境

消毒是防制口蹄疫的关键措施之一。为了防止疫源扩散，要制定防疫消毒制度，定期消毒，使消毒工作经常化、制度化。特别要抓好疫点、疫区的畜舍、排泄物、污染物品及环境的消毒和牲畜市场、屠宰场、养殖场的消毒及牲畜运输工具的消毒。鉴于空气传播是口蹄疫病毒快速传播的重要途径之一，国外一些猪场在猪群已发病的紧急情况下，采取带猪消毒对口蹄疫进行紧急控制，非常实用而有效。据国外资料介绍，采用带体喷雾消毒时，所用药剂的体积以猪体体表或地面基本湿润为准，通常100平方米猪舍内10升消毒液即可。口蹄疫病毒对酸、碱、氧化剂都敏感，可选择其中一两种按说明书使用，但要注意的是不可同时、同地使用酸和碱相拮抗的药剂。

6. 做好流行病学调查与监测

流行病学调查与监测是任何疫情状态下都应采取的基本措施。流行病学调查的主要内容是追溯疫源和追踪疫区外流的可疑传染源。前者的目的是查清和切断疫源并吸取经验教训，后者的目的是消除可疑的新疫源，防止疫情扩散。流行病学监测的内容是疫情和免疫水平的监测，包括临床观察、病原学和血清学检验，目的是为疫情预测提供科学依据。

7. 预测预报和风险分析

通过流行病学调查，建立口蹄疫流行病学监测系统，定期发布国内外疫情发生发展的动态，并且绘制全球疫情动态分布图，建立全球疫情监测体系，以

减少从有口蹄疫地区或国家引入病原的可能性。根据疫病危险因子与疫病发生间的定量关系,对疫病发生的概率和可能造成的危害损失进行评估,并根据评估结果提出降低风险至最低程度的预防性对策。

8.强化疫情报告制度

任何单位和个人不得瞒报、谎报、阻碍他人报告疫情。

【提示与思考】

　　要树立依法制疫的思想,根据《动物疫情报告管理办法》,发生口蹄疫时应该逐级快报,确认疑似口蹄疫疫情时,应在 2 小时内报告当地防治口蹄疫指挥部办公室,并在 24 小时内逐级快报到全国防治口蹄疫指挥部办公室,不能隐瞒疫情,更不能把疫区内的病、死猪贩卖调运出疫区。

第九章

破解猪呼吸道疾病综合征的有效措施

【知识链接】

近年来，在世界多个地区发生一种新型的猪呼吸道疾病，根据病因，它曾被称为"多因子猪呼吸道病"、"复合病因猪呼吸道病"、"猪呼吸道病复合感染"等。1998 年在英国的曼彻斯特召开的第十五届国际猪病会议上，提出了猪呼吸道病综合征（Porcine respirtory disease complex；PRDC）的概念，这一概念在世界范围内被接受。由于本病在 18～20 周龄的猪发病程度严重，所以又称它为"呼吸道病 18 周龄墙"。但是，近年来，在我国猪呼吸道疾病综合征的发病日龄和危害程度不呈现"18 周龄墙"的特点，它多以断奶的保育猪和生长育肥早期的猪为主要发病群，它的流行病学、临诊症状、剖检病变等有了许多新的特点，这涉及病原、发病机制等若干问题，所以应重新认识，调整该病的预防控制和治疗的策略。

【病例案例】

某万头养猪场自 2010 年 6 月以来，产房所产仔猪都比较正常，28 天断奶，原圈饲养 1 周即 35 天转群，仔猪转往保育舍后，约 1 周时间开始出现腹泻，并且不间断地出现个别猪只死亡，多数病猪精神沉郁，反应迟钝，体温在 40～42℃；部分小猪皮肤发红或者发绀变紫，尤其以耳朵、腹部比较多见，寒战哆嗦，眼睑肿胀；其他大部分病猪被毛粗乱无光泽，形体消瘦，营养不良，食欲降低，个别有呕吐现象，约有 25％的小猪拉黄色油状粪便并且黏在尾巴和肛门部位；个别有神经症状；80％的小猪强行驱赶运动后有咳嗽、气喘和打喷嚏现象；从转入到转出发病率达 80％，3 个月内死亡保育仔猪达 1 500 余头，死亡率在 50％左右，一直持续 3 个月没能得到控制。

处理方案：从剖检病变来看，发现皮肤苍白贫血；淋巴结肿大，尤其是腹股沟淋巴结肿大 3 倍以上,并且出现干硬颗粒状变化,有出血点;气管充满黄色泡沫状液体;肺脏出现瘀血或者斑驳样出血点,尖叶和心叶出现两侧对称的肉样实变;胸腔积液,右心室变薄发软似葱叶状;肾脏苍白水肿,比正常的肾脏肿大接近 1 倍且有零星的黄白色坏死灶,并有针尖样零星出血点;脑膜有瘀血点。根据临床症状和剖检变化,初步诊断是由蓝耳病毒、圆环病毒、伪狂犬病毒、支原体等共同感染引发的呼吸系统综合征。将该场采集病料送某科研单位检测,结果得到证实,采用 PCR 检测蓝耳病阳性率 80%;圆环病毒阳性率 65%;伪狂犬病毒阳性率 20%;支原体阳性率达 45%。由此推断该场发生呼吸道系统综合征是由上述病原引起,通过采取系列综合措施 2 个月后得到有效的控制。

【技术破解】

一、导致猪呼吸道疾病综合征发生的原因

猪呼吸道疾病综合征是由多种传染性因子和非传染因子引发的一种综合征,在不同的年代、不同地区、不同猪场,它们不会同时全部产生致病作用,而且它的主要致病因子往往也会有较大的差异,猪呼吸道疾病综合征发生则是由多种因子共同发生致病作用的结果。

1.环境因素

环境因素在猪呼吸道疾病综合征发生上起了比较重要的作用,有些猪场往往在冬季为了保温而把猪舍的门窗紧闭,造成氨气超标和新鲜空气缺乏,引起呼吸道正常防御机能损伤而激发病原体感染;另外在外界气温急剧变化时(昼夜温差超过 5℃时),由于机体处于应激状态,从而激发病原体感染;在饲喂粉料的猪场,由于饲料粉末对呼吸道的刺激,其发病率往往多于饲喂颗粒料的猪场;饲养密度过高,猪群数量过大也是不可小视的致病因素。

2.病原体

据近年研究资料报道,最主要所谓"主导"或"钥匙"的原发病原有猪肺炎霉形体、猪繁殖和呼吸综合征病毒、猪圆环病毒 2 型、猪伪狂犬病病毒、猪流感病毒、呼吸道冠状病毒、胸膜性肺炎支原体;继发病原有副猪嗜血杆菌、猪链球菌、多杀性巴氏杆菌、萎缩性鼻炎、猪蛔虫、猪肺丝虫等,但在某些情况下往往会发生置换。

二、目前猪呼吸道疾病综合征的发病特征

1. 流行新特点

呼吸道疾病综合征的发病与繁殖与呼吸综合征病毒的感染以及与应激反应发生的关系极为密切。经典的呼吸道疾病综合征发生于18～20周龄,因而称为"18周龄墙"。我国2003年以前的呼吸道疾病综合征多发生于生长猪阶段,即12～15周龄,此时主要的病原体为肺炎支原体、猪繁殖与呼吸综合征病毒以及流感病毒。而目前猪只的发病时间,与繁殖、呼吸综合征病毒的感染时间相关联,如果仔猪断奶前后感染繁殖与呼吸综合征病毒,多在断奶后的2～3周(即40～50日龄前后)发生,也发生于转群后的2周内;如果猪繁殖与呼吸综合征病毒感染发生于保育猪的后期或转群后,则猪呼吸道疾病综合征多发生于生长阶段的前期。因此不同的猪场发病时间不同,发病的严重程度和损失也不同。应激反应能显著降低猪只的抵抗力,猪呼吸道疾病综合征随时可以发生于任何阶段,但最常见的是断奶、转群和混群应激,然后经过长短不一的潜伏期,就表现出症状。

2. 致病特征

(1)主要病原相互感染　猪呼吸道疾病综合征的临床症状与感染的主要病原有关,如果以肺炎支原体为主,则主要的症状为长时间的咳嗽;而以繁殖与呼吸综合征病毒为主的感染则引起以呼吸加快、呼吸困难为主的症状;若以流感病毒感染为主,全群猪发病突然,出现呼吸极度困难、发热的症状。

(2)典型的混合感染　下列病原混合感染所导致的疾病,比两个单一病原感染所引起的临床疾病的简单相加更为严重:①猪圆环病毒2型与呼吸综合征病毒、细小病毒、腺病毒的混合感染,临床症状比单一感染严重;②猪肺炎支原体与猪巴氏杆菌混合感染,会加重支原体病变;③猪肺炎支原体与胸膜肺炎放线杆菌混合感染,能抑制巨噬细胞功能。

(3)与特定病原的混合感染　繁殖与呼吸综合征病毒是猪呼吸道疾病综合征中重要的原发病原之一,可与下列病原菌发生混合感染:①猪繁殖与呼吸综合征病毒与猪肺炎支原体,加重猪繁殖与呼吸综合征病毒引起的临床症状。据报道,该病毒及肺炎支原体协同感染,可使急性巴氏杆菌发病率升高。②猪繁殖与呼吸综合征病毒与猪链球菌混合感染,诱发多种临床症状发生。③猪繁殖与呼吸综合征病毒与胸膜肺炎放线杆菌混合感染使临床症状更加严重。

④猪繁殖与呼吸综合征病毒与猪霍乱沙门杆菌混合感染起协同作用,加重发病。⑤圆环病毒2型与肺炎支原体的混合感染,可以显著破坏脾脏和淋巴结内的淋巴细胞导致淋巴细胞数量下降,造成免疫抑制。

三、猪呼吸道疾病综合征的死因分析

在一些猪场,经常见到25～50千克的猪只,没有任何症状而发生突然死亡;也有的是晚上饲喂时正常,第二天清晨发现已死在圈舍内,上述这种情况猪只占比例较多,起初怀疑为急性中毒致死。经剖检证实,死亡原因可以确认是因患猪呼吸道疾病综合征而致。此种死亡多发生于两种情况,一种是肺部感染的急性发作,支气管、细支气管和肺泡中被分泌物充满而致缺氧引起急性死亡,死亡猪常在鼻孔流出泡沫性分泌物,有时带有血液;另一种情况是发生于隐性或慢性型猪群,而且大多是由急性型转化而来,剖检可见肺间质、肺泡中有较黏稠的液体存在,以及肺体积增大,重量增加,或呈纤维化、硬化形成的"橡皮肺",常在应激因素作用下使病情加剧而突然死亡,间质性肺水肿和弥漫性肺间质的纤维化发展过程较慢,生前症状多不明显,常常有潜在性发生的特点,生前症状往往被忽略。上述两种猝死原因主要是窒息,但在急性发病时还有感染而致中毒性休克的因素。上述两种情况都存在心力衰竭,加剧了猝死的发生概率,心衰与肺间质水肿的发生和危害互成因果,是加剧病情和加速死亡的又一原因。

1. 脱水

主要表现为饮水、采食量减少,有的呈现高热、腹泻,病猪迅速消瘦,四肢无力,眼窝下陷,皮肤缺乏弹性,血液黏稠,治疗不当可导致死亡。

2. 败血症

由于仔猪的抵抗力下降,病原微生物极易乘虚而入,一旦感染,病原就可在血液及各组织器官内大量繁殖,病猪表现出体温升高、淋巴结肿大、皮肤和内脏器官广泛出血等症状。

3. 机体功能衰竭

由于本病病程较长,食欲、消化功能下降,造成病猪营养不良,同时因长期服用抗菌药物,导致肝、肾、心、肺功能衰竭。

4. 缺氧

若感染胸膜肺炎、气喘病等可以引起细支气管、肺小叶乃至整个肺叶呈现

不同程度的充血、出血、气肿和实变;副猪嗜血杆菌病还可以引发心包炎、心包积液,从而使心、肺功能减弱,引起呼吸困难,耳尖、四肢和腹下部皮肤发绀,血液呈现暗紫色,病猪因缺氧而昏迷死亡。

5. 酸中毒

正常猪血浆 pH 为 7.35～7.45,由于高热、腹泻或因心、肺、肝、肾等器官的功能衰竭、缺氧,病程较长等因素使重碳酸盐含量减少,碳酸含量相对增加,导致机体自身酸中毒。病猪表现出精神沉郁,呼吸加深,心跳变慢,终因呼吸中枢麻痹而死亡,这是一种普遍常见的致死因素。

四、常规治疗猪呼吸道疾病综合征的失误之处

1. 埋头治病,忽视护理

俗话说"三分治疗,七分护理",强调了护理对病猪康复的重要性。猪呼吸道疾病综合征常有病毒混合感染,然而至今对病毒性疾病尚无特效治疗药物,需靠自身的抵抗力战胜疾病,同时受损的脏器、虚弱的身体需要一个恢复的过程。有的猪场对病猪不进行隔离,在猪群中受到健康猪的欺压践踏,病猪吃不好,喝不足,睡不好,在这样的条件很差、饲养管理粗放恶劣的环境中怎能治好疾病?

2. 用药单一,没有对症下药

常规治疗猪呼吸道疾病综合征的药物是抗菌药,对病猪不做深入检查和诊断,对病情不是逐个分析和判断,所有病猪使用同一种处方,没有对症下药,不做综合治疗。这种简单的治疗方法,对于复杂的猪呼吸道疾病综合征病猪来说,是难以应付的。

3. 兽医技术滞后,医疗设施简陋

兽医技术人员需要具备多方面的基础知识和实践经验,但有的猪场缺少或没有技术人员,甚至由饲养员兼职。由于猪场实行封闭管理,兽医人员无法与外界交流,技术水平难以提高,年老兽医人员需要知识更新,年轻兽医需要提供再学习的机会。此外,猪场还应配备必要的诊断设备和简单的医疗设施,如病猪输液用的保定台等。

五、综合性控制策略

由于不同猪场管理条件不同,引起猪呼吸道疾病综合征的病原体也有差

异,但要有效控制猪呼吸道疾病综合征的发生,必须遵循以下原则:

1. 生物安全措施要落实到位

①按照防疫技术要求,严格门卫制度,门卫一定要把好人流、物流消毒关。②规模化养猪场应坚持自繁自养的原则,猪场确需从外引种时,要先在隔离舍中饲养、观察,确认健康、无病并经过预防注射后方能转入生产区。③采取有力措施认真做好消毒灭源工作,将卫生消毒工作落实到养猪生产的各个环节。由于病毒对普通消毒剂不敏感,特别是猪圆环病毒,一般消毒剂对它无效,因此,消毒时可选择复合醛等新型消毒剂,并坚持每周消毒1次。

2. 加强饲养环境管理,减少应激因素发生

①给猪群提供一个舒适、安静、干燥、卫生、洁净的环境。②适当降低饲养密度,保育舍约 0.4 米²/头,生长舍约 0.8 米²/头,育成舍约 1.2 米²/头。③重视温湿度的调节,加强通风对流,做好防暑降温或防寒保温。④猪场内严格实行封闭式生产,从保胎母猪舍→产房→保育舍→育肥舍要做到养猪生产各阶段的"全进全出",避免不同日龄的猪群混群,尽量减少猪群转栏和混群的次数,以减少应激因素。

3. 注重配制均衡的饲料,增强猪群的免疫力

根据不同日龄的生长需要,提供充足的蛋白质、氨基酸、矿物质和微量元素,保证饲料营养齐全,配比均衡,使猪群获得较强的抗病能力。注意观察饲料的品质,避免饲喂发霉变质或含有霉菌毒素的饲料。

4. 重视疫苗的选用,做好预防接种工作

规模化猪场可根据本地疫病流行种类和流行特征、猪只日龄、母源抗体水平制定适合本猪场的免疫程序,坚决避免盲目性。目前重点做好猪瘟、猪伪狂犬病、气喘病、副猪嗜血杆菌病等的疫苗接种工作,对繁殖与呼吸综合征的免疫要慎重。

5. 建立科学合理的药物预防方案

当猪群大规模发病时,治疗效果一般不理想,故此病重在预防,生产中主要采用策略性地在饲料或饮水中添加抗生素、预防和控制猪呼吸道疾病综合征。

(1)母猪围产期的保健 产前产后 2 周在饲料中添加一些提高机体免疫力的免疫调节剂及适量的抗生素,以净化母体环境,减少呼吸道及其他疾病的垂直传播,增强母猪的抵抗力和抗应激能力。可视保健的重点选择或轮换使用以下加药方案:①每吨饲料中加入 20％替米考星 400 克＋30％强力霉素 1 000 克。②每吨饲料中加入 8.8％泰乐菌素 1 200 克＋磺胺二甲 200 克。

(2)哺乳仔猪的保健　做好仔猪的三针保健计划,即 3、7、21 日龄分别肌内注射长效土霉素 0.5 毫升、0.5 毫升、1 毫升和黄芪多糖 0.5 毫升、0.5 毫升、1 毫升,以增强仔猪体质,提高成活率,预防细菌、病毒性疾病的发生。

(3)保育猪的保健　通常在断奶前 1 周至断奶后 2 周,对仔猪进行保健投药。以减少断奶时的各种应激,增强体质,提高仔猪免疫力,减少猪断奶后多系统衰竭综合征的发生率。其保健方案如下:①21～35 日龄用黄芪多糖按说明书用量进行饮水或拌料给药;②35～47 日龄猪只每吨饮水或拌料添加 10％水溶性氟苯尼考 400 克＋40％水溶性林可霉素 200 克/吨饮水或拌料;③10～18 周龄呼吸道疾病易高发,根据情况可选择敏感的药物。

6.定期驱虫

由于猪蛔虫和鞭虫等寄生虫往往能损害猪体免疫系统,降低抵抗力,所以在仔猪断奶转入保育舍 1 周后,在每吨饲料中添加一定有效成分的伊维菌素、芬苯达唑复方制剂,连喂 1 周,间隔 7～10 天再喂 1 次。

7.建立猪呼吸道疾病综合征的监测制度

定期对猪瘟、蓝耳病、伪狂犬、链球菌病、气喘病、猪流感、副猪嗜血杆菌病、圆环病毒病、传染性胸膜肺炎等进行免疫抗体监测,以了解猪群的健康状况,发现隐性带毒猪只应予以淘汰,从而净化猪群,达到防止猪呼吸道疾病综合征在猪群中传播的目的。

【提示与思考】

猪呼吸道综合征是由一种或多种细菌、病毒、环境应激等多因素相互作用引发的混合感染。控制猪呼吸道疾病应采取综合防治措施,包括改善饲养管理、有效的免疫接种以及合理的用药防治三个方面。第一,加强饲养管理措施。采用"全进全出"的饲养模式;喂湿拌料分餐饲养,以减少粉尘的危害;控制好饲养密度,加强对流通风,改善猪舍内空气质量;完善以消毒卫生工作为核心的安全保障体系。第二是制定合理的免疫程序。做好重点疾病的免疫接种如猪瘟病毒、猪伪狂犬病毒,尤其是猪支原体和猪圆环病毒疫苗的免疫。从临床上来看,采用猪支原体灭活疫苗的免疫,一定要免疫 2 次并配合猪圆环病毒灭活疫苗同时使用,效果很好。一般 7～14 日龄分别注射猪支原体灭活疫苗、猪圆环病毒灭活疫苗各 1 头份,间隔 3 周再加强 1 次。第三是合理的药物防治。鉴于呼吸道疾病综合征是多病因所致,可以根据不同病原进行合理搭配和联合用药。如防治支原体感染首选泰乐菌素、泰妙菌素、替米考星。防治副猪嗜血杆菌感染首选恩诺沙星、磺胺氯哒嗪钠。防治巴氏杆菌、放线杆菌感染首选氟苯尼考、多西环素。防治链球菌感染首选磺胺氯哒嗪钠、阿莫西林、头孢菌素。防治弓形虫、附红细胞体感染首选磺胺氯哒嗪钠、多西环素。

第三篇

猪 的 常 见
重大疫病防控技术

谈起疫病令养猪人闻之色变,要防治猪的主要重大疫病还要有新的思路。当前国内许多养猪生产者在发生重大疫病时,则首先考虑的是大量运用兽药和疫苗,在直接导致防控疫病成本大幅上升的同时,也并未完全控制疫病。而国外养猪者在防治重大疫病造时首先注重改善环境条件和开展技术升级换代,采用诸如多点式饲养等现代养猪新技术,尽最大努力改善猪的生存条件(即福利养猪),尽量减少兽药和疫苗的使用,以从根本上防止疾病的发生,这两种理念值得令人深思!

第十章

猪场疾病潜在的根源——猪群亚健康

【知识链接】

在人类医学史上,苏联学者 Beckman 首先发现并提出了"第三状态",将介于第一种状态(健康态)和第二种状态(疾病态)之间的状态称为"第三状态";之后人们相继提出了亚健康态、前病态等概念。亚健康状态若长期持续下去,则很可能发展成为疾病。在我们养猪生产中,这样的情况也屡见不鲜,如猪群前两天还正常吃料,过几天就发病了,不知道是什么原因,一时让人措手不及。众所周知,猪群在发生任何疾病前都有一些预兆,健康的猪群不是一天两天就发展到疾病状态的,只是没有注意某些细节,而这些细节一般不影响猪群的采食量,往往被人们所忽视。亚健康已成为规模化主场发病的潜在"黑洞",亚健康概念的提出,标志着对疾病的防控策略从治病为主向预防为主转变,从有病求医变成"治未病"。

【病例案例】

河南某猪场存栏 1 200 头母猪,猪场的生产效益极为低下,编者曾经应邀到该场帮助处理生产性能低下的问题。经了解分析,造成该猪场猪只生产低下的主要原因是由于在饲料中长期添加过量的矿物质及大剂量的抗生素,导致整个猪群出现严重的亚健康状态。其临床表现:母猪受胎率不理想,返情率高达 32%;子宫内膜炎比较严重,占母猪总量的 10%;母猪的产仔过程不是很顺利,产程过长,难产现象比较严重,85% 需要人工助产;分娩后至断奶前,喂的料吃得不是很彻底(有这个现象,不普遍);个别怀孕母猪体温在 37.5~38.2℃,粪便稍微干结,采食量基本正常;公猪性欲较差,精子稀少;所产仔猪 5日龄内,腹泻严重,肚胀,剖检可见胃内有凝乳块,呈灰色或黄色;50 日龄左右,腹泻呈水样喷射,脱水快,死亡快(常发生在换料后,换料前的料加有氧化锌,实行换料过渡也避免不了腹泻）；育成猪胃溃疡，出血，占死亡率的 50%，肠道出血，血便，酱油色，治愈后复发率高。

根据诊断情况，对业主的饲料配方进行优化，提高了饲料的营养浓度，严格限制矿物质超标，在饲料中按说明添加一些微生态制剂及中草药免疫调节剂，同时提高食盐的用量以促进猪只饮水。在上述基础上并安排在这特殊时期，一定给猪只适当补喂青绿多汁饲料。经过一个多月的调整，该猪场猪群逐渐恢复正常。

【技术破解】

一、认识猪群亚健康

近年来养猪界提出的亚健康，尽管对亚健康目前还没有一个规范的明确的定义，可以认为是"猪群在健康与非健康（疾病）之间，存在着一种非此非彼的状态"，即亚健康状态。亚健康状态的猪，可能检测不到病原的感染，但表现精神不佳，行为刻板，生长受阻，性能变差；也可能检测到了病原，但并不出现明显的临床症状。亚健康猪群不管是否可以检测到病原，但一个共同的内部特征是免疫力低下，即呈现免疫抑制状态，外部表现为活力降低、功能和适宜能力减弱。

二、认清猪群亚健康对猪群的危害

亚健康状态对猪群危害有直接的和间接两种：

1. 直接危害

直接危害猪只，表现生产性能下降，猪群采食量降低，造成营养缺乏，仔猪和育肥猪生长缓慢，饲料报酬降低；母猪体质弱，发情迟缓，即使发情其受胎率明显降低；初生仔猪体重小，体质弱，死胎增多；有的母猪预产期推迟或提前，泌乳母猪食欲时好时坏，泌乳量减少，造成哺乳仔猪腹泻多，断奶体重小且弱仔增多；母猪不爱运动易造成便秘；猪群免疫系统抵抗疾病能力下降，同时对特异性免疫接种的应答能力相对降低。

2. 间接危害

间接危害处于亚健康状态的猪群，如果其防御适应能力战胜了外界应激因素（如：冷应激，热应激，饲料营养过剩或缺乏及外来病原应激等），则猪群不会发病,且有可能发展到健康状态或维持亚健康状态,相反若外界应激因素占优势,不断地刺激机体,损伤机体,则猪群会迅速发展到疾病状态。根据其损伤程度的不同,轻则用药或改善饲养管理后可治愈,重则使猪场付出惨重的代价,甚至造成"全军覆没"的悲剧,应引起高度重视。

三、找准猪群亚健康的发生原因

1. 生物制品鱼目混珠

目前国内兽用生物制品质量鱼目混珠、良莠不齐,让人真假难辨。有的生物制品厂竟敢非法生产无批号的产品。在中小规模猪场、散养户都广泛使用"三无"疫苗产品,比如蓝-环二联苗,蓝耳××苗。标注的生产厂家大得惊人,什么疫苗研究中心、生物制品研究中心,但你永远也找不到真正的厂家地址。还有极不规范偷偷制作出来的"自家苗"(实际上只能算是组织匀浆)。这些疫苗,在一些专家的推波助澜作用下,猪场老板病急乱投医,胡乱用药。有的当时可能还有一点效果,但越用疾病越复杂,越用猪场问题越多!

2. 饲料营养方面的原因

(1)饲料营养过剩 饲料营养过剩指的是猪摄入的饲料营养超出机体正常代谢的需要量,机体物质代谢状态进入超负荷运转,这样不仅造成多余的营养物质在机体内大量蓄积,而且会引起机体代谢障碍等一系列病理生理变化。有的养猪者过分追求生长速度、饲料转化率及体形,在短期利益驱使下,提高饲喂量或过度提高饲料营养浓度,导致猪只过肥或其健康受到严重影响,到发现时已无法控制。此时,猪群的采食量降低 $40\%\sim80\%$。猪群已从健康水平衰退到亚健康状态至疾病状态,其结果导致医药费大量支出,猪只淘汰明显增多,生长速度受阻,公猪体重增加,不爱运动,配种难度加大,精液品质降低,种猪利用年限过短。

(2)饲料营养不足或配比不合理 猪群免疫系统功能的正常发挥是以良好的营养物质代谢为基础的。在营养方面,猪场关注较多的是蛋白质、脂肪和能量,而忽略正常的机体代谢必需的其他营养物质,如维生素、微量元素、矿物质以及糖等。这些营养物质的不足或搭配不合理,都会不同程度地影响机体免疫系统功能,使免疫功能下降。例如,补充维生素 E 可以提高 B 细胞的功能并导致抗原特异性免疫球蛋白的合成增加,同时也可以提高仔猪抗应激能力。微量元素硒在刺激免疫反应方面与维生素 E 有协同作用(维生素 E 和硒两种微量养分均与疾病易感性有关）。

(3)饲料品质控制不良　猪场里常见的饲料品质不良主要表现在以下 3 方面：①饲料中抗营养因子超标。饲料含有超标的抗营养因子，即饲料本身含有或从外界进入饲料中的阻碍养分消化的微量成分。常见的影响蛋白质消化的抗营养因子有蛋白酶抑制剂、凝结素、皂苷、单宁、胀气因子等；影响矿物质消化利用的抗营养因子有植酸、草酸、葡萄糖硫苷、棉酚等；影响维生素消化利用的抗营养因子有脂氧化酶、甲基芥子盐等；阻碍能量养分吸收的主要是非淀粉多糖类。生产实践中，以小麦、大麦、黑麦中含大量非淀粉多糖；棉籽（有腺体棉籽）饼粕中含有棉酚；菜籽（三高菜籽）饼中含的芥子苷危害最大。②伪劣掺假的饲料原料。在饲料中使用了皮革粉，或掺有皮革粉、虾壳粉的鱼粉，劣质肉松粉，其中铅、镉等重金属含量很高，有的饲料中铅的含量达 30 毫克/千克，我国铅的卫生标准含量是 10 毫克/千克，镉的卫生标准含量是 0.2 毫克/千克。镉、铅等重金属一旦超过国家卫生标准含量就会引起机体代谢紊乱，甚至中毒等。③重金属的超量使用危及机体健康。为了促生长和抗腹泻而超大量添加铜和锌，为了皮红毛亮抗原虫而超大量添加砷。一般来说，铜的含量不能超过 50 毫克/千克。对锌的需要量为 30～60 毫克/千克，饲料中无机砷的含量不能超过 10 毫克/千克。有的饲料生产企业为了满足人们的眼观要求和追求高额利润，铜添加到 250 毫克/千克以上，甚至加到了 500 毫克/千克，在断奶仔猪日粮中锌（氧化锌）添加量达 2 000～2 500 毫克/千克，有的甚至达到 3 000 毫克/千克，把砷添加至 50 毫克/千克以上。铜和锌均可在肝脏中蓄积，当其在饲料中含量增加时，肝脏蓄积随之增加，超过一定限度后，即转移入肾脏，此时动物体开始出现慢性中毒现象。当肝脏中蓄积铜超过一定量时，就会抑制多种酶的活性而导致肝功能异常，并发生肝坏死。高锌主要抑制某些酶的活性，并降低机体免疫能力，影响动物食欲和干扰其他矿物质元素的正常代谢。砷是一种胞质毒物，三价砷易与巯基结合形成稳定的络合物，从而阻碍细胞呼吸，造成细胞代谢障碍。砷对多种酶有抑制作用，如丙酮酸氧化酶、羧化酶、α-酮戊二酸氧化酶、苹果酸氧化酶及胆碱酶等，从而引起神经系统、肝脏、肾脏等重要器官发生病变。④同源性动物饲料的广泛使用。肉骨粉、肉松粉、血浆蛋白粉的大量使用，尤其是血浆蛋白粉的使用，同样值得养猪同仁的关注，更使业内专家提高了警觉。"近十年动物营养的成就，就是使用了血浆蛋白粉"这句话尽管有点夸张，但也说明一些动物营养师急功近利的浮躁心态。

目前教槽料很大程度上主要依赖血浆蛋白粉、高锌。在大量使用血浆蛋白粉的同时,有一个非常重要的问题就是如何保证它不带菌(毒)。⑤饲料被霉菌毒素污染。霉菌毒素是饲料在发霉过程中真菌产生的代谢产物,危害养猪业的主要有烟曲霉毒素、黄曲霉毒素、玉米赤霉烯酮毒素、呕吐毒素、T2 毒素等。霉菌毒素急性中毒造成猪死亡,慢性中毒引起猪免疫力下降、皮毛无光泽、饲料报酬率下降、母猪流产、公猪精液质量低下等,严重影响养猪的生产效益。据王金勇等检测表明,2013 年猪饲料中主要霉菌毒素仍然为呕吐毒素、玉米赤霉烯酮和烟曲霉毒,检出率分别为 94%、57%、41%。此外,还有黄曲霉毒素占7%,赭曲霉毒素占 4%。霉菌毒素主要侵害健康猪体免疫系统及生殖系统,对各种免疫应答反应产生负面影响,如炎症反应、抑制抗体和细胞因子的产生、淋巴细胞的增殖及干扰免疫等。同时,霉菌毒素也可以破坏肠道免疫功能,诱导肠道细胞凋亡,使免疫器官中白细胞和淋巴细胞减少;巨噬细胞和淋巴细胞移动能力下降,影响巨噬细胞的功能;抑制补体的产生和 T 淋巴细胞产生白细胞介素及其他淋巴因子;抑制 T 淋巴细胞、B 淋巴细胞介导的免疫反应,导致IgA、IgM、IgG 免疫球蛋白衰退,这也是机体呈现亚健康状态和免疫失败的主要原因之一。

3. 猪场环境病原微生物污染已成为猪只潜在发病的诱因

大量的研究表明,猪场随着使用周期的延长,环境中病原微生物污染越来越严重。舍内氨气、硫化氢浓度过高,致使猪只时刻受到威胁,抵抗力下降,呈现出亚健康状态。从现场观察猪舍内环境空气中细菌总数呈现出春季>秋季>冬季>夏季,且猪舍内细菌总数高于舍外,猪舍内(除生长育肥舍外)在春、秋、冬季,均超出国家规定的标准。通过对猪场空气、粪便、污水、土壤等样本分析发现,革兰阳性菌数量较多,占细菌总数的 76.7%,以科氏葡萄球菌、马胃葡萄球菌等凝固酶阴性葡萄球菌、链球菌以及芽孢杆菌为主。革兰阴性菌占 23.3%,主要以大肠埃希菌为主。

4. 不考虑动物福利,违背了动物的天性

目前,规模化养猪主要采用舍内圈栏饲养和定位饲养模式。这种模式多采用限位、笼架、圈栏以及漏缝地板等设施,饲养密度大、集约化程度较高,便于管理和降低成本,但往往忽略猪只福利。在饲养过程中,常常由于空间不足,饲养环境相对较差甚至恶劣,猪只缺乏散步、嬉戏、炫耀以及同附近猪只进

行社交等各种活动的场合或机会,使猪只本身的一些行为需要受到限制,猪只生理机能、行为、习性等与环境难以协调,从而导致抵抗力下降。环境过于单调,饲养密度大,猪只活动空间不足,导致猪只尾部损伤、身体斑块或损伤,产生跛足猪;咬斗频率显著增加,肉质下降;漏缝地板的应用,既凉又滑,致使猪只摔倒、引发腿及关节病变,母猪乳头受损、蹄部及肘部的损伤;舍内小气候环境差,夏季高温高湿,冬春低温高湿,舍内空气污浊,长期处于各种应激源的作用下,致使猪易患呼吸道等疾病和行为异常,如啃栏、咬耳、咬尾、咬蹄、拱腹、啃咬异物等,同时又影响生产性能。这些模式改变了猪只的本性,使其免疫力下降,出现亚健康状态。

5. 药物滥用是诱发猪群亚健康不可忽略的因素

目前,猪场滥用药物现象比较普遍,突出表现在推崇"药物保健方案"、疫苗高密度接种或超倍量使用、发病后长时间和大剂量的应用药物、不规范使用药物等。由于药物代谢主要通过肝肾来实现,因此,药物滥用带来的直接后果就是肝肾功能的下降。当肝肾功能下降时,就会出现消化机能、代谢机能、解毒功能、排泄功能、生殖机能下降,同时药物滥用既造成中毒(如生产中替米考星、氟苯尼考、磺胺类等药物中毒屡见不鲜)又可抑制抗体的产生(如氟苯尼考小剂量时对机体没有免疫抑制作用,随着氟苯尼考用量的加大,对机体的免疫抑制作用会越来越明显)。此外,过度免疫也会导致各种病变,如果机体产生过多的蛋白水解酶和活性氧自由基,对机体产生非特异性损害而产生自身抗体,则会对特定的自身细胞产生损害。

6. 免疫抑制病是猪群亚健康状态的本质原因

猪繁殖与呼吸综合征与圆环病毒感染是目前公认的两大免疫抑制性疾病。猪繁殖与呼吸综合征病毒损伤猪体的免疫系统和呼吸系统,特别是肺,感染肺泡巨噬细胞或单核细胞,引起免疫抑制。人工感染猪圆环病毒 2 型和猪繁殖与呼吸综合征病毒,可出现猪多系统消瘦综合征。肺炎支原体感染损害呼吸道上皮黏膜纤毛系统,引起单核细胞流入细支气管和血管周围,刺激机体产生促炎细胞因子,降低巨噬细胞的吞噬杀菌作用,引起免疫抑制。

7. 外来病原入侵

机体和病原之间是矛盾的,是相生相克的,通常情况下猪群与其所处环境中的病原之间形成了一种协调平衡状态,即猪群已对该病原产生较强的抵抗能力,病原对健康的猪群是不会产生任何的损伤作用,但对外来病原几乎没有抵抗力。如果通过引种,猪只倒流、人员和物品携带外来病原感染猪群,将会对其造成损伤,这种损伤程度与猪群的健康状态之间成反比,即猪群的健康状态越好,病原对其造成的损伤程度就越小,反之对猪群的损伤程度就越大。猪群感染外来病原后,只有通过逐渐适应并产生相应的抗体来适应这种动态平衡状态。在对其产生抗体过程中,会使猪群的抵抗力受到不同程度的影响,因此外来病原是猪群从健康状态发展到亚健康状态的重要因素之一,应引起高度重视。

四、预防猪群亚健康

1.科学饲养

养猪切记,不能过度增加喂料量或过度提高饲料营养水平,也不可造成猪群营养不良,饲喂量要适中。猪群生长速度不可过快(育肥猪 165～180 日龄;体重平均 100 千克左右为宜),宁可晚出栏 5～10 天也不能因多加饲料或过度提高饲料营养水平让猪群出问题,采购饲料原则宁可多花一分钱进好料,也不能少花五分钱用次料,坚决不使用发霉变质和掺杂使假的饲料。

2.保持适宜的环境温度

养殖者应让猪群(8 周龄以上)去自然地适应四季交替。每一种动物对恶劣环境都有一定的适应能力,这种能力是渐进的,猪也不例外。让猪群自然地从夏季逐渐过渡到秋冬季,其本身会发生一系列生理变化(如猪只背毛变得稠密、长,皮下脂肪增厚,皮肤保暖性能增强等),并表现出对季节变化有较强的适应能力。坚持每天通风换气,当温度低、风大时把窗户开小点,相反把窗户开大点,不管情况如何必须每天通风换气。

3.提高猪只非特异性免疫力

让猪群自然地适应本场的生物环境,不使用任何预防性抗生素和消毒药。自然适应的目的是让猪群适应环境,减少易感猪头数,提高已获得非特异性免疫的猪群数量,降低猪群被感染及发病概率,这样感染发病的猪数会趋于减少,疾病会逐渐平息,净化或消除疾病将成为可能。

4.强化各项操作规程

养猪防病不能单靠药物和疫苗,扎实的饲养和精心的管理才是防病的基础,如果最基础的条件都不能满足猪群,那么,再好的药物和疫苗也不能有效控制猪群发病。防疫工作一定要严格制度化、长期化,必须有专人监管,严防外来病原入侵,使用疫苗和消毒药必须选用知名企业生产的产品,其质量稳定、效价比也高。

5. 养猪必须重视建立青饲料供应基地

青饲料含水分量较大,质地柔软,营养全面而丰富,是常用的维生素补充饲料,青饲料中粗蛋白含量约占干物质的 10%～15%。其中有较多易被动物利用的游离氨基酸,粗纤维含量较少,且大部分属于非木质化的纤维和半纤维,容易被消化利用。

五、猪群亚健康的纠正

1. 适当调整饲粮配方

亚健康猪群的采食量一般都比正常减少 5%～20%,因此一定要保证饲粮中有效的浓度,在饲料中按说明添加具有针对性的抗生素或中药。应适当提高麸皮的用量:体重 10～25 千克,用量 8%～14%;体重 29～60 千克,用量 14%～18%,体重 60 千克至出栏,用量 18%～25%;母猪用量为 25%～50%。同时提高食盐的用量以促进猪只多饮水;仔猪和体质弱的猪在饲料中添加 1%～3% 的全脂奶粉,若猪群的食欲不佳,应添加维生素 B_1 和维生素 C,按说明使用或提高 0.5 倍的用量,猪群每天应饲喂青绿多汁饲料 1～2.5 千克/头;分 2～4 次饲喂。

2. 搞好环境卫生

从猪舍的卫生管理着手,应及时清除粪尿污水,不使其在舍内分解腐败,每天清理粪便 2～3 次,注意猪舍防潮。猪舍的通风时间和强度(通风量)应根据舍内温度和空气质量来决定,在冬季通风时间应选择上午 11 点至下午 1 点或无大风时进行,晚上无大风时应选择猪舍的对角窗全开或半开通风换气。夏季气温较高时,在白天应把窗户全部打开,采用排风扇加大通风量降低舍内温度,夜间或突然降温、阴雨连绵时选择开启一半以下的窗户,若气温较高则开启舍内对角窗户通风。

3. 加强消毒灭菌

亚健康猪群应严防外来病原入侵和本场病原水平传播,每 2～3 天消毒 1

次,对于发病的猪只应剔出放入隔离舍饲养和治疗,对于亚健康猪群不能接种任何疫苗,待恢复健康后才可接种,同时应每天在圈舍内驱赶猪运动 3～4 次,每次围着圈舍转 5～6 圈,如果有运动场效果更佳。

【提示与思考】

在近几年中,令养猪人头疼的是猪病日益繁杂,新病不断发生,旧病卷土重现,如主要侵害猪群的呼吸系统综合征、蓝耳病,免疫抑制病,疫苗病等,可谓是防不胜防。"养猪难、难养猪"等无奈的感叹声随处可听见,从专业的角度建议养猪朋友关注以下几点:

您是否考虑过,正在使用的饲料能否满足猪群各生长阶段的营养需要,是否存在使用品质低劣的"人情料"和"关系料"。

猪群的生活环境舒适度和健康水平如何? 猪舍是否存在空气污浊、温度过高或过低、脏乱差的现象? 猪群是否长期处于亚健康状态且不去正确纠正?

您的猪场是否存在安全防疫漏洞和滥用药物并过分依赖药物和疫苗。

您的猪场是否实行了人性化管理模式,是否扣过工人工资和降低工人待遇,是否存在技术管理上的误区,是否存在不负责任的懒惰养猪法。

如果您能排除以上各种误区,细心而规范地对待猪群,那么猪也会"不负所托"为您带来更大的经济效益。

第十一章

猪场健康的无形杀手——猪免疫与抑制综合征

【知识链接】

　　猪免疫抑制性疾病是通过损伤猪的免疫组织器官或影响猪免疫细胞活性，干扰抗原的递呈，抑制或阻断免疫抗体的形成等途径，从而导致猪机体抗病能力下降或免疫应答不完全，造成低致病力的病原体或弱毒疫苗也可能感染猪发病的一类疾病。

【病例案例】

　　某规模猪场育仔和肥育前期猪只突然大群发病，临床症状表现为精神不振、皮肤发红、体温 40～41.5℃、大便干、小便黄、采食量下降，进而耳、后臀、腹部发紫，有的拉黄色稀粪、后肢无力、呼吸困难，死亡率 50％以上，没有死亡的猪只身体消瘦。

　　解剖发现肺间质增宽、充血、肠系膜有出血点、心脏外膜出血、脾肿大边缘有梗死，腹股沟淋巴结肿大，有的喉头有出血点，有的膀胱有出血点，有的肾脏有针尖状出血点。自开始发现临床症状使用了多种抗生素治疗效果不理想。

　　该场为种猪场，存栏母猪 328 头，据场长和技术人员反映 6 个月前育仔猪开始出现生长缓慢、消瘦、贫血、背毛粗乱，有的有呼吸道症状，眼睑发青，有的皮肤有坏死斑块，死亡率在 5％～8％，最明显的一个问题就是猪瘟的抗体水平低。原以为是疫苗质量问题和防疫人员不负责的原因，然后更换猪瘟疫苗同时派专人注射疫苗，但是猪瘟抗体还是保护力很低，对猪群达不到理想保护，后又换成淋脾苗，抗体水平还是上不去。场长又与编者联系，编者认为可能是早期感染圆环病毒 2 型破坏了机体的免疫系统，致使免疫功能受到抑制，应答能力下降而免疫失败。后来送检科研机构检测，其结果为圆环病毒、猪瘟病毒混合感染。

针对其检测结果,提出以提高机体的抵抗能力抑制圆环病毒的复制,保护机体免疫功能为宗旨的方案:①生产母猪每吨饲料中添加黄芪多糖 1 000 克、干扰素 500 克、板蓝根 1 000 克,每月连用 7 天。②育仔阶段,仔猪转群时肌内注射亚希酸钠维生素 E 1 毫升;每吨饲料添加多种维生素 500 克、板蓝根 800 克、20％替米考星 400 克,饲喂 7 天;所有新生仔猪猪瘟免疫执行"乳前免疫"2 头份细胞苗。同时强化了管理措施,及时淘汰病猪进行无害化处理。经过采取以上措施,2 个月后随访,猪群恢复正常,第三个月检测猪瘟免疫抗体保护率达到了 92.3％,育仔阶段"多系统衰竭综合征"也未发现临床症状,猪群已基本稳定。

【技术破解】

一、免疫抑制现象

1. 条件致病菌引发疾病

一些以前很少致病的病原如链球菌 II 型,猪附红细胞体、猪胸膜肺炎放线杆菌、副猪嗜血杆菌等病原呈现了高度致病性;原来只呈地方流行的支原体肺炎,现在却成为呼吸系统疾病的元凶之一,无处不在;前些年一般猪场即使不注射疫苗也很少发生巴氏杆菌病,但是现在有呼吸系统病变的众多疫病发生时常常分离到该菌。

2. 免疫接种后不能产生有效的免疫应答

在部分猪场,疫苗的质量与应用以及免疫程序都无可挑剔,却总有部分群体抗体水平上不去,时有散发或疑似猪瘟发生。

3. 混合感染、继发感染越来越严重

近几年猪群发病往往不是以单一病原体所致疾病的形式出现,而是以两种或两种以上的病原体相互协同作用所造成。既有病毒的混合感染,也有细菌的混合感染,还有病毒与细菌的混合感染,甚至是病毒、细菌与寄生虫的混合感染。这种病原体的多重感染,一旦猪群发病,其临床表现复杂,病情重,临床不易诊断,实际控制效果较差。

4. 猪呼吸系统疾病和繁殖障碍性疾病不断涌现

近两年来,猪呼吸系统疾病成为养猪生产的主要问题,从母猪、哺乳仔猪、保育仔猪到育肥猪各个阶段都存在呼吸道问题,发病与死亡猪经剖检大多数

都可见到肺部的各种不同类型的病理变化,经济损失巨大,预防和控制十分棘手。由猪繁殖与呼吸综合征、猪圆环病毒 2 型感染、伪狂犬病、猪附红细胞体病、猪细小病毒病、猪日本乙型脑炎、猪流感、猪布氏杆菌病、猪衣原体病、钩端螺旋体病、弓形虫病等引起的猪繁殖障碍疾病仍然是规模化养猪生产的一大问题。其中猪繁殖与呼吸综合征、猪圆环病毒 2 型感染、猪附红细胞体病造成的防治障碍疾病最为普遍和严重。

二、引起猪体免疫抑制的因素

1.病原微生物

(1)猪繁殖与呼吸综合征病毒(PRRSV) PRRSV 能够选择性的在巨噬细胞中复制,并导致其数量减少,降低肺泡巨噬细胞的吞噬杀菌作用,还可通过产生一些有抑制淋巴细胞功能的细胞因子(cytokines),使淋巴细胞的功能受到短暂的影响,从而引起猪免疫功能下降。李华、杨汉春等报道,猪群感染 PRRSV 后,猪瘟疫苗的免疫应答受到严重的抑制。Rossow 等试验感染证实,各种年龄的猪接种不同的 PRRSV 毒株,其病理变化主要在肺和淋巴结;有研究结果表明,猪血管内巨噬细胞对 PRRSV 极为敏感,表现为直接导致受感染的巨噬细胞对血液中异常颗粒物质的清除能力降低。对肺泡洗液检查,证实巨噬细胞数量明显减少,正常猪肺泡洗液巨噬细胞占所见细胞的 95%,PRRSV 感染猪则为 50%。

(2)猪圆环病毒 2 型(PCV-2) PCV-2 主要侵入患猪肺脏、胸腺、脾脏,致使循环 B 细胞和 T 细胞及淋巴器官中的 B 淋巴细胞、T 淋巴细胞数量减少和萎缩,从而导致免疫抑制的发生;PCV-2 在巨噬细胞介导和分裂诱导下,明显抑制淋巴细胞的增生,从而干扰正常免疫功能;PCV-2 还可以诱导 B 淋巴细胞凋亡,造成体液免疫无应答;PCV-2 还可以引起继发性免疫缺陷,发病或感染猪存在短暂的不能激发有效的免疫应答现象。

(3)猪肺炎支原体(Myh) 猪肺炎支原体破坏了呼吸道上皮的完整性,从而引起单核细胞流入细支气管和血管周围,刺激机体产生促炎因子,降低巨噬细胞的吞噬和清除能力,而抑制 T 细胞的活动增强,导致呼吸道免疫力减弱,抗病力下降。

(4)猪流感病毒(SIV) 某些 SIV 能引起猪的免疫器官严重损伤,淋巴细胞大量减少,还可导致 B 细胞在外源性抗原刺激后所产生的免疫球蛋白的结构以及抗原反应性发生改变;某些 SIV 能引起外周血 T 淋巴细胞的转化率明显下降,并引起脾、胸腺及盲肠扁桃体的出血性变化,从而显著地抑制猪的细胞免疫功能。另外 SIV 主要侵袭猪呼吸道上皮细胞,并在此大量增殖,最终导致上皮细胞脱落、坏死以及肺部嗜中性粒细胞浸润,阻塞呼吸道并损伤肺组织。

(5)猪瘟病毒(HCV)　HCV 对猪淋巴细胞和单核细胞有特殊嗜性,受感染的单核巨噬细胞功能的改变影响免疫系统,导致淋巴细胞衰减、T 细胞活性受抑制,并伴随淋巴器官和骨髓的衰退性变化。当猪感染 HCV 后机体免疫功能减退,体内常在的巴氏杆菌、沙门菌等借机大量繁殖,毒力增强导致疾病,而使猪瘟的病情复杂化,增加了死亡率。

(6)伪狂犬病病毒(PRV)　PRV 感染猪时,病毒首先在鼻咽上皮和扁桃体内复制,并随这些位置的淋巴液扩散至附近的淋巴结,在单核细胞和肺泡巨噬细胞内复制并损害其杀菌和细胞毒功能,从而降低机体的免疫力。

(7)猪细小病毒(PPV)　PPV 主要集中在淋巴组织,在肺泡巨噬细胞和淋巴细胞内大量复制,损害巨噬细胞的吞噬功能和淋巴细胞的母细胞性功能,从而引起机体免疫力下降。

(8)非洲猪瘟病毒(ASFV)　ASFV 可导致病猪外周血淋巴细胞减少和淋巴网状内皮组织细胞坏死。尽管尚未证明 ASFV 能在 T 细胞和 B 细胞中复制,但其能在单核细胞和巨噬细胞内复制并损坏其功能。

(9)胸膜肺炎放线杆菌(APP)　APP 主要定居于扁桃体并黏附到肺泡上皮,可被肺泡巨噬细胞迅速吞噬或吸附并产生毒素,这些细胞毒素对肺泡巨噬细胞、肺内皮细胞及上皮细胞有潜在的毒性,降低肺泡巨噬细胞的吞噬杀菌作用,引起免疫抑制。

(10)猪附红细胞体(Eperythrozoon)　猪附红细胞体导致机体红细胞的免疫黏附活性降低,红细胞免疫功能下降,外周血 T 细胞总数减少,活性降低,红细胞免疫功能低下,机体处于极度虚弱状态,抵抗能力下降。近年来的临床实践证明,附红细胞体容易和多种疾病混合感染,特别是附红细胞体容易和圆环病毒,猪瘟病毒混合感染,加重病情。

(11)猪弓形虫(Toxopiasma gondi)　猪弓形虫在宿主体内繁殖的过程中,大量的免疫细胞受到了弓形虫的损害、破坏机体的免疫系统,最终导致免疫抑制。

(12)猪大肠杆菌(E. coli)　猪大肠杆菌产生肠毒素吸附并定居在肠道下部,导致肠系膜淋巴结萎缩,淋巴细胞减少,破坏机体的防御机制,免疫应答减弱,使机体处于一种免疫抑制状态。

2.药物因素

某些药物如庆大霉素、四环素、强力霉素等抑制淋巴细胞的趋化性;磺胺甲基异噁唑、四环素、强力霉素、先锋霉素等抑制淋巴细胞的转化;氯霉素、强力霉素、利福平等抑制抗体的产生;四环素、强力霉素、二性霉素 B 等抑制巨噬细胞的吞噬作用;维生素 K_3、氯霉素、四环素、磺胺类药物抑制中性粒细胞的功能,从而影响免疫效果;糖皮质激素类药物如地塞米松、泼尼松、可的松等具有抗免疫作用;性激素如睾丸激素、雄激素等对免疫应答有抑制作用。

3.理化因素

某些重金属(如铅、镉、汞、砷)、工业化学物质(如过量的氟)等可损伤淋巴细胞和巨噬细胞,干扰机体免疫系统正常的生理功能,过多摄入会使免疫组织器官活性降低,抗体生成减少;大量放射性辐射或大剂量紫外线照射动物可杀伤骨髓干细胞而破坏其骨髓功能,结果因严重损伤造血干细胞而导致造血功能和免疫功能丧失;某些化合物如卤化苯等可引起免疫系统组织的部分甚至全部萎缩以及活性细胞的破坏,进而引起免疫失败;苯酚类与甲醛消毒剂广泛频繁的应用对人类有明显的免疫抑制与致癌作用。

4.营养因素

某些维生素(如复合维生素 B、维生素 C 等)和微量元素(如铜、铁、锌、硒等)是免疫器官发育及淋巴细胞分化、增殖、受体表达、活化及合成抗体和补体的必需物质,若缺乏以及过多或某个成分间搭配不当,诱导机体继发性免疫缺陷。

5.应激因素

当猪群处于应激状态(过冷、过热、拥挤、转群、混群、断奶、换料、打斗、创伤、饥饿、缺氧、限饲、长途运输、噪声和约束等)时,可使机体神经系统抑制,肌肉松弛,胸腺出血,免疫细胞大量减少,肾上腺皮质机能降低,血浆类固醇水平提高,同时体内产生异常代谢产物,从而导致机体免疫功能的降低,不能正常的产生相应的免疫反应,降低免疫效果。同时因蛋白质分解代谢增强,用于产生免疫球蛋白的原料相对减少,此时进行疫苗免疫时,抗体形成减少,体内抗体水平低下,不能达到预期免疫效果。

6. 霉菌毒素中毒

霉菌毒素不仅可以引起肝细胞的变性坏死、淋巴细胞出血肿胀,严重破坏体内的免疫器官,引起机体严重的免疫抑制,还会抑制蛋白质的合成,影响抗体产生,还可以引起胸腺萎缩,吞噬细胞功能和补体产生能力下降。

7. 集约化生产

集约化生产方式使猪的活动范围极大的受到限制,导致心肺功能减弱,加之集约化生产中许多人为应激因素,无疑影响免疫功能。

8. 弱毒疫苗的广泛应用

已知注射 PR、PPA 等弱毒疫苗后会对猪体造成数周的免疫抑制。

9. 疫苗佐剂

美国 M. Hoogland 等人证实在 PCV-2 感染的早期(21 天),所有佐剂(油包水、氢氧化铝)都会加重 PCV-2 感染引起的淋巴组织缺损的严重程度;而在感染后 35 天,油包水佐剂仍可加重病损的程度。

三、免疫抑制综合征的识别与诊断

免疫抑制综合征不是独立的一种疾病,因免疫抑制而诱发疾病的不同则有不同的临床表现。作为个案病例,它的诊断必须依靠特异抗体的测定、总免疫球蛋白的测定、淋巴细胞活力测定、T 淋巴细胞转化试验等辅助检查。作为群体发病的诊断,由于积累了很多个案病例的信息,使运用归纳推理诊断方法做出临床诊断成为可能,这对于难以做出辅助检查的猪场来说至关重要。

1. 从临床经验中识别

从临床经验中识别主要有以下几点:①猪群中长期发病不断,死亡率明显上升,且多集中在断奶至中猪阶段;②在急性流行期过后,仍有散发病例存在,并持续相当长的时间;③群体免疫无明显差错;④病程较长,抗感染收效甚微,不少病猪呈恶病质状态(高度消瘦、贫血、扁平胸、鲤鱼背、反应差,运步不稳,体温反应差);⑤猪群中同期发生多种疾病,如 EP、PRRS、PR、PCV、CSF、巴氏杆菌感染、多发性关节炎等;⑥剖检常见典型和非典型的 EP、PRRS、PR、PCV、CSF;⑦某些弱毒疫苗接种,如接种 PR 苗、MPS 苗、FMD 苗、红黄痢苗可诱发呼吸道病综合征;⑧病料中常分离出巴氏杆菌、胸膜肺炎放线杆菌、副猪嗜血杆菌、致病性链球菌。

2. 实验室检查

目前用于免疫水平测定的指标很多，主要包括以下几种：

(1)血清抗体水平测定　疫苗接种后一部分或大部分猪的抗体水平始终低下，原因有待进一步探讨。

(2)总免疫蛋白测定　要选择初发病或外表健康的猪，已成为恶病质的猪无检测意义。如果总免疫球蛋白测定值偏低，则表明猪群免疫力下降。

(3)T淋巴细胞转化试验　即在体内利用各种刺激激发淋巴细胞，根据其转化程度测定T淋巴细胞的应答功能，可作为细胞免疫功能的指标之一。如果细胞免疫缺陷时，这种转化功能也降低，从而可以判断猪群是否存在免疫抑制。

四、免疫抑制的预防措施

1. 建立健全的生物安全体系

猪场应坚持自繁自养，以防止外来病原的传入；将不同阶段的猪分群饲养，坚持"全进全出"，以避免交叉感染、减少疾病发生的概率；建立严格的卫生消毒制度，将卫生消毒工作贯穿于养猪生产的各个环节；采用有效的消毒剂，最大限度地降低猪场内病原微生物的浓度；坚持定期灭鼠，严格限制禽类活动，以防止病原体的传入。

2. 把好引种关，防止免疫抑制病的入侵

引进猪种和精液时必须做好产地疫情调查，用ELISA和PCR技术对引进种猪进行严格检疫，防止在引进优良品种的同时带入自家猪场原本没有的疾病。引进的种猪应在隔离舍观察30天。隔离观察期间，停止喂服药物，以利于检疫观察，确认健康后，方可进入生产区。定期对本场的猪群进行病原学、血清学调查，采取淘汰阳性种猪、人工授精、早期隔离断奶等措施逐步净化种猪群疫病。

3. 重视免疫预防接种

针对免疫抑制性疾病，要选择合理的疫苗，制定适合本场的免疫程序。各猪场应根据自己的实际情况选择合适的疫苗进行PRRS免疫；要控制猪瘟的发生，以免造成猪群的高死亡率；要努力推行猪气喘病疫苗的免疫接种，以减

轻猪肺炎支原体对呼吸器官的侵害,从而提高猪群对多种呼吸道病原体的抵抗力。为进一步提高猪群对疫苗的免疫应答能力,可以在注射疫苗时,适当提高饲料中硒、维生素 A、维生素 E 的含量,或添加适当的左旋咪唑;使用中药黄芪粉(或黄芪多糖注射液)也可增强猪的体液免疫和细胞免疫水平。

4. 加强饲养管理,降低猪群的应激

最大限度地减少各种应激的发生,提高猪体免疫力是预防免疫抑制的基本原则。保持猪舍清洁卫生,做好防暑降温、防寒采暖、防潮排水、通风换气等工作,为猪提供适宜的温度和湿度,降低舍内有害气体的浓度,降低猪群饲养密度。在转群、去势、注射疫苗等应激前,在饲料中添加维生素 A、维生素 D、维生素 E,降低猪群的应激,提高猪的抵抗力。

5. 提高营养水平

满足猪群的生长需要猪是通过摄取饲料中的营养物质来维持机体代谢和生长发育。当营养物质缺乏时,可造成机体抵抗力不同程度下降,影响抗体的产生和吞噬细胞功能,容易诱发某些疾病。因此,应保证猪群获得足够的营养,以满足猪群生长和合成抗体需要,从而提高猪群对病原微生物的抵抗力。

6. 合理应用药物进行疾病的防治

对于一些细菌性疾病,要及时确诊,尽可能根据药敏试验结果及本场药物使用情况,在兽医的指导下选择安全、高效的药物,合理规范添加。由于有些药物如强力霉素、四环素等本身具有免疫抑制作用,因此在饲养过程中不可长期饲喂药物。可在断奶、转群、配种、分娩前后采取阶段脉冲式给药来防止细菌性疾病的感染。

7. 建立完善的疫病监测系统

疫病监测是及时诊断和采取防治对策的前提。定期(一般每季度一次)对各阶段猪群进行病原学、血清学检查,采取淘汰阳性种猪的方式,逐渐建立起健康猪群。特别是要定期对猪群中 PRRSV 的感染状况进行监测,通过监测以了解该病在猪群中的感染情况。

8. 减轻霉菌毒素污染给猪群带来的负面影响

当霉菌毒素的污染不可避免时,应选择霉菌毒素污染较轻的原料,并在饲料中添加霉菌毒素吸附剂。要注意饲料加工和使用过程中的再次污染,如饲料混合仓及饲喂料槽的及时清理。饲料中霉菌毒素多以人们肉眼难见的形式

存在,因此,向饲料中添加优质的霉菌毒素吸附剂应列入常规程序。

9.定期应用免疫刺激剂与免疫调节剂

仔猪断奶时,在饲料中添加左旋咪唑,按 5 毫克/千克体重计,连用 3 天;1周后再饲料中添加替米考星,按 10 毫克/千克体重计,连用 3～5 天。

五、应对措施

若免疫抑制发生,先要控制其传播,再使用免疫增强剂恢复系统的功能,改善和恢复机体的免疫力。同时投入适量的抗生素控制继发感染,如白细胞介素(Interleukin,IL)是由多种细胞产生并作用于多种细胞的一类细胞因子,包括 IL-1、IL-2 等 29 种,其中新研究生产的 IL-2 临床上具有增强免疫作用。中药黄芪多糖注射液在一定程度上可抑制病毒 DNA 和 RNA 的复制,诱导机体产生干扰素,促进抗体形成,增强机体免疫力,从而实现抗病毒作用。兽医临床上可与抗菌药混合后一同注射或分别注射,可提高免疫抑制性疾病的治疗效果。

【提示与思考】

目前规模化养猪中,猪体的抗病力渐渐变弱。猪群处于免疫抑制危机之中。因此,应全面正确理解免疫,加强免疫机制等方面的研究,从而找出有效的防治措施。

当猪发生疫病时,仅仅重视病原、营养和环境是不够的,我们应该更多地关注猪体的免疫状态和健康状况,采用具有本场特色的预防保健综合措施,充分增强猪体的免疫功能和体质,培育优质猪群,才能从根本上减少猪病的发生,提高养猪生产的经济效益。

猪的免疫抑制性疾病发生非常普遍,不仅引起猪群发生原发性病原感染,造成繁殖障碍和严重的呼吸系统疾病,更为严重的是损害猪的免疫功能,导致免疫耐受、免疫麻痹、对疫苗不产生免疫应答,致使机体抵抗力低下,易并发或继发其他传染病和寄生虫病,使猪群发病率和死亡率增高,病原复杂化,临床表现多样化,经济损失严重,因此,应高度重视猪的免疫抑制性疾病的防治。

第十二章

猪场疫病的催化剂——饲料霉菌毒素

【知识链接】

　　根据联合国粮农组织估算,全世界每年有 5%～20% 粮食、饲料受霉菌污染,霉变所造成的粮食和饲料经济损失可达数千亿美元。在我国一些地区,尤其是南方地区,饲料霉变问题相当严重。近年来调查结果显示,我国饲料霉菌毒素超标的比例高达 60%～70%。一般而言,霉菌毒素主要是由 3 种霉菌属产生:曲霉菌属(主要分泌黄曲霉毒素)、青霉菌属(主要分泌赭曲霉毒素、橘曲霉毒素等)、梭菌属(主要分泌呕吐毒素、玉米赤霉烯酮、T－2 毒素、Fumonisin毒素等)。迄今为止已经有超过 300 种霉菌毒素被分离和鉴定出来,目前普遍认为危害较大的主要是上述 7 种毒素。高剂量的霉菌毒素直接造成畜禽明显的临床症状,低剂量的霉菌毒素可导致免疫抑制,疫苗抗体水平上不去,影响其保护力,同时还可影响抗生素用量,间接造成生长不均甚至引发其他疾病。

【病例案例】

　　2013 年 10 月安徽省郎溪县某规模化养猪场因饲喂全价饲料引起霉菌毒素中毒。该猪场肥猪段出现几次急性腹泻死亡的案例,技术员将饲料粉碎,在饲料中添加了许多抗腹泻药物,但猪只小批次的死亡并没有得到控制。从调研来看发现繁殖区的情况正常,但肥猪区无论是大猪或育肥前期的小、中猪群体,每栋圈舍均出现不同程度的腹泻,个别的猪只呕吐,猪群精神委顿,被毛粗乱无光泽、行走无力、不愿运动、结膜苍白、异嗜,部分猪嗜睡、皮肤苍白无力,80% 母猪阴户红肿。从发病圈舍的猪群来看,大部分猪精神沉郁、食欲减退、不愿走动,体温正常或偏低。腹泻多呈喷射状,粪便灰色和黄色并有腥臭味,阴户和肛门红肿、猪皮毛粗乱、表现高度脱水及酸中毒症症状。

　　经诊断定性霉菌毒素中毒,采取的措施如下:一是立即更换可疑饲料;二是对症治疗。根据临床症状以解毒保肝、清除毒素、强心利尿、补液解毒为原则，采取相应的支持疗法和对症治疗：①在每立方饮水中添加口服葡萄糖 5 千克＋电解多维 1 千克＋70％阿莫西林 0.3 千克，以排毒、增强动物抗病力为主，控制继发感染为辅，连续饮水 5 天，根据情况再进行调整。②对有治疗价值的猪只，静脉注射 5％葡萄糖生理盐水 300～500 毫升，5％维生素 C 10～20 毫升，40％乌洛托品 20 毫升，同时皮下注射 10％安钠咖 5～10 毫升（中、大猪）。饮水加药当天就有显著的疗效，第 3 日腹泻停止，猪群精神状态已正常，5 天以后加药饮水停止，逐步恢复正常。

【技术破解】

一、霉菌毒素的产生

霉菌毒素由需氧霉菌产生。一种霉菌可以产生多种不同的霉菌毒素，相反，不同的霉菌可以产生一种相同的霉菌毒素。霉菌生长、繁殖需要一定的温度、湿度条件，如产生黄曲霉毒素的温度为 12～24℃，其中最适宜的温度为 25～32℃。相对湿度为 86％～87％。当霉菌处于干燥、低温或处于与其他霉菌竞争的情况时，就会产生霉菌毒素。由于霉菌生长有一定的地域性，导致了不同区域占优势的霉菌毒素种类的不同。如在热带和亚热带地区主要存在黄曲霉毒素和某些赭曲霉毒素；而玉米赤酶烯酮、呕吐毒素、赭曲霉毒素 A、T-2 毒素、伏马毒素在温带地区占有显著的优势。

霉菌按其生活习性可分为仓储性霉菌和田间霉菌两种。仓储性霉菌主要是指储存的饲料或原料中，在适宜的温度、湿度等条件下产生的霉菌。田间霉菌则是指青霉菌属、麦角菌属和梭霉菌属，此类霉菌属野外菌株，通常谷物在未收获前就已感染，最适生长温度为 5～25℃。该类霉菌在低温环境中也会增殖，也就是说在冬季此类霉菌仍会生长，阴冷潮湿的天气更易于这些霉菌生长。

二、霉菌毒素的来源

霉菌毒素是某些霉菌在谷物或饲料上生长繁殖过程中产生的有毒二次代谢产物，毒素在谷物的生产过程，饲料的制造、储存及运输过程皆可产生。目前在我国饲料中霉菌的感染率几近 100％，带菌量超过国家标准的 50％，它主要存在 6 种毒素,即黄曲霉毒素、呕吐毒素、T-2 毒素、玉米赤霉烯酮毒素、赭曲霉毒素及烟曲霉毒素,其中对猪危害最大的是黄曲霉毒素、玉米赤霉烯酮毒素和呕吐毒素、Fumonisin 毒素。据对我国饲料及饲料原料霉菌毒素调查报告显示,全价饲料中霉菌毒素的检出率在 90% 以上,黄曲霉毒素、T-2 毒素、呕吐毒素、玉米赤霉烯酮毒素的检出率高达 100%。

三、霉菌毒素的危害

1. 引发疾病

霉菌毒素可导致急性或慢性中毒,主要造成肝脏、肾脏的损伤以及肠道出血、腹水、消化机能障碍、神经症状和皮肤病变,但在临床上除非大量毒素引起急性中毒死亡,很难确认是由于霉菌毒素中毒所致,轻微或少量的临床表现,在霉菌毒素中毒后很容易被忽略。

2. 破坏免疫系统

霉菌毒素所造成的免疫抑制是最为严重、最为重要和最为本质的危害。许多霉菌毒素可直接破坏或降低免疫系统的结构和功能,这在动物试验和生产中已得到充分的证实。如某些霉菌毒素可使胸腺萎缩,抑制或降低淋巴细胞和巨噬细胞的活性,抑制抗体和细胞质产物以及巨噬细胞和嗜中性细胞反应器的功能,从而严重地降低免疫应答能力。这几年许多畜禽广泛存在疾病频发与难以防治,或存在大量使用疫苗免疫后抗体仍达不到应有滴度甚或免疫失败的现象,都与霉菌毒素中毒有密切的关系。2006 年夏季许多地方严重发生“猪无名高热症”,据调查报道,饲料霉菌毒素是促使发病的元凶之一。

3. 可致癌、致畸

大量研究表明,霉菌毒素对畜禽和人类都有致癌性、致畸性和基因毒性,以及肝毒性、肾毒性和皮肤毒性。这些毒性有的在短期内没有明显表现,但它造成的慢性损害往往是不可逆的,如毒素量大则可在短期内出现症状。

4. 降低饲料品质

饲料霉变直接造成食欲下降,采食量减少。饲料单项物质损失 14%～20%,最高可达 31.59%,同时干扰营养物质的吸收,抑制消化酶的活性,因而降低饲料转化率,致使饲料消耗增加,生产性能下降。

5. 对人类健康产生危害

动物摄入被霉菌毒素污染的饲料后,可在肝、肾、肌肉、血液、乳汁和蛋中检出霉菌毒素及其代谢产物,造成动物性食品的污染,通过食物链关系,对人类的健康有极大的潜在危害。

四、猪霉菌毒素中毒的临床症状和病理变化

1.临床特征

饲料中毒时猪只有的站立不动,有的兴奋不安。口腔流涎,皮肤表面出现紫斑;角弓反张,死前有神经症状。

慢性中毒时,病猪精神委顿,食欲下降,体温正常。猪只机体消瘦,皮毛粗乱,皮肤发紫,行走无力,生长缓慢,结膜苍白或黄染,眼睑肿胀。有的异食、呕吐、腹泻;病后期后肢不能站立,嗜睡、抽搐。

种猪中毒时,空怀母猪不发情,屡配不孕;妊娠母猪阴户、阴道水肿,严重时阴道脱出,乳房肿大,出现早产、流产,产死胎和弱仔;种公猪乳腺肿大,包皮水肿,睾丸萎缩,性欲减退。

2.病理变化

(1)急性中毒 病变主要为贫血、出血与黄疸;病猪全身黏膜、浆膜、皮下和肌内出血;肾脏、胃肠道出血、水肿;肝肿大、脾出血,心内外膜出血,血液凝固不良等。

(2)慢性中毒 病变主要为急性中毒性肝炎,病猪肝脏肿大、变硬;腹腔内有大量积液。

3.实验室诊断

根据发病特点,结合临床特征和病理变化可做出初步诊断。确诊需要进行实验室检查,做霉菌分离培养、测定饲料中毒素含量,并进行毒素鉴定。可采用荧光密度法、紫外分光光度法、质谱法、核磁共振法、射线衍射法、放射免疫分析法和酶联免疫吸附试验等方法进行确诊。

五、霉菌毒素的预防措施

霉菌毒素中毒诊断比较困难,中毒后的治疗效果不理想,猪场应提前采取有效措施加以预防。

1.采购质量较好、水分含量低的新鲜原料

采购原料时一般要求玉米、高粱、稻谷中的水分不超过14%,并加强检查,

防止发霉变质的原料入库。我国规定饲料用玉米的黄曲霉素 B_1 含量少于 0.05 毫克/千克,育肥猪配合饲料黄曲霉素 B_1 含量少于 0.02 毫克/千克。

2. 保持库存环境干燥

储藏饲料及原料的仓库要求干燥,通风良好,避免堆放于阴暗潮湿的地方,以免发生霉仓。仓库侧壁及地面应做防潮防水处理,饲料及原料不应直接堆放于地面上,而应堆放在木板架上;储料仓库上方要留有空隙,以便空气流通。

3. 缩短饲料成品和原料的存储时间

严格按照"先进先出"的使用原则,并及时清理已被污染的原料。

4. 饲料中应添加霉菌毒素吸附剂或处理剂

目前防霉剂只能抑制霉菌的生长,无法清除饲料中已产生的霉菌毒素,因此饲料中应添加霉菌毒素吸附剂或处理剂。田间感染霉菌的玉米及轻度发霉的饲料中必须添加霉菌毒素吸附剂进行吸附脱毒。所有的霉菌毒素吸附剂或处理剂只能对轻度污染霉菌毒素的饲料有效,严重和中度发霉的饲料必须全部废弃,禁止饲喂,猪场提前在饲料中添加霉菌毒素吸附剂。

六、猪霉菌毒素中毒后的治疗措施

1. 更换饲料

发生霉菌毒素中毒或疑似霉菌毒素中毒,首先必须立即停喂发霉饲料,换以优质、易消化的饲料,且更换饲料及原料来源。

2. 改善营养

提高饲料中蛋白质、维生素、硒的含量,特别是提高维生素 C 的添加量,并在饲料中减少玉米的用量,适当增加植物油以补充能量的不足,以减少中毒机会。

3. 脱霉疗法

在饲料中添加除霉剂或脱霉剂,连喂 5~7 天,以减轻危害。不要使用化学合成制剂,化学合成的除霉剂或脱霉剂对动物机体免疫细胞有损害与抑制作用,对妊娠母猪和胎儿发育有影响。应选用高效吸附能力的复合除霉剂或脱霉剂,其安全性好,除去毒素的能力强,吸附作用效果好。

4. 对症治疗

根据临床症状以解毒保肝、清除毒素、强心利尿、补液解毒为原则,采取相应的支持疗法和对症治疗:①母猪、中大猪首先使用0.1%高锰酸钾、温生理盐水或2%碳酸氢钠进行洗胃或灌肠,然后内服盐类泻药,可在1 000毫升饮水中添加30~50克硫酸钠,一次内服,尽快排出胃肠道内的毒素,然后静脉注射5%葡萄糖生理盐水300~500毫升,5%维生素C 10~20毫升,40%乌洛托品20毫升,同时皮下注射20%安钠咖5~10毫升(中大猪用量),以强心排毒,增强动物抗病力,促进毒素排除。②在每吨饮水或在饲料中添加口服葡萄糖5 000克+电解多维1 000克+70%的阿莫西林300克,控制继发感染,以减少腹水、水肿、出血、肾肿、腹泻等症状。

【提示与思考】

在正常情况下,饲料成品或原料中都含有一定的霉菌毒素,肉眼看不到。当我们能够肉眼辨别时,其霉变程度已非常严重,要正确认识霉菌毒素的存在,一定把好原粮收购关。但不少猪场在生产管理过程中常会忽视其危害性,当猪群发生繁殖障碍和死亡病例时,首先考虑的就是什么传染病,要么是猪瘟、蓝耳病、伪狂犬病等,要么就是多病原混合感染综合征,而很少有人首先想到从饲料上找原因。

小麦极易感染赤霉病而产生呕吐毒素,所以在使用小麦代替玉米的时候,要充分意识到此种情况的存在,以便采取相应的措施。

脱霉剂由于制造工艺及成分不同,在选用时要慎重,长期添加易破坏饲料中微量元素及维生素。

第十三章

猪高热综合征的防治与思考

【知识链接】

从新中国成立到 20 世纪 80 年代猪只发病主要为猪瘟、猪肺疫、猪丹毒 3 种,死亡率也逐年下降,平均死亡率由 50 年代初的 2.47% 下降到 80 年代的 0.54%。1977 年后,全国 15 个省大量暴发了"红皮病",又称"猪无名高热",到 80 年代中期发病达到高峰。90 年代以后,高热病除增加了附红细胞体以外仍以此三种猪病、弓形虫感染为主。2000 年以后,随着猪蓝耳病毒(PRRSV)和猪圆环病毒(PCV)的广泛传播,呼吸道病综合征(PRDC)成为主要危害,并构成一种背景疾病,进一步加剧了从 2006 年至今无名高热的流行。

【病例案例】

2011 年 4 月以来,安徽某养殖小区发生了生猪的高热性疫病,临诊检查发现病猪精神沉郁,食欲不振或废绝,口渴但不欲饮;部分病猪出现后躯无力,不能站立或共济失调等神经症状,呼吸困难、喘气,严重的出现腹式呼吸,呼吸频率在 35～40 次/分,脉搏 90～120 次/分,体温在 41～42.5℃,皮肤干燥发红变紫,少数毛孔有出血点,尤其以腹下、四肢末梢和耳根等处皮肤更为明显;斑块呈紫红色,手压不褪色,眼睛发红,分泌物增多,呈胶黄状,甚至出现结膜炎症状;无尿或少尿,尿色深黄,粪便干燥,病期较长者体型消瘦、被毛粗乱,出现贫血症状。仔猪发病率可达 100%,死亡率在 50% 以上,母猪流产率在 30% 以上。主要病变为弥漫性间质性肺炎,肺肿大、间质增宽,肺脏表面有点状出血,气管内有泡沫状分泌物。胸腔及肢腔有混浊的黄色积液,全身淋巴结呈不同程度的肿大或水肿,淋巴结颜色暗紫,切面呈大理石样出血,以腹股沟淋巴结和肺门淋巴结尤为明显。会厌部严重充血,心肌松软,心冠脂肪呈黄色胶样浸润,表面密布出血点。脾脏肿大颜色变深呈褐色或土黄色,质地较脆,有针尖大出血点或瘀血现象。胃、大肠、小肠发现面积大小不一的溃疡灶或出血点，肝脏肿胀，呈土黄色，上面有浅灰色坏死灶溃疡点。

根据现场情况，初步诊断为猪繁殖与呼吸综合征引起的多重感染，最后通过南京某科研机构病原分离鉴定证实是由猪繁殖与呼吸综合征病毒变异引起的一种高致病性疫病，同时有的病猪合并猪瘟与猪链球菌病发生。采取的措施：①隔离患病猪，疑似患病猪、健康猪按群分别圈养于符合动物防疫要求的相对独立的不同圈舍，尤其注意将病猪隔离于不易散布病原体而又便于诊疗和消毒的地方，以防疫病的传播和扩散。②彻底消毒，将病死的猪尸体进行销毁或无害化处理，彻底清扫、洗刷圈舍、工具，将粪尿、垫草、饲料残渣等及时清除净，洗刷病猪被毛、除去体表污物及附在污物上的病原体，对清扫出的垃圾、被污染的垫料及废弃物等集中销毁。同时用广谱消毒剂（如复合碘）对整个小区猪场进行彻底喷雾消毒，第 1 周 2 次/天，第 2 周 1 次/天，直到所有的病猪康复。治疗上一是采取群体饮水给药：每吨饮水添加维生素 C 100 克＋口服葡萄糖 3 000 克＋40％水溶性林可霉素 400 克＋10％水溶性氟苯尼考 400 克，让其自饮；二是对严重的猪用长效头孢 15 毫克/千克体重，1 天 1 次，经过 10 天左右，猪病基本平息。

【技术破解】👆

所谓"无名高热"是专指那些不明原因引起猪高热综合征的统称，应该是一个暂定名称，即以症取名。本次发生猪高热病病因非常复杂，主要为 2 种或 2 种以上病毒和细菌、支原体、寄生虫的混合感染。根据病原检出率，由高到低依次为蓝耳病毒、猪瘟病毒、圆环病毒 2 型、流感病毒、伪狂犬病毒，细菌为多杀性巴氏杆菌、肺炎支原体、链球菌、副猪嗜血杆菌、传染性胸膜肺炎放线杆菌、霍乱沙门菌，个别猪场还检出弓形虫、附红细胞体。

一、发病特点

1.传播特点

传播速度快，猪群分阶段发病，在同一个猪场中大猪或母猪先发病，10 天左右波及全群。

2.具有明显的季节性

主要发生在气候较高的夏季，发病猪的体重一般在 20～80 千克，也有断奶仔猪发病,发病率和病死率较高;部分母猪发病出现流产症状。

3.防疫观念重视不够

对防疫工作不重视,保健观念差,没有严格封闭猪场,不重视消毒,不重视同源性蛋白饲料危害,没有对猪群进行系统保健致使猪场发病严重。

4.忽略饲养管理

饲料管理不良,猪舍通风不良,隔热效果差,饲养密度高,栏舍低矮,饲料质量较差,不重视霉菌毒素危害的猪场发病率及死亡率更高。

5.药物使用混乱

药物治疗效果一般不理想,乱用疫苗和药物的猪场死亡率更高。

二、引发高热症候群疫病流行的主要因素

1.引发猪高热症候群疫病的病原普遍存在

(1)致病性病毒　各地从发病死亡猪检测和分离到的病原体涉及蓝耳病病毒(一般致病性毒株)、猪圆环病毒2型、猪瘟病毒、猪流感病毒、猪伪狂犬病毒等。这些病毒的存在,为疫病流行起到了推波助澜的作用。目前,这些病毒在我国许多猪场都普遍存在,而且检出率居高不下,它们均有隐性感染、持续感染与混合感染的特点,同时由于其中多数具有免疫抑制作用,破坏机体免疫细胞的功能,干扰机体的正常免疫,造成免疫麻痹和免疫耐受,致使猪体免疫力下降,一旦出现不良应激时,即可诱发疫病。

(2)致病性菌群　各地从发病死亡猪检测和分离到的病原体还涉及细菌性病原,主要有猪链球菌Ⅱ型、副猪嗜血杆菌、传染性胸膜肺炎放线菌、多杀性巴氏杆菌、大肠杆菌、沙门菌以及肺炎支原体、附红细胞体、弓形虫、猪痢疾陀形螺旋体等。这些病原多为当前猪群中的常在病原,属条件性致病菌,常以继发感染的方式与病毒共同作用形成混合感染,导致发生败血症,急性死亡。其中多杀性巴氏杆菌A型、链球菌Ⅱ型和接触性胸膜肺炎放线菌,以及附红细胞体、弓形虫等致病性都很强,也是引发高热症候群类疫病的重要原因之一。

2.猪用疫苗及兽药难以完成保障疫病防控的需要

目前可用于预防高热症候群类病的疫苗有农业部推荐的高致病性蓝耳病苗、猪瘟弱毒苗、伪狂犬基因缺失活疫苗和猪链球菌多价灭活疫苗。但是猪蓝耳病疫苗,副猪嗜血杆菌、支原体、猪肺疫A型血清型疫苗的质量还有待进一

步提高;附红细胞体和弓形虫等还没有公认的疫苗上市。目前市场上用于治疗高热症候群疫病的兽药五花八门,可真正在临床上有特效的药品是少之又少,所以短期内在全国范围内完全控制该类疫病还有一定难度。

3. 霉菌毒素造成免疫失败

高温、高湿的环境中饲料容易发生霉变,但往往由于其是慢性中毒而较容易被养猪业主所忽视。霉菌毒素导致猪机体慢性中毒的过程具有免疫抑制作用,可抑制免疫细胞的分裂和蛋白的合成,影响核酸的复制,降低机体的免疫应答;也可直接破坏淋巴细胞,使体液免疫和细胞免疫机能受到抑制,造成免疫失败。

4. 免疫漏洞的存在

疫苗从生产厂家中转到用户手中,要经过中间运输、保存等多重环节。假若某一批疫苗的某一环节因种种原因未能严格按照规定操作,就会导致这些疫苗在流通过程中部分或全部失效。其次一些散户和小型猪场,由于员工或技术人员缺乏责任心,在注射过程中不能完全按要求操作,注射剂量不准确或注射部位不对,达不到免疫效果,有时还造成注射疫苗后不久出现注射部位发炎或化脓的现象,还有的场因员工粗心大意导致部分猪只漏免。

5. 生物安全意识淡薄

有些养殖业主为减少经济损失,对治疗效果不佳或久不采食的猪采取赶快卖掉的处理方式,但病猪的出售、运输、屠宰、加工、洗涤过程中增加了传染的机会,一家发病,四邻遭殃,而且病猪肉贻害人类健康。

6. 盲目免疫,不重监测

科学的免疫程序应当是既合理,又具有个性化。但实践中只顾盲目免疫,不注意抗体监测,怕小麻烦结果带来大麻烦。盲目注射疫苗不仅劳民伤财,事倍功半,而且增加成本。

7. 同源血液制品的安全性隐患必须提防

国外有报道血浆粉有可能导致猪圆环病毒的扩散,国内也已证实国产血浆蛋白带蓝耳病野毒。事实上动物饲料中使用同源制品本来就是禁忌,常使用此类产品的规模化猪场易发生灾难,造成病原复活、返强和大面积扩散。但是令人遗憾的是,许多养殖业主根本不知道自己卖出的病猪残渣,很快又回到教槽料和保育料之中,竟然还被业界视为发达国家送来的"圣诞礼物"。

8. 政府职能部门处理措施不力

我国已建立公开透明的动物疫情公布制度,但在发生疫情时,有些地方的职能部门,没有做好动物防疫法所要求的相关工作,在技术指导上也存在一定的缺陷。

三、该病导致死亡原因分析

1. 误诊错判,措施偏离

出现发热、便秘、尿黄、不食、精神萎靡、皮肤红斑,有的还有咳喘、呼吸困难,后期腹泻或顽固性便秘,往往被误诊为蓝耳病、附红细胞体病,用了大量抗菌、消炎、退热药而以无效告终。根据综合判定及临床诊断,确诊是首要关键,绝不能误诊、错判,使防治措施不对症,乱用抗菌退热药而延误病程,增加死亡。

2. 陡降体温,养痈遗患

有的养殖户急功近利,超剂量使用退热药和抗生素,如有的在每吨饲料中添加氟本尼考 200 克,强力霉素 600 克,有的在注射时,一头中大猪注射 20 毫升安乃近(或安痛药),加青霉素 80 万单位×10 瓶,外加地塞米松 10~20 毫升和柴胡注射液(大剂量),使猪体温很快降至正常,便欣喜若狂,以为"奏效",结果降了温,久久不采食,过一段时间,又反弹上去,高热不退。发热是种病理过程,也是机体动员防御体系对抗病原(病毒、细菌)的一种保护措施,体温陡降会使抵抗力骤降,治标未治本,使病原体继续大量增殖。所谓"翻病难医",切莫性急,应逐渐退热,步步为营,有针对性地按疗程用药。

3. 饥不择食,病急乱求医

发病猪场的场主,见传染病来势凶猛,急于迅速扑灭疫病,狠抓治疗,于是便多种药一齐用(重复用药)或加大剂量十倍八倍,或一针不见效而频频换药而且剂量惊人,如某猪场的兽医给 50 千克的猪注射氨茶碱一盒,低温时(濒死期)用麻黄素一盒(20 毫升)。

4. 狠抓消毒,每天消毒,一天两次

发病后的临时消毒,只是一种减少病原的临时措施,2 天消毒 1 次即可。外界消毒再好,动物体内的病原还是在不断往外排出,始终不能一劳永逸,只有在最后一头病猪死亡或康复后的最后一次消毒(终末消毒),才能绝灭病原。

所以一天消毒 2 次,确有消毒效果,但增耗成本,故应按规律办事,不能操之过急。

5. 供水不足,增加死亡

水是生命第一源泉。猪龄大小,每日需水量不同,还有不同气温、季节,需水量也有所不同。如果干喂,每天须饮水 9～10 次,脱水 1/3 就有生命危险。发热、便秘、尿黄、不采食的猪,尤其不能缺水,扎堆醒睡的病猪,每隔 2～3 小时,要赶起来饮水 1 次,滴水不进者,要强行灌服口服补液盐。病猪不吃不喝可快速死亡,不吃能喝可维持若干天,严重病猪还应进行静脉综合配方输液。

6. 免疫程序紊乱,免疫失败

猪瘟、伪狂犬病、气喘病疫苗预防注射搞得好的猪场,在高热病流行期间则很少发病,即使发病也不超过 20%。说明把以上疾病免疫做好,是预防高热病的关键。若注射疫苗太早(母源抗体还未消失)、选苗不当(疫苗质量差)、注射技术不佳(针头短注入皮下脂肪,皮肤消毒药侵入针孔,重注,漏注等)、注射剂量不够、疫苗冷藏不好等都可造成免疫失败。据悉,在发病期间普防猪瘟、蓝耳病、伪狂犬病疫苗的猪场比比皆是,因此造成大批猪只死亡的情况也屡见不鲜。

四、临床症状

本病的主要症状是猪群突然发病,发病初期体温一般在 38～39℃,并没表现出高热症状,随着一些原发及继发病的感染,体温升高至 40℃ 以上(一般在 41～42℃,高者可达 42.5℃),精神沉郁,采食量下降或食欲废绝,呼吸困难,喜伏卧,部分猪出现严重的腹式呼吸,有的表现气喘或不规则呼吸;部分病猪流鼻涕,初清薄后浓稠,眼睑肿胀,眼睛分泌物增多,呈结膜炎症;患猪皮肤发红,耳部发绀,腹下和四肢末梢等身体多处皮肤呈紫红色斑块状。发病猪群死亡率较高,高的可达 50% 以上,仔猪更为明显。部分母猪在怀孕后期出现流产、产死胎、弱仔和木乃伊胎。

五、病理变化

解剖感染高热病病猪发现不同的猪呈现出不同的病理变化,总体上以猪瘟病变和猪伪狂犬病变多见。其特有的病变是间质性肺炎,细支气管内被黏痰填充并分布到所有的支气管中,肾脏肿胀,颜色变深,呈褐色或土黄色,有的肾脏出血点较为明显,炎症病变最常见的是多发性浆液性纤维性胸膜炎和腹膜炎,胸腔及腹腔有纤维蛋白的渗出,个别猪肺浆膜、腹膜或心包纤维性粘连,也见到有许多猪喉头及膀胱有出血点,淋巴结,尤其腹股沟淋巴结肿大且坏死(此类病变占死亡病猪的80%以上),个别的死猪出现肝脏充血、肿胀。

六、诊断

从高热病的实验室检测来看,全部是混合感染,即病毒和病毒、病毒与细菌混合感染,多数都有猪繁殖与呼吸综合征病毒(PRRSV)、猪圆环病毒(PCV-Ⅱ)、弓形虫、附红细胞体等多种病原。

七、综合预防措施

本病混合感染严重,目前采取的主要对策是实行"全进全出",加强环境控制与饲养管理,免疫预防和药物防治的综合措施,降低感染率和发病死亡率。

1. 预防

(1)环境控制 尽量可能减少猪群的各种应激,特别是环境应激,加强猪舍通风对流,改善猪舍的空气质量,保持舍内空气新鲜,降低有害气体浓度。保持猪舍干燥,降低猪群的饲养密度,尽量降低因应激导致猪群抵抗力下降而发病的机会。养猪的第一要素是温度,但温差比温度更关键,尽量避免每天的温差应激。夏季高温高湿,采取有效措施控制猪舍的湿度,改善猪舍环境条件,只有在最适宜的环境中,猪的饲料转化率和生长速度才能达到最佳,才能最大程度提高猪的抗病能力。

(2)生物安全控制 引种要慎重。坚持自繁自养,尽量不从外地进猪,防治购入隐性感染猪,如确需购种,应对供猪场的健康状况进行详细的了解。引猪后要远离生产区隔离饲养3个月,防止把外场的病原带入本场。

实行"全进全出"的饲养方式。严格采用"全进全出"的饲养方式和良好的饲养管理,产房、保育尽量做到"小单元式生产",做到同一单元猪舍的猪群同时全部转出。避免日龄相差较大的猪只混群饲养,杜绝将不同猪场的猪混合饲养,在每批猪出栏后猪舍须经严格冲洗消毒,最好每批猪都做熏蒸消毒,空置7天后再转入新的猪群。

消毒措施落实要到位。建立和落实以"消毒工作"为核心的猪场生物安全体系,加强消毒,定期进行猪舍和养猪场内的环境消毒是减少疾病最有效的方法。将消毒工作贯穿于养猪生产的各个环节,通过生物安全体系的实施,杜绝和减少环境病原微生物对本场的威胁和在猪场内传播,减少疾病的发生,把疫病控制在最小范围,将疾病造成的损失降到最低。

消灭传播媒介。猪场不能有猫、狗等其他任何动物,并做好驱除蚊蝇、灭老鼠工作,有效阻断"猪高热综合征"传播的生物媒介。

做好病死猪的无害化的处理。死猪、无治疗价值的病猪做焚烧或深埋等无害化处理,严禁违反国家法律法规,将病死猪出售或随意丢弃,造成污染,扩散病原。

(3)饲养调控　首先加强饮水管理。水是机体重要的、不可缺少的物质之一。不同体重的猪安装不同流量、不同高度的饮水器,同时调节水压,确保饮水器的出水量达到要求。母猪饮水器出水量1.5~2升/分,否则,夏季母猪容易饮水量不足。若是自备井,要定期到环保局检测水质。建议每天有专人检查猪场内的饮水系统,夏季确保猪能饮用到足量、清洁的冷饮水。

其次提供充足的营养。为猪群提供各个阶段不同营养需求要的日粮,因为营养是最好的免疫,科学、平衡、充足的营养,是猪群健康的保证。加强饲料加工各个环节和饲料品质的检测,避免为了刻意降低成本而使用劣质饲料或饲料原料。在受到应激时,猪对维生素的需要量提高,应额外添加3~5倍量的维生素,特别维生素E和维生素C等。

减少碳水化合物,合理添加脂肪,提高日粮能量水平。能量不足会造成猪消瘦,影响生长和繁殖能力。在饲料中添加油脂有利于提高日粮能量营养浓度。这是因为碳水化合物的体增热大于油脂,油脂的能量高于碳水化合物。因此夏季应在饲料中添加油脂,并适量降低粗纤维含量。

调节饲料蛋白质水平,增加氨基酸含量。猪日粮中的粗蛋白质和赖氨酸是影响生长和繁殖性能的关键因素之一。热应激对猪最重要的影响是采食量减少,生产性能下降。提高日粮的氨基酸浓度,能缓解高温应激,增加采食量,改善猪的生产性能。因此,夏季在日粮中添加必需氨基酸,是抵御热应激的一种有效途径。赖氨酸是猪的第一限制性氨基酸,高水平粗蛋白质和赖氨酸日粮,能够提高泌乳仔猪的断奶窝重和生长育肥猪的体况,增加抗病能力。

关注霉菌毒素。严把饲料采购关,避免不合格原料入库,是杜绝和减少饲料霉菌毒素侵害猪的重要途径。

（4）强化免疫　做好重点疫病的免疫。控制"猪高热综合征"的首要任务是疫苗免疫,要切实做好猪瘟、伪狂犬、链球菌、A 型巴氏杆菌的免疫。猪场应根据本场存在疾病情况及造成危害,制定适合自己的免疫程序,不能照搬别场,避免滥用和无序使用疫苗。定期进行抗体检测、掌握免疫效果,根据检测结果调整免疫程序或改进疫苗类型。疫苗在运输、保存、稀释、注射等环节严格操作规程,注射时坚持一猪更换一针头,确保免疫效果。接种疫苗前要了解猪群的健康状况,若有发热、腹泻、采食量下降等疑似疾病症状,不能注射疫苗。接种疫苗前 3 天和后 3 天在饮水中添加电解多维与口服葡萄糖,能抗应激,提高机体抵抗力,避免继发感染。

（5）细节管理　首先降低饲养密度。疾病的发病率与饲养密度密切相关,高密度饲养,使猪群长期处于应激状态,猪只免疫力下降,对疫病的易感性上升,只要有外来病原侵入,易造成暴发性流行。保持合理的饲养密度可有效地预防猪群发病,提高猪群的生长速度和饲料利用率。其次减少应激。尽量减少养猪生产中的人为应激,如转栏和混群的次数,降低应激反应对猪造成的不利影响。缺水、饥饿、寒冷、炎热、潮湿、空气污浊等都会降低猪的抵抗力。第三,加强管理。猪场管理无小事,从后备种猪的培养到商品猪出栏,将精细贯穿于养猪生产的各个阶段,每个生产环节都要努力做到精细化,把日常工作落到实处。同时从场长到饲养员每天要善于反思,从而发现问题,解决和改进生产中存在的盲点,提高生产绩效,增加经济效益。

（6）药物保健　猪高热综合征是由多病原引起的混合感染。根据发病流行特点,对正常猪场使用敏感药物和功能保健剂配伍,对猪群进行预防、保健显得尤为重要。建议药物保健程序如下:①妊娠、空怀母猪、种公猪(要有针对性的选择,每月 1 次),饲料中添加清热解毒的中草药(按说明)＋多种维生素连喂 7 天。②围产期药物保健(产前 7 天至产后 7 天),每吨饲料加 10％无味恩诺沙星 1 000 克＋清热解毒的中草药(按说明)＋多种维生素 300 克连喂 7天。③哺乳仔猪,产后第 3、第 7、第 21 天分别肌内注射 0.5、0.5、1.0 毫升头孢噻呋钠。④仔猪断奶前 5 天至断奶后 50 天药物保健。一是断奶后饮水加药:70％阿莫西林(水溶性)300 克/吨＋氨基维他 300 克/吨＋口服葡萄糖2 000 克/吨,连用 5 天;二是 50 日龄时在饮水中添加 40％林可霉素 400克/吨＋30％强力霉素 1 000 克/吨＋氨基维他 300 克/吨,连用 5 天。⑤仔猪10 周龄、育肥猪 14 周龄饲料加药保健,20％替米考星 400 克/吨＋10％氟苯尼考 500 克/吨＋黄芪多糖 500 克/吨；或 10％无味恩诺沙星 1 000 克/吨＋黄芪多糖 500 克/吨＋30％强力霉素 1 000 克/吨。

2.隔离治疗措施

(1)及时隔离 及早发现，及时治疗，尽快隔离发病猪和可疑猪，对病猪精心护理，采取综合措施，如补充电解质、增加营养、降低密度、加强通风、消毒等。

(2)治疗方案 第一步以缓解应激、清热解毒、增加机体抵抗力为主，可在饮水中添加水溶性黄芪多糖 500 克/吨＋电解多维 1 000 克/吨＋口服葡萄糖 3 000 克/吨，让其自饮。第二步为抗细菌性继发感染，即可选用长效头孢氨苄 15 毫升/千克体重，黄芪多糖 0.2 毫升/千克体重，分别肌内注射，每天 2 次，连用 5 天。③第三步则为调解机体机能，饮水中加卡巴匹林钙 300 克/吨＋维生素 C 100 克/吨＋口服葡萄糖 3 000 克/吨＋40％水溶性林可霉素 400 克/吨＋10％水溶性氟苯尼考 400 克/吨，让其自饮；或饲料中添加 20％替米考星 400 克/吨＋30％强力霉素 1 000 克/吨＋黄芪多糖 500 克/吨，连喂 7 天。

【提示与思考】

从 2006 年至今，大范围地方性流行性疫病集中发生，在我国猪病流行病史上罕见，其中的共性原因包括猪场内部环境恶劣、高密度饲养、蚊蝇肆虐、慢性热应激、霉菌毒素的危害、专业素质的低下等。当这些因素在众多猪场都同时存在时，疫病的大规模发生是必然。但是，留给我们的是什么呢？是无奈的惶惑？还是无所谓的达观？它留给我们的应该是永远挥之不去的思痛与太多的自问。孟子曰："行有不得，反求诸己。"我们只有不断地反省自己，才能行有所得，这或许是养猪业持续和谐发展的唯一出路。

高热病可防可控可治，最基本的原则：一是搞好动物福利，实行健康饲养，提高机体自身免疫功能，这是防病治病的基础。二是减少饲养密度，搞好通风换气、防暑降温、创造温暖、干燥、舒适、卫生的环境。三是尽可能少注射疫苗、少用药，正确用疫苗用药，减少对猪体的损害。四是减少打针、捕捉等应激。五是搞好隔离、消毒、病死猪处理、减少环境污染等生物安全工作。

第十四章

科学认识猪繁殖与呼吸综合征

 【知识链接】

猪繁殖与呼吸综合征（Porcine Reproductive and Respiratory Syndrome，PRRS），俗称"猪蓝耳病"，是由猪繁殖与呼吸综合征病毒所致的猪的一种病毒性传染病，以妊娠母猪的繁殖障碍及各种年龄猪特别是仔猪的呼吸道疾病为特征。该病自 20 世纪 80 年代末确认以来，已成为全球规模化猪场的主要疫病之一，也是全球猪病控制上的一大难题。我国曾在 1995 年年底暴发该病，在其后的数年间成为困扰养猪生产主要的繁殖障碍疫病之一。1996～1999年，我国各大规模化猪场都经历了由猪繁殖与呼吸综合征引起的"流产风暴"，表现为妊娠母猪的晚期流产，产弱仔、死胎和木乃伊胎，哺乳仔猪和保育仔猪的高死亡率，给养猪者造成了极大的经济损失。

【病例案例】

某猪场是一个基础设施相对较好、饲养管理较为完善的养猪场，具有相对规范的免疫程序。该场共有母猪 550 头，保育猪 1 500 余头。2015 年 6 月 15日发现猪群食欲下降，大量扎堆，稍后陆续发病，发病猪体温迅速升高至 41～42℃，出现呼吸症状，有怀孕母猪出现流产、死胎、木乃伊胎与弱仔等繁殖障碍现象。6 月 21 日，部分发病猪开始死亡，死猪全身出血，以四肢、臀部、会阴部、尾巴末梢和耳尖出血最为严重，有的耳尖皮肤发绀，甚至变成黑色。临床症状表现为食欲下降，甚至废绝，有的出现腹泻，大部分病猪出现咳嗽和呼吸困难。死亡猪的病理变化主要表现为较为严重的出血性、间质性肺炎，肺部表面呈斑驳状，没有弹性，气管内分泌物增多，多呈粉红色，部分病猪的肺脏与胸壁发生粘连；病猪颌下淋巴结、腹股沟淋巴结和肠系膜淋巴结肿大，切面苍白色，无出血；肾脏肿大，较为苍白，表面可见灰白色坏死斑点。

该场约有960头保育猪发病,其中死亡580余头,发病率和死亡率分别为64％和60.04％;母猪约有130头发病,死亡66头,发病率和死亡率分别为23.6％和50.8％。造成了严重的经济损失,经检测为高致病性蓝耳病所致。

采取的技术措施:①病、健猪分离。对出现感染症状的病猪进行隔离、封锁,对污染的器具以及排泄物进行紧急消毒和无化处理。②对生产区的圈舍、场地全面消毒,每天1次,改善舍内通风条件,调节舍内温度,合理调配猪只饲养密度,多给清洁饮水,减少应激。③整体防控。一是保育舍饮水加药40％林可霉素400克/吨＋30％强力霉素1 000克/吨＋多种维生素500克/吨,连喂7天;二是在种猪群饲料中添加20％替米考星400克/吨＋30％强力霉素1 000克/吨＋多种维生素500克/吨,连喂7天;三是对重症的采取个体治疗。分别注射黄芪多糖0.1毫升/千克体重,头孢氨苄20毫克/千克体重,每天1次,连用3～5天。经过1周的治疗,病情得到初步控制,后又调整用药方案,在饲料中添加以清热解毒、提高机体免疫力的中草药及多种维生素,1个月后基本正常。

【 技术破解 】

一、科学认识猪繁殖与呼吸综合征

猪繁殖与呼吸综合征是在20世纪80年代发现的猪传染病,曾被称为"蓝耳病"。但若以蓝耳(耳尖发绀)作为诊断依据,就会造成误诊误治,事实上使用"繁殖呼吸综合征"更显得科学合理。临床表现的"耳朵发紫"的症状实为肢端组织缺氧所致,肺部如果发生病变就会失去换氧功能,输出的并非氧化血红蛋白,而是还原血红蛋白,这样在外观就会表现"发绀"的现象,因此耳朵发紫并非"蓝耳病"的判断标准。在临床上可致肺部病变的病原甚多,如常见的流感病毒、圆环病毒2型、繁殖与呼吸合征病毒、链球菌、副猪嗜血杆菌、放线杆菌等,但每种病原所致肺部病变特征都有差异。因此,将耳朵发紫症状,不能简单地作为判断蓝耳病的标准。临床上大约只有2％的发病猪表现有蓝耳症状,有时会很快消失,有时发绀不出现在耳部,而是出现在四肢末端、尾部、乳头、阴部。

二、当前猪繁殖与呼吸综合征病流行的新特点

1.猪繁殖与呼吸综合征病毒感染十分普遍

据中国农业大学杨汉春教授报道:2014年对25个地区的273个猪场的22 482份血清样本的猪繁殖与呼吸综合征病毒抗体监测表明,阴性猪场仅有3个;阳性猪场270个,抗体阳性率介于18%～100%,猪场平均抗体阳性率为79%,阳性猪场包括活疫苗免疫猪场和非免疫猪场。

2.隐性感染病例增多

初产母猪感染猪繁殖与呼吸综合征病毒后其流产率可达50%～70%,以早产和产死胎为特点。但自2000年以来,生产母猪发生流产、产死胎、木乃伊胎的少了,流产率约为10%,而大多数母猪表现为滞后产、产后不发情、屡配不孕等,受胎率下降10%～15%。多数种猪和成年猪表现为隐性感染,管理水平与生物安全好的猪群一般不表现出临床症状,只有在混合感染或继发感染其他病原时,猪群会出现呼吸道病症状,发生死亡。由于隐性感染的种猪长期带毒,既可发生垂直传播,又能进行水平传播,其危害性更大,这样的猪群随时都有发生种猪繁殖障碍和呼吸道疾病的可能。

3.持续性感染长期存在

猪繁殖与呼吸综合征病毒具有持续感染的特性,因此持续性感染是蓝耳病在流行病学上的一个重要特征。带毒母猪的血液、淋巴结、脾脏及肺脏等组织中病毒可存在很长时间,向外排毒达112天之久。病毒可通过胎盘和精液传播,其妊娠母猪产下的仔猪有的可成活,但长期带毒,在猪群中表现出持续感染,并将长期存在。

4.免疫抑制导致猪群出现免疫麻痹和免疫耐受

研究结果表明猪繁殖与呼吸综合征病毒感染可降低肺泡巨噬细胞的功能,诱导感染细胞的凋亡,引起T细胞亚群发生改变,对B细胞的功能和体内的细胞因子的生产都会产生一定的影响,造成猪体免疫抑制,产生免疫麻痹和免疫耐受。猪繁殖与呼吸综合征病毒感染后引起猪体免疫功能下降,特别是在感染的早期对免疫功能的抑制十分明显。

5.仔猪的发病率与死亡率增高

当前感染猪群母猪发生急性流产的已不多见,发病已由过去以母猪繁殖

障碍为主转为以仔猪的呼吸道病综合征为主。阴性猪场引进了蓝耳病种猪，表现为哺乳仔猪大批死亡，死亡率高达 80%～100%。阳性猪场由于母猪康复后可产生免疫力，对于再次感染均有抵抗力，其产出的仔猪吃初乳后可获得中和抗体，但当仔猪断奶后母源抗体下降，加之断奶应激、营养应激及环境应激等，易诱发保育猪发病，表现为严重的呼吸道病症状，发病死亡率高达 20%～50%。哺乳仔猪发病多发生于哺乳期 20 日龄左右，保育猪发病多发生于 30～60 日龄，而且多见于发生在春、冬两个季节。

6. 混合感染与继发感染病例增多

由于猪繁殖与呼吸综合征病毒损害和破坏肺部巨噬细胞和单核淋巴细胞，使其数量减少、功能减弱，导致肺部抵抗外来病原感染的能力明显下降。加之免疫抑制产生免疫麻痹和免疫耐受，猪体对疫苗的免疫不产生免疫应答，使猪体整体免疫力低下，特别是仔猪表现更为明显，致使呼吸道和肺部容易遭受各种病原的混合感染或继发感染，使病情复杂化，增大发病率和病死率。在临床上常见蓝耳病病毒与圆环病毒 2 型、猪瘟病毒、伪狂犬病毒、肺炎支原体等混合感染；常继发的病原有副猪嗜血杆菌、链球菌、放线杆菌、巴氏杆菌、沙门菌和附红细胞体等，呈现双重或多重感染。据报道，目前由单一病原引起的疫病仅占畜禽发病的 17%，而 83% 的疫病都是由双重感染或多重感染而引发的。

7. 猪繁殖与呼吸综合征病毒毒株的多样性

猪繁殖与呼吸综合征病毒毒株的多样性急剧攀升，变异程度加快，出现了不少新的毒株。这种局面无疑与近些年无序使用活疫苗密切相关。猪繁殖与呼吸综合征病毒毒株的多样性不仅使该病的临床复杂性加剧，而且防控的难度进一步加大。有的猪场同时有多个毒株感染和循环，如此猪繁殖与呼吸综合征就更加难以控制，猪群也会极不稳定。

8. 种猪带毒与母猪发情障碍

在我国猪群中，种公猪带毒现象比较严重，从母猪血液和公猪精液中经常可以检测到繁殖与呼吸综合征病毒，该病毒可通过胎盘和精液传播。带毒母猪和感染母猪可表现出发情障碍，如出现滞后产、不发情等现象。

9. 高致病性毒株减毒活疫苗病毒已造成传播

临床上应用高致病性毒株减毒活疫苗所造成的问题和实验室监测的证据

表明,高致病性毒株减毒活疫苗病毒仍然对母猪和仔猪有致病性是无可置疑的。猪场使用活疫苗后,疫苗毒会在猪场循环和传播,随着时间的推移,疫苗毒的致病性自然会变强;同时,从一些未进行活疫苗免疫而发病的猪场分离到猪繁殖与呼吸综合征病毒,基因组序列测定表明,分离病毒与疫苗病毒高度同源,且分子特征相同,就是一个很好的佐证。

10.影响其他疫苗的免疫效果

目前,发现在发生猪繁殖与呼吸综合征的猪场猪瘟免疫会受到干扰,引起非典型猪瘟的发生;研究已发现猪繁殖与呼吸综合征病毒也会干扰支原体疫苗的免疫,导致其免疫效果下降,也有猪场发现猪的流行性乙型脑炎和猪细小病毒病的发病有随之增加的趋势。

三、猪繁殖与呼吸综合征的临床表现形式

猪繁殖与呼吸综合征病毒感染后,会表现出多种临床症状,但由于继发感染的病例常常较严重而复杂,因此确切描述猪繁殖与呼吸综合征的临床症状非常困难。发病猪的表现还因饲养管理、机体免疫状况、病毒毒株和毒力的强弱不同而存在一定差异。

1.临床症状

(1)种公猪　种公猪发病率较低,仅为2%~10%,主要表现为厌食,精神较差,呼吸加快,消瘦,无明显发热,精子数量减少,活力下降。公猪感染猪繁殖与呼吸综合征病毒后21天便可通过精液排毒,所以无论是对种猪群的提供还是对商品猪的饲养,都造成了严重的问题。少数公猪双耳或体表皮肤发绀。

(2)种母猪　主要表现为精神沉郁,食欲减少或废绝,嗜睡,运动减少或停止,对外界刺激无反应,常取侧卧姿势,咳嗽,不同程度的呼吸困难,间情期延长和不孕。怀孕母猪早产,后期流产,产死胎、木乃伊胎、弱仔,有的产后无乳。部分新生仔猪表现呼吸困难,运动失调及轻瘫等,产后1周内仔猪的死亡率明显上升(40%~80%)。少数母猪表现暂时性的体温升高(39.6~40℃)、产后无乳、胎衣停止或阴道分泌物增多。少数猪出现双耳、外阴、尾部、腹部及口部青紫发绀,而且这种发绀只存在数小时或数天。在个别罕见病例中,还可出现四肢坏死。

(3)仔猪　主要表现为体温升高至40℃以上,呼吸困难,有时呈腹式呼吸,

食欲减退或废绝,腹泻,离群独处或相互拥挤在一起;被毛粗乱,肌肉震颤,共济失调,有的发病仔猪肢体呈"八字形"呆立,后躯瘫痪,逐渐消瘦,眼睑水肿;有的仔猪口鼻奇痒,常用鼻盘、口端摩擦圈舍壁栏,且有分泌物;少数可见仔猪耳部、体表皮肤发紫;死亡率高达80%以上。耐过仔猪生长缓慢,易继发其他疾病。

(4)育肥猪 育肥猪对本病的易感性较差,感染后仅表现出轻度症状,呈一过性厌食和轻度呼吸困难。少数病例表现为咳嗽及双耳背侧、边缘、腹部及尾部的皮肤一过性的深紫色或斑块,易发生继发感染。

2.典型症状

(1)便秘加重 母猪便秘现象每个猪场都很难避免,然而,大多数管理人员会凭传统经验认为这是由于日粮粗纤维不足所致,并往往会将增加日粮中麸皮用量作为解决问题的主要措施,结果却往往难以如愿。诚然,造成母猪便秘的因素很多,其中危害最大,又最容易被管理人员忽视的是病原感染,猪繁殖与呼吸综合征病毒感染加重母猪便秘的情况极少引起人们的注意。无论是怀孕阶段还是哺乳阶段,猪繁殖与呼吸综合征病毒感染导致便秘加重造成的恶果令人吃惊。

(2)眼睑水肿 母猪感染了猪繁殖与呼吸综合征病毒,通过垂直及水平传播,使仔猪在产房便表现眼睑水肿的症状。转入保育舍后症状进一步加重,感染严重的猪只到生长舍后更发展成"水泡眼"或"河马眼"状的肿胀状态。此种症状一年四季都会发生,在空气不畅或空气质量欠佳的猪舍情况更为严重。

(3)泪斑及眼结膜炎 猪场管理人员及大多数专家往往会把泪斑症状归为萎缩性鼻炎的标志,然而,很少有人留意到感染猪繁殖与呼吸综合征病毒后,保育舍小猪转入生长舍后相当部分感染猪只出现渐进性眼结膜炎(俗称"红眼病")。如无有效措施,到上市屠宰亦不会好转。不少临床兽医往往会把此种眼结膜炎视为衣原体感染症状,这是一个极大的误区。

上述感染猪繁殖与呼吸综合征病毒的各种典型症状,几乎在任何猪场都可以见到,只是症状表现程度有所不同。这样的猪群其整体免疫状况处于一个十分敏感的边缘水平,多种疫苗接种后抗体水平仍然较低,有的猪群甚至接种多倍量猪瘟疫苗3周后亦检测不出抗体。处于此种状态的猪群如无恶性诱因影响(如在流感病毒感染),猪群会在离生产性能较远的低水平上"正常"运行,一旦导入诱因,则随时可能发生"多米诺骨牌"效应,造成无法挽回的损失。

四、病理变化

最常见的是局限性间质性肺炎,随着感染时间延长,可波及肺的各肺叶。小猪还可见胸腔积清亮液体,肾周围脂肪、皮下、肠系膜淋巴结水肿。组织学检查可见肺泡壁增厚,有单核细胞及巨噬细胞浸润,肺泡上皮细胞变性,肺泡腔内有蛋白碎片物,较多的肺泡巨噬细胞被破坏,肺泡巨噬细胞的减少和肺泡功能下降,使猪只更易继发感染。其他组织器官如鼻、淋巴结、脾、心肌、脑、肝、肾也有不同程度的组织学变化。

五、诊断

根据母猪发生流产、死胎、木乃伊胎,新生仔猪大量死亡,育肥猪症状不明显,有部分猪耳朵、四肢末端发绀等即可做出初步诊断。一般简易的临床诊断方法有三项指标:①2%以上的胎儿死亡;②8%以上的母猪流产;③断奶前26%以上的仔猪死亡。若其中有两项符合则临床诊断成立。但该诊断方法仅适用于急性期发病的猪场,对于慢性型和亚临床型的诊断无效。确认本病需进行病毒的分离鉴定和血清学方法检测等。PCR法能快速准确地检出血清、细胞培养物和精液中的病毒,目前已应用于本病的兽医临床诊断中。

六、鉴别诊断

1. 猪繁殖与呼吸综合征与猪流行性乙型脑炎的鉴别

二者均表现不孕、死胎、木乃伊胎等繁殖障碍症状。但二者的区别在于:猪流行性乙型脑炎的病原为猪流行性乙型脑炎病毒,发病高峰在 7~9 月,病猪表现为视力减弱,乱冲乱撞。怀孕母猪多超过预产期才分娩。公猪睾丸先肿胀,后萎缩,多为一侧性。剖检可见脑室内积液多,呈黄红色,软脑膜呈树状充血。脑回有明显肿胀,脑沟变浅。死胎常因脑水肿而显得头大,皮肤黑褐色、茶褐色或暗褐色。

2. 猪繁殖与呼吸综合征与猪布氏杆菌病的鉴别

二者均表现不孕、流产、死胎等繁殖障碍症状。但二者的区别在于:猪布氏杆菌的病原为布氏杆菌。与猪繁殖与呼吸综合征相比,患布氏杆菌病的猪在流产前常有乳房肿胀,阴道流黏液,产后流红色黏液。一般产后 8~10 天可以自愈。公猪出现睾丸炎,附睾肿大,触摸有痛感。剖检可见子宫黏膜有许多粟粒大小黄色结节,胎盘上有大量出血点。流产胎儿皮下水肿,脐部尤其明显。

3.猪繁殖与呼吸综合征与猪细小病毒感染的鉴别

二者均表现不孕、流产、木乃伊胎等繁殖障碍症状。但二者的区别在于:猪细小病毒的病原为细小病毒,初产母猪多发,一般体温不高,后肢运动不灵活或瘫痪。一般50～70天感染时多出现流产。70天以后感染多能正常生产,母猪与其他猪只不出现呼吸困难症状。

4.猪繁殖与呼吸综合征与猪伪狂犬病的鉴别

二者均表现不孕、流产、木乃伊胎等繁殖障碍症状。但二者的区别在于:猪伪狂犬病的病原是猪伪狂犬病病毒,20日龄至2月龄的仔猪表现为流鼻液、咳嗽、腹泻和呕吐,并出现神经症状。剖检可见流产的胎盘和胎儿的脾、肝、肾上腺和淋巴结等脏器有凝固性坏死。

5.猪繁殖与呼吸综合征与猪弓形虫病的鉴别

二者均有精神不振,食欲减退,体温升高,呼吸困难等临床症状。但二者的区别在于:猪弓形虫病的病原为弓形虫。病猪表现,体温最高可达42.9℃,身体下部、耳翼、鼻端出现瘀血斑,严重的出现结痂、坏死。体表淋巴结肿大、出血、水肿、坏死。肺隔叶、心叶呈不同程度的间质水肿,表现间质增宽,内有半透明胶冻样物质,肺实质是有小米粒的白色坏死灶或出血点。磺胺类药物治疗效果明显。

6.猪繁殖与呼吸综合征与猪钩端螺旋体病的鉴别

二者均表现流产、死胎、木乃伊胎等繁殖障碍症状。但二者的区别在于:猪钩端螺旋体病的病原为钩端螺旋体,主要在3～6月流行。急性型时大、中猪表现为黄疸,可视黏膜泛黄、发痒,尿红色或浓茶样,亚急性型和慢性型多发生于断奶猪或体重30千克以下的小猪,皮肤发红、黄疸。剖检可见心内膜、肠系膜、肠、膀胱有出血,膀胱内有血红蛋白尿。

7.猪繁殖与呼吸综合征与猪衣原体的鉴别

二者均表现不孕、死胎、木乃伊胎等繁殖障碍症状。但二者的区别在于:猪衣原体病的病原为衣原体。衣原体感染母猪所产仔猪表现为发绀、寒战、尖叫、吸乳无力、步态不稳、恶性腹泻。病程长的可出现肺炎、肠炎、关节炎、结膜炎。公猪出现睾丸炎、附睾炎、尿道炎、龟头包皮炎等。

8.猪繁殖与呼吸综合征与一般性流产的鉴别

二者均表现流产,但后者为多种非病原体因素所致,个别发生,无传染性,体温不高,不会出现木乃伊胎,没有呼吸困难症状。

9.猪繁殖与呼吸综合征与猪一般性肺炎的鉴别

二者均表现精神不振,食欲减退,体温升高,呼吸困难等临床症状。但二者的区别在于猪一般性肺炎无传染性,个别发生,除了咳嗽、呼吸困难外不见流产、死胎、木乃伊胎。

七、防治措施

1.平时的预防措施

(1)坚持自繁自养的原则　坚持自繁自养,减少健康猪同病猪接触机会,因生产需要从外地引种时,应严格检疫,杜绝将带毒猪引入易感猪群。同时配合严格的卫生消毒措施,以建立一个完全没有猪繁殖与呼吸综合征病毒感染的猪群。但这种做法在本病流行地区具有一定的危险性,当猪群因为没有受到感染(野毒或疫苗毒)产生的中和抗体的保护时,暴发本病往往是急性型,损失也最大。

(2)保持严格消毒　对猪繁殖与呼吸综合征发病猪场可通过消毒病猪、清水冲洗、消毒空栏猪舍来控制猪繁殖与呼吸综合征。在断奶、育肥猪群中通常有较多数量的病毒存在,尤其应注重这些地方的消毒工作,以免病毒扩散到母猪群中,使得易感猪感染,造成更大的损失。

(3)人工自然感染产生免疫力　人工自然感染产生免疫力是让健康猪自然接触病猪的粪便、死胎、木乃伊胎、弱仔的内脏等,使猪体产生免疫力,抵抗猪繁殖与呼吸综合征的发生。这个方法除猪繁殖与呼吸综合征外还适用于细小病毒病、猪断奶后多系统衰竭综合征、传染性胃肠炎、轮状病毒感染以及大肠杆菌感染所致的猪病。具体做法是:①每10头后备母猪或新母猪用一个死胎或一个弱仔的内脏打浆,加适量冷水,拌料喂猪。②收集分娩当天所有木乃伊胎和胎盘置于后备母猪或新母猪栏中,让其自然感染。③从繁殖母猪群中,每天收集粪便,加水拌料喂猪,每头后备母猪或新母猪每次用粪100~200克,加冷水500毫升,充分混合,拌料喂,配种前1月喂2次,每次喂1周。

(4)定期检测,果断淘汰　对重点种猪场而言,定期对种猪进行猪繁殖与呼吸综合征血清学检测,一旦发现带毒种猪,应果断淘汰,尤其是种公猪更应如此。

（5）及时诊断，坚决隔离　当怀疑有本病发生时，应尽快确诊、隔离并妥善安置病猪，避免其污染环境，同时加强猪场、猪舍和猪群的卫生消毒。

2. 发病时的控制方案

（1）群体治疗方案　猪繁殖与呼吸综合征发病猪群易继发副猪嗜血杆菌、链球菌、多杀性巴氏杆菌、胸膜肺炎放线杆菌、猪流感病毒、脑心肌炎病毒、伪狂犬病毒等病原微生物感染，从而加重病情，导致死亡，因此控制继发感染非常重要。首先，在饲料中可添加：①黄芪多糖 500 克/吨＋10％氟苯尼考 400克/吨，连续饲喂 7 天；②20％林可霉素 400 克/吨＋10％氟苯尼考 400 克/吨，连喂 7 天。其次，及时清洗和消毒猪舍及环境，保持猪舍、饲养管理用具及环境的清洁卫生。特别是流产后的胎衣、死胎及死猪，要严格做好无害化处理，产房要彻底消毒。最后，改善饲养管理，精心护理，降低死亡，减少经济损失。确保弱仔猪吸入足够的初乳；补充维生素 E 和微量元素硒等；对仔猪推迟补铁、切犬齿、阉割及断尾，尽量减少应激因素，体弱者不宜进行；改善猪舍通风和采光，减少猪群密度；推迟母猪配种时间，21 天内不配种；病公猪的精子数量和质量下降，要加强人工授精工作。

（4）个体治疗方案　对于体温升高的病猪，可以使用 30％安乃近注射液0.2 毫升/千克体重，青霉素 10 万单位/千克体重，链霉素 10 毫克/千克体重，一次肌内注射，每日 2 次，连用 3～5 天；或者黄芪多糖 0.1 毫升/千克体重＋头孢氨苄 20 毫克/千克体重，每天 1 次，连用 3～5 天。对于食欲不振的病猪，使用维生素 $B_1$0.2 毫升/千克体重，一次肌内注射，每天 1 次；对于食欲废绝但呼吸症状正常的病猪，可以使用 5％葡萄糖盐水 500 毫升千克体重、病毒唑 20毫升千克体重、维生素 C 0.5 毫克/千克体重，加入头孢氨苄 20 毫克/千克体重，混合注射，另外肌内注射维生素 B_1 0.2 毫升/千克体重。对于产后无乳的母猪，选用林可霉素 10 毫克/千克体重、5％葡萄糖盐水 500～1 000 毫升静脉注射，同时注射催产素 20 万～30 万单位。对于继发支原体肺炎的仔猪，可使用肌内注射泰乐菌素 10 毫克/千克体重，每日 2 次，连用 3～5 天；或氟苯尼考20 毫克/千克体重，每日 2 次，连用 3～5 天。对于继发胸膜肺炎的仔猪，可采用肌内注射头孢噻呋 10 毫克/千克体重，每天 2 次，连用 3～5 天。

【提示与思考】

1. 猪繁殖与呼吸综合征的免疫防控问题

从理论上说，使用灭活疫苗的确没有太多安全性隐患，至少不存在散毒的危险，但灭活疫苗只能刺激产生较弱免疫反应。体液免疫虽然能提供一定的保护力，但要清除巨噬细胞内的猪繁殖与呼吸综合征病毒，也只能隔靴搔痒。抗体在猪体内有一个消长的过程，当抗体水平降至较低水平时，由于抗体依赖性增强作用，可能导致猪繁殖与呼吸综合征病毒在猪体内持续存在，造成长时间的病毒血症。第二猪繁殖与呼吸综合征病毒弱毒疫苗的安全性令人担忧。由于猪繁殖与呼吸综合征病毒分离株之间存在着广泛的抗原多样性，根据某一猪繁殖与呼吸综合征病毒分离株制备的疫苗是不可能有效地保护猪群对抗具有抗原差异的猪繁殖与呼吸综合征病毒野毒株的，因此不能指望疫苗来控制猪繁殖与呼吸综合征病毒。

2. 猪繁殖与呼吸综合征与呼吸道疾病综合征(PRDC)的关系

大多数 PRDC 病例中，猪繁殖与呼吸综合征通常发生在较年轻的猪身上。猪繁殖与呼吸综合征可破坏巨噬细胞，杀死肺部40％～50％巨噬细胞。因此，使猪容易并发或继发细菌或其他病毒感染，可以说猪繁殖与呼吸综合征病毒是猪呼吸道疾病综合征的诱发因子。

3. 重构动物非特异性主动免疫功能可能是最有效的出路

对付病毒感染最有效的武器是动物本身的免疫功能物。从生物进化角度分析，高等动物就是具有其生存环境的抗病能力——非特异性主动免疫功能，只是由于生存环境(包括内环境)的恶劣，使其在胚胎期及出生就不断遭受各种病原的入侵，并承受各种有毒成分与应激因子的伤害，使其非特异性主动免疫功能遭受不同程度的损害，抗御病原入侵的能力必然大打折扣。因此，要有效地对付包括猪繁殖与呼吸综合征病毒的病毒感染最有效的措施不是抗生素或化学药物，而是能有效恢复或重构动物非特异性主动免疫功能。

第十五章

做好猪瘟防控是猪群健康的保障

【知识链接】

猪瘟病毒属于黄病毒科,瘟病毒属,是一种 RNA 病毒,可引起的猪的一种急性、热性、高度接触性传染病——猪瘟。它传染性强,致死率高,给养猪业造成了极大的经济损失,特别是对规模化猪场危害更大。世界动物卫生组织(OIE)将之列为 A 类 16 种法定传染病之一,我国亦将之列为一类动物传染病。因此,世界各国都将猪瘟防疫列为国家动物卫生行政工作的重点,采取预防、防疫及检疫等措施,以提高养猪产业的收益。

【病例案例】

河南某一小型养猪场,存栏基础母猪 80 头左右,免疫程序为:母猪于配种前 4 头份/头、种公猪每年春、秋两季各免疫接种 1 次,每次 4 头份/头;哺乳仔猪 21 日龄首免,2 头份/次;60 日龄二免,4 头份/头,所有猪均使用单苗。2014年 5 月 14 日以来,该猪场保育舍的 40~60 日龄的仔猪相继发病,发病仔猪达 216 头,发病率为 38.4%,期间曾使用青霉素、链霉素、柴胡、鱼腥草等药物治疗无效。

症状主要表现为仔猪发热,体温升高到 40~42℃,精神沉郁,食欲下降,拱背卧地,挤堆寒战,结膜发炎,许多猪只腹泻,个别猪呕吐,全身衰弱,后躯无力,驱赶时可见呼吸不畅,步态不稳,一般 6~10 天后衰竭死亡,病死仔猪两耳、四肢、腹下皮肤有出血点。剖检可见喉头和会厌软骨有少量针尖状出血点;膀胱黏膜有针尖状出血点;心冠、心肌、心膜有少量出血点、出血斑;肺有出血斑点伴有水肿;脾脏边缘梗死,严重者连成紫黑色条状,突出于表面;肾呈土黄色,表面有明显的针尖状出血点;在盲肠及结肠,尤其在回盲瓣处黏膜上有黑色纽扣状溃疡;支气管、腹股沟、肠系膜淋巴结肿大、充血、呈暗红色,切面多汁,呈大理石样出血。

根据症状,初步诊断该猪场仔猪死亡是由猪瘟病毒所致。处理方案:①对全场未发病的 45 日龄以上猪(包括种猪)一律采用双倍量猪瘟高效活疫苗接种。②对 45 日龄以内的仔猪用 4 倍量弱毒苗接种。③对刚生下的新生仔猪用 1 头份猪瘟高效活疫苗做超前免疫。④对病猪、体温升高猪以及与病猪同栏但未发病的猪,一律用猪瘟高免血清做被动免疫,紧急注射剂量为每千克体重 0.5 毫升,每天 1 次,连用 3 天。其中同栏尚未发病的猪注射血清 21 天后,再注射疫苗 1 次。⑤圈舍采取消毒、隔离、封锁和死猪无害化处理等措施。经采取上述综合性措施,10 天后猪场疫情逐渐平息,并挽救了大部分潜伏期猪和早期病猪,仔猪的存活率明显提高。

【技术破解】

一、猪瘟流行新特点

1. 流行范围广

我国猪群中猪瘟病毒的感染率为 15.3%,猪瘟抗体的合格率为 77.8%。当前猪瘟在各地都有发生,疫情呈全国性分布,散发病例长年不断,典型病例经常发生,并有上升的态势。临床上典型猪瘟增多(占猪瘟病例的 5%),感染强度增强,发病率与病死率升高,免疫失败普遍存在,应引起高度重视。

2. 散发流行

近年猪瘟没有大规模暴发流行,呈散发流行,主要因为大规模免疫接种,猪群均有一定程度的免疫保护率。猪瘟发病无季节性,取决于猪群的免疫状态与饲养管理水平,规模较小猪场发病强度较轻。

3. 非典型病例增多

猪瘟在流行的过程中,其毒力会发生变化,特别是各种消毒、免疫等防控措施也对毒力有很大的影响。这些弱毒力猪瘟病毒进入猪体内,一方面临床症状和病理变化非典型化,使发病猪群死亡率增高,影响生产效益;另一方面对一些抗体水平较高,体质较好的猪可能造成一种隐性感染或非典型病状。

4. 持续性感染和免疫耐受

猪瘟病毒持续感染通常是指在免疫状况不佳的情况下,病毒突破机体免疫识别,在感染猪体内长时间滞留或增殖释放。感染猪通常不表现或仅表现轻微的临床症状，但猪体内会发生免疫病理变化，在 30 天内不引起感染猪发病死亡。近年来，60%感染猪瘟病毒的猪无明显的临床症状，而呈亚临床感染、持续性感染和胎盘感染。持续性感染的主要传染源是感染了野毒或低毒力毒株的繁殖母猪。由于感染母猪具有一定的免疫抵抗力，通常没有明显的发病症状，呈现亚临床症状，但却不断地向外排毒或通过胎盘将病毒传染给胎儿。Wensvort 等曾调查过感染猪群母猪，所生的仔猪或是其他被感染的仔猪往往发生免疫耐受，当环境条件发生变化，就有可能造成猪瘟的流行。若用这样的猪留种，就会形成胎盘感染→仔猪流行猪瘟免疫耐受→免疫失败→持续感染→母猪繁殖障碍→胎盘感染这样一个恶性循环。这是目前规模化猪场猪瘟存在的一个重要原因。

5.发病年龄低龄化

据调查发现，79%的猪场发生猪瘟的猪只多在 90 日龄以下，特别是 2～10日龄的哺乳仔猪和断奶至 60 日龄的保育猪发病最多见，而育肥猪和种猪发病较少。

6.免疫力低下

虽然养猪业主十分重视猪瘟的防疫注射，80%以上猪群均注射过猪瘟兔化弱毒疫苗，但免疫注射猪群的免疫力低下却普遍存在，结果免疫猪时有发病，这就是所谓的免疫失败现象。出现免疫失败的主要原因是免疫剂量不足、持续性感染和先天感染。

7.混合感染

由于猪瘟病毒持续性感染，仔猪先天免疫耐受，对抗原的免疫应答低下，免疫功能降低，往往造成猪瘟与接触性传染性胸膜肺炎、仔猪副伤寒、大肠杆菌病、链球菌病等的混合感染，从而增加了防疫的难度。

二、导致猪瘟频发的原因

1.引种工作疏忽

现今我国规模化猪场引种频繁和引种渠道增多，新引进种猪隔离工作不细致、不严格，往往隔离时间很短，未进行详细的疫病监测就进入生产区，使猪场引进了无临床症状的猪瘟持续感染带毒后备种猪，造成妊娠母猪带毒和仔猪先天带毒，猪场长期持续存在传染源，造成猪瘟免疫失败。

2. 免疫程序不合理

在制定免疫程序、确定首免日龄时,不少猪场对本场母源抗体的消长规律不太清楚,只是采用常规的首免日龄进行首免,往往出现被母源抗体中和的现象,使仔猪不能产生较好的主动免疫。此外,有个别猪场长时间、大剂量使用猪瘟疫苗免疫,容易出现免疫麻痹现象。

3. 饲养环境和营养供给的影响

目前规模化猪场的饲养密度比较大,热应激和转群应激时有发生,如果注射疫苗时处于应激状态,则会影响猪群对疫苗产生良好的应答,从而影响免疫效果。同时大部分猪场都使用广谱抗生素对猪群实施保健,忽略了长期用药所引起的副作用。此外,规模化猪场实行高密度圈养,猪无法觅食天然的维生素和微量元素,尽管饲料已根据猪的生长需要进行配方调整,但由于原材料的质量不稳定,有时饲料仍无法满足猪的真正需求,使机体无法对免疫产生良好的应答。

4. 疫苗质量及使用问题

(1)疫苗质量问题 目前我国常用的猪瘟疫苗有猪瘟细胞活疫苗、猪瘟乳兔组织活疫苗和猪瘟脾淋组织活疫苗。这些疫苗含毒量不一样,如果购进的疫苗含毒量达不到要求,将影响免疫效果。

(2)疫苗失效 运输保存时的温度条件不同使疫苗的有效期差异很大。如在$-15℃$保存,疫苗的有效期一般为 1 年,$0\sim8℃$下保存有效期则不超过 6个月。猪瘟疫苗的运输要求在 8℃ 以下进行,在 $8\sim25℃$ 条件下运输则必须在10 天内用完。在疫苗运输和保存时,不少猪场往往容易忽视疫苗的有效期,从而影响免疫效果。

(3)使用失误 在疫苗使用上存在的问题主要有如下几方面:①误用了已污染的疫苗稀释液或已失真空的疫苗,由于疫苗病毒蛋白质变性影响了疫苗的免疫效果。②忽视了疫苗稀释后的保存期($15\sim27℃$为 3 小时),或使用了经太阳暴晒的稀释疫苗,造成免疫失败。③疫苗注射采用的针头及注射部位不当。大部分猪场在进行疫苗注射时习惯用短而粗的针头,这样易出现疫苗外溢致使注射剂量不足的情况,而且针头太短使得疫苗易注射到脂肪层,从而影响疫苗的吸收和疫苗病毒的生长,导致免疫失败。此外,如果注射量少于 1毫升,则造成免疫剂量不足而影响免疫效果。

5.免疫抑制影响

(1)免疫抑制疾病影响　一些常见的免疫抑制性疾病如繁殖与呼吸综合征在猪群中的存在,会使猪体免疫力下降,从而影响猪瘟疫苗的免疫保护力。猪繁殖与呼吸综合征所引起的最显著病理变化是严重损伤肺泡巨噬细胞,并伴有循环系统淋巴细胞及黏膜纤毛清除系统的破坏,从而抑制免疫力,使猪对各种继发感染易感。猪繁殖与呼吸综合征感染产生的免疫抑制,也可恶化慢性传染病,并使机体对猪瘟等各种疫苗的免疫应答下降,造成免疫失败。

(2)饲料霉菌毒素影响　不少猪场对饲料的采购和存放把关不严,猪饲料(尤其是玉米)容易出现霉变,虽然长时间少量摄入不足以引起猪中毒,但几乎所有的霉菌毒素都对免疫系统有破坏作用。例如,感染烟曲霉毒素可引起嗜中性粒细胞表达 L-选择素水平下降,导致嗜中性粒细胞向病原移动的能力和吞噬病原的功能受损,黄曲霉毒素 B_1 和新月霉菌产生的 T-2 毒素会抑制蛋白质合成和细胞增殖,从而使机体免疫机能受抑制,造成猪瘟免疫失败。

6.病原的遗传变异

我国近年来猪瘟病毒流行毒株与古典毒株之间已有较大差异(核酸和氨基酸同源性分别为 82.2%~84.3% 和 87.9%~90%)。研究结果表明:虽然在我国不同地区所分离的猪瘟病毒野毒株在其病原生物学上有所差异,但我国目前使用的猪瘟兔化弱毒疫苗免疫的猪完全能够抵抗这些野毒的攻击,现用的猪瘟兔化弱毒疫苗对预防目前流行的猪瘟病毒是完全有效的。

7.潜在性感染

猪只感染猪瘟病毒后处于潜伏阶段,没有任何临床症状表现。若此时给这种假定健康猪接种疫苗,会出现严重反应,呈现临床症状,继而发生死亡。因此,对猪群的健康状况要做到心中有数。

8.牛病毒性腹泻病毒的干扰

牛病毒性腹泻病毒(BVDV)属于黄病毒科瘟病毒属,与同属内的猪瘟病毒在血清型上有交叉反应,能互相诱导一定程度的同源病毒抗体。欧美一些国家牛病毒性腹泻病毒在猪场的感染率很高,一般呈亚临床感染,表现与温和型猪瘟相似。由于牛病毒性腹泻病毒的存在和传播,给猪瘟的防治与根除造成了很大的干扰。

9.母源抗体的干扰

母源抗体对初生仔猪有保护作用,但也会影响仔猪的免疫效果。因此,在给仔猪使用高剂量的疫苗时,能否起良好的免疫效果与母源抗体滴度有关。当母源抗体滴度高时,实施免疫接种,疫苗病毒会被母源抗体中和而不起保护作用。因此在实施免疫接种前要考虑免疫抗体的滴度,调整母源抗体的整齐度。保证空怀母猪猪瘟的抗体水平不低于 1:64,分娩母猪猪瘟的抗体水平不低于 1:32,对反复接种抗体水平仍然很低的母猪以及带毒母猪应彻底淘汰。

10.生猪及其肉品检疫不严,防疫密度不够

近年来集体和个体养猪业发展迅速,使猪的自由贸易增多,大量种猪频繁调运可使隐性感染猪在全国范围内散毒。另外,私自宰杀和贩卖病猪肉、养猪场病死猪处理不当、执法检疫不严,使病猪肉产品在市场流通,也是造成猪瘟广泛传播的原因。

三、临床症状

本病的潜伏期一般为 5～7 天,最短 2 天。具体有以下几种:

1.最急性型

多见于流行初期,主要表现为突然发病,高热稽留,体温可达 41℃以上,全身痉挛,四肢抽搐,皮肤和可视黏膜发绀,有出血点,倒卧地上,很快死亡,病程 1～5 天。

2.急性型

体温升高到 41～42℃,稽留不退;精神沉郁,行动缓慢,头尾下垂,嗜睡,发抖,行走时拱背、不食。病猪早期有急性结膜炎,眼结膜潮红,眼角有多量脓性分泌物,使眼睑粘连,口腔黏膜发绀,有出血点。公猪包皮内积尿,用手可挤出混浊恶臭尿液。病初出现便秘,排出球状并带有血丝或伪膜的粪块,随病程的发展呈现腹泻或腹泻与便秘交替出现。皮肤初期潮红充血,随后在耳、颈、腹部、四肢内侧出现出血点或出血斑。死亡前期,体温下降至常温以下,病程一般 1～2 周。

3.亚急性型

症状与急性型相似,但较缓和,病程一般 3～4 周,不死亡者常转为慢性型。

4. 慢性型

主要表现消瘦,全身衰弱,体温时高时低,便秘腹泻交替,被毛枯燥,行走无力,食欲不佳,贫血。有的病猪在耳端、尾尖及四肢皮肤上有紫斑或坏死痂,病程1个月以上。病猪甚难恢复,不死者长期发育不良,成为僵猪。

5. 繁殖障碍型(母猪带毒综合征)

怀孕母猪感染后可不发病,但长期带毒,并能通过胎盘传给胎儿。孕猪流产、早产,产死胎、木乃伊胎、弱仔,或新生仔猪先天性头部或四肢战抖。存活的仔猪可长期出现病毒血症,一般数天后死亡。

6. 温和型

症状较轻且不典型,有的耳部皮肤坏死,俗称"干耳朵";有的尾部坏死俗称"干尾巴";有的四肢末端坏死,俗称"紫斑蹄"。病猪发育停滞,后期四肢瘫痪,不能站立,部分病猪跗关节肿大。病程一般半个月以上,有的经2~3个月后才能逐渐恢复。

7. 神经型

多见于幼猪。病猪表现为全身痉挛或不能站立,或盲目奔跑,或倒地痉挛,常在短期内死亡。

四、剖检变化

全身器官及组织明显出血是本病的特征。皮下、肌肉、黏膜、浆膜及各种内脏器官均可出血。猪瘟诊断最有价值的病理变化是肾皮质色变淡,呈土黄色,上有点状出血,膀胱底部也有针尖状出血;淋巴结外观充血、肿胀,切面周边出血,呈红白相间的大理石状变化;脾不肿大,但边缘有结节状梗死区(出血性梗死);咽喉有出血点,初期皮肤发紫,全身皮肤有小点出血;回盲瓣、回肠、结肠形成纽扣状溃疡(故又称"烂肠瘟");公猪包皮积尿混浊、腥臭;眼结膜充血并有黏性分泌物。

五、诊断

猪瘟的及时诊断非常重要,稍有延误往往会造成严重损失。

1. 临床综合诊断

猪瘟的发生不受年龄和品种的限制,无季节性,抗菌药物治疗无效,发病率、死亡率都很高；免疫猪群则常为零星散发；病猪高热稽留，先便秘后下痢；无并发症的病例出现白细胞减少症，血小板也显著减少；部分病猪有神经症状；脑有非化脓性脑炎变化。

2. 实验室诊断

为了达到尽快控制疫情的目的，就需要有简便、快速、敏感、准确的检测方法用于诊断。国内现在研究和采用的诊断方法主要有以下几种：①斑点酶联免疫吸附试验(Dot - ELISA)，此方法简便、快速、敏感性高、特异性强，深受各养猪场的欢迎，具有推广应用价值。②猪瘟强毒和弱毒单抗酶联试验诊断盒(HCLV - MAb - ELISA)，其特点是敏感性强、特异性高，可以准确地区别监测出猪群强毒感染和弱毒的免疫水平，也是一种值得推广应用的监测方法。③蛋白 A 胶体金免疫电镜负染技术(PAGJEM)，采用此方法检测猪瘟病毒，操作时间短，准确性高。近年来，此项技术已广泛应用于病毒学研究。④荧光抗体技术，这也是一种较为先进的诊断方法，它具有快速、特异、敏感、准确、简便和判断客观的特点。

六、鉴别诊断

在临床上，急性猪瘟与急性猪丹毒、最急性猪肺疫、败血型链球菌病、猪副伤寒、弓形虫病等有许多类似之处，应注意鉴别。

1. 败血型猪丹毒

败血型猪丹毒多发生于夏天，病程短，发病率和病死率比猪瘟低。皮肤上的红斑指压褪色，病程较长者，皮肤上有紫红色疹块。体温很高，但仍有一定食欲，眼睛清亮有神，步态僵硬。死后剖检，胃和小肠严重的充血和出血；脾肿大，呈樱桃红色；淋巴结和肾瘀血肿大，青霉素治疗等有显著效果。

2. 最急性型猪肺疫

最急性猪肺疫在气候和饲养条件剧烈变化时多发，发病率和死亡率比猪瘟低，咽喉肿胀，呼吸困难，口鼻流泡沫，皮肤蓝紫色，或有少数出血点。剖检时，咽喉部肿胀出血，肺充血水肿，颌下淋巴结出血，切面呈红色，脾不肿大，抗生素治疗有一定效果。

3. 败血型链球菌病

本病多见于仔猪。除有败血症状外，常伴有多发性关节炎和脑膜炎症状，病程短,抗菌药物治疗有效。剖检见各器官出血、充血明显,心包液增多,脾肿大,有神经症状的病例,脑膜充血、出血,脑脊液增量、混浊,脑实质有化脓性脑炎变化。

4.慢性猪副伤寒

慢性猪副伤寒多见于2~4月龄的猪,在阴雨连绵的季节多发,一般呈散发,先便秘后下痢,有时粪便带血,胸腹部皮下呈蓝紫色。剖检肠系膜淋巴结显著肿大,肝可见黄色或灰黄色小点状坏死,大肠有溃疡,脾肿大。

5.弓形虫病

弓形虫病和猪瘟一样也有持续高热、皮肤紫斑和出血点、大便干燥等症状,但弓形虫病呼吸高度困难,磺胺类药物治疗有效。剖检时,肺发生水肿,肺间质增宽,全身淋巴结肿大,有坏死灶。各器官有程度不同的出血和坏死灶,采取肺和支气管淋巴结检查,可检出弓形虫。

七、防治措施

1.预防措施

(1)坚持自繁自养慎重引种　据报道50%的猪场发生猪瘟疫情都是由购入后备的种猪和商品猪引发的。因为引猪时不严格检疫,引进了隐性感染和持续感染的带毒猪,带入了传染源,导致猪瘟的发生和流行。因此,引种时不要盲目购进猪,不要从疫区购猪,更不要从几个不同的猪场同时购猪(各个猪场的猪只健康水平不一样),这样可以避免引种时带入传染源,混群饲养后发生交叉感染,诱发猪瘟。

(2)科学免疫接种　针对规模化猪场猪瘟的免疫接种,其推荐程序如下:仔猪20~25日龄首免猪瘟高效灭活苗1头份;50~60日龄二免用1头份;生产母猪在仔猪断奶后配种前,注射猪瘟高效灭活苗2头份,后备母猪在配种前14天注射2头份;种公猪每年3月和9月各接种1次猪瘟高效灭活苗2头份。

(3)重视免疫监测　定期对猪群开展免疫监测是掌握猪群整体免疫状态的重要手段。通过开展免疫检测,检查猪只抗体水平,可以判断猪群的整体免疫状态,又可制定适合于该猪场的合理免疫程序。对注射疫苗后抗体达不到保护水平的仔猪及时补种,如补种后抗体水平仍上不去的仔猪可以疑似为先天感染或免疫耐受,要坚决淘汰,避免发生免疫失败现象,杜绝可能的传染源,从而起到"查漏补缺"的作用。

（4）实行"全进全出"的饲养制度　配种妊娠、产仔哺乳、保育与育肥 4 个阶段应实行"全进全出"的饲养制度。每批猪只全部转出后要圈舍进行彻底的清扫干净，然后用高压水枪清洗晾干并反复消毒 3 次，空舍 3～5 天后再进入新的猪群。要避免不同日龄和不同生长阶段的猪只混群饲养，以减少交叉感染和持续性感染的发生。

（5）加强科学的管理，建立健全生物安全体系　首先要加强科学的饲养管理，降低各种应激因素的影响；建立兽医卫生防疫与消毒体制，最大限度地减少病原微生物对猪场的污染，防止疫病的扩大传播；猪场严禁饲养犬、猫、牛、羊及禽类，驱赶鸟类；定期灭鼠、杀虫、驱虫；严禁饲喂发霉变质的饲料；防止霉菌毒素中毒，降低免疫力；适当增加蛋白质、氨基酸、维生素和微量元素的水平，提高饲料质量，在饲料中定期添加微生态制剂，提高饲料利用率与吸收率，保持菌群平衡，防止消化道疾病的发生；饮用清洁干净的水；实行人工授精；猪舍保持清洁卫生，通风干燥，冬暖夏凉；改善空气质量，降低氨浓度；饲养密度要适中；粪尿及污水要无害化处理；进入生产区的人员要沐浴后更换工作服，物品要经消毒后进入，人员和物品要定向流动，外地车辆不得进入厂区，实行早期隔离断奶，防止发生断奶应激、饲料应激、营养应激、环境应激和温度应激。

（6）净化种猪群　种猪（特别是繁殖母猪）的持续性感染是仔猪发生猪瘟的最大威胁。通过检测种猪群的感染与免疫状态，坚决淘汰感染母猪是有效控制仔猪发生猪瘟的最佳途径。这项措施应受到养猪业主，特别是种猪场的高度重视。由于检测抗体比检测病毒容易，加上持续感染的母猪在注射疫苗后抗体水平通常不明显上升，所以也可以只进行抗体监测，淘汰无抗体反应或抗体反应低下的母猪，从而达到净化猪群的目的。

（7）适时淘汰可疑猪　可疑猪是猪瘟病毒的携带者和传播者，散毒时间长，尤其是可疑猪或带毒猪隐蔽性强，不易被发现，危害更大。虽然某些情况下，通过一定的方法治疗外表症状会消失或减轻，但它们只是表面意义上的"健康猪"，体内依然带毒。因此，对此类猪适时淘汰，是养猪者今后应该推崇的一种方法。虽在短时间内，会有一定经济损失，但从长远来看是值得的。

2. 发生猪瘟时应采取的措施

（1）隔离病猪　一旦发现可疑病例应立即隔离，进行实验室诊断，找出原发病原和继发病原，以便采取对症措施。

（2）封锁发病猪舍　对发病猪舍采取封闭措施，进行全面彻底的消毒，严格控制饲养人员的串舍，以防交叉感染。

（3）紧急接种　对体温略高（40℃左右）、全身状况尚好的猪，可注射大剂量猪瘟细胞苗5头份，实行紧急防治。只要发病3～5天实行接种，有85%～90%的治疗效果，中晚期效果要差一些。体质健康良好的仔猪为假定健康猪，立即用猪瘟细胞疫苗5头份补防一次。

（4）治疗方案　到目前，猪瘟尚无特效治疗方法，有条件的可用抗猪瘟高免血清进行治疗，小猪每头每次5～10毫升，中猪每头每次10～15毫升，大猪每头每次20毫升，肌内注射每日1次，连用3～4次；黄芪多糖注射液0.2毫升/千克体重，肌内注射每日1次，连用4天，同时配合注射头孢噻呋钠，10毫升/千克体重；在饮水中添加黄芪多糖500克/吨＋口服葡萄糖3 000克/吨，让其自饮。但由于此方法成本高，群体较大时应用会受到限制，除非贵重猪种才予以使用。

【提示与思考】

　　在养猪生产中，猪瘟的发生与其他疾病具有一定的相关性，正因为如此，使得猪瘟在发生与流行时会出现与呼吸综合征、圆环病病毒病、附红细胞体病、霉菌毒素中毒、沙门菌病、巴氏杆菌病等混合感染和继发感染。因此，在预防和控制猪瘟时，除对猪瘟采取针对性措施外，还须时刻关注这些相关性疾病。只有如此，才可真正降低猪瘟的发病率和危害性。

第十六章

猪免疫抑制的罪魁祸首——圆环病毒 2 型感染

【知识链接】

　　猪圆环病毒 2 型(PCV-2)感染对猪有较强的易感性,常见于 6～8 周龄猪,哺乳猪及成年猪一般为隐性感染。圆环病毒 2 型感染主要引起断奶仔猪多系统衰竭综合征(PMWS),其临床特征是渐进性消瘦、苍白、无力、精神及食欲欠佳、呼吸困难,有时出现黄疸等。剖检特征是淋巴结明显肿大,不同程度的肉芽样增生,散在隆起的橡皮状结节肺、畸形脾、白斑肾、胃贲门区大片溃疡、盲肠及结肠点状出血等。现在,圆环病毒 2 型感染被认为还与猪繁殖障碍、母猪流产死亡综合征(SAMS)、育肥猪的慢性呼吸道病综合征(PRDC)、猪皮炎肾病综合征(PDNS)、相关性中枢神经系统病(CNs)和相关性肠炎有关。该病在养猪业的重要性,一是圆环病毒 2 型隐性感染在世界各地广泛存在,引起感染猪的免疫抑制,使猪场防疫复杂化及难度大幅度提高,从而导致更高的发病率;二是圆环病毒 2 型感染导致断奶仔猪多系统衰弱综合征(PMWS)及其他相关综合征,大大地降低了生产性能,带来无法估量的经济损失。

【病例案例】

　　2014 年 8 月,安徽安庆某猪场 6 周龄左右的仔猪,临床症状上表现消瘦并腹泻,使用很多药物效果不明显。经产母猪出现身上有拇指大以及掌心大的红斑或紫斑,触摸并有凹凸的感觉,仔细询问其症状为先从后腿及臀部出现逐渐向背上发展。小猪剖检可见全身淋巴结肿大,特别是腹股沟淋巴结、纵隔淋巴结、肺门淋巴结、肠系膜淋巴结及颌下淋巴结肿大,切面硬度增大,可见均匀的白色,有的淋巴结有出血和化脓性病变。肺脏肿胀、坚硬或似橡皮,严重的肺泡有出血斑,有的肺尖叶和心叶萎缩或实质性病变,肝脏发暗,萎缩,肝小叶间结缔组织增生,脾脏异常肿大,呈肉样变化,肾脏水肿,呈灰白色,被膜下有时有白色坏死灶,胃的食管部黏膜表现为水肿和非出血性溃疡,回肠和结肠壁变薄,盲肠和结肠黏膜充血和出血。

据分析以上两种病例症状为圆环病毒所引起的仔猪断奶后多系统衰竭症状以及皮炎肾衰型,处理方案:①加强饲养管理,降低饲养密度,实行"全进全出"制度,改善卫生环境,注意做好防暑和驱虫灭鼠工作,猪场整体使用季铵盐类消毒剂按照1:200稀释倍数进行消毒,1周消毒2次。②按免疫程序做好猪瘟、猪伪狂犬病、猪细小病毒病、口蹄疫、气喘病疫苗的常规免疫工作,对种猪进行圆环疫苗,每年3次,每次1头份,仔猪7~10天首免1头份,28天再进行2免。③在饲料中添加20%替米考星400克+提高机体免疫力的中草药+复合维生素500克/吨,连喂5天。后回访,加药后腹泻情况明显得以控制,3个月以后业主反映,保育仔猪整体猪有大的提高,粪便已正常。

【技术破解】

一、病原特征

猪圆环病毒(PCV)是兽医学上已知动物病毒中最小的病毒,圆环病毒分为圆环病毒1型和圆环病毒2型两个基因型。圆环病毒1型对猪的致病性正在研究,圆环病毒2型已知具有致病性。病毒对外界环境的抵抗力较强,对氯仿、碘酒、酒精、酸性环境,56~70℃的高温有一定的抵抗力;对苯酚、季铵盐类化合物、氢氧化钠和氧化剂等较敏感。

二、流行特点

1. 流行广泛

目前,本病在美国、加拿大、德国和日本等国均有发生。近年来,我国相关的发病报告也越来越多。大量的圆环病毒2型血清学调查结果表明,我国大部分地区均有本病存在。在有的地区,本病发生呈上升趋势,若与其他疾病混合或继发发生,其危害性仅次于猪瘟。迄今为止,本病已呈全球性分布。

2. 感染率高

大量的血清学调查结果表明,圆环病毒2型在猪群中的感染率很高,其抗体阳性率可高达80%,甚至90%以上。据报道,德国、加拿大、英国和爱尔兰的猪血清抗体阳性率分别高达 95％、55％、86％和 92％。有些报告指出,我国北京等 7 省市约 22 个猪群圆环病毒 2 型抗体阳性率为 42.9％,并已分离和鉴定了国内圆环病毒毒株。王贵平等采用 PCR 方法对华南地区 287 个猪场的 1 560 份样品进行了检测,结果检测抗原阳性率 63％。我国有的地区被检猪场均有圆环病毒 2 型抗体阳性猪存在,抗体阳性率高达 86.95％,其中母猪和育肥猪的抗体阳性率达到 100％,仔猪抗体阳性率达到 81.63％。

3.病死率高

本病多见于 2～3 周龄断奶后的仔猪,发病率一般为 40％～80％,死亡率为 20％～100％,在较严重的地区,发病猪群的淘汰率高达 40％左右。据报道,1995 年以来,在法国的不列塔尼约有 100 个猪群发病,仔猪出生后 2～8 天出现死亡,发病猪死亡率高达 50％,不死的猪发育则明显受阻。我国猪群最多为 6～8 周龄,发病发病率为 20％～60％,病死率为 5％～35％。

4.混合感染普遍

由于猪圆环病毒能干扰猪的免疫系统,造成免疫抑制,引起继发性免疫缺陷,使猪对多种病原敏感,多重感染和混合感染成为普遍的发病规律。猪圆环病毒分别与猪繁殖障碍和呼吸道综合征病毒,猪伪狂犬病病毒、猪瘟病毒、猪细小病毒、流行性腹泻病毒、感染性胸膜肺炎放线杆菌、副猪嗜血杆菌等并发感染,以及与猪繁殖障碍与呼吸道综合征病毒、猪链球菌病、猪附红细胞体病四重感染,导致猪群发病后流行症状更加复杂,病情加重,确诊困难,防治效果差。

5.症状各异

猪圆环病毒感染可导致多种疾病的发生,包括猪断奶后多系统衰竭综合征、皮炎肾病综合征、猪呼吸道疾病综合征(PRDC)、繁殖障碍、先天性震颤(CT)、肠炎等。当前应重点注意多系统衰竭综合征、猪呼吸道疾病综合征、繁殖障碍和先天性震颤。

6.发病日龄不一

多系统衰竭综合征主要发生在 2～3 周龄断奶后的仔猪,一般于断奶后 2～3天或 1 周开始发病,发病率和死亡率依混合感染的病毒及细菌类型不同而异,分别在 20％～60％和 5％～35％,死亡率高达 90％以上。皮炎肾病综合征通常发生在 12～14 周龄的猪,发病率为 12％～14％,病死率为 5％～14％。

母猪繁殖障碍主要发生于初产母猪,产木乃伊胎可占 15%,产死胎占 8%。猪呼吸道疾病综合征多见于保育猪和育肥猪。先天性震颤则多发生于初产母猪所产的仔猪,常在出生后 1 周内发病。

7. 传播途径广

病猪和带毒猪(多数为隐性感染)是本病的主要传染源。存在于呼吸道、肺、脾、淋巴结等器官中的病毒,可随粪便和鼻液排出,经呼吸道、消化道、精液及胎盘传播,也可通过人员、工作服、用具和设备等传播。

8. 散发为主

本病以散发为主,有时可呈暴发性。病程较长,持续 12~18 个月。急性发病猪大多在出现症状后 2~8 天死亡。

9. 诱发因素多

饲养管理不善,饲料质量低,环境恶劣,通风不良,饲养密度大,不同日龄猪混养及各种应激因素等均可诱发本病,并使病情加重,死亡增加。由于感染猪的免疫系统受到破坏,造成免疫抑制,故常与其他病毒和细菌混合感染。

三、危害

据不完全统计,目前我国猪场的圆环病毒 2 型抗体阳性率平均达到 42.9%,个别地区的猪场感染率可达 80% 以上,该病在临床上对猪的危害性主要有三个方面:

1. 圆环病毒 2 型本身可导致不同日龄猪出现相应的不同病症

如断奶仔猪衰竭综合征、皮炎—肾病综合征、母猪繁殖障碍、生长育肥猪的呼吸道综合征等。

2. 圆环病毒 2 型可继发和并发多种传染病

如附红细胞体病、副猪嗜血杆菌病、传染性胸膜肺炎、增生性肠炎以及猪瘟、蓝耳病、伪狂犬病等传染病。

3. 在临床上圆环病毒 2 型普遍存在免疫抑制和免疫激活现象

一方面圆环病毒 2 型会降低免疫力,影响猪瘟、伪狂犬病、蓝耳病等疫苗的免疫效果,使这些疫苗达不到应有的免疫应答作用;另一方面圆环病毒 2 型又存在免疫激活现象,使猪只在接种正常疫苗(特别是猪瘟弱毒苗和蓝耳病弱毒苗)后,猪群出现明显的应激反应和发病死亡的不良反应。

四、致病机制

1.圆环病毒 2 型在免疫细胞中增殖,表现出本身的致病性

圆环病毒 2 型主要在机体的单核细胞、巨噬细胞和抗原提呈细胞中复制,少数可在肾小体、支气管上皮细胞、肝细胞和淋巴细胞中增殖。病毒可从全身巨噬细胞,包括肝、肺泡和间质细胞及其他任何器官系统的炎症浸润液中的巨噬细胞中检出。在严重的多系统衰竭综合征病猪中能观察到显著的淋巴细胞缺失。

2.免疫刺激

当有细小病毒和猪繁殖与呼吸综合征病毒等刺激因子存在时,刺激免疫系统并且促进了圆环病毒 2 型的复制,其他非传染性刺激原与圆环病毒 2 型共同作用同样可以加重断奶仔猪多系统衰竭综合征(PMWS)症状及病变。另外,通过注射疫苗或免疫调节剂等非特异性刺激免疫系统,可以促进圆环病毒 2 型的复制,因此在猪疾病发作期间的免疫反而会加重多系统衰竭综合征临床症状。

3.免疫抑制

圆环病毒 2 型感染引起机体的免疫抑制,也是其致病机制的重要部分。PCV 感染后 2 天可显著的抑制巨噬细胞介导的、分裂素诱导的淋巴细胞增殖,在感染后 8 天可降低细胞 MHC-Ⅱ类抗原的表达。现有的研究表明,MHC-Ⅱ类抗原及 MHC-Ⅱ类抗原表达量的降低可能与病毒感染细胞时病毒介导的细胞膜的凹陷及病毒从细胞质内向复制中心的移动有关。感染圆环病毒 2 型猪 T 淋巴细胞和 B 淋巴细胞数量下降,说明急性感染圆环病毒 2 型患猪不能产生有效的免疫应答。

五、与圆环病毒 2 型感染相关的疾病

1.断奶仔猪多系统衰竭综合征(PMWS)

多系统衰竭综合征是由圆环病毒 2 型感染引起猪的一种主要疾病。其临床表现为生长不良或渐进性消瘦,呼吸困难,腹股沟淋巴结肿大、腹泻、贫血和黄疸,有的发生咳嗽、中枢神经障碍和死亡。还可继发副猪嗜血杆菌病、猪链球菌病、猪巴氏杆菌病、猪附红细胞体病、猪瘟等。

2.猪皮炎肾病综合征(PDNS)

猪皮炎肾病综合征最早见于英国,被认为是免疫介导的水疱性病,影响皮肤和肾。主要发生于保育猪和生长育肥猪。临床表现为皮肤发生圆形或不规则的隆起,呈红色到紫色的病变,中央呈黑色。病灶开始在猪的后腿、腹部发现,后扩展到胸肋和耳部,常融合成大的条带或斑块。病轻者可自行康复,病重者表现为跛行,发热厌食,肾脏肉眼病变为肿胀、苍白、有出血性瘀斑。

3.繁殖障碍

妊娠母猪感染圆环病毒 2 型可出现繁殖障碍,表现为流产、产死胎、木乃伊胎和弱仔。初产母猪的流产率高达 70％以上;经产母猪流产较少,但产死胎和弱仔增多,并可持续数月。仔猪断奶前死亡率升高 11％。公猪感染圆环病毒 2 型可从精液中排毒,公猪精子活力差,配种能力降低,导致繁殖障碍。

4.猪呼吸综合征(PRDC)

猪呼吸综合征是一种严重危害生长和育肥猪的疾病。该病主要发生于16～22 周龄的猪,其临床症状主要表现为生长缓慢、饲料利用率降低、嗜睡、厌食、发热、咳嗽以及呼吸困难等。其组织学特征是患猪出现亚急性到慢性肺炎病变,主要表现为肺部广泛性的肉芽性炎症。

5.猪先天性震颤(CT)

研究证实,发生先天性震颤的初生仔猪的大脑和脊髓中含有圆环病毒 2 型核酸和抗原。仔猪生产后不久发生持续性震颤,表现在头部、四肢和尾部,严重者可见全身肌肉抖动,有节奏的阵发性痉挛。仔猪行走困难,无法吮乳,常饥饿而死亡。可见成窝发生或一窝中部分仔猪发生,有的 1 周后可自愈。

6.增生性/坏死性肠炎(PNP)

对于增生性/坏死性肠炎,该病最早于 1992 年在加拿大魁北克省出现。增生性/坏死性肠炎的特征性组织病理学变化主要为肺泡中出现坏死细胞、大量巨噬细胞及蛋白样物质、Ⅱ型肺细胞增生及坏死性细支气管炎;偶尔可见肺泡中出现大量多核巨细胞及单核细胞浸润引起的肺泡隔变厚的现象。Clark等对加拿大东部出现的典型增生性/坏死性肠炎病例进行免疫组化分析发现,在这些病例中圆环病毒 2 型普遍存在,偶尔与其他病原发生共感染。

7."无名高热症"

目前普遍认为在 2006 年、2007 年暴发的所谓猪"无名高热症"是由多种病原微生物引起的,其中包括蓝耳病毒、猪瘟病毒、猪圆环病毒、猪流感病毒等,这些病毒都可以引起免疫抑制,继发其他病原感染,导致病情的严重化和复杂化。除了高致病性蓝耳病病毒外,同时控制好圆环病毒病,对防治猪"无名高热症"的暴发有着重要作用。

六、临床诊断

猪群中如出现前面所述的临床病例,可初步诊断为圆环病毒 2 型病或混合感染病;进一步定性诊断需经实验室检测方可确诊。目前圆环病毒实验室诊断方法可分为血清学方法和病原学方法。①血清学方法:主要有过氧化物酶单层试验(IPMA)、间接免疫荧光(IFA)及圆环病毒 2 型特异性抗体检测 ELISA 试验。②病原学方法:主要包括免疫组化、原位杂交、圆环病毒 2 型特异性抗原捕获 ELISA、PCR－RFLP、PCR 方法。

七、类症鉴别

1. 多系统衰竭综合征与仔猪营养性不良症的鉴别

二者均表现消瘦,但仔猪营养不良症为散在发生,主要由于饲料中日粮不能满足其营养需求所致。不见呼吸困难和黄疸症状,同时也不见仔猪震颤。发病日龄没有明显的界线,消瘦,不局限于断奶后的仔猪。

2. 多系统衰竭综合征与猪萎缩性鼻炎的鉴别

二者均表现食欲不振、呼吸困难、营养不良等临床症状。但二者的区别在于:猪萎缩性鼻炎的病原为败血性波氏杆菌。病猪可见到由于鼻甲骨萎缩导致的鼻子变歪,同时感染猪可见鼻出血,眼角形成泪斑,剖检在第一臼齿和第二臼齿剖面可见到鼻甲骨萎缩。

3. 多系统衰竭综合征与猪繁殖与呼吸综合征的鉴别

二者均表现呼吸困难、肺炎和免疫抑制。但猪繁殖与呼吸综合征在妊娠母猪中有流产,产死胎和木乃伊胎。呼吸困难在各个年龄段均可见,主要以哺乳仔猪为主。

4. 多系统衰竭综合征与猪气喘病的鉴别

二者均表现食欲不振、呼吸困难等临床症状。但二者的区别在于:猪气喘病的病原为肺炎支原体,各种年龄猪均可感染,不见消瘦、仔猪震颤和黄疸。

剖检病变主要在肺脏,表现为肺脏呈对称性的肉变、肝变。病原分离可以得到猪肺炎支原体。

八、防控对策

1.值得借鉴的欧洲20条黄金法则

据报道:20条方案可显著降低发病猪群的死亡率,但无法消除疾病,设计这些措施的目的是为了在各个生产阶段当中降低圆环病毒2型病毒以及其他病原的"感染压力",提高卫生水平,降低应激,缓解病情。分娩期:①仔猪"全进全出",二批猪之间要清扫消毒。②分娩前要清洗母猪和治疗寄生虫。③限制交叉哺乳,如果确实需要也应限在分娩后24小时之内。断乳期(保育期):①猪圈群体小,原则上一窝一圈,猪圈分隔坚固。②坚持严格的"全进全出"制。(同一猪舍内的进猪先后控制在一周之内),并有与邻舍分割的独立的粪尿排出系统。③降低养猪密度。④增加喂料器空间:大于7厘米/仔猪。⑤改善空气品质,氨气小于10,二氧化碳小于0.1%,相对湿度小于85%。⑥猪舍温度控制和调整。3周龄仔猪:①28℃,每隔一周调低2℃,直至常温。②批与批之间不混群。生长/育肥期:①猪圈群体小,壁式分隔。②坚持严格的"全进全出"制,坚持空栏、清洗和消毒制度。③从断奶后猪圈移出的猪不混群。④各育肥圈猪不再混群。⑤降低饲养密度,每头猪大于0.75平方米。⑥改善空气质量和温度。其他:①合理的疫苗接种计划。②保育舍内要有独立的饮水加药设施。③严格的保健措施(断尾、断齿、注射时的严格消毒)。④将病猪及早移往治疗室,尽量淘汰深埋。

2.疫苗免疫

后备母猪:配种前间隔3周免疫两次,产前1个月加强免疫1次,1头份/头。经产母猪:跟胎免疫,产前1个月接种一次,1头份/头。公猪的免疫方法:每年2次,每次间隔6个月,每次1头份。仔猪的免疫方法:7~14天首免1头份,28~35天二免1头份。

3.药物预防

①母猪保健:选择规范厂家提高机体免疫力的中草药在饲料中添加(按说明)+20%替米考星400克/吨,于母猪产前产使用7天;②做好仔猪的保健计划:1日龄、15日龄分别肌内注射牲血素1毫升、1.5毫升;3日龄、7日龄、21日龄分别肌内注射长效头孢0.5毫升、0.5毫升、1毫升;同时注射0.5毫升、1

毫升,以增强仔猪体质;③在断奶前 1 周至断奶后 1 周,在饮水中添加黄芪多糖 500 克/吨＋电解多维 500 克/吨,让其饮水,同时在饲料中添加 20％替米考星 400 克/吨＋30％强力霉素 1 000 克/吨,连喂 2 周。

4. 治疗为辅

由于目前本病尚无特效的治疗药物,只能根据相关症状进行对症治疗,以控制继发感染和减少死亡,并应遵循早发现、早确诊、早治疗的原则。

(1)血清疗法 采用本场该病康复猪血清对已经发现症状的病猪进行治疗,一般皮下注射 3 毫升,可使病猪死亡率不同程度降低。

(2)臭氧疗法 据报道,在国外采用臭氧(如意大利的一种产品 Beterline,在植物油中通过微包囊的方式加入了臭氧)治疗本病,可使猪群的死亡率降低。

(3)药物疗法 ①全群饮水或饲料加药:在饮水中添加 10％水溶性氟苯尼考 500 克/吨＋40％水溶性林可霉素 400 克/吨,让其自饮;在饲料中添加 20％替米考星 400 克/吨＋70％阿莫西林 300 克/吨,或 10％氟苯尼考 500 克/吨＋30％强力霉素 1 000 克/吨＋70％阿莫西林 300 克/吨。②个体治疗:头孢噻呋钠 20 毫克/千克体重,并配合黄芪多糖 0.2 毫升/千克体重,每天 2 次连用 3～5 天;林可霉素 10 毫升/千克体重＋地塞米松 0.2 毫克/千克体重,混合肌内注射,每天 2 次,连用 3～5 天。

【提示与思考】

1. 关于使用"自家苗"免疫的问题

经常见到一些猪场,在对付圆环病毒 2 型感染万般无奈的情况下,做"自家苗"免疫,但这不是高招,由于"自家苗"的制备是取自自然发病动物的病变组织,在制备过程中至少存在两个高风险因素:一是病毒的灭活不彻底,人为地造成了病毒的散播;二是在病料的采集过程中,由于采集人员对病原体了解得不清楚,没有采取必要的保护措施,因此对于采集人员,存在不可预知的高风险,特别是对于那些人畜共患性疾病。从实际情况看,这些"自家苗"都是用于条件性病原微生物引起的疾病。许多病原微生物经过一段致病流行后与猪群形成稳态,致病力下降,猪群也适应其栖息。许多猪场将"自家苗"用于防制散发性的疫病,这是非常不划算的举措;在"自家苗"被炒作的后面隐藏着什么? 那么这只能要靠养猪人自己判断把握。

2. 关于使用猪圆环病毒灭活疫苗免疫的问题

随着猪圆环病毒灭活疫苗在兽医临床上的推广应用,对该病的控制在一定程度起到关键的作用并得到了养殖户的认可,猪圆环病毒灭活疫苗的免疫,必须要2次才能获得想要的结果,但近年来有些商家为了完成销量实现利益的最大化,竟然把1头份2毫升的计量让分2次免疫,结果导致猪圆环病毒的泛滥流行,特别提醒同仁,在该病的疫苗使用上,一定要免疫2次且保持足够的量,否则必然导致免疫失败。

第十七章

关注规模化猪场猪流行性感冒的危害

【知识链接】

　　猪流行性感冒(swine influenza,SI)简称猪流感,是由猪流感病毒(swine influne virus,SIV)引起的一种猪的急性、热性和高度接触性呼吸道传染病。临床上以发病突然、发病率高和死亡率低为特点,全群几乎同时感染,如无并发症,多数病猪可于6～7天后康复,因此常被人们忽视。但实际上猪流感不仅可引起病猪高热、食欲减退、咳嗽、呼吸困难,还可以造成病猪平均日增重降低、怀孕母猪流产,而且极易引起其他病毒和细菌的混合感染,使疫情变得更加严重。需要特别指出的是,猪流感病毒在流感的种间传播中具有重要作用,对人类健康造成了很大的威胁。

【病例案例】

　　周口市某规模化养殖场2013年存栏基础母猪200头,育肥猪500头,育成猪和哺乳仔猪1 000头。该地区10月天气突变,气温骤降,昼夜温差加大。首先是育成猪发病,3天内波及哺乳仔猪、育肥猪和母猪,发病率高达80%。死亡率以哺乳仔猪最高,其次是育成猪,而育肥猪和母猪没有死亡。少数怀孕母猪发生流产、早产、弱子和死胎。

　　临床上表现病猪突然发病,体温升高到40.5～41.5℃,有的高达42℃,精神沉郁,食欲减退甚至废绝,粪便干硬。大部分病猪卧地不起,挤堆,昏睡,不愿走动,流清鼻液或稠鼻液,有时鼻液带有血色,眼分泌物增多,眼结膜潮红,咳嗽,呼吸加快乃至困难。个别病例转为慢性病例,常因持续咳嗽、消化不良和进行性消瘦而死亡。部分妊娠母猪表现为流产、早产、产死胎和产出弱仔数增多。大部分患病猪只的症状4～5天后消失,7～10天自然康复。病理变化主要发生在呼吸器官,鼻、喉、气管及支气管黏膜充血、肿胀,并含有黏稠的液体。心包腔、胸腔蓄积多量混有纤维素的浆液。纵隔淋巴结、支气管淋巴结肿大。肺脏的病变多发生在尖叶、心叶、中间叶、隔叶的背部和基底部，呈紫红色，坚实、塌陷，而周围的肺组织则呈苍白色气肿状态，界限分明。肺间质增宽，并出现炎症变化。脾脏微肿。胃肠黏膜呈现卡他性炎症特点，十二指肠充血明显。

根据发病情况、临床症状、病理变化以及天气骤变时突然发病，迅速波及全群，病猪高热、鼻液增多、咳嗽和呼吸困难等发病特点，初步诊断为猪流感。处理措施：①加强饲养管理，保持猪舍干燥清洁的环境，对已患病的猪只及时进行隔离治疗。②种猪及中大猪饲料中添加氟尼辛葡甲胺 200 克＋中草药双黄连 1 000 克＋70％阿莫西林 300 克/吨，连用 5～7 天；产房仔猪及保育仔猪饮水加药加卡巴匹林 500 克＋复合维生素 B 500 克＋70％阿莫西林＋40％林可霉素 400 克/吨，连用 5～7 天。③对咳喘严重的猪进行对症治疗，清温灵 0.2 毫升/千克体重＋青霉素 10 国际单位/千克体重＋氨基比林 0.2 毫升/千克体重，肌内注射，每天 1 次，连用 3 天。经采取以上治疗措施后，除由于发病突然、继发感染的死亡 67 头，母猪 5 头流产外，病情很快得到了控制，10 天后全群恢复健康。

【技术破解】

一、猪流感表现形式和流行特点

1. 流行季节改变

由原来多在秋后或早春发生转变为常年发生。以往在一个地区发生常呈一过性流行，从发生到停止多在 15 天到 1 个月，很有规律性，而现在 5～11 月均可发生，流行期长达 5 个月。

2. 流行区域扩大

以往多呈地方流行性，近年改变为跨地区大流行。

3、病原毒力增强

近年来不仅疫区内发病率有所上升，而且病猪不像以往那样呈良性经过，多数病例病情易反复，一般需连续治疗 3 天以上。有的可多次反复，病程常在 1 周以上甚至 10 天，病死率升高。

4.病情复杂化

近年来发现,许多流感病猪并发嗜血杆菌病,继发猪肺疫、仔猪副伤寒、链球菌病、附红细胞体病等疫病,而且这些并发症和继发症大多出现高热、呼吸加快、皮肤发紫等症状,使病情复杂化,常需鉴别诊断和综合分析治疗。

二、猪流行性感冒的危害

流感病毒存在于病猪和带毒猪的呼吸道分泌物中。不同年龄、性别和品种的猪对猪流感病毒均有易感性。猪可以感染猪流行性感冒病毒或感染人流感病毒发病;感染人流感病毒时,猪的流行稍迟于人的流行。如单纯发生猪流感,发病率虽然较高,但死亡率则较低,目前许多地方猪群发生猪流感往往是伴有其他病毒和细菌性疾病如巴氏杆菌、传染性胸膜肺炎或猪嗜血杆菌等细菌的混合感染。

三、发病因素分析

1.环境因素

夏秋季节气温高、湿度大,病原体(病毒、细菌、寄生虫卵等)繁殖快、侵袭力强,加之吸血昆虫(蚊、蠓、蝇)的叮咬,容易导致上述疫病的发生和流行。季节更替时气温变化大,养猪圈舍条件差(低矮潮湿,不卫生等)也使猪易患病。据粗略统计,猪在夏、秋季节的发病种类和发病率约占全年的70%,而且夏、秋季节的猪病中有80%属于高热性疾病(体温升高到41℃以上),病猪多呈稽留热或反复高热,其中大多数可与猪流感并发或继发,如嗜血杆菌促进流感发作且与之并发。病猪因患流感而造成抵抗力下降,加之发热和进食少,体况逐渐恶化,那些应防而未防的疾病(如猪丹毒、猪肺疫、猪副伤寒、猪链球菌病等)则可乘虚而入,导致发病。其他传染性疾病,如副猪嗜血杆菌病、弓形虫病、附红细胞体病等,都很容易继发感染。

2.人为因素

在农忙季节,农民规模养猪户的主要精力都放在田间,而对所养猪只无暇顾及,忘了给猪防疫,疏于管理,使猪饱饿不均,很容易引起猪只发病。相当多的养猪户自当兽医给猪防疫或用药打针(疫苗和兽药很容易在农村买到),一群猪往往只用一个针头,只要其中一头猪处于疫病潜伏期,则很容易引起全群发病。

3. 强毒株的存在

猪流感的病原为 A 型流感病毒,与人的流感病毒在血清型上极为接近。有关资料报道,此病毒也可引起人患流感。近年来,人的流感也有毒力增强的趋势。无论是猪流感还是人流感,强毒株的存在给临床防治增加了一定的困难。

4. 技术员缺乏鉴别诊断能力

单纯的流感从临床症状来看本不难诊断,但在夏、秋季节发生的猪流感,其并发症和继发症大多是猪的高热性疫病,临床症状如呼吸症状、耳及皮肤发紫(充血、出血)、高温稽留或反复高热等方面都相似。技术员若缺乏系统的理论学习,平时剖检少,不善于在剖检中找到具体病的特征性病理变化(如仔猪副伤寒、弓形虫病、附红细胞体病等都有各自的特征性病变),加之不具备实验室诊断的条件,会很难做出正确的判断。不能确诊则很难用药,从而贻误治疗时机,导致病情反复,最终病猪死亡或被淘汰。

四、临床症状

潜伏期为5～7天。病来得突然,常见猪群同时发病,体温升高,有时高达42℃,精神萎靡,结膜发红,不愿站立行走,经常伏卧在垫草上,食欲减退或废绝,呼吸急促,急剧咳嗽,并间有喷嚏,先流清鼻水,后流黏液性鼻涕,粪便干硬,尿呈茶红色,病程5～7天,妊娠母猪发病常引起流产。一般病例,若无并发症,经一周左右,可以恢复健康,个别猪转为慢性,出现咳嗽、消化不良等,本病一般能拖延一个月以上,如并发肺炎则易死亡。

五、病理变化

呼吸道病变最为显著,鼻腔潮红。咽喉、气管和支气管黏膜充血,并附有大量泡沫,有时混有血液。喉头及气管内有泡沫性黏液,肺部呈紫色病变,严重的呈鲜牛肉状,病变区呈膨胀不全,其周围肺组织呈气肿和苍白色,胃肠内浆液增多,并有充血。

六、诊断

通过对本病的流行特点、临床症状及病理变化全面分析后,可做出初步诊断,确诊需要进行实验室检查。

实验室检查:用灭菌的棉拭子采取鼻腔分泌物,放入适量生理盐水洗刷,再加青霉素、链霉素处理,而后接种于10～12日龄鸡胚的羊膜腔和尿囊腔内,在35℃孵育72～96小时后,收集尿囊液和羊膜腔液,进行血清凝集试验,鉴定其病毒。

七、鉴别诊断

1.猪流感与猪急性气喘病的鉴别

二者均表现食欲不振、体温升高、精神沉郁、呼吸困难、咳嗽等临床症状。但二者的区别在于:猪气喘病的病原为猪肺炎支原体。猪急性气喘病的临床主要症状为咳嗽(反复干咳、频咳)和气喘,一般不打喷嚏,不出现疼痛反应,病程长;病变特征是融合性支气管肺炎,于尖叶、心叶、中间叶和隔叶前缘呈"肉样"或"虾肉样"实变。

2.猪流感与猪肺疫的鉴别

二者均表现食欲不振、体温升高、精神沉郁、呼吸困难、咳嗽等临床症状。但二者的区别在于:猪肺疫的病原为多杀性巴氏杆菌。咽喉型病猪咽喉部肿胀,呼吸困难,犬坐姿势,流涎。胸膜肺炎型病猪咳嗽,流鼻涕,呈犬坐姿势,呼吸困难,叩诊肋部有痛感并引起咳嗽。剖检皮下有大量胶冻样淡黄色或灰青色纤维性浆液,肺有纤维素炎,切面呈大理石样,胸膜与肺粘连,气管、支气管发炎且有黏液。用淋巴结、血液涂片,镜检可见革兰阴性卵圆形两极浓染的杆菌。

八、防制措施

1.预防

首先,尽量为猪群创造良好的生长条件,保持栏舍清洁、干燥,特别注意秋冬季节和气候骤变,在天气突变或潮湿寒冷时,要注意做好防寒保暖工作。在疫病多发季节,应尽量避免从外地引进种猪,引种时应加强隔离检疫工作,猪场内不得饲养禽类,特别是水禽。防止易感染猪和感染流感的动物接触,如禽类、鸟类及患流感的人员接触。本病一旦暴发,几乎没有任何措施能防止病猪传染其他猪。其次,加强栏舍的卫生消毒工作,流感病毒对醛类、碘类消毒剂特别敏感。可用复合醛、百菌消等消毒剂消毒被污染的栏舍、工具和食槽,防止本病扩散蔓延。第三，猪流感危害严重的地区，应及时进行疫苗接种。仔猪免疫可根据母源抗体水平确定初免时间，第一次接种应在母源抗体完全消失之时进行，一般母源抗体在 10～14 日龄之后消失，所以应在此时接种。一般在断奶后免疫 1 次，隔 1 个月后再接种 1 次。由于猪流感病毒在自然界中亚型很多，而各亚型的交叉保护力很弱，因此猪流感疫苗应包括当地猪流感分离株或由当地血清型的毒株制成。在天气多变季节，应在饲料中添加维生素 C、维生素 E 及中药复方制剂或适量的抗生素提前预防。可在饲料中添加 500克/吨清热败毒药（按说明书）＋10％无味恩诺沙星 500 克/吨，对预防猪流感和上呼吸道疾病的混合感染有显著效果。

2.治疗

（1）对症治疗　由于该病多与其他病毒病和细菌病混合感染，所以在治疗时应综合考虑：①可在饲料中添加中草药双黄连 1 000 克/吨＋维生素 C 200克/吨＋卡巴匹林钙 150 克/吨或 10％氟本尼考 500 克/吨＋30％强力霉素100 克/吨＋黄芪多糖 500 克/吨＋维生素 C 200 克/吨，连用 5～7 天。②清温灵 0.2 毫升/千克体重＋青霉素 10 国际单位/千克体重＋氨基比林 0.2 毫升/千克体重，肌内注射或林可霉素 10 毫克/千克体重＋地塞米松 0.2 毫克/千克体重＋柴胡 0.2 毫升/千克体重，肌内注射，每天 2 次，连用 2～3 天。③对于小型猪场，用中草药治疗可取得一定效果，常用中草药处方有以下几种（按 50千克体重计算）：金银花、连翘、黄芩、柴胡、牛蒡子、陈皮、甘草各 15 克，煎水内服，或者将中药研成细粉末状，混入饲料或柴胡、土茯苓、陈皮、薄荷、菊花、紫苏各 19 克，生姜为引，煎水内服。

（2）熏蒸疗法　将猪舍密闭，用食醋按 10～15 毫升/米^3，加等量水放入加热容器内，在炉子上用文火使其蒸发至干，每天 1 次，连用 3 天。

【提示与思考】

　　流感病毒感染是造成世界上许多地区发生猪支气管间质肺炎与呼吸道疾病的常见原因。该病毒还可以与其他病毒、细菌等协同作用，引起猪呼吸道疾病综合征，是集约化养猪场普遍存在且难以根除的猪呼吸道疾病之一，对养猪业造成了极大危害。同时，猪流感还能感染人和禽，猪也可以为人流感病毒的变异提供"温床"，所以具有重要的公共卫生意义，必须提高对其的认识，加强相关领域的研究和防控。

第十八章

免疫接种是控制猪细小病毒病的有效途径

【知识链接】

　　猪细小病毒(porcine parvovirus,PPV)是引起猪繁殖障碍的重要病原之一,主要表现为母猪流产、不孕、产死胎、木乃伊胎及弱仔等,不表现其他临床症状,其他猪感染后也无明显的临床症状。从 20 世纪 60 年代中期,相继从欧洲、美洲、亚洲的许多国家分离到病毒或检测出抗体,我国已先后在北京、上海、吉林、黑龙江、四川和浙江等地分离到了猪细小病毒,该病在世界各地猪场广泛存在。猪细小病毒通过病猪和带毒猪水平传染或垂直传染,消化道、交配和胎盘是最常见的传染途径。猪细小病毒会在短期内感染全群,加之病毒抵抗力强,尤其是低剂量持续感染的现象经常发生,该病毒不仅能够引起母猪的繁殖障碍,而且往往与其他病原体协同作用引起多种疾病,给养猪业造成很大的经济损失。

【病例案例】

　　河南省某新建万头猪场,从外地引进后备母猪 600 头、公猪 20 头,饲养过程中均未出现发病现象,猪群长势良好,期间只进行过猪瘟和口蹄疫两次免疫。2014 年 6~8 月,种群开始生产第一胎,产期正常或延迟,均无早产现象,共有 360 头后备母猪产仔 3 200 头,其中异常胎 2 300 头,包括木乃伊胎 1 500 头和死胎 800 头,占总产仔数的 71.9%,仅有健仔 900 头,出生成活率 28.1%。随后的母猪所产仔猪也都出现大量的死胎和木乃伊胎。该猪场怀疑由蓝耳病引起,经检测蓝耳病的阳性率仅为 20%(6/30)。从临床上来看,所出现的现象与蓝耳病所造成的死胎极不相符,怀疑是由细小病毒感染所引起,遂建议让该场抽检血样送某科研单位进行检测,其结果细小病毒阳性率 100%(30/30)、乙型脑炎全部阴性。

【技术破解】

一、病原

猪细小病毒属于细小病毒科,细小病毒属,病毒粒子呈圆形或六角形,无囊膜,直径约为 20 纳米,核酸为单股 DNA。培养病毒常用猪源性细胞,包括原代和继代的胎猪肾及初生仔猪肾细胞,猪睾丸细胞及传代细胞,如 PK-15、IBRS-2、DT 等。在细胞长至一半时或在制备细胞悬液时接种病毒(同步接种),于接种后 2～5 天可见细胞变圆、固缩和裂解,病毒在细胞中可产生核内包涵体。

二、流行病学

1. 传染源

感染的公猪与母猪是主要的传染源,病毒常由胎盘感染和交叉感染传给胎儿,也可通过被污染的食物、环境通过呼吸道、消化道传给易感动物,鼠类是重要的传播媒介。

猪细小病毒主要感染胚胎、仔猪、育肥猪、母猪、公猪等,但只有母猪表现繁殖障碍,其他不同年龄、种类的猪不表现临床症状;母猪怀孕期感染后,其胚胎死亡率可达 80%～100%。

2. 发病规律

发病具有一定的季节性,本病的流行常发生在春秋季节。

3. 流行形式

常见于初产母猪,一般呈地方流行性或散发,一旦猪细小病毒传入阴性猪场,于 3 个月内几乎 100% 的猪只都会受到感染,在本病发生后,猪场可能几年连续不断地出现母猪繁殖障碍。

4. 血清学变化

猪感染细小病毒后 1～6 天可出现病毒血症,1～2 小时后随粪便排出病毒,污染环境,7～9 天后出现 HI 抗体,21 天内抗体效价可达 1 : 15 000,且能持续数年。

三、临床症状

本病主要表现在妊娠母猪特别是初产母猪的繁殖失能,或称繁殖扰乱,即妊娠母猪受到感染后,会引起流产,产死胎、木乃伊胎和弱仔,母猪发情不正常,久配不孕等临床症状;也有幼猪和妊娠母猪感染初期出现淋巴细胞升高和白细胞减少的情况发生。

1. 繁殖母猪感染后的临床症状

(1)胚胎死亡、母猪返情　妊娠母猪在怀孕30～60天受到感染时会发生胚胎死亡,死亡的胚胎在下一个发情期临近时完全被母体吸收,母猪可能重新发情。

(2)木乃伊胎　50天后的胎儿在感染死亡时,由于胚胎骨骼钙化,死胎不能被完全吸收,导致胎儿干尸化;50～60天死亡者会严重干尸化;65～100天死亡的则部分干尸化。

(3)流产　当有严重的胎盘炎或全部胎儿死亡时,则发生流产,但此类现象比较少见。

(4)死产　母猪在妊娠55～80天被感染时,胎猪已逐渐产生免疫应答,可以产生抗体,多能正常生产,但母猪子宫内膜有轻度炎症,胎盘有部分钙化。感染的胎儿表现不同程度的发育障碍和生长不良,可见胎儿充血、出血和水肿、体腔积液及坏死等畸变。受感染胎猪存活但太衰弱,不能耐受分娩时的逆境因素,多在分娩时或临近分娩时不能呼吸而死。

2. 公猪感染

公猪感染,对性欲和受精率无明显影响,但精液可长期排毒。

四、病理变化

一般情况,感染本病的母猪死亡率不高,主要影响下一代。如果对个别患病严重的死亡母猪进行剖检,病理变化主要表现为子宫内膜有轻度的炎症,胎盘部分钙化,胎儿在子宫内有被溶解吸收的现象。胎儿在没有免疫力之前感染细小病毒,可出现程度不同的营养不良、瘀血、水肿和出血,胎儿死亡后颜色变黑,并有脱水和木乃伊胎化。镜检病变主要是多数组织和血管广泛的细胞坏死、炎症和核内包涵体等。胎儿对细小病毒具有免疫反应能力后再受到感染时,不产生明显病变,镜检观察可见内皮细胞肥大和单核细胞浸润等病变。受感染的死胎在大脑灰质、白质和脑脊膜上可见到脑膜炎的病变,以外膜细胞、组织细胞和少量浆细胞增生形成血管套为最重要的病理变化。

五、诊断

由于本病的主要临床症状是繁殖障碍,能引起母猪繁殖障碍的病又比较多,因此,临床确诊比较困难,在母猪群中出现以下四个方面的临床症状可疑为细小病毒感染:①母猪,特别是头胎母猪配种 30 天以内返情率高;②返情母猪发情周期不规则;③母猪的窝产仔数少;④母猪产仔时木乃伊胎多。

细小病毒多感染 70 日龄以下的胎儿,所产木乃伊胎长度都小于 17 厘米,这是细小病毒感染和其他繁殖障碍性疫病所产木乃伊胎的主要鉴别点。

最终确诊要靠实验室检验。血清学诊断一般采用木乃伊胎、死胎组织浸出液和初生仔猪的心血,快速检验方法以乳胶凝集试验准确、方便。

六、类症鉴别

1.猪细小病毒感染与猪繁殖与呼吸综合征的鉴别

二者均表现不孕、产死胎、木乃伊胎等繁殖障碍症状。但二者的区别在于:猪繁殖与呼吸综合征的病原为 Lelystacl 病毒。病母猪主要表现厌食、昏睡、呼吸困难、体温升高。除了死胎、流产、木乃伊胎外,还有提前 2～8 天出现早产,在两个星期间流产,早产的猪超过 80%,1 周龄以内仔猪的死亡率大于25%。其他猪只也出现厌食、昏睡、咳嗽、呼吸困难等症状,部分仔猪可出现耳朵发绀。

2.猪细小病毒感染与猪衣原体病的鉴别

二者均表现不孕、死胎、木乃伊胎等繁殖障碍症状。但二者的区别在于:猪衣原体病的病原为衣原体。衣原体感染母猪所产的仔猪表现为发绀、寒战、尖叫、吸乳无力、步态不稳、恶性腹泻。病程长的可出现肺炎、肠炎、关节炎、结膜炎。公猪出现睾丸炎、附睾炎、尿道炎、龟头包皮炎等。

3.猪细小病毒感染与猪流行性乙型脑炎的鉴别

二者均表现不孕、死胎、木乃伊胎等繁殖障碍症状。但二者的区别在于:猪流行性乙型脑炎的病原为猪流行性乙型脑炎病毒,发病高峰在 7～9 月,体温较高(40～41.5℃),同胎的胎儿大小及病变有很大的差异,虽然也有整窝的木乃伊胎,多数超过预产期才分娩。生后仔猪高度衰弱,并伴有震颤、抽搐、癫痫等神经症状,公猪多患有单侧睾丸炎,有热痛。剖检可见脑室积液呈黄红色,软脑膜树枝状充血,脑沟回变浅,出血。

4. 猪细小病毒感染与布氏杆菌病的鉴别

二者均表现不孕、流产、死胎等繁殖障碍症状。但二者的区别在于：猪布氏杆菌病的病原为布氏杆菌。母猪流产多发生于妊娠后第 4 至第 12 周，有的第 2 至第 3 周即发生流产。流产前精神沉郁，阴唇、乳房肿胀，有时阴户流黏液性或脓性分泌物，一般产后 8~10 天可以自愈。公猪常见双侧睾丸肿大，触摸有痛感。剖检可见子宫黏膜有许多粟粒大黄色小结节，胎盘有大量出血点，胎膜显著变厚，因水肿而呈胶冻样。

5. 猪细小病毒感染与钩端螺旋体病的鉴别

二者均表现流产、死胎、木乃伊胎等繁殖障碍症状。但二者的区别在于：猪钩端螺旋体病的病原为钩端螺旋体，主要在 3~6 月流行。急性病例在大、中猪表现为黄疸，可视黏膜泛黄、发痒，尿红色或浓茶样，亚急性和慢性型多发于断奶猪或体重 30 千克以下的小猪，皮肤发红，黄疸。剖检可见心内膜、肠系膜、肠壁、膀胱有出血点，膀胱内有血红蛋白尿。

七、防制措施

猪细小病毒感染目前还没有有效的治疗方法，种猪场应切实贯彻"预防为主，防重于治"的原则，发病猪以抗病毒、防止继发感染、缓解症状为治疗原则。

1. 引种

健康猪场应防止猪细小病毒从外界传入，坚持自繁自养。引进种猪时，必须从未发生过本病的猪场引进，引进种猪后隔离饲养 45 天左右，经过 2 次血清学检查，效价在 1∶256 以下或为阴性时，再合群饲养。

2. 免疫接种

规模化猪场应按照严格的免疫程序做好猪细小病毒病的疫苗接种工作，以避免该病的大规模暴发。目前常见的疫苗有以下几种：

(1)弱毒疫苗 NAD - 2 弱毒株最早发现和应用于临床，该毒株是将猪细小病毒强毒在实验室细胞培养连续传代 50 次以上致弱，Fujisakl 等将猪细小病毒野毒在猪肾细胞上低温连续传 54 代，产生 HT 变异株，该毒株接种猪后不产生病毒血症，但能诱导产生高滴度的抗体和较强的免疫力。在此基础上，Akibiro 等将 HT 在猪肾细胞上培养并用紫外线照射后传代，得到安全性更好的 HT - 5K - C 株，利用该毒株生产的弱毒疫苗已在日本商品化。

（2）单价灭活疫苗　自 1976 年国外就有关于猪细小病毒灭活疫苗的研究报道，并于 20 世纪 80 年代在美国、澳大利亚、法国等国家普遍应用。国外自潘雪珠等研制成功猪细小病毒灭活疫苗后，相继有学者也研制出猪细小病毒灭活疫苗。

（3）灭活二联疫苗　猪细小病毒、猪伪狂犬病毒病和猪乙型脑炎病均是引起母猪繁殖障碍的主要疾病，研制出灭活多联疫苗可以简化免疫程序，降低临床应激反应，适合规模化养猪业发展需要。

（4）核酸疫苗　赵俊龙等（2003）进行了有关猪细小病毒核酸疫苗的研究，动物试验初步结果表明，以猪细小病毒结构基因和 VP1 和 VP2 分别构建的核酸疫苗，均能诱导产生较高水平的体液免疫和细胞免疫，比常规灭活疫苗产生的高。

（5）人工感染　在猪细小病毒阳性场，应对留种的青年公、母猪适当推迟年龄（8 个月以上），并在繁殖配种前 1～2 个月进行自然人工感染，其方法是：将血清学阳性的母猪放入后备母猪中，或将后备母猪赶入血清学阳性的母猪群中，从而使后备母猪受到感染，获得主动免疫力。

（6）消毒　执行严格的兽医卫生措施，同时还要加强检疫，病猪和健康猪分开饲养。健康猪接种疫苗，病猪的排泄物、污染物及死胎和胎衣应热处理或火化。猪舍周围应用 3％的次氯酸钙或 5％苛性钠消毒。

（7）推荐免疫程序　种公猪每 6 个月接种猪细小病毒灭活苗 1 头份；后备公、母猪启用前 30 天首免猪细小病毒灭活苗 1 头份，间隔 15 天再重复一次；经产母猪产后 15～20 天接种猪细小病毒灭活苗 1 头份。

【提示与思考】

　　关于猪的细小病毒病的免疫，过去一直强调对初产母猪的免疫，而忽略了经产母猪的免疫，临床上细小病毒危害的不仅仅是初产母猪，经产母猪也深受其害。因此，经产母猪的免疫应引起关注。

　　猪细小病毒病不仅能引起猪的繁殖障碍，而且由于其病毒抗原主要集中在淋巴组织，在肺泡巨噬细胞和淋巴细胞内大量复制，损害巨噬细胞的吞噬功能和淋巴细胞的母细胞化能力，从而引起机体免疫力下降。

第十九章

猪乙型脑炎——一个不容忽视的人畜共患病

【知识链接】

　　猪乙型脑炎,是一种由日本乙型脑炎病毒(Japanese encephalitis virus, JEV)急性感染、以引起中枢神经系统损伤为特点的人畜共患虫媒传播的病毒性疾病。1948～1950年日本学者先后从母猪流产胎儿和母猪的脑组织中分离出日本乙型脑炎病毒,揭示了该病毒对猪的危害性。目前已经知道,猪乙型脑炎病毒是引起母猪繁殖障碍的主要病原之一,在动物中,猪是本病最主要的传染源。猪群感染后常表现高热、跛行,母猪流产、死胎,公猪发生睾丸炎,少数猪呈现神经症状。给养猪业造成一定的经济损失。本病多发生于日本、朝鲜、印度和东南亚各国,我国除西藏、青海、新疆为非流行区域外,其他省市均为乙型脑炎的流行区,尤其潮湿多雨的南方地区,最容易发生乙型脑炎。近年来,猪高致病性蓝耳病的暴发及多种疫病的混合感染给养猪业造成的损害,使人们有必要给予其他病原更多的关注,以便能选择正确而全面的应对措施。

【病例案例】

　　某猪场是一座新建的种猪场,2013年3月引进种猪,5月开始配种,场内生产一切都比较正常,到母猪妊娠后期曾发生流产、早产现象,约占配种总数的5%;起初猪场的兽医人员误认为是由于接种疫苗引起的反应,未能引起足够的认识。8月下旬开始陆续产仔,共产26窝,所产胎儿多是死胎或木乃伊胎;到9月初又有临近产期的母猪出现早产,所产的胎儿虽是活的,但因体质极度衰弱而死亡;也有存活的正常仔猪,但生后不久便出现明显的神经症状,全身痉挛抽搐,口吐白沫,倒地不起,很快死亡;母猪产后有的胎衣不下,从阴道流出红色黏液;流产、早产的胎儿在大小形态上有很大差异。经补体结合试验进行血检,乙型脑炎全部阳性,由此判断该病是由乙型脑炎病毒感染所致。

【技术破解】

一、病原

乙型脑炎病毒为黄病毒科，黄病毒属成员，属 B 群虫媒病毒中较小的一种。病毒在感染动物的血液内存在的时间很短，主要存在于感染动物的中枢神经系统、肿胀的睾丸和死亡的脑组织内。病毒对热和日光的抵抗力不强，常用的消毒药可以很快将其杀死。

二、流行病学

1. 流行特征

（1）地区分布　猪乙型脑炎流行范围很广，最南以北纬 8°左右的爪哇至北纬 50°左右的俄罗斯西伯利亚的滨海地区，东经 65°的印度、孟加拉至 135°东太平洋日本岛国的广大地区均有本病分布。流行国家有中国、日本、韩国、印度尼西亚、泰国、印度、巴基斯坦、越南、缅甸、新加坡、澳大利亚、新西兰、马来西亚、菲律宾、斯里兰卡、俄罗斯、蒙古和尼泊尔等国。我国除新疆、青海、西藏外，其他省市（区）都有此病流行。疫区主要分布在长春以南和兰州与云南以东的广大地区，特别是河南、安徽、江苏、江西、湖北、湖南等省都是发病率较高的地区。

（2）季节分布　猪乙型脑炎在热带地区流行无明显季节性，全年均可流行和散发，而在温带和亚热带地区则有严格的季节性，这是由于蚊虫的繁殖、活动及病毒在蚊虫体内增殖均需一定的温度有关。根据我国多年统计资料，约有 90% 的病例发生在 7 月、8 月、9 月三个月内，在 12 月至翌年 4 月很少有病例发生。华中地区流行高峰多在 7~8 月，华南和华北地区由于气候的特点，较华中提早或推迟一个月。

（3）发病年龄及性别　猪是乙型脑炎的重要危害对象，猪的自然感染高峰比人乙型脑炎流行高峰要早 3~4 周。猪群中母猪比公猪的感染率较高，育肥猪和新生仔猪感染率较低。春季留的后备母猪发病率较高。对于人来说，2~5 岁儿童易感为主，男性较女性发病率高。

2. 传播媒介

蚊虫是乙型脑炎的重要传播媒介。到目前为止，世界范围内分离到携带乙型脑炎病毒的蚊虫有五个属，即库蚊属、按蚊属、伊蚊属、曼蚊属和阿蚊属，共有30种。国内也有20多种，主要带毒蚊有三带喙库蚊、二带喙库蚊、白纹伊蚊、霜背库蚊、中华按蚊、致乏库蚊、伪杂鳞库蚊、棕头库蚊、环带库蚊、雪背库蚊、东方伊蚊和凶小库蚊等。从三带喙库蚊分离到的病毒最多，约占毒株分离总数的90％。除蚊虫外，福建、广东和云南从台湾蠛蠓和尖库蠓体内分离到乙型脑炎病毒，在当地比蚊的密度还高，其繁殖季节和吸血习性与乙型脑炎流行吻合，故认为蠛蠓和库蠓是乙型脑炎的传播媒介之一。此外，四川曾在革螨中分离到乙型脑炎病毒。

3. 扩散宿主

猪是乙型脑炎病毒的主要扩散宿主，国内外学者对各种动物血清学调查发现有蹄类家畜乙型脑炎抗体阳性率都很高，如北京的猪、骡，西安的马、骡均可达100％。在家禽中成鸡的阳性率比鸭高。云南和南京的蝙蝠阳性率分别达到57.55％和30％。此外，两栖类和爬行类动物亦可感染乙型脑炎病毒。自然界的蛇中曾发现该病毒，并检测出乙型脑炎血凝抑制抗体。蜥蜴和蟾蜍实验感染均可产生病毒血症。

三、临床症状

患病后育肥猪精神沉郁，食欲减退，饮欲增加，体温升高到41℃左右，嗜睡喜卧，强行赶起，则摇头甩尾，似正常样，但不久又卧下。结膜潮红，粪便干燥，尿呈深黄色。仔猪可发生神经症状，如磨牙、口吐白沫、转圈运动、视力障碍、盲目冲撞等，最后倒地不起而死亡。

成年猪或妊娠母猪自身在受乙型脑炎病毒感染后不一定表现临床症状，但妊娠母猪感染后，表现流产，胎儿多是死胎或木乃伊胎，也有发育正常的胎儿。

公猪感染后，睾丸发炎，常表现一侧性肿大，触摸有热感，体温升高，精神不振，食欲减退，性欲下降。经2～3天后炎症开始消失，但睾丸变硬或萎缩造成终生不育。

四、致病机制

在自然条件下，猪携带病毒和蚊虫叮咬而感染乙型脑炎病毒，随后发展为病毒血症，持续12小时到几天后，病毒扩散到脉管组织如肝、脾和肌肉。病毒经由脑脊液或内皮细胞、吞噬细胞、淋巴细胞感染并随血液循环进入神经系统,破坏神经元。这些受感染的神经元主要分布于脑干、丘脑、基底神经节和脑皮质的深层。

妊娠母猪在怀孕 70 天以前特别是配种后 40 天以内胎盘感染及其对胎儿的致病作用非常明显。田间观察结果表明,胎儿死亡及木乃伊胎都是发生在怀孕 40～60 天感染乙型脑炎病毒,而妊娠 85 天以后感染乙型脑炎病毒的母猪的胎儿很少受到影响。

五、病理变化

脑、脑膜和脊髓膜充血,脑室和脑硬膜下腔积液增多。睾丸切面可见颗粒状小坏死灶,最明显的变化是楔状或斑点状出血和坏死;结缔组织增生,常与阴囊粘连。母猪子宫黏膜充血,黏膜表面有较多的黏液。死胎、皮下水肿、肌肉褪色如水煮样。胸腔和心包腔积液,心、脾、肾、肝肿胀并有小点出血。

六、诊断

根据发病的明显季节性及母猪死胎、流产、产木乃伊胎,公猪睾丸单侧肿大,可做出初步诊断,确诊必须做实验室检查。

实验室检查:①对怀疑因本病而流产或早产的胎儿,可采取仔猪吮乳前的血液,同时采取死产仔猪的脑组织,低温保存,一并送到实验室检查。将脑组织制成悬液后,接种于鸡胚卵黄囊内或 1～5 日龄乳鼠脑内,分离病毒。②采取流产时母猪的血清,用鹅红细胞进行血细胞凝集抑制实验。将血清分成两部分,一部分血清用三巯基乙醇处理,另一部分血清不处理,而后同时进行血细胞凝集抑制实验,比较同一血清在处理后血凝抑制效价,若前后的血清效价相差 4 倍以上,即可确诊。

七、鉴别诊断

1. 猪流行性乙型脑炎与繁殖与呼吸综合征的鉴别

二者均表现母猪流产、死胎、产木乃伊胎等症状。但二者的区别在于:猪繁殖与呼吸综合征的病原为猪繁殖与呼吸综合征病毒。本病除了死胎、流产、产木乃伊胎外,还表现母猪提前 2～8 天早产,在两个周期间流产,早产的猪超过 80%,1 周龄仔猪病死率大于 25%。其他猪只也出现厌食、昏睡、咳嗽、呼吸困难等病症,部分仔猪可出现耳朵发绀。不见公猪睾丸炎和仔猪的神经症状。

2.猪流行性乙型脑炎与猪细小病毒感染的鉴别

二者均表现母猪流产、死胎、木乃伊胎儿等症状。但二者的区别在于:猪细小病毒感染的病原为细小病毒。本病的流产、死胎、木乃伊胎在初产母猪多发,其他猪只无症状。不见公猪睾丸炎和仔猪神经症状。

3.猪流行性乙型脑炎与猪伪狂犬病的鉴别

二者均表现母猪流产、死胎、木乃伊胎和精神沉郁、运动失调、痉挛等神经症状。但二者的区别在于:猪伪狂犬病的病原为伪狂犬病毒,可以感染多种动物。膘情好而健壮的初产仔猪,生后第二天即出现眼红、昏睡,体温升高至41～41.5℃,口吐白沫,两耳后竖,遇到响声即兴奋尖叫,站立不稳。20日龄至断奶前后,发病的仔猪表现为呼吸困难、流鼻液、咳嗽、腹泻,有的猪出现呕吐。剖检可见母猪胎盘有凝固性坏死。流产胎儿的实质脏器也出现凝固性坏死。用延脑制成无菌悬液,肌内注射或皮下注射猪只 2～3 天后,注射部位出现瘙痒,继而被撕咬出血,可以确诊。

4.猪流行性乙型脑炎与猪弓形虫病的鉴别

二者均表现母猪流产、死胎和精神沉郁、运动失调、痉挛等精神症状。但二者的区别在于:猪弓形虫病的病原为弓形虫。病猪表现高热,最高可达42.9℃,呼吸困难。身体下部、耳翼、鼻端出现瘀血斑,严重的出现结痂、坏死。体表淋巴结肿大、出血、水肿、坏死。肺隔叶、心叶呈不同程度的间质水肿,表现间质增宽,内有半透明胶冻样物质,肺实质中有小米粒大的白色坏死灶或出血点,磺胺类药物治疗可收到显著的效果。

5.猪流行性乙型脑炎与猪脑脊髓炎的鉴别

二者均表现食欲不振、体温升高和精神沉郁、运动失调、痉挛等神经症状。但二者的区别在于:猪脑脊髓炎的病原为猪脑脊髓炎病毒,3 周龄以上的猪很少发生,发病及康复均迅速。母猪不见流产,公猪无睾丸炎。

6.猪流产性乙型脑炎与猪布氏杆菌病的鉴别

二者均表现母猪流产、死胎等症状。但二者的区别在于:猪布氏杆菌病的病原为布氏杆菌,猪、牛、羊等多种动物均感染,母猪流产多发生于妊娠后第 4 至第 12 周,有的第 2、第 3 周即发生流产。流产前精神沉郁,阴唇、乳房肿胀,有时阴户流黏液性或脓性分泌物，一般产后8～10天可以自愈。仔猪不见神经症状。与日本乙型脑炎不同的是公猪常见双侧睾丸肿大，触摸有痛感。剖检可见子宫黏膜有许多粟粒大黄色小结节。胎盘有大量出血点，胎膜显著变厚，因水肿而成胶冻样。

7. 猪流行性乙型脑炎与猪李氏杆菌病的鉴别

二者均表现食欲不振、体温升高和精神沉郁、运动失调、痉挛等神经症状，并均有脑及脑膜充血水肿等病理变化。但二者的区别在于：猪李氏杆菌病的病原为李氏杆菌，多发生于断乳后的仔猪，初期兴奋时表现为盲目乱跑或低头抵墙不动，四肢张开，头颈后仰如"观星"姿势。剖检可见脑干特别是脑桥、延髓和脊髓变软，有小的化脓灶。

8. 猪流行性乙型脑炎与猪链球菌病（神经型）的鉴别

二者均表现食欲不振、体温升高和精神沉郁、运动失调、痉挛等精神症状。但二者的区别在于：猪链球菌病的病原为链球菌。脑膜炎型链球菌病除有神经症状外，常伴有败血症及多发性关节炎、脓肿等症状，白细胞数增加。用青霉素等抗生素治疗有良好效果。

八、防制措施

1. 预防

（1）加强饲养管理　做好日常饲养管理，尤其是管理好没有经过乙型脑炎流行季节的幼龄动物和从非疫区引进的动物。这类动物大多为乙型脑炎阴性，一旦感染则很快产生病毒血症，成为传染源。尤其是猪，饲养期短，猪群更新快，因此应在乙型脑炎流行前完成疫苗接种，并在流行期间尽量杜绝蚊虫叮咬。动物发病后立即隔离治疗，做好护理工作，可减少死亡，促进健康。目前对乙型脑炎的治疗还没有特效药物，主要是对症治疗，为防止继发感染，可用抗生素或磺胺类药物。

（2）阻断传播媒介　乙型脑炎属于昆虫媒介传染病，蚊虫扮演了关键的角色，蚊虫感染乙型脑炎病毒呈终生感染，不能产生抗体，病毒也不会被清除，蚊虫可携带病毒过冬，并且病毒可经虫卵传代，所以蚊虫是乙型脑炎病毒的长期保存宿主，但病毒在蚊虫体内不能很好地发育和繁殖，只起储存、携带和传播的作用。因此，防蚊灭蚊是防制乙型脑炎的重要措施。

最直接、有效的灭蚊方法是运用高效化学药物杀灭蚊虫。为减少蚊虫的滋生,一定要搞好环境卫生、清理卫生死角、疏通沟渠、防止积水,同时对积水和污水撒放药剂。为了防止雨水增多而冲淡杀虫剂的毒力,可在灭蚊的同时施放药力缓释的颗粒药剂,药剂入水沉淀,不会随雨水流逝,该药剂药力释放期一般可达半个月,最长的则有一个月。

(3)免疫防制　虽然消灭蚊虫是控制乙型脑炎的有力措施,但要完全消除蚊虫的滋生是不可能的,乙型脑炎病毒可在多种蚊虫体内繁殖,并且感染形式随地方生态而变化,想控制这种昆虫很不实际。因此,唯有大规模地接种高质量的乙型脑炎疫苗,才能最有效地预防和控制该病,最大限度地降低乙型脑炎发生率。其免疫程序为:①种公、母猪每年 4 月初接种猪乙型脑炎活疫苗首免 1 头份,间隔 14 天重复一次;我国南方地区在 9～10 月加强 1 次。②后备公、母猪在配种前 30 天接种该疫苗 1 头份,间隔 14 天重复一次。

2. 治疗

本病目前尚无有效的治疗药物,但可根据实际情况进行对症治疗和抗菌药物治疗,能缩短病程和防止继发感染。

(1)脱水疗法　治疗脑水肿、降低颅内压,脱水药物有 20％甘露醇、25％山梨醇 1 毫升/千克体重。

(2)镇静疗法　对兴奋不安的病猪可用镇静类药物。

(3)退热镇痛疗法　肌内注射板蓝根注射液 0.2 毫升/千克体重＋安乃近 30 毫克/千克体重;同时注射阿莫西林 10 毫克/千克体重;若体温持续升高,口服安宫牛黄丸,50 千克体重以上每次服 2 粒,50 千克体重以下每次服 1 粒,每日 1 次,连用 3 天。

(4)抗菌疗法　①磺胺嘧啶钠注射液 50 毫克/千克体重＋10％葡萄糖注射液 5 毫升/10 千克体重,静脉注射,每日 1 次,同时肌内注射青霉素 10 国际单位/千克体重＋链霉素 10 毫克/千克体重＋地塞米松注射液 0.2 毫克/千克体重混合注射,每日 2 次,连用 3～5 天。②10％葡萄糖 5 毫升/千克体重＋氨苄青霉素 20 毫克/千克体重＋地塞米松 0.2 毫克/千克体重＋维生素 C 10 毫克/千克体重。

(5)抗干扰疗法　由于此病属病毒性传染病,抗菌药物是无效的,现在国外医学界提倡用干扰素、γ 球蛋白或皮质类固醇进行治疗。

【提示与思考】

　　本病为人和动物的共患传染病,人感染后主要表现为发热、头痛、有时也有消化道症状,但多数人为隐性感染。蚊子是共同的传播媒介,而动物是病毒的储存宿主。特别是猪可能是乙型脑炎病毒的扩散宿主。因此,防制和消灭猪乙型脑炎是防止人患病的重要措施。在疫区的人应接种乙型脑炎疫苗。

第二十章

导致猪死亡的主要细菌性疾病——副猪嗜血杆菌病

 【知识链接】

副猪嗜血杆菌（Haemophilus parasuis，HPS）引起猪的多发性浆膜炎和关节炎，该病又称为革拉斯病（Glasser's Disease），被证实是由副猪嗜血杆菌所引起。副猪嗜血杆菌可以影响从 2 周龄到 4 月龄的青年猪，现已波及种猪。主要在断奶后和保育阶段发病，通常见于 5～8 周龄的猪，发病率一般在 10%～15%，严重时死亡率可达 50%。主要剖检表现为纤维素性胸膜肺炎、心包炎、腹膜炎、关节炎和脑膜炎等。此外，副猪嗜血杆菌还可以引起败血症。随着世界养猪业的发展，该病已成为全球范围内影响养猪业的典型细菌性疾病之一。这两年对养猪业损失巨大并炒得火热的高热病，官方虽然确定主要病原为高致病性蓝耳病病毒，但在致病因素中绝对不可忽视副猪嗜血杆菌的地位和作用。当猪群受到蓝耳病、圆环病毒等感染之后免疫功能下降时，猪副嗜血杆菌病便伺机暴发，必然导致较为严重的经济损失。

【病例案例】

某规模化猪场是一个年产 2 万头的商品猪场，自年投产以来，长期受到疾病的困扰，生产成绩存在很大的周期性，一年好，一年差，从 2012 年开始，一直使用采集本场发病猪病料制作的"自家组织苗"进行免疫。据反应，使用的第一年效果良好，后来效果越来越差，最后停用。2014 年 6 月初，该场的猪只开始大面积的发病，怀疑是猪附红细胞体病流行（发病症状和季节性与附红细胞体病非常相似，实验室检验 92% 小猪附红细胞体阳性），针对附红细胞体进行药物治疗和预防（每千克体重臀部肌内注射血虫净 5 毫克）后，症状有所改善（精神状态有所好转，红皮猪减少，红细胞形态明显改善），但小猪仍继续发病，继而送病猪血清做流感抗体监测，发现 80% 病猪 H1N1 抗体阳性，又着手对猪流感进行疫苗预防,全场进行两次猪流感免疫。经过这些措施后,小猪发病率明显下降(从发病初期的60%下降到30%),死亡明显减少(死亡率从40%下降到20%左右),但却一直都无法彻底改观。至7月中旬,部分中猪(8%)和公母猪(5%)相继发病,随着疫情的发展,大部分发病后期的小猪开始表现被毛粗乱(毛毛猪)、耳尖发绀、变蓝等症状。剖检可见有纤维素渗出性肺炎,心包积水,全身性淋巴结肿大(以腹股沟淋巴结肿大最明显),关节腔及关节腔周围水肿等症状。治愈后的小猪多继发腹泻,解剖可见典型沙门菌症状。根据这些症状,该猪场认为是蓝耳病病毒和圆环病毒引起猪沙门菌继发感染所致。于是又开始制作并采用"自家组织苗"进行治疗,结果反而使病情更加复杂化。编者曾经被邀到该猪场进行诊断,建议该猪场放弃使用"自家苗"的方案,把控制疫情的重点转移到对副猪嗜血杆菌病的防治上,对产前7周和4周的母猪进行副猪嗜血杆菌疫苗免疫,每次每头肌内注射2毫升;挑选病残小猪紧急免疫(每头2毫升)1次,两周后加强免疫1次;全场所有猪饲料中每吨添加进口2%的氟苯尼考2 000千克,连用一周,对发病猪只采取对症治疗,长效头孢10毫克/千克体重,肌内注射,经过抗生素预防和治疗一周后,全场疾病基本得到控制。紧急免疫过的病残小猪呈两极分化状态,80%正常康复,20%症状加重死亡。最令人欣慰的是,在对母猪产前两次副猪嗜血杆菌疫苗免疫后约一个月,产房的生产形势开始彻底改观,超过该场养猪历史上最好的水平。两个月后,全场疾病被彻底控制,生产呈现出该场历史上从未有过的好形势。各种疫苗的免疫效果明显改善,小猪经两次猪瘟细胞苗(21日5头份,63日5头份)免疫,84日龄抽血送检,连续3批(每批16头),抗体滴度100%合格(1∶160),抗体滴度1∶320以上个体占90%以上,而此前相应的抗体合格率,经常在40%左右徘徊。

【技术破解】

一、病原学特点

1. 为革兰阴性细菌

Glasser(1910)首次报道了一种革兰阴性短小杆菌与猪的纤维素性浆膜炎和多发性关节之间的联系。起初Hjarre和Wramby(1943)将病原体称为猪嗜血杆菌(Haemophilus suis),而Leece(1960)将病原体称为猪流感嗜血杆菌

(Haemophilus influenza swine)。White(1969)、Kilian(1976)在证明了该菌生长时不需要 X 因子(血红素和其他卟啉类物质)的基础上,该菌更名为副猪嗜血杆菌(Haemophilus parasuis)。

2. 血清型复杂多样

按 Kieletein‐Rapp‐Gabriedson(KRG)血清分型方法,至少可将副猪嗜血杆菌分为 15 种血清型,另有 20%以上的分离株不能分型。各血清型之间的致病力存在极大的差异,其中血清 1 型、5 型、10 型、12 型、13 型、14 型毒力最强,感染后可致患猪死亡或处于濒死状态;血清 2 型、4 型、8 型、15 型为中等毒力,患猪死亡率低,但出现败血症状,生长迟滞;血清 3 型、6 型、7 型、9 型和 11 型感染猪后没有明显临床症状。根据德国、美国、加拿大、日本和西班牙等国家的血清流行病学调查,以血清 4 型、5 型和 13 型最为流行。此外,副猪嗜血杆菌还具有明显的地方性特征。在我国当前流行的优势血清型为 4 型(24.2%),5 型(19.2%),13 型(12.5%),14 型(7.1%),12 型(6.8%),另外有12.1%不能分型。

3. 分离培养和保存极其困难

该病真实的发病率可能为报道的 10 倍之多。该菌可从健康猪的鼻腔分泌液中分离出来,还可以从患肺炎猪的肺脏中分离出来,但一般来说,健康猪肺脏是分离不出来的。该菌分离培养和保存极其困难。从而可以知道,健康猪鼻腔可能存在副猪嗜血杆菌,它是一种条件性致病菌。

二、流行特点

1. 副猪嗜血杆菌只感染猪

带菌猪和慢性感染猪为本病的传染源。目前,在不同的畜群中混养猪,或在猪群中引入新饲养的种猪时,都应该关注副猪嗜血杆菌病,该病可能导致高发病率、高死亡率的全身性疾病。

2. 各种应激因素可诱发和促进本病的发生与流行

气温突变、空气污染严重、通风不良、寒冷潮湿,不同日龄的猪只混群饲养,密度过大,管理不当,饲料质量差,长途运输等,均可导致本病的发生。发病猪和病原菌携带猪是本病的重要宿主,通常在健康猪和感染猪外呼吸道可分离到病菌,而肺脏只有在感染时才分离到病菌。该病一般发生在感染了其他呼吸道病菌后,不同的菌株间毒力有差异。病猪可从鼻汁等分泌物中大量排出病原体,从而污染环境。

3. 母猪是已感染猪群的病原库

虽然母猪在整个哺乳期间都释放具有毒力和无毒力的菌株,但是母猪排菌的频率很低,相应地,只有一小部分仔猪被增殖,这些猪只发展自己的免疫力最后成为亚临床携带者。在此期间,其他猪只因为母源抗体而不被致病菌株所增殖。断奶后(5～6周龄)母源抗体水平下降,由于断奶后应激的增加,亚临床携带者排菌的频率增加,病原攻击哺乳期间没有被致病菌增殖的猪只,这些猪只既不被母源抗体保护也不能被他们感染后自己所产生的抗体保护。因此,这种疾病经常在断奶后5～6周时表现明显的临床症状。

4. 本菌为继发性病原菌

常在蓝耳病病毒、圆环病毒2型、伪狂犬病毒及猪流感病毒等感染后发生继发感染,甚至与传染性胸膜肺炎放线杆菌、巴氏杆菌、链球菌等混合感染,致使病情复杂化,增大死亡率,造成更大的经济损失。一些最新的报道指出,化脓性鼻炎与副猪嗜血杆菌有关联,副猪嗜血杆菌可能是引起化脓性支气管肺炎的原发性病原。

5. 主要危害

副猪嗜血杆菌病主要危害2周龄到4月龄的猪只,特别是断奶前后和保育期的猪发病为多。通常见于4～8周龄的猪,也就是母源抗体基本上消失的时候,发病率一般在10%～15%,病死率为50%～90%(初次发病的猪场,或与其他疫病如蓝耳病混合感染时,死亡率可达80%以上)。

6. 本病发生没有明显的季节性

但往往在早春和深秋季节多发。此时一方面是蓝耳病多发的季节(低温、潮湿、风大),同时因为气候变化较大,如果把握不好保温与通风的矛盾,就加剧了疾病的流行和蔓延。

7. 副猪嗜血杆菌与其他疾病的关联

猪群中存在猪蓝耳病感染时,副猪嗜血杆菌的分离率会增加,由副猪嗜血杆菌导致的死亡率也大幅增加,副猪嗜血杆菌的防制取决于猪群中猪蓝耳病的稳定化程度,蓝耳病因感染本病而加剧临床表现。近年来,发现该病与支原体、蓝耳病、流感、伪狂犬、链球菌病、呼吸道冠状病毒一起流行,是引起断奶仔猪高死亡率、高淘汰率的重要原因之一。

三、致病机制

1. 引发该病的诱因

副猪嗜血杆菌是上呼吸道的常在病原微生物,是一种条件性致病菌。试验证明,支气管败血波氏杆菌是造成副猪嗜血杆菌在上呼吸道定植的诱因,其机制与猪萎缩性鼻炎中多杀性巴氏杆菌的作用相似。副猪嗜血杆菌可引起化脓性鼻炎,病灶处纤毛丢失以及鼻黏膜和支气管黏膜的细胞急性膨胀,黏膜损伤还会增加细菌和病毒入侵机会;也可损伤纤毛上皮,使呼吸道黏膜表面纤毛的活动显著降低。

2. 免抑制性疾病的干扰

研究表明,猪蓝耳病病毒、猪伪狂犬病毒等能降低猪肺泡巨噬细胞的吞噬和杀菌能力,从而增加了副猪嗜血杆菌的感染概率。

3. 内毒素的问题

据华生报道,90%以上的现场分离菌株都产生神经氨酸苷酶(唾液酸酶),这种酶与透酶和醛缩酶协同作用,通过夺取宿主细胞的碳水化合物而增强细菌毒力。除了对营养方面的影响以外,神经氨酸苷酶还介导清除与宿主细胞糖原结合的唾液酸,从而暴露出细菌定居或侵入宿主细胞所需的受体,并通过降低黏蛋白的黏性从而干扰宿主的防御系统。在猪感染副猪嗜血杆菌早期阶段,菌血症明显,肝、肾、脑膜上出现败血性损伤,血浆中出现毒素;随后呈现典型的纤维蛋白化脓性浆膜炎、关节炎和脑膜炎。不同的副猪嗜血杆菌,其毒力和致病力存在差异,决定副猪嗜血杆菌毒力和致病力的主要因素为细菌毒素。

4. 不同血清型的危害

研究表明,副猪嗜血杆菌血清 5 型 Nagasaki 株(从患脑膜炎病猪中分离),能够以非常高的水平黏附并侵入猪脑微血管内皮细胞(PBMEC),电镜照片也证实了这种能力。比较从脑膜炎或肺炎病猪中分离的不同血清型副猪嗜血杆菌对猪脑微血管内皮细胞的黏附和侵袭水平,发现血清 4 型和 5 型比其他血清型具有较高的黏附能力。抑制试验结果表明,副猪嗜血杆菌侵袭猪脑微血管内皮细胞需要肌动蛋白微丝和微管骨架重排,蛋白侵袭素在副猪嗜血杆菌进入猪脑微血管内皮细胞的过程中似乎并没有起到主要作用。侵袭血脑屏障的内皮细胞可能是副猪嗜血杆菌引起脑膜炎的原因。细菌的血清型已被普遍作为其毒力的标志。

四、临床症状

1～8 周龄仔猪感染发病可呈现典型症状,育肥猪感染多见慢性经过,哺乳母猪也可感染发病。临床上常见的表现形式:

1. 急性病例

往往发生于体况良好的仔猪及高度健康的猪群,病猪体温升高达 40.5～42℃,初期体表皮肤发红,严重者被烧成酱红色,个别甚至皮肤坏死脱落。精神沉郁,食欲减退,呼吸急促,呈腹式呼吸。鼻孔有黏液性及浆液性分泌物。关节肿胀、跛行,疼痛(由尖叫推断),步态僵硬。同时出现身体颤抖,共济失调,可视黏膜发绀,眼睑周围皮下水肿(心性水肿),卧地,3 天后死亡。急性感染病例存活后可留下后遗症,即母猪流产,公猪发生慢性跛行。仔猪和育肥猪可遗留呼吸道症状和神经症状。

2. 慢性病例

发病后期,病猪进行性消瘦,皮肤逐渐苍白,发青,变紫。关节肿大,被毛粗乱(典型的毛毛猪,如刺猬),耳朵发绀,全身淋巴结,特别是腹股沟淋巴结严重肿大。咳嗽,呈腹式呼吸,少数病猪耳根发凉随即死亡。有些病猪出现心源性水肿,在离心脏较远,血液循环较慢的后肢关节腔及关节腔附近皮下,多可见浅黄色胶冻状水肿液。

母猪的副猪嗜血杆菌病症状常被忽视,或误以为是其他疾病。其实,以下所描述的症状,都与副猪嗜血杆菌有关,经过副猪嗜血杆菌疫苗免疫,并结合敏感抗生素治疗后,将很快消失。这些症状为流产,死胎、木乃伊胎增多,产后无奶;便秘,粪便干硬,常见粪球表面附着一层黏液,严重者黏液带血;个别母猪产后高热,呼吸急促,急性死亡;严重病例表现为神经症状,步态不稳,横冲直撞,最后全身抽搐,衰竭死亡。特征性的表现是母猪产期延迟,有的超预产期 7 天以上。小猪初生体重小,产后精神状态差。产后小猪最早 3 天发病,常整窝高热,腹式呼吸,呼吸急促,昏睡不醒,继而顽固性腹泻,后相继死亡(这类小猪单纯性抗生素治疗效果很差,但进行副猪嗜血杆菌疫苗免疫,并结合抗生素治疗,80％以上可以康复)。发病母猪解剖几乎都可以看到纤维素性渗出性肺炎变化,心肌表面点状出血,偶见心包积水。这种病理变化,可能是母猪出现神经症状的原因。妊娠后期母猪负担重,由于心肌炎症(或心包积水)及肺部炎症,发生循环障碍,脑部血液供应不足,缺氧、酸中毒,从而导致痉挛性抽搐。

3. 免疫抑制

副猪嗜血杆菌虽不是免疫性疾病,但猪场副猪嗜血杆菌流行严重时,免疫效果都很差,通过控制副猪嗜血杆菌后,可以得到明显的改善。可能的原因是:猪感染副猪嗜血杆菌后,由于群体性体温长期高热不退(大多数体温都在41.5℃以上),使病毒在体内被灭活,一些弱毒苗(如猪瘟、伪狂犬疫苗)在体内无法定植,因而造成免疫失败。此外,副猪嗜血杆菌造成循环衰竭,新陈代谢障碍,也可能是造成免疫应答能力降低的一个重要原因。

五、剖检病猪病理变化及鉴别诊断

1. 病理变化

大体剖检可见单个或多个脏器浆膜面浆液性和化脓性纤维蛋白渗出物,主要见于心包膜、胸膜、腹膜、心脏、肺脏、脾脏表面。全身淋巴结肿大,呈暗红色,切面呈大理石样花纹。关节肿大,关节腔有浆液性渗出性炎症。有渗出性而不是出血性脑膜炎。可引起筋膜炎、肌炎、化脓性鼻炎。在猪感染的早期阶段,菌血症十分明显;血浆中可以检测到高水平的内毒素。

2. 鉴别诊断

①猪支原体性多发性浆膜炎—关节炎。本病有猪鼻炎支原体、猪关节支原体引起,发病较温和,而不是像副猪嗜血杆菌病呈高死亡率的急性暴发;一般缺乏脑膜炎病变,而副猪嗜血杆菌病一般有80%的病例伴发脑膜炎。②猪败血性链球菌。本病除可见纤维素性胸膜炎、心包炎和化脓性脑脊髓脑膜炎外,还可见到脾脏显著肿大,并常伴发纤维素性脾被膜炎。另外链球菌腹膜炎不明显。③传染性胸膜肺炎。典型的传染性胸膜肺炎引起的病变主要是纤维蛋白性胸膜炎和心包炎,并局限于胸腔。④猪丹毒。本病除发生多发性关节炎之外,往往出现特征性的疣性心内膜炎和皮肤大块坏死,通常没有胸膜炎、腹膜炎和脑膜炎变化。

六、诊断

根据流行情况、临床症状和剖检病变（尤其是剖检病变），即可初步诊断；确诊需进行细菌分离鉴定或血清学检查。在血清学诊断方面，主要通过琼脂扩散试验、补体结合试验和间接血凝试验等。补体结合试验、间接血凝试验等血清学方法诊断结果不一致且不准确。现在，华中农业大学动物病毒室已建立了副猪嗜血杆菌的快速聚合酶链式反应（PCR）诊断技术，可对该病做出迅速的诊断。

七、防制措施

1. 管理措施

经常发生本病的猪场，应该重新检查管理方面的问题。

（1）实行"全进全出"的饲养制度，做到严格分群饲养　对规模化猪场来讲，分娩舍一定要采用小单元的饲养模式，实行"全进全出"的饲喂体系，严格禁止不同批次的猪只混养，舍内保持合理的饲养密度，确保适宜的温度和舍内优良的空气质量，对栏舍单元进出猪只前后要彻底地冲洗，消毒后并空置净化一周后再投入使用，以减少猪群的发病概率。

（2）消除减少各类应激因素　由于副猪嗜血杆菌病为条件性致病性疾病，故应减少、消除各类应激因素，千方百计地把断奶、转群换料、免疫注射等应激因素减少到最小范围，在保育阶段尽量减少注射疫苗，特别是口蹄疫疫苗，如果母源抗体处于高免疫状态下，可安排到60～70日龄免疫。

（3）强化母代的免疫力和天然的免疫力　由于副猪嗜血杆菌病具有败血症状特征，发展迅速，且一周龄仔猪即可被感染发病，所以早期断奶也难以控制本病的发生。因此，提高母代的免疫力和天然的免疫力也是本病控制的关键。在管理中要采取措施预先让猪接触无致病力的副猪嗜血杆菌株，以培养后来的有毒株刺激的抵抗力，母猪接种后可对4周龄以内的仔猪产生保护性免疫力，这时在用含有相同血清型的灭活苗激发小猪的免疫力，从而对断奶仔猪产生保护性免疫力。由于母源抗体可以保护仔猪，初生仔猪一定要让其吃足初乳。

（4）建立猪群保护性免疫力　向一个猪群转入健康状况不同的新猪群时，应当隔离饲养并加药，维持一个足够长的适应期，以使那些没有接种但有感染条件的猪群建立起保护性免疫力。

(5)关注霉菌毒素污染的问题 由于霉菌毒素对猪群的免疫系统造成损害,导致猪体的抵抗力下降,鉴于目前饲料普遍存在霉菌毒素的实际情况,建议饲料中添加优质的脱霉制剂,以减轻霉菌毒素的危害。

2. 药物控制

经常发生仔猪多发性浆膜炎和关节炎的猪场应提前使用有效药物进行预防。副猪嗜血杆菌可能是当前猪场所有致病菌中,耐药性产生速度最快的一种细菌。所以一方面推荐使用药物组合,使药物产生协同作用而减少组合中各组分的用药量而不影响疗效,这样可以阻止或延缓耐药性的产生。另一方面推荐多种药物组合轮换使用,同样可以阻止或延缓耐药性的产生。

(1)母猪产前产后 一方面母猪在这个阶段对疾病的易感性增强,另一方面净化乳汁并通过母乳预防出生仔猪早期感染;每吨饲料中添加8.8%泰乐菌素1 500克+70%阿莫西林300克+黄芪多糖500克。

(2)哺乳仔猪 通过仔猪三针保健,以增强机体免疫力,帮助仔猪在断奶前抵抗各种细菌性疾病,减少因蓝耳病引起的二次感染。具体做法:3日龄,注射黄芪多糖0.5毫升+20%长效土霉素0.5毫升;7日龄,注射黄芪多糖0.5毫升+10%氟苯尼考0.5毫升;21日龄,注射黄芪多糖1毫升+头孢噻呋钠10毫克/千克体重。

(3)仔猪断奶后、9周龄、18周龄 每吨料中添加10%氟苯尼考500克+黄芪多糖500克或70%阿莫西林300克+黄芪多糖500克+20%替米考星400克。

3. 疫苗免疫

使用副猪嗜血杆菌多价油乳剂灭活苗。

(1)种猪 后备母猪产前8~9周首免,间隔3周加强免疫1次,每次1头份(2毫升);经产母猪产前4~5周免疫1次,每次1头份(2毫升);种公猪6个月免疫1次,每次1头份(2毫升)。

(2)仔猪 在感染严重的猪场,可以用副猪嗜血杆菌多价灭活苗在14日龄首免1头份(2毫升),间隔3周后再加强免疫1头份(2毫升)。

4. 治疗

当猪只发病、治疗效果不佳时,可试以加倍量注射如头孢菌素类、氟甲砜霉素针剂、氟喹诺酮类等药物,泰妙菌素、四环素类药物亦可酌情选用。并且应对暂未发病的猪同时用药,不能只对患猪用药。

①头孢噻呋钠,5 毫克/千克体重,2 次/日,连用 4～5 天;或头孢拉定,5 毫克/千克体重,每 6～8 小时 1 次。②庆大霉素注射液,4 毫克/千克体重,2 次/日,同时配合左氧氟沙星 5 毫克/千克体重,2 次/日或甲磺酸达氟沙星 5 毫克/千克体重,1 次/日,连用 4～5 天。③阿莫西林,15 毫克/千克体重,2 次/日,连用 4～5 天。④氟苯尼考注射液,30 毫克/千克体重,2 次/日,连用 3～5 天。

【提示与思考】

近年来,随着病毒型呼吸道病感染日趋流行,副猪嗜血杆菌更多的被看作继发性病原菌。在猪群中存在蓝耳病病毒感染时,该菌的分离率会增加,由副猪嗜血杆菌导致的死亡率也大幅度增加,而副猪嗜血杆菌的防控取决于猪群中蓝耳病毒的稳定性程度。其他一些呼吸道性疾病如支原体肺炎、猪流感、猪伪狂犬病及猪圆环病毒、猪呼吸道冠状病毒感染时,副猪嗜血杆菌的存在可加剧病情的临床表现。

副猪嗜血杆菌是猪上呼吸道的一种常在菌,在进行病原分离鉴定时,需选择具有代表性的样品,才能做出正确诊断。副猪嗜血杆菌十分"娇嫩",其分离培养常受到抗生素或化学治疗剂等因素的影响。在评估疾病是否由副猪嗜血杆菌感染引起,必须从浆膜、心包、腹膜、关节液和肺脏等全身各部位采样送检,才能确诊。副猪嗜血杆菌营养要求很高,从临床病料中进行分离常常不能获得成功,若从发现死亡到送检副猪嗜血杆菌的病料时间超过 12 小时,则分离到该细菌的机会就很小。在细菌分离鉴定的结果为阴性时,可采用 PCR 技术来检测副猪嗜血杆菌,这种方法有助于确定猪场内全身性感染的真实流行情况。

抗生素治疗对严重的暴发病例效果不理想,一旦临床症状已经出现,应立即采用大剂量敏感抗生素对发病猪进行注射治疗,每隔 6～8 小时用药一次;同时对猪群进行预防。

第二十一章

伺机而动的潜在疾病——猪附红细胞体病

【知识链接】

　　猪附红细胞体病是由猪附红细胞体（Eperythrozoon suis，E. suis）寄生于猪红细胞表面或游离于血浆、组织液及脑脊液中引起的人畜共患传染病。Doyle等（1932）首次报道了猪附红细胞体病，并认为其病原为立克次体。但近年来研究认为，由于猪附红细胞体的16S rRNA基因序列与血巴通体亚种有较近的亲缘关系从而将其划分为柔膜体纲支原体属的同一种。在我国，许耀成等（1982）首次在江苏南部红皮病血液中查到了猪附红细胞体之后该病已在全国内蔓延。猪附红细胞体可引起患猪出现发热、皮肤红紫、贫血、黄疸、咳嗽及母猪流产、死胎、不发情等一系列症状，造成猪群生产性能下降、免疫力低下、死亡率增加。附红细胞体与其他病原如繁殖与呼吸综合征、猪圆环病毒2型等混合感染后极大地增加患猪的死亡率。此外，附红细胞体还可引起猪群长期的持续性感染和潜伏感染，一旦有应激因素如外界环境突变、闷热、拥挤、患其他疾病或机体的抵抗力降低等因素存在时，则会引发该病，造成猪只的死亡和生产性能下降。

【病例案例】

　　某猪场2012年2月初，有两头哺乳母猪发病，猪只精神委顿，不愿站立，食欲下降，体温升高，达到40～42℃，病猪卧地不起，全身皮肤发红，个别病情严重的猪只呼吸急促，甚至有腹泻或便秘的现象。该场技术人员曾使用头孢噻呋钠、氟苯尼考等治疗3天无效，猪群发病数越来越多，哺乳仔猪也陆续发病，发病至第4天，已有37头病仔猪因全身衰竭而死亡。临床症状：①哺乳仔猪发病仔猪精神沉郁，眼结膜潮红，皮肤发红，体温升高达40.6～41.8℃。病情严重的皮肤、眼结膜均变苍白，伴有黄疸出现；四肢抽搐、发抖；腹泻，粪便呈深黄色或黄色,黏稠、腥臭。其中 2 头仔猪出现水肿,眼睑水肿明显,眼结膜发黄,腹部皮肤发黄。尿液浓稠呈茶色,粪便干结带黏液;其他发病仔猪均出现全身皮肤呈浅紫红色,尤其是腹部及腹下部明显。②母猪表现为精神沉郁,食欲下降,体温升高,达到 40～42℃,大部分发病猪全身皮肤发红,眼结膜潮红。个别母猪全身有铁锈色的出血点,其中在背部最明显,用指压不褪色;病情严重的猪只呼吸急促,粪便干燥带有黏液,后期腹泻,尿液呈茶色。对死亡的 7 头仔猪进行剖检,病变主要表现为血液稀薄,凝固不良;全身肌肉色淡,皮下脂肪水肿,黄染;全身淋巴结肿大,切面外翻;两头病死仔猪,眼结膜黄染,心包积液,心外膜和心脏冠状沟脂肪出血、黄染;脾脏肿大、边缘不整齐,并且有大小不一的出血点或出血斑;4 头病死仔猪的肝脏肿大呈土黄色,表面有时可见针尖状的灰白色坏死灶,胆囊肿大,胆汁浓稠;心肌苍白松软。1 头仔猪的肾脏肿大,表面有针尖状出血点;肠道内有出血点和出血斑,肺有大面积暗红色斑块。

经过对该病流行病学、临床症状、病理变化、药物疗效等进行详细调查,经过研究分析,初步诊断为附红细胞体病。处理方案:在发病期间,每头仔猪用 20%长效土霉素 2 毫升,肌内注射,对严重的母猪肌内注射 10 毫升,隔天 1 次,连用 3 天。预防性投药饲料中添加 30%强力霉素粉 1 000 克/吨+8.8%泰乐菌素 1 200 克拌料,连续使用 7 天,并制订了综合防治方案,追访基本控制病情。

【技术破解】👆

一、猪附红细胞体病的概念

猪附红细胞体病是猪附红细胞体(Eperythozoon suis,E. suis)寄生于猪红细胞表面或游离于血浆、组织液及脑脊液中的人畜共患传染性疾病。该病主要由吸血昆虫传播,一年四季均可发生,但多发生在夏季,特别是雨后及潮湿天气最易发生。临床症状表现为皮肤发红、高热稽留、黄疸、贫血、毛孔处点状出血等。

二、在猪病控制中附红细胞体的重要性

猪每时每刻靠血液的循环来维持与外界的平衡,同时也进行正常的生长、发育、繁殖,并为人类提供安全的肉品。但若有附红细胞体的侵入,则血液的

成分会发生变化,因为附红细胞体主要寄生于猪的红细胞和血浆中,它将不同程度地影响红细胞携带氧气和营养物质到达猪体的各组织器官进行交换后并带走二氧化碳等代谢产物的生理功能,加上猪体的附红细胞体随时可引起疾病,因此,可以说感染了附红细胞体的猪即处于亚健康状态。

三、附红细胞体的病原体学特点

1. 种属分类

对附红细胞体的分类,还存在争议。虽然目前国际上广为采用的是 1974 年《伯杰氏细菌鉴定手册》将其列为立克次体目无浆体科血虫体属(也称附红细胞体属)。但近几年,对病原的基因序列(16S rRNA)分析结果表明,猪附红细胞体不应属于立克次体。猪附红细胞体无细胞壁,无鞭毛,对青霉素类不敏感,而对强力霉素敏感,宜将猪附红细胞体列入柔膜体纲支原体属。1997 年,Rikihisa 用免疫印迹技术分析比较了猪、大鼠、猫的附红细胞体 16S rRNA 基因序列以及对这些序列的种系分析比较,认为附红细胞体与支原体属关系非常密切,并暂时命名为猪嗜血性支原体(Mycoplasma haemosuis)。

2. 形态特征

猪附红细胞体是一种典型的多形态原核生物体。光镜下多呈环形、球形和卵圆形,少数呈顿号形和杆状,直径为 0.2~2.6 微米,大小为(0.3~1.3)微米×(0.5~2.6)微米不等。电镜下附红细胞体无细胞壁,仅有单层界膜,无明显的细胞器和细胞核,有时可见丝状尾,呈圆盘状,一面凹陷,一面椭圆形、短杆形的。表面有皱褶和突起,常单个或成簇以凹面附着在红细胞表面,能改变红细胞表面结构,致使其变形。在红细胞表面成团寄生成链状、鳞片状,在血液中呈游离状态。

3. 生物学特性

(1)理化特性 附红细胞体对干燥和化学药品比较敏感,对低温的抵抗力较强。在枸橼酸钠抗凝的血液中置 4℃可保存 15 天,但程永耀等学者报道可存活 31 天以上;在冰冻组织凝固的血液里可存活 31 天;在 0.05% 石炭酸中37℃3 小时可以被杀死;在冰冻凝固的血液中能存活 31 天;在加 15% 甘油的血液中−70℃,能保持感染力 80 天;而在脱纤血中,−30℃保存 83 天仍有感染力。律祥君等将感染猪全血与健康猪全血混合后在厌氧条件下培养获得成功,最佳生长期为 96 小时。但至今仍不能在非细胞培养基上培养附红细胞体。

(2)染色特性 附红细胞体用苯甲胺染料染色时易着色,革兰染色阴性;姬姆萨染色呈紫红色;瑞氏染色为淡蓝色或蓝紫色;吖啶橙染色可显示其单色。

四、附红细胞体的流行特点

1.宿主

多种动物对附红细胞体都具有易感性。目前猪、绵羊等动物的阳性率几乎达100%。附红细胞体病例在绝大多数的情况下无临床症状,在抵抗力降低时呈现出贫血、黄疸、发热三大症状,不同年龄和品种的猪均易感,仔猪的发病率和病死率较高,大多数感染的猪无临床症状。

2.传播途径

目前对猪的附红细胞体的传播途径还不很清楚。由于附红细胞体寄生于血液内,因此推测本病的传播与吸血昆虫有关,特别是猪虱。猪虱通过摄食血液或含血的物质,如舐食断尾的伤口、互相斗殴等可以直接传播;污染的注射器及用来断尾、打耳号、阉割的外科手术器械也可传播;胎盘传播该病,目前有学者也已通过试验获得证实,附红细胞体病还可经消化道传染。

3. 发病特点

(1)猪群中隐性感染率很高 据有关研究报告,猪群中附红细胞体隐性感染率高达90%～95%。这是主要的传染源。许多猪场就是由于引进了隐性感染的种群后,当饲养管理不良、营养水平低下、气温发生突变,或并发其他疾病时,引起血液中的附红细胞体数量增加,而诱发本病的发生。发病耐过猪只能长期带菌,成为传染源,表现出持续性感染,致使本病在猪场长期存在,难于净化。

(2)发病多以慢性型为主 当前猪群中发病已由过去急性暴发型转为慢性型为主,病猪表现体温一般不升高(混合感染者除外),多呈现为黄疸、贫血、皮肤苍白、皮毛粗乱无光泽、消瘦、精神沉郁、食欲减退、肩背部毛孔出血,呼吸困难,呈腹式呼吸。有的皮肤发紫或全身发红,尿呈黄色,腹泻等。育肥猪生长缓慢,成为僵猪。

(3)对繁殖猪群的影响 妊娠母猪可见流产、产死胎和弱仔,流产率可达50%左右。产后发病的母猪表现为少乳或无乳,断奶后不发情,配种后返情率可达 40%以上。

(4)继发感染增多　附红细胞体可大量破坏红细胞,使红细胞的免疫调节作用、免疫黏附活性、清除体内抗原异物与免疫复合物的功能遭到破坏,导致机体免疫功能降低,继发感染增加。在临床上常见附红细胞体病与猪瘟、蓝耳病、伪狂犬、圆环病毒 2 型感染,链球菌病、副猪嗜血杆菌病等继发感染。易诱发猪无名高热和呼吸道疾病综合征等,造成哺乳仔猪和保育猪发病率和死亡率增高。当出现继发感染时,哺乳仔猪的发病死亡率可高达 90%,断奶仔猪的发病死亡率高达 20%。

五、附红细胞体的危害

1.影响猪接种疫苗后的免疫应答

从理论上分析,猪体的网状内皮系统由于营养物质供应不足和代谢产物不能及时运走而功能降低,使接种疫苗后应答反应中生成的免疫球蛋白(或称抗体)的滴度降低。据调查一个患猪附红细胞体病多年的猪场,他们对仔猪日龄相差不大的猪群,采用相同的方法接种 2 头份的猪瘟弱毒细胞苗,一个月后,猪群患肠炎病。经实验室检测:猪瘟抗体滴度参差不齐,但都在免疫滴度内,都有猪附红细胞体。采用治疗附红细胞体病时配合治疗肠炎病时才使猪群康复。

2.影响猪的生长、发育、繁殖和育肥

怀孕母猪患有附红细胞体病,则可通过胎盘进入胎儿体内,可使胎儿在腹中非正常死亡,或呈弱仔产出,或产出后 3～10 天发生腹泻下痢。生长、育肥猪在 110 天或 130 天左右(可能与红细胞的寿命有关),一遇应激反应,激发亚急性附红细胞体病,从而掉膘或延长育肥期。公猪精液的质量差和数量少,导致性功能减弱或降低,最后失去授精能力。哺乳母猪乳汁稀薄,若出现症状,则乳汁质少量差,停止哺乳后,使卵子的发育受阻,从而推迟发情期,或者假发情、不发情等。因此,也有学者把该病列入猪繁殖障碍病之列。

3.诱导或并发其他传染病

在基层被称之为"混感高热"的病例,猪的体温在 41.5℃左右,通过化验室诊断多为混合感染。主要为猪瘟病、蓝耳病、伪狂犬病、圆环病毒 2 型等病毒性疾病和链球菌病、传染性胸膜肺炎、大肠杆菌病等细菌性疾病中的一种或两种以上易与附红细胞体病混合感染,它们之间互相影响,共同使猪发病。

4. 对生物食品安全的危害

长期感染附红细胞体的猪临床上多呈亚健康状态,潜伏期为 3～5 天;新感染附红细胞体的猪,潜伏期为 15 天左右,对生产无公害的猪肉和生物食品安全的危害极大。

5. 附红细胞体的生活史暂不明确,新的危害性可能发生

目前已知附红细胞体可寄生在人和兔、牛、羊、马、骡、驴、骆驼、狗、鸡、鼠、猫、狐等动物的红细胞上,但出现临床症状的只有猪、牛、羊、犬及狐,它们之间暂没有发现明显相互传染的现象。附红细胞体是否有主型的不同、还是亚型的区别,是否通过易感动物反复继代后发生变异、重组等现象而使其他动物和人出现临床症状等,尚是未知数,有待于同仁们共同探讨。

六、附红细胞体的致病机制

1. 红细胞形态的变化和功能的损伤

红细胞被附红细胞体寄生后出现不同程度的皱缩,由于菌体附着于红细胞表面,光学显微镜下可见红细胞呈齿轮状、星芒状及其他多种不规则形状。电子显微镜下可观察到被寄生的红细胞表面出现凹陷,菌体上的细丝与红细胞膜相连,使膜产生小洞。由于红细胞的破坏,血液胆红素含量增高,未成熟红细胞的比例增高,严重者出现贫血和黄疸。红细胞数量庞大,在结合异物、清除病原方面对机体的防御机能起到非常重要的作用,但其表面被附红细胞体附着则必然影响机体的防御功能,这可能是附红细胞体病常与其他病混合感染的原因之一。被寄生部位的细胞膜两侧的蛋白出现聚集状态,改变了原来排列规则的状态,而且可使胞膜凹陷,有的出现空洞。红细胞膜完整性受损增加了渗透脆性,是溶血、贫血的原因之一。感染猪附红细胞体(E. suis)的猪可表现有严重的再生性巨红细胞性贫血。随着感染强度增加,红细胞脆性增高、红细胞 ATPase 和超氧化物歧化酶活性及 C3b 受体率和免疫复合物花环率均有降低趋势。表明猪感染附红细胞体后,红细胞易破裂而溶血、红细胞内外阳离子平衡失调、红细胞抗氧化能力降低、红细胞免疫功能下降。

2. 血液流变学的改变及消耗性凝血病的产生

猪感染附红细胞体后,血液黏度增高,红细胞聚集性增高,红细胞变形能力降低,进而影响脏器组织的血液灌注和微循环功能。这些血液流变学的改变,构成了血栓、炎症、变性、水肿、坏死等的病理学基础。国外早些研究还发现脾切除而症状明显的附红细胞体病患猪血管内止血机能的变化,隐性感染的猪则没受到影响,表明血管内凝血机能的变化与发病程度有关。正常血液生理中,凝血与活血是对立地处于动态平衡的两个方面。研究者认为,患猪弥漫性血管内凝血过度,消耗凝血物质(凝血因子)而随后出现消耗性凝血病的结果导致出血倾向。临床上部分附红细胞体病例特别是患猪出现紫斑或红皮病以至出血点很可能就是血管内凝血机能异常的表现,这些病例倾向也见于其他传染病和肿瘤性疾病,一旦微循环中形成微血栓则迅速使病情加重。上述研究结果提示附红细胞体病的潜在危害性,但目前尚未有深入研究其机制的报道。

3. 机体抗氧化功能降低和组织损伤加剧

病猪血液中一氧化氮、丙二醛含量升高,超氧化物歧化酶活性降低。说明附红细胞体感染后,机体抗氧化能力降低、血浆一氧化氮自由基和氧自由基大量蓄积、脂质过氧化反应增强是造成一系列病理损伤的原因之一。病猪血液谷草转氨酶和谷丙转氨酶活性升高,血清碱性磷酸酶、肌酸激酶和谷草转氨酶活性升高,这些酶活性升高提示附红细胞体的感染引起了广泛的组织器官损伤。血液乳酸脱氢酶、谷氨酰转肽酶活性及尿酸含量降低的病理意义在此尚不清楚。

4. 营养物质代谢异常

附红细胞体病患者的血糖变化要比其他血液学指标敏感得多,这是由于附红细胞体对葡萄糖消耗造成低血糖与菌体消耗葡萄糖快于宿主产生葡萄糖的糖原异生的结果直接相关。长期低血糖,使患者的体质下降,并因过度消耗血糖使体内酸性产物聚集。所以,菌体本身代谢葡萄糖,加剧了代谢产物的积累,酸中毒应认为是乳酸的增加(代谢产物)和气体交换减少(呼吸成分)造成的。此外,病猪血清中血红蛋白、总胆红素、总蛋白、白蛋白含量和白细胞比值降低,血钾、血钠、血钙表现略升高。物质代谢异常、产物的聚集和胶体渗透压的降低可导致组织水肿、细胞变性、肿胀、坏死。

5. 自身免疫性疾病的产生

冷凝集素(CA)是一类自身抗体,通常为 IgM,在正常体温之下引起红细胞凝集,进而使红细胞被脾、肝等器官扣押和处理。国外研究表明猪感染附红细胞体后暂时的高球蛋白血症和附红细胞体间接血凝抗体滴度升高与 IgM 型冷凝集素有关。可能菌体上存在与红细胞相同或相似的抗原。国内还有人认为,附红细胞体感染后因红细胞的破坏暴露了自身抗原而导致自身抗体的产生。总之,冷凝集素的出现可增加红细胞的清除,其结果是使病情加剧。

七、临床症状

1. 公猪

该病对公猪的影响表现为性欲下降,精液质量下降,配种受胎率下降等。患病公猪精液颜色呈灰白色,精子密度下降 20%～30%,为 0.6～0.8 亿/毫升,部分公猪射出精液中的尿道球腺分泌物成破碎状或溶解在精液中,致使人工授精时的精液无法通过过滤纱布。当公猪患病血象评分达到 0.8 以上,血相异常公猪比例高于 60% 时,母猪的受胎率将会出现明显下降。如果猪场中公猪患病比例不高,将感觉不到疾病的危害性。

2. 母猪

怀孕母猪和哺乳母猪患病后精神沉郁、喜卧、厌食、不明原因高热,大部分发病猪只表现毛孔渗血,个别母猪全身皮肤发红,后期皮肤黄染或苍白或怀孕母猪出现流产等症状。附红细胞体病对怀孕母猪在不同猪场有不同的表现,有的猪场主要表现母猪产弱仔(体重 0.9 千克以下)的比例上升,母猪产后 1～5 天出现无乳或少乳;有的猪场主要表现为怀孕母猪出现后期流产,流产率 10% 左右,或推迟分娩 2～8 天。

3. 哺乳仔猪

有的仔猪初生即有腹股沟淋巴结发青等明显发病症状,一般 7～10 日龄症状最为明显。体温高于正常体温,眼结膜发炎变红,皮肤苍白或发黄,浅表部位皮肤毛孔有淡黄色点状渗出。由于附红细胞体病主要破坏红细胞,使病猪营养不良、抗病力下降,所以经常诱发多种其他疾病,出现多种不同的临床症状,如部分仔猪长时间腹泻不愈,一般不会出现大量死亡,甚至不表现出临床症状,但如果继发其他疾病,治疗不及时易与猪瘟发生混合感染,将会出现大量死亡,有时高达 30% 左右。

4. 保育、生长育肥猪

病猪精神沉郁,嗜睡、扎堆,体温升高至 40.5℃ 左右,体表苍白,贫血,黄疽,耳朵、四肢内侧、胸前腹下及尾部等处毛孔渗出"铁锈色"血点。部分猪全身皮肤呈浅紫红色,尤其是腹下,部分猪皮肤呈土黄色。大部分猪眼结膜发炎,严重的上下眼睑黏住使眼睛无法睁开。个别耳部发绀,后肢内侧及腹部有出血斑,慢性经过表现为被毛粗乱无光泽,采食量下降,机体消瘦,容易感染其他疾病,造成混合感染,饲料报酬下降,生长迟缓,延长出栏时间。

八、剖检病变

1. 病猪剖检变化

全身皮肤苍白、黄染,皮下有大小不等的出血点或出血斑,脂肪黄染;血液稀薄,呈樱红色、水样,凝固不良;将收集的含抗凝剂试管中的血液冷却至室温倒出,可见试管壁有粒状凝血,当血液加热到37℃时,这种现象消失。肝大变性,呈黄棕色,胆囊充满脓性明胶胆汁,淋巴结肿大、水肿,切面多汁呈黄色;心肌苍白柔软,心外膜脂肪黄染,心包内积液;肠黏膜出血,水肿,小肠壁变薄,肠黏膜脱落,部分肠道积液;脑膜充血,并有针尖状出血点,脑室积液及胸膜腔积液。

2. 病理组织学剖检变化

(1)肝脏 有含铁血黄素沉积,肝有点状出血,肝细胞混浊、肿胀,并形成空泡变性。肝索排列紊乱,中央静脉扩张、水肿,小叶间胆管扩张,汇管区结缔组织增生,可见少量白细胞。肝小叶界线不清,肝小叶中央肝细胞病变严重。

(2)脾脏 脾小体中央动脉扩张、充血,有含铁血黄素沉积,滤泡纤维增生。脾小体生发中心扩张,窦腔内可见多量网状细胞、巨噬细胞,脾小梁充血、水肿。

(3)淋巴结 被膜充血、皮质淋巴窦扩张,淋巴结充满淋巴细胞和网状内皮细胞,生发中心扩大。

(4)脑 脑血管内皮细胞肿胀、脑膜充血、出血,脑血管周围有圆形细胞浸润及液性及纤维性渗出,脑实质可见散在出血点。

(5)小肠 肠绒毛上皮细胞肿胀、脱落,肠腺上皮细胞肿胀,固有层和黏膜下层炎性细胞浸润,肌层充血、水肿,杯状细胞肿大。中央乳糜管可见炎性细胞和脱落的上皮细胞,黏膜下层毛细血管扩张、充血。

(6)心脏 心肌纤维弯曲、断裂,颗粒变性,心肌纤维间有炎性细胞浸润,尤其是心肌纤维断裂处更明显。

九、诊断

根据流行病学、临床症状、病理变化可做出初步诊断。确诊还需进行实验室诊断。

1. 实验室诊断

(1)直接涂片镜检　此法是目前诊断附红细胞体的主要手段。采集病猪高热期耳静脉血(注意不要用酒精棉球擦拭,以防细胞变形),涂片,姬姆萨染色,在油镜下观察到红细胞表面附着的和游离在血浆中的附红细胞体。

(2)生物学诊断　诊断猪附红细胞体潜伏感染的最好方法是对疑似患猪进行切脾术,人工感染,看是否出现临床表现。这种方法虽耗时长,但有一定辅助意义。

(3)血清学检查　用血清学方法检查,不仅可以诊断附红细胞体病,还可以做流行病学调查及监测。包括补体结合试验(CFT)(Splitter,1958)、间接血凝试验(IHA)(Smith etal,1975)和酶联免疫吸附试验(ELISA)等,但只适用于群体诊断,不适应于个体诊断。

(4)分子生物学技术　近年来随着分子生物学研究水平的提高,分子生物学诊断技术也已发展起来,已建立了 DNA 探针、PCR 技术以及 PCR－DNA 杂交技术比常规检测方法更简便准确、敏感特异、快速且易于操作,有助于常规分析,但群体水平具有一定的波动性,阳性结果仅仅在个体检测中有意义,故应进一步改进以适用于群体检测。

2. 鉴别诊断

(1)猪附红细胞体病与仔猪缺铁性贫血的鉴别　二者均有贫血、黄疸等临床症状。但二者的区别在于:仔猪缺铁性贫血为非传染性疾病,哺乳仔猪多于生后 8～9 天出现贫血症状,以后随年龄的增大贫血逐渐加重。表现被毛粗乱,皮肤及可视黏膜淡染甚至苍白,呼吸加快,消瘦。易继发下痢与便秘交替出现,血液色淡而稀薄,不易凝固。实验室检查,血红蛋白量下降至 50～70 毫克/毫升,严重时 20～40 毫克/毫升。红细胞降至 300 万/毫升,且大小高度不均。骨髓涂片铁染色细胞外铁粒消失,幼红细胞几乎见不到铁粒。

(2)猪附红细胞体病与猪胃溃疡的鉴别　二者均有贫血、黄疸等临床症状。但二者的区别在于:猪胃溃疡为非传染性疾病,多发于较大的架子猪,圈舍比较拥挤,饲喂过于精细的饲料。同一圈舍的猪有 1～2 头精神不振,食欲下降或废绝,体重减轻,贫血,体表苍白,经常出现腹痛、呕吐、排煤焦油样黑粪,体温正常或偏低。剖检可见食管部、胃幽门区及胃底部黏膜溃疡。

十、防制措施

1.预防

(1)加强饲养管理,防止饲料霉变　保持猪舍、饲养用具卫生,用 2% 苛性钠溶液消毒环境及用具。

(2)做好病猪的隔离　对于已发病的猪进行隔离,加强全场消毒,定期用敌杀死药液加水按 0.1% 浓度稀释后用喷雾器对猪群体表驱虫,杀死猪虱和蚊虫。

(3)加强管理,减少应激因素　加强通风,搞好卫生,防止猪群拥挤,舍内温度突变,减少应激等是防止该病发生的关键。

(4)做好相关疾病的免疫　按合理的免疫程度做好猪群的猪瘟、蓝耳病、伪狂犬病、链球菌病等疫苗的免疫接种,确保猪只的高免疫状态,可有效防止发生本病的混合感染及并发症。

(5)药物预防　在该病流行季节,饲料添加阿散酸 100 克/吨或对氨基苯砷酸钠 50～100 克/吨可预防本病的发生。仔猪 1 日龄和 7 日龄分别注射长效土霉素 0.5 毫升和 1 毫升;3 日龄补铁,每头注射 1 毫升。

2.病猪的治疗

(1)单一中药提纯物　青蒿素是从青蒿中分离到的抗疟疾的有效单体,是目前世界上最有效的治疗脑型疟疾和抗氯喹恶性疟疾的药物。青蒿素毒副作用低、疗效高,不易引起疟原虫的抗药性。试验证明,该药也是治疗和预防猪附红细胞体病首选药物之一。

(2)复方中药　动物红细胞中存在着许多与免疫功能相关的物质,而附红细胞体恰是破坏了血液中的红细胞,致使机体免疫功能降低。据报道,天花粉、黄芪等中草药对红细胞免疫功能具有增强作用。另一方面,附红细胞体病属温热症,热势偏盛,一些中草药可达到解表、凉血、清里、滋阴等作用。为此可从提高红细胞免疫功能方面采取中草药辅助治疗该病。

(3)西药疗法　①砷制剂新砷凡纳明(914),临床上常用供静脉注射的粉针剂,用前用灭菌注射用水或生理盐水配成 10% 溶液缓慢静注,也可直接溶于生理盐水或5%葡萄糖注射液中静脉注射。猪用量为15～45毫克/千克体重，治疗时用5%葡萄糖注射液溶解，制成5%～10%注射液，缓慢静脉注射。一般用药2～24小时，病原体可从血液中消失，3天内可消除症状。②抗血液原虫类药物三氮脒(贝尼尔、血虫净)，临床常用的剂型为粉针剂，用灭菌注射用水或生理盐水溶解配制成5%～7%的溶液，按5～7毫克/千克体重深部肌内注射，间隔48小时重复用药一次。在发病的初期或感染率低时使用效果比较理想。

(4)抗生素类药物　目前国内主要采用土霉素、四环素、强力霉素来治疗猪附红细胞体病。临床上常采用注射法和口服给药，兽医临床中常用长效土霉素注射液，连续2～3天，剂量按15毫克/千克体重，肌内注射，连续2～3天；或按强力霉素300～400克/吨拌料或150～200克/吨饮水，连续使用，直至症状消失。

【提示与思考】

目前本病尚无疫苗预防此病，所以在发病季节，对未发病的猪应采取药物预防。因猪对附红细胞体病易复发，所以应定期对猪群进行检测，发现猪血样中附红细胞体增多时，应及时投服药物。

附红细胞体病在临床上多因应激因素而激发，因此，要加强饲养管理，给予全价饲料，保证营养，增加机体抗病能力，在进行阉割、断尾、剪牙时，注意器械的消毒；在注射疫苗时，应注意更换针头，减少人为传播机会。此外应对猪场内外进行消毒，尤其要做好对吸血昆虫如蚊、刺蝇的杀灭和驱避。应注意应激因素对该病的影响，特别注意仔猪断脐、剪牙和去势时的应激。

在治疗用药时，如果体温不超过42℃，应慎用退热药，怀孕慎用砷制剂，使用砷制剂时，注意剂量防止中毒；对感染有疥螨和虱的猪应及时给予治疗，以减少对该病的传播。

第二十二章

猪的一种新的肠道疾病——猪增生性回肠炎

【知识链接】

  20 世纪 70 年代养猪业集约化发展之前,世界范围内已有关于胞内劳森菌引起的增生性肠炎(回肠炎)的报道,但仅限于偶然发现的急性死亡或慢性病变。那时候具有类似症状的传染病和寄生虫病非常常见,这使慢性增生性肠炎的诊断比较复杂,尤其是缺少实验室诊断手段的条件下。70 年代以后,世界范围内许多猪场转向了集约化养殖,美国、澳大利亚、英国和丹麦都报道了增生性肠炎的暴发。尽管可能实际上发病率没有升高,但发病形式从通常转为更明显的急性形式。直到 1973 年,在苏格兰爱丁堡,Alan Rowland 和 Gordon Lawson 首次观察到引起该病的弯曲胞内菌(Rowland 和 Lawson,1974)。之后人们又花了整整 20 年才实现该菌的培养和鉴定并根据科赫原则确定它是该病的病原。在这 20 年间,对病原的探索越来越深入并最终发现该病的主要致病菌是胞内劳森菌,属于脱弧菌属,具有典型的弧菌外形。世界各地对该病的命名是不同的,如猪肠腺瘤病、猪出血性肠病以及“回肠炎”和“菜花管状肠炎”是常用的命名。“增生性肠炎”这一名称是对所有发病猪的基本病变的准确描述,1993 年发现胞内劳森菌是所有临床急性和慢性增生性肠病的唯一致病菌后,这一命名更为确立(Mcorist 等,1993)。该致病菌可从感染猪的粪便排出,另一猪的鼻口部接触粪便则传播该病,因此称之为“粪口传播”。由于感染剂量、动物年龄和继发炎症的变化不同而产生不同形式的增生性肠病。在世界上许多地方用“回肠炎”作为概括该病的简洁顺口的称呼将继续沿用下去。

【病例案例】

2011年7月02日,江苏某规模化猪场60~120千克的后备母猪群156头中有7头突然出现出血性下痢,皮肤苍白,采食量下降,甚至废食。发病猪体温39.0~39.5℃。采用痢菌净注射液(乙酰甲喹)按照2.5毫克/千克体重肌内注射,每日1次,连续治疗3天后,未见转归,且死亡2头。临床诊断:从临床症状上,可怀疑增生性出血性肠炎、猪痢疾或猪鞭虫病。从药效学上讲,猪痢疾对乙酰甲喹敏感,但乙酰甲喹对本病例的治疗效果不佳。剖检诊断:剖检发现回肠、盲肠与结肠呈现增生、肥厚、出血等病变,病变部位主要在回肠,肠道内容物中有小的血凝块。处理方案:①将发病猪只隔离,并进行单独护理。饲喂液体饲料或青绿饲料,肌内注射泰乐菌素注射液(6毫克/千克体重,一日两次,连用5天)同时注射止血敏(酚磺乙胺,10毫克/千克体重,每日一次,血便好转后停止使用)对肠黏膜止血,对食欲不振的猪只注射甲氧氯普胺针剂(1毫克/千克体重,每日一次,连用3天或食欲转好后停止)以刺激食欲。②8.8%泰乐菌素1 200克/吨拌料,饲喂所有的后备母猪群,基础母猪与公猪群及10周龄以后的生长育肥猪群,连用14天。③生物安全:利用双链季铵盐类消毒剂进行猪舍环境消毒,粪便应及时清理,切断病原在全场的传递;利用以上措施3天后,发病猪食欲逐渐恢复,粪便颜色正常,贫血状况转好,无新增死亡病例。

【技术破解】 👆

一、病原

致病菌是胞内劳森菌(Lanwsonia intracellularis),菌体呈杆状,两端尖或钝圆,革兰阴性,未发现鞭毛,无运动能力,严格细胞内寄生,含氧量8%的环境为最佳生长条件,不能在无细胞培养基中培养,也不适应鸡胚生长。但在人胚肠细胞、豚鼠大肠癌细胞、IEC-18、IPEC-2、Henle407、CPC-1652等细胞系上均能生长。

二、流行病学

该病已成为一种新的传染性疾病,在我国不同区域的规模化猪场普遍发生,并造成了较大的经济损失。

1. 病猪和带菌猪是本病的传染源

对易感猪接种胞内劳森菌或者含有这种细菌的病变黏膜可以复制出增生性回肠炎(Roberts 等,1977,Mapothor,1987,McOrist 和 Lawson1988,1993,1994)。接种后 8～10 天,首次出现胞内菌和病理变化。对猪接种慢性病猪的病变黏膜,可发生坏死性或急性出血性腹泻(Mapother 等,1987),将来自急性腹泻型增生性回肠炎病猪的胞内劳森菌分离物接种猪,可比较规律地发生慢性增生性回肠炎病变(McOrist 等,1993),偶尔可发展为急性出血性增生性回肠炎。病猪粪便中含有坏死脱落的肠壁细胞,且含有大量病原菌,病原菌随粪便排出体外,污染外界环境,并随饲料、饮水等经消化道感染。一般 2 月龄以内及一年以上的猪不易发病,成年猪较易感,常发生于 6～20 周龄的生长育成猪,发病率为 5%～25%,偶尔高达 40%。死亡率一般为 10%,有时达 40%～50%。

2. 应激因素的影响

某些因素可诱发回肠炎,这些因素包括各种应激反应,如转群、混群、过热、过冷、昼夜温差过大、湿度过大、密度过高等,频繁引进后备猪,过于频繁地接种疫苗,突然更换抗生素造成菌群失调。

3. 与其他疾病的关联

猪群同时存在其他肠炎病原,如猪痢疾密螺旋体、结肠螺旋体、沙门菌等时此病易高发。

4. 其他传播媒介

尚有一些传播媒介在回肠炎传播过程中发挥作用,如工作人员的服装、靴子和器械均可携带本菌。该菌对仓鼠、狐狸、雪貂、马、兔、鹿、鸸鹋、鸵鸟等也有感染性,因此鸟类、鼠类在该病的传播过程中起重要作用。

三、发病机制

1. 胞内劳森菌的繁殖

增生性回肠炎的发生是由于大量胞内菌定居于未成熟的上皮细胞中,引起旺盛的细胞增生。为了在上皮细胞中生存和增殖,胞内劳森菌必须穿透分隔的隐窝细胞。体外和体内研究已经阐明了细菌与细胞相互作用的早期过程

(Mcorist 等,1989b,1995b,Lawson 等,1995)。细菌首先与细胞膜结合,然后通过形成液胞迅速穿透细胞进入细胞内从而迅速地定居(3 小时内),细菌即在细胞质中活跃并游离增殖(并不与细胞膜连接)。细菌进入细胞的过程取决于细胞,而与细菌的活力无关,即与致病性无关(Lawson 等,1995)。由于细菌的繁殖,如何使被感染细胞难于成熟并持续为有丝分裂状态从而形成高度增生的机制还不清楚。

2. 致病过程

在细胞增生的基础上,由于机体的代偿和修复作用,使病变重叠发生,随着表面纤维化反应的延伸及向纵深发展,炎性变化范围凝结成坏死,形成坏死性肠炎病变。早期病变含有非常少的滤过性炎性细胞,可能不高于猪肠道的正常值(Mcorist 等,1992)。随着病变的进一步发展,可能发生主要由单核白细胞特别是 CD8 细胞所形成的渗出层,有些猪随后可能发生肉芽性组织增生,导致纤维性组织渗出和肌肉肥大,从而形成局限性回肠炎病变(Rowland和 Lawson,1992)。

3. 炎性病变

急性出血性增生性肠炎的特征是大量血液进入肠腔,但是往往还伴随着潜伏的慢性增生性肠炎的病变。在慢性增生性肠炎的病变中,发生肠道出血通常是由于大范围的上皮细胞退化、脱落以及毛细血管床的泄漏所致。而发生急性出血的确切原因还不清楚,但是,在胞内劳森菌攻毒猪中,已观察到可能与急性应激因素,即应激因子的直接抗保护性效应有关。

四、临床症状

本菌引致猪急性或慢性回肠炎,并可能作为传染源。急性型发生于后备种猪及育成猪,表现为腹泻带血呈红褐色,病猪厌食、衰弱并精神不振,并可突然死亡,死亡率 5%～6%。慢性型一般发生于断奶的生长猪,表现为温和的腹泻,通常伴有厌食及精神不振,感染猪发育不良及僵滞。

1. 急性型

多发生于 4～12 月龄的成年猪,表现为急性出血性贫血、粪便松软呈焦油样。某些猪可能仅仅表现为皮肤显著苍白、不腹泻,但可能突然死亡。发病猪的死亡率可达 50%,而剩余猪可在短时间内恢复且体况变化不大。妊娠母猪可能流产,大部分流产发生于临床症状出现后 6 天内。

2.慢性型

本型最常见,多发生于 6～12 周龄的生长猪,10％～15％的猪只出现临床症状,表现为同一猪栏内不时出现几头腹泻的猪,粪便松软而不成形,呈黑色、水泥样灰色或黄色,内含未完全消化的饲料。病猪虽然采食量正常,但生长速度受到影响,因此猪栏内猪的体重差别很大。有些猪食欲下降,虽对饲料感兴趣,但往往吃几口就走。病变严重的猪往往发生严重的持续腹泻。大部分慢性感染猪可在发病 4～10 周后突然恢复正常,生长速度加快,但与正常猪相比,平均增重降低 6％～20％,饲料转化率降低 6％～25％。

3.亚临床型

感染猪虽然有病原体存在,但无明显的临床症状;也可能发生轻微下痢但并不引起人们注意;生长速度和饲料利用率明显下降。

五、病理变化

最常见的病变部位位于小肠末端 50 厘米处以及邻近结肠上 1/3 处,并可形成不同程度的增生变化,但都可见到病变部位的肠壁增厚,肠管直径增加。根据病理变化的不同,可把猪回肠炎分成三个不同类型:①坏死性肠炎。典型病变表现病变部位常有炎性分泌物,形成有被膜的坏死灶。肠黏膜增厚有灰黄色干酪样物紧黏着。组织切片可见凝固性坏死,是由纤维蛋白沉积和变性炎性细胞引起的。病程较长者,可见肉芽组织。②局限性回肠炎。典型病变是肠腔缩小,下部小肠变硬,俗称"软肠管",肠管的感染部位位于末端。打开肠管,可见线条状溃疡,相邻的黏膜呈岛状或带状突出。肉芽组织突起,外膜肌肉肥大是最典型特征。③急性出血增生性肠炎,常发生于回肠末段和结肠。表现为感染肠壁增厚,有一定程度的肿大和浆膜水肿,肠腔中有血块而无血液或食物。肠道感染部位黏膜有少量粗糙的损伤,出血点、溃疡或糜烂很少见。组织学检查证实,增生黏膜内有退化性和出血性变化。感染肠道的黏膜和腺窝内堆有细胞碎片和大量劳森菌。

六、诊断

根据临床症状和病理变化可做出初步诊断,但确诊有赖于实验室检查。

尸体解剖时,对肠黏膜涂片,用改良的 Zieh - Neelsen 染色法和姬姆萨染色法检查细胞内细菌,也可用 Levaditi - Silwer 或 Waithin - Starry 镀银染色法着色显示组织中存在的胞内菌。最理想的诊断方法是直接用适宜的细胞系,IEC - 18、IPEC - 12、Henle407 和 IGPC - 1651 来分离病原菌,但需特殊培养基处理,且感染的细胞单层一般不出现细胞病变。

此外,还可应用 PCR、间接免疫荧光试验(IFA)、免疫过氧化物酶单层试验(IPMA)、ELISA 等技术对发病猪血清和粪便进行诊断。德国、澳大利亚和瑞典等国建立了多重 PCR(Mul - PCR)快速诊断方法,该法能直接从粪便中检测到猪痢疾(SD)、猪肠道密螺旋体病(PIS)和猪回肠炎三种腹泻病病原,并能快速区别这些致病微生物,在国内,上海奉贤兽医站应用 PCR 技术对粪便样品中的劳森菌进行了检测,取得了满意结果。

2. 类证鉴别

猪增生性回肠炎应主要与猪痢疾(SD)、肠出血性综合征(HBS)、猪肠道密螺旋体病(PIS)以及猪沙门菌肠炎等相鉴别。

(1)与猪痢疾(SD)的鉴别　主要症状是排黏性血痢,各种年龄的猪均可感染,但以 7~12 周龄仔猪多发。病理变化集中于大肠,可见大肠黏液性出血性或坏死性炎症。取急性病猪新鲜病样镜检可见大量的弯曲状的密螺旋体。

(2)与猪沙门菌性肠炎的鉴别　临床症状为顽固性腹泻,多发于 3 周龄左右仔猪,发热,粪便灰白色或黄绿色,恶臭。病变集中于盲肠和结肠,肠黏膜肥厚,有灰绿色溃疡病变,肝有点状灰黄色坏死灶。

(3)与肠出血性综合征(HBS)的鉴别　典型临床症状为生长发育良好的猪只突然死亡,尸体苍白或膨胀,小肠菲薄和充满血液或引发肠扭转,胃内充满食物。无肠壁肥厚和增生病变。

(4)与猪肠道密螺旋体病(PIS)的鉴别　此病国内少见报道,病原为结肠菌毛样螺旋体,是断奶仔猪结肠炎的主要病原。临床症状为黏液性腹泻,重症病例有黏液碎片或血块。病变只限于盲肠和结肠,肠黏膜增厚,有溃疡病变。结肠黏膜抹片,革兰染色,在显微镜下观察到大量螺旋体。

七、防制措施

1. 预防措施

①加强日常饲喂管理,最大程度上避免外界不良因素的刺激,减少混群或

转群、饲料突然更换等应激,保持猪舍温湿度适宜、饲养密度适中;保持日粮营养全价,增强猪机体抵抗力。②采用"全进全出"的饲养制度,严格执行消毒制度,对猪舍彻底冲洗消毒,消毒药剂可选用对胞内劳森菌敏感的消毒药剂,如季铵盐和含碘消毒剂。同时加强药物预防工作,可在饲料泰乐菌素 110 克/吨或林可霉素 80 克/吨(均以药物的有效成分计算),对本病有良好的预防效果。③加强免疫接种。可采用猪增生性肠炎无毒活苗和灭活疫苗对猪只进行免疫,能够提高对本病的防控效果。

2. 治疗措施

对发病猪只颈部肌内注射泰乐菌素或林可霉素,10 毫克/千克体重每天 2 次,连用 2～3 天。采用药物治疗后,若个别病猪仍表现出食欲不振、机体消瘦和贫血症状,则可一次混合肌内注射 4～5 毫升复合维生素 B 注射液 3.0～5.0 毫升牲血素(含硒型)。

【提示与思考】

该病是集约化养猪场的一种常见病,以生长育肥猪易感,以慢性病例最为常见,主要表现为食欲下降、生长缓慢和间歇性下痢,由于猪只的死亡率较低,并未引起人们的充分重视。

在兽医临床上,应特别注意该病与其他疫病(猪痢疾、肠出血性综合征、猪肠道密螺旋体病以及猪沙门菌性肠炎等)的混淆,并及时做好鉴别诊断及对因治疗,才能取得较好的效果。

在我国疑似增生性回肠炎病例日益增多,但国内对该病的研究较为薄弱。由于基层条件的限制,一些先进的诊断方法与临床应用还有一定的差距。应加强对该病流行病学的调查,以建立快速诊断方法及预防等方面的研究。

第二十三章

主导呼吸道综合征的原发病原——猪气喘病

【知识链接】

猪气喘病又称猪支原体肺炎（Mycoplasma pneumonia of swine，MPS）或地方流行性肺炎（Swine enzootic pneumonia），是由猪肺炎支原体（Mycoplasma hypneumoniae，Mhp）引起的一种接触性慢性呼吸道传染病。猪气喘病通常引起猪群生产性能显著下降，受感染猪群日增重下降、饲料报酬降低、上市时间延迟、猪群生长均匀度较差、药物治疗成本增加，给猪场造成较为严重的经济损失。尤其值得关注的是，猪支原体肺炎通常与蓝耳病、圆环病毒病、猪流感、伪狂犬病等病毒性疾病和副猪嗜血杆菌病、胸膜肺炎、巴氏杆菌病、链球菌病等细菌性疾病相互影响，形成猪呼吸道系统疾病综合征（PRDC），这会使猪支原体肺炎造成的损失愈加严重，治疗效果也非常不理想，猪支原体肺炎和蓝耳病也是猪呼吸道系统疾病综合征中最主要的致病因子。

【病例案例】

2013 年 11 月，某养殖场由河北调回种用公、母猪 320 头，平均体重 60 千克，调回后就发现猪只出现轻微咳嗽，据该猪场有关人员透露，在从该场调运时也发现有个别猪只有咳嗽、喘气，误认为是装猪时驱赶所致，回来后经用青霉素、链霉素、鱼腥草治疗一周后，效果不明显，病猪咳嗽、喘气加重，有个别的猪只出现腹式呼吸。采食量下降或停食，触摸耳部发热、粪稍干，其中病情较重者卧地不动，张口喘气，口有白沫，发病率约占 40%，死亡占 2%，经诊断该病主要是由于应激引发猪气喘病。处理方案：①对猪群进行全面检查，发现喘气、咳嗽、精神不振的猪进行隔离治疗。及时清除粪便及污染物，并用 20% 石灰乳对猪舍、饲养用具及周围环境进行彻底消毒处理，坚持每天清扫 1 次，每周消毒 1 次，保持清洁卫生。②对病猪采用盐酸林可霉素注射液肌内注射，每次用量8毫克/千克,每天1次,连用3天。同时配合使用板蓝根注射液肌内注射,每次用量0.3毫升/千克,每天2次,连用3天。按疗程治疗后病情很快得到控制,休药2天后,按上述方法重复一个疗程,病猪基本康复,10~15天痊愈,未见复发,收到了显著疗效。

【技术破解】

一、流行特点

1.猪只的易感性

气喘病仅发生于猪,不同品种、年龄、性别的猪均能感染,其中以哺乳仔猪和保育猪最易感,发病率和死亡率较高;其次是妊娠后期的母猪和哺乳母猪;育肥猪发病较少;母猪和成年猪多呈慢性和隐性感染。

2.病猪和带菌猪是本病的传染源

病原体存在于病猪及带菌猪的呼吸道及其分泌物中,在猪体内存在的时间很长,病猪在症状消失之后半年至一年多仍可排菌。猪场发生本病主要是从外面购入隐性感染猪所致,哺乳仔猪常从患病母猪处感染。

3.呼吸道是本病的传染途径

病原体随病猪咳嗽、喘气和喷嚏的分泌物排到体外,形成飞沫,经呼吸道感染健康猪。

4.与季节变化的关系

本病一年四季均可发生,冬春寒冷季节多见,但近年来多与其他病原共同引起猪呼吸道综合征,夏季引起发病死亡。

5.环境因素是该病发生的诱因

猪舍通风不良、猪群拥挤、气候突变、阴湿寒冷、饲养管理和卫生条件不良可促进本病发生,如有继发感染,则病情更重,常见的继发性病原体有巴氏杆菌、肺炎球菌等。

6.新老疫区流行的形式

猪场首次发生本病常呈暴发性流行,多取急性经过,症状重,病死率高。在老疫区猪场为慢性或隐性经过,症状不明显,病死率低。

二、危害

猪肺炎支原体可引起猪肺炎。通常情况下,这种感染对猪只总体健康水平的影响是比较温和的,但此后肺炎支原体对猪呼吸道有更重要的影响。如破坏纤毛、导致免疫抑制。它所导致的经济损失表现来自减少日增重、增加死亡率、降低饲料报酬、增加治疗费用等。日增重减少可达 2.8%～44.1%;增长率减少可达 12.7%。

1. 破坏纤毛

呼吸道纤毛的主要功能是扫清呼吸通道,正常情况下纤毛排列整齐、致密,它们捕获进入的灰尘、细菌和其他对肺有害的因子,捕获入侵者,通过黏液将它们运至咽喉,咳嗽排出或吞咽至消化道。受破坏的纤毛脱落、排列不整齐、疏散,清扫能力严重下降,使其他病原体就很容易侵犯肺。

2. 导致肺炎

一般为肺尖叶、心叶、中间叶和隔叶前缘的"肉样"病变,具有临床诊断学意义。与其他病原混合感染时,肺部病变将更为严重。对于肺炎发生程度有病变计分标准,分数越高,肺炎炎症面积越大,肺脏损伤越严重。

3. 免疫抑制

目前对其机制所知不多,研究证明肺炎支原体可直接影响猪体免疫系统。显微观察支原体肺炎可见巨噬细胞和淋巴细胞浸润。在肺炎支原体和放线杆菌共同作用时可使肺泡巨噬细胞吞噬能力下降。肺炎支原体还可诱导巨噬细胞产生白细胞介素(IL-1、IL-6、TL-8)和肿瘤坏死因子 α(TNF-α),正负作用结果加剧了肺脏炎症,降低了呼吸道免疫力。肺炎支原体还可导致淋巴细胞转化下降,导致免疫抑制。

4. 和其他疾病混合感染的交互作用

肺炎支原体不但能够促进其他主要和次要病原体的感染,而且使得其他疾病的临床症状更严重。国外的研究表明,在一个猪繁殖与呼吸综合征病毒(PRRSV)和肺炎支原体混合感染的呼吸道疾病典型的模式中对肺脏的损伤更严重、更持久;支原体诱导的呼吸道疾病综合征(MIRD)和呼吸道综合征(PRDC),造成的损失比直接造成肺炎的损失严重得多。肺炎支原体也和圆环病毒 2 型发生相互作用,已经证明,支原体可以增加圆环病毒 2 型的复制、圆环病毒 2 型损伤的严重程度以及断奶后多系统衰竭综合征(PMWS)的发生。

三、临床症状

本病的潜伏期一般为 7～15 天,最短为 3 天,最长可达一个月以上。早期症状是咳嗽,随后出现喘气和呼吸困难,根据整个病情的经过可分为急性、慢性和隐性三个类型。

1. 急性型

见于初次发病猪群,以仔猪、妊娠母猪和哺乳仔猪多发,病猪剧烈喘气、痉挛性阵咳、腹式呼吸,呈犬坐姿势。体温一般正常,继发感染者则体温升高,食欲大减或废绝。病程约 1 周,病猪常因窒息而死,病死率高。

2. 慢性型

多见于老疫区的架子猪、育肥猪和后备母猪。长期咳嗽,清晨进食前后及剧烈运动时最明显,严重的可发生痉挛性咳嗽。饲养管理条件和气候改变时,症状有所变化。病猪体温不高,但消瘦、发育不良、被毛粗乱,病程长达 2 个月,有的在半年以上,病死率不高。该病最易发生继发感染,是夏季造成猪群急性死亡的主要诱因。

3. 隐性型

不表现任何症状,或偶见个别猪咳嗽,生长发育一般正常,剖检时有肺炎病灶。隐性型猪气喘病在老疫区的猪病中占有相当大的比例。其是平行散毒和垂直传播的隐性传染源之一,也是影响疫苗防疫效果的主要因素之一。

四、病理变化

病变首先发生在肺心叶,粟粒大至绿豆大,然后逐渐扩展到尖叶、中间叶及隔叶前下缘,形成融合性支气管肺炎。两侧病变大致对称,病变部肿大,淡红色或灰红色半透明状,界限明显,像鲜嫩的肌肉样肉变。病程延长加重,病变部胰变或虾肉样变。如继发细菌感染,可引起肺和胸膜的纤维性、化脓性和坏死性病变。

五、诊断

可根据临床症状、病理变化、实验室检测等得出结论。临床具有诊断学意义特征的病变一般为肺尖叶、心叶、中间叶和隔叶前缘的"肉样"或"虾肉样"病变。实验室检测可采用血清学方法、病理学方法、分子生物学方法（PCR）。

六、鉴别诊断

1. 猪气喘病与猪传染性胸膜肺炎的鉴别

二者均有精神不振、呼吸困难、咳嗽等临床症状。但二者的区别在于：猪传染性胸膜肺炎的病原为胸膜肺炎放线杆菌。病猪剖检可见肺弥漫性急性出血性坏死，尤其是隔叶背侧。严重的可引起胸膜炎和胸膜粘连，可以与猪气喘病相区别。

2. 猪气喘病与猪繁殖与呼吸综合征的鉴别

二者均有精神不振、呼吸困难、咳嗽等临床症状。但二者的区别在于：猪繁殖与呼吸综合征的病原为有囊膜的核糖核酸病毒。病猪呈多灶性至弥漫性肺炎，呼吸困难的猪只有极少部分出现耳朵发绀，胸部淋巴结水肿、增大，呈褐色。同时母猪可出现死胎、流产和木乃伊胎。

3. 猪气猪喘病与猪流感的鉴别

二者均有精神不振、呼吸困难、咳嗽等临床症状。但二者的区别在于：猪流感的病原为猪流感病毒，病猪咽、喉、气管和支气管内有黏稠的黏液，肺有下陷的深紫色区，可据此与猪气喘病相区别。

4. 猪气喘病与猪应激综合征的鉴别

猪应激综合征虽然也有呼吸急促、张口呼吸、气喘和体温升高等临床症状，但同时还表现肌肉苍白、松软或有液体渗出，与猪气喘病不同。

七、防制措施

1. 目前国内外采用的新技术

（1）"全进全出"，批量生产　尽可能做到同日龄范围内的猪只"全进全出"。只要不重新引进猪只，在一定时间内出完，也算全出。"全进全出"并不强调一场一地的大规模"全进全出"，强调的是一栏或一舍的"全进全出"。

（2）无特定病原猪　是指没特定病原体如病毒、细菌、寄生虫等的特定健康猪。特定疫病包括猪气喘病、猪传染性胃肠炎、弓形虫。

（3）加药早期断奶　将母猪和肉猪的免疫和给药结合起来，进行早期断奶,并按日龄进行隔离饲养。应根据猪群健康状况制订免疫和加药计划。一般母猪进行本地病毒性疫苗免疫接种,仔猪加药。

(4)早期隔离断奶 在仔猪母源抗体水平尚高,病原菌群增殖较弱时,将仔猪饲养在尽可能少的病原菌环境中(隔离),在各类猪群间建立防病屏障,防止猪群内部疾病之间的传播。

(5)多点生产 有的两地生产形式,如配种、怀孕、分娩和哺乳猪在一地方生产,保育、生长和育成猪在另一地生产;有的是三地生产形式,如配种、怀孕、分娩和哺乳猪在一地生产,然后集中在一起保育,生长及育成猪又在另一地生产。

(6)隔离及风土纯化 从外地引进的种猪,一般在隔离舍饲养 2 个月,检疫合格后,每栏猪再混入一头本场的猪,进行风土纯化,使外来猪适应本场的微生物群体,并做好猪气喘病免疫接种等工作。

2. 尚未发现猪气喘病的猪场的防控

(1)引种要慎重 规模化养猪场应坚持自繁自养的原则,猪场确需从外引种时应认真了解猪源所在地有无本病流行。新建猪场、长期进行自繁自养的净化猪场及无气喘病的猪场若从外引进种猪,引入后首先将猪在隔离舍中饲养、观察 1 个月以上,经血清学检测确认健康、无病并经过预防注射后方能转入生产区。

(2)做好猪群的基础免疫工作 仔猪 7~14 日龄首免支原体灭活疫苗 1 头份,间隔 3 周加强 1 次。

(3)对猪群要进行定期监测 淘汰阳性感染的猪只,确保健康猪场的净化。

3. 已经发生气喘病的猪场

(1)早期诊断,早期隔离,及时消除传染源 怀孕母猪实行单圈饲养,做到"母猪互不见面,小猪不串圈",使小猪感染本病只能来自本窝母猪,反复检查母猪是否为带菌母猪或病母猪,逐步确定无本病的健康母猪群。兽医和饲养员平时加强对猪群的观察,一听咳嗽,如在夜间、清晨打扫猪舍、喂食和运动时发现有咳嗽的病猪应尽快检出;二查呼吸,在猪群休息时注意呼吸次数和呼吸深度。确定病猪后及早挑出,集中隔离饲养,进行有效的药物治疗并消毒处理。

(2)特别要注意猪群的基础免疫工作 对危害猪场最为严重的猪瘟、伪狂犬病、气喘病的免疫要高度重视,建议伪狂犬、喘气苗选择副作用较小的进口苗;同时对母猪产前产后进行策略性投药,可在每吨饲料中添加 80％泰妙菌素 150 克＋强力霉素 300 克/吨,以净化母体环境,减少呼吸道及其他疾病的垂直传播。

(3)做好仔猪的基本保健工作　减少断奶时的各种应激,增强体质,提高仔猪免疫力,减少猪断奶后多系统衰竭综合征的发生率。其保健方案如下:①21～35 日龄用黄芪多糖 500 克/吨饮水或拌料;②35～47 日龄添加 10％水溶性氟苯尼考 400 克/吨＋40％水溶性林可霉素 200 克/吨饮水或拌料;③10～18 周龄呼吸道疾病易高发,根据情况可选择敏感的药物如替米考星等。

4.有临床症状猪的治疗方案

①10％氟苯尼考 400 克/吨＋40％林可霉素 200 克/吨饮水或拌料;或 10％氟苯尼考 400 克/吨＋20％替米考星 400 克/吨;或 80％泰妙菌素 150 克/吨＋30％强力霉素 1 000 克/吨＋70％阿莫西林 300 克/吨。上述药物组合采用脉冲式给药,具有一定的疗效。②林可霉素 10 毫克/千克体重,每天 2 次,连用 3～5 天为 1 个疗程。③泰乐菌素 10 毫克/千克体重,肌内注射,每天 2 次,3 天为 1 个疗程。④氟苯尼考 30 毫克/千克体重,肌内注射,每天 2 次,5 天为 1 个疗程。⑤恩诺沙星 5 毫克/千克体重,肌内注射,每天 2 次,5 天为 1 个疗程。

【提示与思考】

由于猪气喘病可以通过气溶胶传播,控制该病的传播相当困难,不管是药物还是疫苗均存在一定的局限性,单靠药物或疫苗是无法做到猪场气喘病的净化。因此必须合理地将药物与疫苗联合使用,并配备科学的猪场养殖与管理技术,三管齐下,才能有效控制猪场气喘病的感染。比如,怀孕母猪或种公猪可以通过药物控制使其成为具有感染能力的康复猪;仔猪及后备母猪应普遍进行早期疫苗的免疫;坚持自繁自养及"全进全出"的饲养模式;对猪场应及时检疫、及时隔离发病猪;科学管理,有计划进行卫生消毒,保证空气质量、通风、温度及合适的饲养密度,高发季节预防性投药等。有条件的猪场可以采取无特定病原猪生产技术(SPF)、药物治疗性早期断奶技术(SEW),从系统观念上提高生物安全标准,这是建立和保持无气喘病净化场的保证。

第二十四章

继发"猪高热病"的主要病原——猪传染性胸膜肺炎

【知识链接】

猪传染性胸膜肺炎（Porcine contagious pleuropneumonia，PCP）是由胸膜肺炎放线杆菌（actinobacillus pleuropneumoniae，APP）引起的猪呼吸道传染病。各种年龄、性别的猪对本病均易感，其中以 1～4 月龄的猪易感性高，死亡率可达 5％～30％。在新引进猪群中多呈急性暴发，发病率和死亡率都在 20％以上，最急性型流行死亡率高达 80％～100％。自 Pattson 等于 1957 年首次报道该病后，欧洲及美国、加拿大、澳大利亚、墨西哥、日本、韩国等国家和台湾地区均有此病发生。我国在 20 世纪 80 年代初期，由于养殖方式以分散饲养为主，鲜有本病发生。进入 90 年代后，随着集约化养猪业的迅速发展，加上国家和地区间引种工作的日益频繁，本病的发病率及死亡率大大高于从前。大多数省（市、区）都有该病发生的报道。猪传染性胸膜肺炎导致猪只死亡、生长缓慢、饲料报酬降低及药物防制费用的增加，可对养猪者造成很大的经济损失。该病是以胸膜肺炎和出血性坏死肺炎为主要特征的呼吸道疾病，我国自从 1990 年首次确认猪传染性胸膜肺炎的存在以来，发病率和死亡率呈上升趋势。

【病例案例】

2013 年 1 月 2 日，临沂地区某养殖户饲养了 600 多头猪，后来陆续出现咳嗽、精神委顿、呼吸困难，后来发展到死亡，邻近大、小猪厂也都有类似病情。

临床症状可见：猪前期咳嗽，后期精神委顿、食欲明显减退或废食，呼吸困难，喘得很厉害。35 千克以上的猪死亡 4 头。后对死亡的猪进行解剖，眼观的病理变化主要见于呼吸道。肺部病变为主，心叶、中间叶和尖叶出现肉变。急性的死亡病例，仅见肺炎的变化，表现为两侧肺呈紫红色。病程稍长者，胸腔内有积液和纤维性渗出。根据临床症状和剖检症状确诊为猪传染性胸膜肺炎。处理方案：①在每吨饲料中添加 20％替米考星 400 克＋10％氟苯尼考500 克＋30％盐酸多西环素 1 000 克，连用 4 天。②病情严重时，注射长效头孢 3～5 毫克/千克，连用 3 天。

【技术破解】

一、流行特点

1. 猪群的易感性

所有年龄的猪均易感，但由于初乳中母源抗体的存在，哺乳仔猪的发病率较低，断奶猪与架子猪发病率最高。

2. 传播方式

本病主要由空气、猪与猪接触而传播，在急性暴发期，通过气雾的长距离传送或人的衣物间接传播，疾病可从一个猪舍传播另一个猪舍；本病在大群集约化饲养的条件下易接触传播，猪群间的疾病传播常由引进带菌猪和慢性感染猪引起；在急性暴发期，发病率高，可达 85％～100％；通过人工授精传播本病的可能性不大，但公猪转移能起传播作用。

3. 应激因素

如拥挤、不良气候、气温突变、相对湿度增高、通风不良、猪的移动、并群等有助于疾病的发生和传播，并影响发病率和死亡率。

4. 发病特点

急性期死亡率很高，与毒力及环境因素有关，其发病率和死亡率还与其他疾病的存在有关，如伪狂犬病及繁殖与呼吸综合征，另外，转群频繁的大猪群比单独饲养的小猪群更易发病。

二、主要致病因子

1. 病原

胸膜肺炎放线杆菌（APP）是本病的历史性病原，为革兰阴性菌，具有多形性，有时形成丝状，不运动，有荚膜，荚膜为本病的致病因子之一。本病原为巴氏杆菌科，以前被列为嗜血杆菌属。

2. 致病因子

致病因子有多种,包括 APX 毒素(溶血素和细胞毒素)、荚膜、脂多糖(LPS)、外膜蛋白。

上述致病因子中,APX 毒素引起肺损伤,具有抵抗吞噬作用。而荚膜由脂多糖组成,所有的血清型都有荚膜,有抗吞噬、抗补体结合作用,荚膜没有毒性,不会引起组织损伤。致病因子 LPS 在不同的血清型之间产生交叉免疫反应,能引起组织损伤,与 APX 共同致病,提高菌体对气管黏膜的黏附能力,也可与血红蛋白结合,起抵抗补体的作用。

3. 感染机制

一旦进入肺脏,胸膜肺炎放线杆菌就被肺泡巨噬细胞吞噬,产生的 APX 毒素对肺泡巨噬细胞、上皮细胞内皮细胞有毒性作用,而且,该菌可激活多种组织细胞因子的释放,在本病的急性、超急性形式,发生类似于人的全身败血性反应。该菌的血清型不同、毒力不同,病猪的临床症状和肺脏的败血表现也不同。若与其他呼吸道病原协同感染时,该病的发病将更严重。

三、临床症状

本病的潜伏期为 1～7 天或更长,常为最急性型和慢性型。

1. 最急性型

病猪死前不见任何症状而突然死亡,有的病猪可从口和鼻孔流出泡沫状的血样渗出物。

2. 急性型

呈败血症,猪只突然发病,精神沉郁,食欲废绝,体温升高至 42℃以上,呼吸极度困难,张口呼吸,咳嗽,常站立或呈犬坐姿势而不愿卧下。若不及时治疗,多在 1～2 天内因窒息而死亡。病初症状较为缓和者,若能耐过 4～5 天,则症状逐渐减退,多能自行康复,但病程延续时间较长。

3. 亚急性或慢性型

通常在急性期后期出现,或由急性型转化而来,症状不甚明显,有的呈轻度发热,常伴有连续或间歇性咳嗽,食欲不振,增重缓慢,饲料转化率下降。当受到应激或其他病原体侵害时,可转化为急性。

急性暴发 2～3 周后若猪体免疫力增强则发病率会逐渐降低,同时,在抗菌素的作用下,病猪也逐步康复,但有部分猪会成为僵猪。未经免疫的成年猪也可发生该病,因其抵抗力较强,所以,症状相对较轻,治愈率相对较高,一旦遇到不良因素的刺激,病情就会加剧。

四、病理变化

病变多局限于呼吸系统,急性病死猪的鼻腔内有血性泡沫,多为两则性肺炎病变,肺组织呈紫红色,切面似肝组织,肺间质内充满血色胶样液体。病程不足 24 小时者,胸膜只见淡红色渗出液,肺充血水肿,不见硬实的肝变,病程超过 24 小时以上者,在肺炎区出现纤维素性渗出物附着于表面,并有黄色渗出液,病程较长的慢性病例中,可见到硬实的肺变区,表面有结缔组织化的粘连性附着物,肺炎病灶呈硬化或坏死性病灶,常与胸膜粘连。

五、诊断

根据流行病学临床症状和剖检变化,可做出初步诊断,确诊需对病原进行分离。

六、鉴别诊断

1. 与猪气喘病的鉴别

二者均有精神沉郁、体温升高、食欲不振、呼吸困难等临床症状。但二者的区别在于:猪气喘病的病原为肺炎支原体,临床主要症状为咳嗽(反复干咳、频咳)和气喘,一般不打喷嚏,不出现疼痛反应,病程长。病变特征是融合性支气管肺炎;于尖叶、心叶、中间叶和隔叶前缘呈"肉样"或"虾肉样"实变。

2. 与猪流感的鉴别

二者均有精神沉郁、体温升高、食欲不振、呼吸困难等临床症状。但二者的区别在于:猪流感的病原为流感病毒,病猪咽、喉、气管和支气管内有黏稠的黏液,肺有下陷的深紫色区,可与猪传染性胸膜肺炎相区别,抗生素和磺胺类药物治疗无效。

3. 与猪繁殖与呼吸综合征的鉴别

二者均有精神沉郁、体温升高、食欲不振、呼吸困难等临床症状。但二者的区别在于:猪繁殖与呼吸综合征的病原为猪繁殖与呼吸综合征病毒。病猪发病初期具有类流感的症状,母猪出现流产、早产和死产。剖检可见褐色、斑驳状间质性肺炎,淋巴结肿大,呈褐色。

七、防制措施

1.预防措施

(1)强化生物安全措施　全方位封闭猪场,保证生产区与外界环境有良好的隔离状态。重点加强对装猪台、人员出入口、物料出入口等易传入疫病关键地点的管理,全面预防外界病原侵入猪场。做好引种猪的隔离,对未发生过本病或感染的猪场应制定严格的隔离措施,并做本病菌的病原学检测和抗体检测。

(2)营造舒适的生活环境　应注意改善饲养管理条件,做好防暑降温和防寒保暖工作,采用"全进全出"饲养方式,注意通风换气,保持舍内空气新鲜,猪群应注意合理的密度,不要过于拥挤,尽量减少各种应激因素影响,预防和控制其他疾病的发生和传染。

(3)提供充足营养,以增强猪只的抵抗力　保持猪群合理、均衡的营养水平,经常检查和检测饲料质量,避免因小失大,对于受轻度污染的饲料,可在饲料中添加防腐剂,饲料中根据季节变化,及时合理添加保健药物,冬季更应及时添加预防药物,以提高抵抗力。

(4)做好相关疾病的疫苗接种,保护易感猪群　做好猪瘟疫苗、猪伪狂犬疫苗、气喘病疫苗、副猪嗜血杆菌疫苗等的免疫接种。这些疾病或破坏猪的免疫系统,或破坏猪肺脏的防御功能,从而使猪只对胸膜肺炎放线杆菌的易感性增加,因此做好该疫苗的接种是非常必要和有益的。

(5)严格卫生消毒,防止疾病传播　卫生消毒是抑制和杀灭环境病原、减少疫病发生流行的重要手段,对确保猪群健康具有重大的意义。有些中小型猪场,不消毒或很少消毒,对消毒工作流于形式是导致猪传染性胸膜肺炎和其他疾病在这些猪场得以肆虐的另一主要因素。这种现状不改变,疫病的防治工作将难以走出被动困境,生产上的恶性循环也将愈演愈烈。为此,各场应根据实际情况制定合理的卫生消毒制度,并落实到生产的各个环节,使之经常化、规范化和制度化。值得关注的是,在做好卫生预防消毒的同时,还应认真彻底做好"即时消毒"。所谓即时消毒是指病猪隔离治疗后,对其污染的环境、工具进行及时消毒。

(6)疫苗免疫　目前国内外均已有商品化灭活疫苗用于本病的免疫接种,免疫程序如下:①种公猪每半年接种1次猪传染性胸膜肺炎三价灭活疫苗1头份(2毫升);②母猪产前6周首免1头份(2毫升),间隔4周后加强免疫一次;③仔猪35～40日龄首免1头份(2毫升),间隔4周加强一次。

2.治疗方案

该病对药物易产生耐药性,应根据药理试验结果和猪场的实际情况,采用联合用药的方式,及早在饮水和饲料中同时添加药物,结合注射抗生素进行治疗。

(1)群体用药　可在饲料中添加10%的氟苯尼考400克/吨+30%强力霉素1 000克/吨,或80%泰妙菌素120克/吨+70%阿莫西林300克/吨+30%强力霉素1 000克/吨连用1周,对不吃饲料的猪只在每吨饮水中添加40%水溶性氟苯尼考200克+40%林可霉素300克+葡萄糖5 000克,连用5～7天。

(2)个体治疗　肌内注射头孢噻呋钠,3～5毫克/千克体重或恩诺沙星8毫克/千克体重或泰乐菌素10毫克/千克体重,同时配合注射黄芪多糖0.2毫克/千克体重,每日2次,连用3～5天;对价值较大的种猪可用泰乐菌素。

3.本病净化的方法

最好是将抗体阳性率高的猪群全部扑杀,再从血清学阴性猪场引进新猪。对于阳性率较低的种猪群,可在仔猪断奶后清除血清学阳性母猪,并在以后不断对猪群进行血清学检查,发现阳性猪及时淘汰。某些严重流行本病的国家,提高血清学检查,清除带菌猪,结合饲料中经常添加抗生素,能有效防治本病,据此,在净化过程中,应给猪群饲喂添加药物的饲料,以防发生新的感染,例如每千克饲料中加入250毫克增效磺胺甲基异噁唑,主要是投给断奶2～3周的小猪,并隔离饲养至12周龄。转移或引进的抗体阴性猪隔离饲养2周,再检查抗体,如仍为阴性时才能转入无胸膜肺炎的健康猪群。

【提示与思考】

目前各种细菌和病毒性疾病的混合感染在规模化猪场普遍存在,胸膜肺炎放线杆菌(APP)作为导致猪只产生免疫抑制的一种主要病原,极易和其他细菌、病毒、寄生虫混合感染,因此防治上应坚持预防为主的原则,采取综合性防制措施,除提高猪场饲养管理水平外,抗菌药物的使用必须从治疗用药物转向预防用药,在猪发病高峰以前用药,主动控制细菌性原发疾病。该病在治疗上,因菌株易产生耐药性,切不可长期使用同一种药物,尤其在饲料中添加抗生素时更要注意这点;从临床治疗情况来看,在病的早期治疗效果较好,同时应根据所用抗菌药物的特性进行注射,以维持血液中的有效浓度。

第二十五章

绝不容放松警惕的人畜共患病——猪链球菌病

 【知识链接】

猪链球菌病(Swine streptococosis,SS)是由不同荚膜型的链球菌引起猪的不同临床症状类型传染病的总称,它发生于世界各养猪国家,是猪的一种常见病、多发病,有时可造成猪的严重发病和大量死亡。近些年该病已成为我国猪细菌性传染病的首要疾病,但发现和确立此病的存在和危害已有60多年的历史。该病最早是1945年由Bryante首次报道了在母猪和仔猪发生败血性流行,我国于1949年由吴硕显发现在上海郊区的散发病例,1963年在广西,继之在广东、福建、安徽、江苏等许多省的部分地区均有较大面积的流行,死亡率很高,至20世纪70年代之后,发病加剧。后经采取免疫注射和药物预防后,有效地控制了该病的发生和流行。但由于我国养猪数量巨大,地域广阔,饲养环境条件较差,所以本病仍在不少地区或场、群散发,有些呈地方性流行。20世纪90年代,在我国少数地区暴发的猪链球菌病,经流行病学和实验室检验,它与原来发生的C群β-溶血性链球菌有某些差别,而且用我国生产并在实践中使用、免疫效果较好的猪链球菌活疫苗,免疫后不能产生保护,同时还发生数起人感染猪链球菌造成人死亡的严重事件。后经实验室确诊,这些发病系由猪链球菌2型所引起。本病近几十年的一些变化显示,其在猪病和公共卫生等方面的位置日趋重要,本病已被我国规定为二类动物疫病(1996年农业部公告第96号),也是被世界所公认的一种较新的人畜共患病。

【病例案例】

1.发病情况

2014年2月16日河南某养殖个体户饲养母猪20头、哺乳仔猪62头、肥育猪 90 头、保育仔猪 80 头,有按常规方法进行猪瘟、口蹄疫、伪狂犬疫、高致病性蓝耳病的疫苗免疫。2014 年 2 月 10 日该场一栏肥育猪开始发病,2 天后附近两栏保育仔猪也出现症状,并且有死亡现象,猪通过 3 天药物治疗,疫情未得到有效控制,应邀求诊。经现场观察,该猪场母猪栏和其他栏分开,肥育和仔猪保育栏猪舍低矮、潮湿、不通风,卫生条件较差,氨气味很重。

2. 临床症状

(1)育肥猪　突然食欲减退或停食,精神委顿,体温高达 41～42℃,呼吸困难,眼结膜潮红、流泪,鼻孔流脓状鼻液,继而出现便秘,采取对症治疗后,症状有所减轻,有的猪关节肿大,出现跛行。

(2)保育仔猪　呼吸加快,步态不稳、软瘫、食欲减退、厌饮水,体温 40～41.5℃,病情严重的四肢末端、颈部呈紫红色,耳朵发绀,部分患猪出现关节肿胀。畜主用仔猪水肿病的药物进行治疗,未能减轻病情。

通过对 3 头病死猪剖检,病死猪血液凝固不良,肺、肾、脾、全身淋巴结肿大出血,颜色变暗红或变黑,肝瘀血,胃和小肠黏膜充血,肠系膜水肿,关节腔出现渗出物,初步诊断为猪链球菌病。

3. 采取的措施

(1)清除传染源　死猪应当立刻进行无害处理,病猪及时隔离治疗。粪便及时处理,环境、用具可用 3% 来苏儿液彻底消毒,从而清除传染源。

(2)加强卫生管理　对猪进行严格日常管理,减少应激,对圈舍场地要保持清洁卫生,保证猪舍通风,降低舍内湿度和氨气浓度。

(3)全群药物防治　①每吨饲料添加 30% 强力霉素 200 克＋70% 阿莫西林＋电解多维 500 克,连用 7 天。②个体治疗,颈部肌内注射复方磺胺间甲氧嘧啶 30 毫克/千克体重,每天 1 次,连用 3 天。

经过上述综合性防治,7 天后疫情得到有效控制,除治疗中 7 头病情较严重患猪死亡外,其余患猪基本恢复正常,未出现新的病例。

【技术破解】 👆

一、病原学特性

1. 分类复杂、意义重大

链球菌的分类方法有数种,除根据溶血能力及对氧的需要分类法外,最为

重要的方法是根据抗原结构分类法,这种方法虽然复杂,但实用意义重大。它包括属特异、群特异和型特异三种抗原:一是属特异性抗原又称为 P 抗原,即核蛋白抗原,它不具有群型的特异性;二是群特异性抗原又称为 C 抗原,它是存在于链球菌细胞壁中的多糖成分,其抗原决定族为多种氨基酸类,国际上通常的兰氏(Lance field)分类即以此为基础;用大写英文字母表示,目前已确定从 A~V(中间缺少 I,J)20 种血清群,其中 A、B、C、D、E、L 等 6 个是近年发病的主要菌群;三是型特异抗原,又称它为表面抗原,是位于多糖抗原之外的蛋白质抗原。根据菌体荚膜抗原的差异,猪链球菌分为 35 个血清型(1~34 和 1/2),同时还发现有相当数量尚无法定型的菌株,其中 2 型菌株在许多国家是引起猪发病的主导菌群。猪链球菌 2 型按兰氏血清学分类过去归属于 D 型,现今归为 R 群。

2.毒力因子热门话题

猪链球菌的致病性和免疫性与它的毒力因子关系重大,是决定其侵袭力和免疫效果的关键。如猪链球菌 2 型的不同菌株致病性差异很大,可有高致病力、低致病力和无致病力菌株,它的区别往往与毒力因子有关。人类链球菌主要是指猩红热,病原主要是 A 群链球菌,其次为 G、L 群,它的毒力因子包括细胞壁成分、多种侵袭性酶类和外毒素等,这是引起人发生猩红热、败血症、蜂窝织炎、风湿热、心内膜炎等严重疾患的主要成分,在发生感染后,可产生特异性免疫,但各型间无交叉免疫。猪链球菌的毒力因子与人的相似,但更为复杂,且命名与人链球菌不同,如猪链球菌 2 型比较重要的毒力因子主要包括荚膜多糖(CPS)、溶血酶释放蛋白(MRP)、细胞外蛋白因子(EF)、溶血素、凝集素等,其中 MRP 及 EF 是猪链球菌 2 型的两种最重要的毒力因子,它决定猪链球菌 2 型的致病力,可作为实验室确诊的依据,所以对猪链球菌毒力因子的研究,已成为近些年研究防制本病的热门话题。

3.实验诊断区分特点

链球菌呈圆形或卵圆形,革兰染色阳性,有的可见荚膜,在被检病料中多呈单个或成对存在,也可见 3~5 个菌的短链,在加血清的液体培养基中,可见 5~8 个或更多的菌体连在一起。致病菌对生长要求较高,在含有鲜血或血清的培养基中生长良好,在普通琼脂上生长贫瘠甚至不生长。菌落为圆形,针尖大或中等大小,表面光滑,凸起湿润,半透明或浅灰色,呈 β-型或 α-型溶血。

将菌落生长良好的培养皿放置于室温或 4～10℃ 冰箱,数日后菌落塌陷皱缩,甚至仅保留黑色痕迹,但大多数仍可继代成功。生长特性和生化实验有助于认定为链球菌,但不同分离株的某些生化反应并不一致,需在检验时认真加以分析。用生化反应做链球菌的分型较为困难,但有些报道认为可作为链球菌分群的依据。用猪链球菌定型血清鉴定链球菌的方法,准确可靠而简单,但国内尚没有此成套试剂生产。1998 年国内某单位用国外进口的 1～28 型猪链球菌定型血清,对分离菌进行诊断,用以检验猪链球菌 2 型的毒力因子 MRP 和 EF,在 1.5 小时可得出结论,可靠而迅速,有很大的应用价值。

4. 了解病原抵抗力,采取应对措施

链球菌在自然界分布很广,种类繁多,其中部分菌型可致人或家畜的发病。许多可引起猪发病的链球菌,也经常可从正常猪的皮肤、黏膜、阴道、上呼吸道(包括扁桃体)等许多部位分离到,甚至可从 SPF 猪群在完全封闭的子宫中分离到。链球菌对高温比较敏感,在 60℃ 时仅能存活 10 分,常用消毒剂在 1 分可将其杀死,但环境中的污物和有机物质的存在,可严重影响消毒药物作用的发挥。本菌在污染的环境、粪便、水和猪尸体中存活时间较长。在 60℃ 水中可存活 10 分;50℃ 水中为 2 小时;4℃ 水中存活 1～2 周。在 0℃ 时的灰尘中可存活 1 个月,粪便中为 3 个月,在猪腐烂的尸体中于 4℃ 时可存活 6 周。

二、流行特点

1. 流行季节

该病发生没有明显的季节性,一年四季都有发生,但以 4～10 月的夏秋季发病率高,春冬季发病较少。

2. 易感性

不分猪的品种、年龄、性别均可感染该病,5～10 周龄的幼猪和架子猪发病较多,大猪、哺乳期母猪发病较少。

3. 发病特点

该病流行迅速,来势凶猛,临近猪场往往一个接一个呈快速扩散蔓延趋势;病死猪的酮体、内脏、血污会引起跳跃式的流行,从开始发病到流行结束的周期为 2～3 周,流行高峰则在发病 1 周后出现;但在老疫区多呈局部或散发性流行。

4.发病率及死亡特征

大面积流行的发病率高达90％,如不经任何治疗自然死亡率可达80％以上,多数因为突然发生心内膜炎致死;加强防制措施后的死亡率也达10％左右;当转为亚急性、慢性时死亡率则明显下降。

5.传播形式

该病可通过母猪分娩、哺乳等方式垂直传播给仔猪,又可经病猪口、鼻、皮肤伤口等水平传播;呼吸道和消化道也是本病的传染途径。有资料报道,本病还可通过带菌公猪交配而传染给母猪,进而传染给仔猪。

6.传染来源

此病一般为外源性感染,传染源主要是病猪和病愈后带菌猪以及被污染的饲料、饮水。病猪的鼻液、唾液、尿、血液、内脏、肿胀的关节内均可检出病原菌;妊娠母猪的子宫和阴道中可带病菌,其产下的仔猪在出生后常发生感染;未经无害化处理的病猪和死猪肉、内脏及废弃物,运输工具及场地、用具的污染等,都可形成本病的疫源地;苍蝇在传播中也起一定作用。

7.应激因素可加重发病

外界环境条件的变化,如转群、运输、阉割、免疫、气候突变及猪群饲养密度过大、猪舍卫生条件差、通风不良等各种应激因素等都可诱发本病的发生和流行,并会加重病情。

三、临床症状

根据病猪的临床症状和病变发生的部位不同,可将本病分为以下几型:

1.败血型

本型的潜伏期短,一般为1～3天,长的可达6天。在流行初期常有最急性病例,往往前一天晚上未见任何症状,翌日已死亡;或者突然减食,体温41.5～42℃,精神委顿,呼吸促迫,腹下有紫红斑。这种病猪多在24小时内因败血症而迅速死亡。急性病例,常见精神沉郁,体温41℃左右,呈稽留热,减食或不食,喜饮水;眼结膜潮红,有出血斑,有浆液性、脓性鼻汁流出,呼吸促迫,浅表而快,间有咳嗽;颈部、耳郭、腹下及四肢下端的皮肤呈紫红色,并有出血点。个别病猪出现血尿、便秘和腹泻;有的还出现多发性关节炎症状。急性病例的病程稍长,多数病猪2～4天内因治疗不及时或不当而发生心力衰竭死亡。

2. 脑膜脑炎型

病初体温升高,不食,便秘,有浆液性或黏液性鼻汁流出。继而出现神经症状,运动失调,转圈,空嚼,磨牙;当有人接近时或触及躯体时发出尖叫或抽搐,或突然倒地,口吐白沫,侧卧于地,四肢做游泳状划动,甚至昏迷不醒;有的病猪于死前常出现角弓反张等特殊症状。另外,部分病猪还伴发多发性关节炎,病程多为1～2天,而发生关节炎病猪的病程则稍长,逐渐消瘦衰竭而死亡。

3. 关节炎型

多由前两型转移而来,或从发病起即呈现关节炎症状。表现一肢或多肢关节肿胀,疼痛,呆立,不愿走动,甚至卧地不起;运动时出现高度跛行,甚至患肢瘫痪,不能起立。本型的病程一般为2～3周,病猪多因体质衰竭而死亡。

4. 化脓性淋巴结炎(淋巴结脓肿)型

多发生于颌下淋巴结和颈部淋巴结。受害淋巴结先出现小脓肿,逐渐增大,肿胀,坚实,有热有痛,可影响采食、咀嚼、吞咽和呼吸。病猪体温升高,食欲减退,嗜中性白细胞增多,有咳嗽,流鼻汁。脓肿成熟后,肿胀中央变软,皮肤坏死,自行破溃排脓,流出带绿色、黏稠、无臭味的脓汁。此时全身病情好转,症状明显减轻。脓汁排净后,肉芽组织新生,逐渐康复。本病程3～5周,一般不引起死亡。

5. 妊娠母猪早期流产型

链球菌E型和C群菌株可通过泌尿生殖道感染,最后引起子宫内膜炎,致使受精卵或40天以内的胚胎不能在子宫内膜着床,导致流产。这种流产多发生在一个月左右,流出的胚胎只有指头或花生米大,有的母猪流产后立即吃掉,不易被发现。流产后由于子宫内膜炎症继续存在,经常从阴户流出脓性分泌物,如果不及时对子宫用药冲洗,则造成母猪长期不发情,或配种后又返情。

四、病理变化

与临床相对应的病变分述如下:

(1)败血型 尸体皮肤有紫斑,全身淋巴结肿大、出血;皮下、黏膜、浆膜均有出血点;脾和肾肿大、出血和充血;胃肠黏膜充血、出血;胸腔及腹腔常见纤维素性炎症;全身淋巴结肿大、充血和出血。

（2）脑膜脑炎型　脑和脑膜充血、出血;脑脊髓液增多;心包增厚;心包膜、胸腔、腹腔有纤维性炎症;全身淋巴结肿大、充血和出血。

（3）关节炎型　关节周围水肿,纤维组织增生,严重者关节周围化脓坏死,关节面粗糙,关节囊内有胶冻样液体或纤维素脓性物。

（4）淋巴结脓肿型　头颈部淋巴结(特别是颌下淋巴结)肿大,切面有脓汁或坏死灶。

（5）母猪早期流产型　流产母猪的子宫内膜充血、出血或溃疡。

五、诊断

1. 现场诊断

根据发高热、关节肿、跛行、耳鼻发绀、呼吸急促、神经症状等,结合死亡后血液呈酱油色、凝固不良、心内外膜出血、脾肿大有黑色梗死灶、胃底黏膜出血溃疡等病变可初步诊断为猪链球菌病。

2. 实验室诊断

根据不同的病型采取相应的病料,如脓肿、化脓灶、肝、脾、肾、血液、关节囊液、脑脊髓液及脑组织等,制成涂片,用碱性亚甲蓝染色和革兰染色,显微镜检查,见到单个、成对、短链或长链的球菌,并且革兰染色呈紫色(阳性),即可以确诊为本病。此外,还可进行细菌分离培养鉴定和动物接种实验。目前,国内科研机构建立了链球菌病间接血凝(IHA)法、酶联免疫吸附试验(ELISA)法,可以通过血清抗体对本病做出诊断;酶联免疫吸附试验法具有特异性强、敏感性高、简便快速等优点。

3. 鉴别诊断

由于本病临床症状和剖检变化较复杂,易与猪瘟、仔猪副伤寒、猪丹毒、李氏杆菌病相混淆,并与其他败血性传染病、出现脑膜炎症状的传染病和内科病有不同程度的相似性,应注意区别,并注意是否存在混合感染现象,确诊需进行实验室检查。

六、防制措施

1. 常规预防

主要做好免疫接种、定期消毒和饲养管理。

（1）免疫预防 ①猪链球菌病活疫苗的免疫方案：种母猪在产前肌内注射，2头份/次，种公猪2次/年，每次2头份；仔猪在35～45日龄肌内注射，1.5头份/次，注射14天后产生免疫力。②采用猪链球菌多价灭活苗的免疫方案：仔猪30日龄注射3毫升直到出栏，种公母猪2次/年，每次3毫升，后备母猪在配种前15～30天注射3毫升，以后随种公母猪方案。如果本病正在流行，怀孕母猪应在产前15～20天加强一次免疫，仔猪提前在15日龄免疫。

（2）定期消毒 要高度重视猪场环境清洁和消毒工作，搞好猪舍内外的环境卫生，猪舍要保持清洁干燥，通风良好，每周定期用高效消毒剂进行喷雾消毒2次。

（3）加强饲养管理 保证猪只充分的营养，以增强猪只的抵抗力；实行"全进全出"的饲养制度及合理的饲养密度，避免过度拥挤，减少各种应激因素，有助于减少疾病的发生。

（4）药物预防 在本病流行季节，添加适量的药物，以防止本病的发生，可在饲料中加30%强力霉素1 000克/吨＋70%阿莫西林预混剂300克/吨，连喂2周。

2.紧急预防

当发生本病时，应采取紧急预防措施。

（1）防止病原传播 一是立即封锁全场，隔离猪群；二是狠抓关键防控措施，切断疫源，阻止病原菌传播；三是在饲料中添加药物，提高机体的抵抗力；四是对易感猪群实施紧急免疫，提高猪群的免疫水平。

（2）消除传染源 当发现本病暴发时，应立即隔离猪群，对病死猪进行无害化处理。猪舍及环境等要加强消毒，粪便应采取堆积发酵处理。

3.治疗方案

（1）饲料中加药 ①5%头孢噻呋钠1 000克/吨料＋30%强力雷素预混剂300克/吨料，连用5～7天；②磺胺-5-嘧啶钠500克/吨料＋抗菌增效剂100克/吨料＋碳酸氢钠600克/吨料，连用5～7天。

（2）针对性治疗 ①败血型链球菌：注射复方头孢拉定10毫克/千克体重＋清瘟灵0.1毫升/千克体重进行肌内注射，每天2次，连用3～5天；阿莫西林10毫克/千克体重＋地塞米松0.2毫克/千克体重，每天2次，连用3～5天；如出现酸中毒，可采用输液疗法，5%的葡萄糖生理盐水500毫升＋氨苄青霉素 10 毫克/千克体重＋维生素 C 0.1 毫升/千克体重＋地塞米松 0.2 毫升/千克体重,另静脉注射 5％碳酸氢钠 1 毫升/千克体重。②脑膜炎型:首选磺胺类药物,可用磺胺嘧啶钠 0.2 毫克/千克体重溶于 10％葡萄糖 200 毫升,静脉注射(可通过血脑屏障,达到杀菌的目的),首次加倍;林可霉素 50 毫克/千克体重肌内注射,每日 1 次,连用 3～5 天或红霉素 6 毫克/千克体重静脉注射或分点肌内注射,每日 2 次,连用 3～5 天。③对关节炎幼猪可用头孢噻呋 20 毫克/千克体重＋地塞米松 2 毫克/千克体重或林可霉素 6 毫克/千克体重＋地塞米松 0.2 毫克/千克体重肌内注射。④对淋巴结脓肿,待脓肿成熟变软后,及时切开,排除脓汁,用 0.1％高锰酸钾液冲洗后,涂上碘酊,可配合注射氨苄青霉素 10 毫克/千克体重＋链霉素 10 毫克/千克体重肌内注射,短期内尽量避免用水冲洗,以防感染。

【提示与思考】

　　猪链球菌病是世界各国常见的猪传染病,危害严重。近年来在我国的四川和贵州等地均有发生,引起人们极大的关注。猪链球菌致病性的强弱与毒力因子有关,该菌常与放线杆菌、副猪嗜血杆菌以及蓝耳病等病毒混合感染,给临床和实验室诊断带来一定的困难。研究发现,猪链球菌与麦氏弧菌在实验室条件下单独作用于猪均不表现致病作用,但二者同时作用于猪可使猪很快死亡,具有明显的协同致病作用。因此,猪链球菌病病原的精确检测具有重要的现实意义。

　　针对猪链球菌的防治,国内外往往采用药物治疗和疫苗免疫相结合的方法。在发病初期一般采用抗生素进行治疗,但由于没有进行有效的药敏试验,滥用抗生素,导致抗生素耐受,进而延误了最佳的治疗时间,并且有畜产品药物残留的隐患。因此,人们应致力于筛选广谱、高效、低残留的药物,在疾病发生早期及时控制疾病蔓延。在药物治疗同时,应用疫苗进行免疫,防止疾病的发生。

　　我国已研制出几种灭活苗和弱毒苗,在应用中显示出一定的免疫预防作用,但有些猪场接种猪链球菌疫苗后,仍然发生猪链球菌病。经分析发现猪链球菌的种类繁多,不同型甚至同一型不同分离株的致病性也有很大差异,免疫用的疫苗抗原种群与当时流行的菌群不符,导致了免疫失败。因此,只有从疾病流行区患病动物体内筛选致病力强且免疫原性好的菌株,研制有地方特点的灭活苗,才能起到有效的防御作用。关于基因工程疫苗,国内也做了深入研究,但免疫效果有待进一步的检验,并且继续寻找适合作为免疫原的蛋白,研制出可以针对多种血清型的疫苗。

第二十六章

养猪生产中的大敌——母猪疲劳综合征

🔗【知识链接】

　　母猪疲劳综合征（sows fatigue syndrome，SFS）是指由于现代化饲养管理模式下母猪连续地配种、妊娠、哺乳等生产繁殖导致的母猪出现的免疫抑制及生殖疲劳的现象。主要表现为：易被疾病感染、对环境的抗逆性降低、母猪繁殖障碍等。母猪疲劳综合征使母猪的繁殖性能长期处于较低的生产水平，机体容易被疾病侵袭，增加了生产成本，严重影响规模化猪场的经济效益。

　　母猪疲劳综合征的发生会导致母猪非生产天数的增加，从而增加饲料成本。仔猪的健康水平在母猪疲劳综合征的影响下也会受到间接影响，母猪初乳及常乳中所含有的微量元素及免疫活性物质对于仔猪的健康至关重要，母猪疲劳综合征影响母猪体况并导致其泌乳量和乳品质下降，从而间接影响仔猪断乳前的生长发育。母猪的生殖疲劳同样会影响母猪自身营养的代谢吸收以及配种、妊娠及哺乳阶段的繁殖性能。

【病例案例】

　　2013年编者应邀去河南一家集团公司帮助分析猪场生产低下的原因，该分场存栏母猪1 800头，通过实地查看猪场饲养管理情况、查阅饲养管理记录和座谈询问的方法，对统计数据进行百分比计算，发现该猪场母猪繁殖障碍综合征发病率较高，因繁殖障碍淘汰的约占38.5％，严重影响了猪场的经济效益。在调查中随机抽查了1 562胎次生产母猪。有繁殖障碍综合征的为468头次，发病率达29.96％，其中，不发情12头次，占0.25％，早产25头次，占5.3％，木乃伊胎36头次，占7.69％，畸形胎187头次，占39.9％，产前瘫痪103头次，占22.1％，少仔52头次，占11.1％，死胎20头次，占4.2％，难产33头次，占7.05％。从种母猪发病的胎次看，发病与胎次存在一定的规律性，随着胎次的增加,发病率减少,但是在胎次达到六、七胎次后,发病率慢慢上升。调查显示,第一胎和第二胎发病的最多,分别为 210 头和 156 头,分别占 35.7% 和 24.6%;随后第三胎以上患病的共有 120 头,占 11.9%。

上述调查看,一般初产母猪、青年母猪不仅发病症状显著,而且发病率相对较高,而经产母猪一般发病症状不明显,仅出现产死胎现象。畸形和产前瘫痪比例较大,其他症状病猪比例不高。大量发病母猪的症状特征分析应属于传染病所致,而且主要是由猪细小病毒感染引起。尽管猪场每年都按照程序注射了猪细小病毒疫苗,但是仍不断发生。查阅饲养管理记录,生产畸形和产前瘫痪比例较大的情况多发生于初产母猪和老龄母猪,且多发生在春季和冬季。在发病时间段内,查阅相应的兽药、饲料和疫病诊断记录,发现母猪繁殖障碍综合征与疫病、饲养管理、人工授精、环境因素有很大的关联。

从疫病发生原因分析,疫病因素是主要原因。查阅疫病诊断记录,调查期间该猪场曾多次发生引起母猪繁殖障碍综合征的疫病,比如,猪钩端螺旋体病、猪圆环病毒 2 型感染、猪流行性感冒、猪弓形虫病、猪衣原体病、猪巴氏杆菌病、猪附红细胞体病。据统计,疫病因素占发病比例 53.8%。例如,在 2013 年 4 月,猪场发生了猪繁殖呼吸障碍综合征,调查生产母猪 85 头次,母猪发病率大约为 7.2%,患病期间,母猪繁殖障碍综合征发病严重,主要表现为死胎、木乃伊胎和流产,死胎 24 头次,占 28.2%,木乃伊胎 36 胎次,占 42.3%,流产 25 例,占 29.4%。

从饲养管理的角度分析,营养缺乏和比例失调均会引起母猪繁殖性能下降。如能量和蛋白质供应不足,母猪瘦弱,则发情期向后推迟或不发情,卵泡停止发育,安静排卵或形成卵泡囊肿;霉菌毒素玉米赤霉烯酮则容易引起早期胚胎死亡;维生素 A、维生素 B、维生素 D、维生素 E 严重缺乏会影响受胎和胎儿的正常发育。例如,正常情况下,85%~90% 的经产母猪在断奶后 7 天表现发情。但是这次调查有 12 头次母猪在产后 15 天不发情,调查原因一是当时更换饲料,饲料产品经化验不合格,缺乏维生素维生素 A、维生素 B,导致母猪瘦弱,能量不足;二是经过诊断,有 8 头母猪卵泡机能减退、萎缩与硬化。

从上述案例分析中我们可以看出:母猪的状态是决定母猪生产力的重要因素,母猪的免疫抑制、毒素侵害是影响母猪生产状态的重要因素。因此,应致力于饲料毒素、细菌毒素造成的肝脏损伤,探索提升肝细胞活力的办法,从而从根源上解决免疫抑制的问题。另外,从免疫调节剂的研究入手,辅助提升母猪的抵抗力,同时辅以改善环境、引进有益胃肠道健康的益生因子和精细化管理,从而提高母猪的生产力,提升养猪的经济效益。

【技术破解】👆

一、母猪疲劳综合征的表现及其在生产中的危害

据吴传文在某大型规模化养猪场的调查发现,正常经产母猪断奶后一般表现为7～10天发情,配种后受胎率一般维持在90%左右,平均窝产活仔数为10.5头,仔猪腹泻发生率较低,健康状况良好,21天断奶量平均为5.5千克。发生母猪疲劳综合征后,部分经产母猪表现为断奶后发情迟缓,超过14天仍然不出现发情现象,容易因不良刺激或自身体况的下降导致妊娠难以维持,母猪分娩后乳汁质量低下,仔猪腹泻等发病率居高不下,母猪容易出现便秘、无名高热、猪群易感染疾病等症状。据杨宜生等对湖北19个有代表性猪场4～19个产仔期调查发现,在约8 000头生产母猪中,存在繁殖功能异常的约占41.17%,其中母猪产死胎现象较为严重,出现比例高达50.53%,即每2头母猪至少产1个死胎,流产、产木乃伊胎、弱仔、畸形胎、母猪不育分别占到4.78%、13.57%、15.99%、2.09%、6.08%,造成的损失无法估量,在调查的周期内,母猪所生产的85 000头仔猪中,损失仔猪占12.86%,相当于1个万头猪场1年产仔的总和。尽管母猪疲劳综合征不会完全导致母猪妊娠失败,但由于母猪在高强度的生产状态下,机体已经处于极度的应激状态,对于母猪的发情配种会造成直接的影响,导致母猪发情率和配种受胎率下降、返情率升高,以及对疾病的易感性增加等,最终表现为母猪淘汰率升高、仔猪的成活率降低。

在目前的饲养管理模式下,连续的生产繁殖容易造成母猪体况下降和应激反应。促卵泡素和雌激素分泌不足,会影响免疫细胞活性及母猪的生理周期,引起母猪明显的免疫抑制和繁殖障碍。应激对母猪免疫系统会造成严重的影响,短期的应激源能阻断营养物质的供应吸收,使饲料利用率降低,母猪对病毒病的易感性升高,慢性、持久的应激反应可提高母猪对细菌和寄生虫的易感性。在规模化养猪中,应激源普遍存在,且种类繁多,例如:环境及温度的骤变、疾病侵袭、营养不良、断奶、转群、频繁的疫苗接种、混群、分娩(尤其是初产母猪)、高密度饲养、缺水、高温等。应激反应导致母猪发病率提高、健康水

平下降、淘汰率升高,仔猪的健康状况恶化,对规模化猪场的生产效益造成不利影响。

二、母猪疲劳综合征的发生机制及影响因素

经产母猪常年处于紧张的生产状态,特别是在泌乳期消耗过多营养,连续的生产繁殖致使经产母猪机体免疫、营养代谢及繁殖性能因疲劳而受到抑制。导致母猪母猪疲劳综合征发生的主要因素有:遗传因素、内分泌及生殖器官病理因素、饲养管理因素和药物因素等 4 个方面。

1.诱发母猪疲劳综合征的遗传因素

由遗传因素导致的母猪机体抗逆性及生产性能降低主要有 3 方面因素:原种猪的遗传、近亲繁殖、染色体畸变或基因突变。

(1)原种猪遗传的不良基因降低猪群适应能力 原种猪群在最初选种的时候,更多考虑的是生长及产肉性状,往往忽视对种猪自身抗逆性状的选择,尽管此类性状的遗传相关性较低,但仍会成为日后母猪的疾病隐患。另外,一部分隐性基因由于性状上不显现,在挑选种猪的时候就很难加以区分。

由于原种猪群的遗传因素,一部分隐性不良基因随配子遗传给下一代,致使生产母猪机体不够健壮,对外界的应激抵抗能力不强,不能很好地适应现代化、集约化的养殖模式,间接导致母猪疲劳综合征的发生。

(2)近亲繁殖诱发仔猪机能退化 猪的近亲繁殖会导致一部分隐性遗传性疾病如后备母猪生殖器官发育不全等疾病的发生,加重由于自身所带隐性致病基因的致病性。同时,近亲繁殖引起许多性状的退化,对仔猪的生长发育极为不利,导致猪的适应性、抗病力以及繁殖性能等出现不同程度的下降。近交只适用于育种的某些环节,如错误地应用于生产将会对猪群的健康造成很大影响。有学者报道:近亲繁殖会影响猪群的生产性能,导致母猪产死胎、弱仔数增加,繁殖性能大大降低,仔猪生长速度变慢和对疾病的易感性升高。

(3)染色体畸变或基因突变 由于不良刺激导致种猪配子发生染色体畸形或基因突变,可引起胚胎或胎儿发育不正常,如先天性发育不良、先天性生理缺陷或畸形、公母猪在免疫学上不相配,可引起流产、早产、弱胎或死胎。突变通常会导致细胞机能异常或细胞死亡,甚至可以在较高等生物中引发癌症。尽管突变也被视为物种进化的推动力,但突变的多害少益性决定了有益突变的累积是以部分猪只的死亡和经济价值的损失为代价。也有学者报道:遗传

物质的突变会造成母猪繁殖性能的下降,严重时会导致妊娠失败,不利于养猪生产。

2.内分泌及生殖器官病理因素对母猪疲劳综合征的影响

母猪内分泌及生殖器官的病变主要由自身机体的衰老退化与外界疾病因素感染导致,故分为原发性因素和继发性因素,原发性因素多是由于母猪自身机体功能衰退引起,在生产中治疗价值不大,所以,针对继发性因素导致的母猪疲劳综合征有必要进行探析。

(1)原发性因素 原发性因素是由母猪自身机体功能衰退引起,母猪自身胎龄过大引起免疫系统退化、抗应激能力下降、卵巢机能减退、卵巢囊肿等现象,造成母猪繁殖障碍,表现为母猪发情排卵障碍、与生殖有关的激素分泌失调、相关的免疫抑制以及对疾病的易感性增强。有学者对某大型种猪场的大白、长白和杜洛克母猪共1101窝次的繁殖性能进行了统计分析,结果表明,胎次对母猪的繁殖性能有较大影响,初产母猪繁殖成绩较低,以后逐渐提高,至第4~5胎生产成绩达到最好,之后又逐渐下降;胎次与窝总产仔数、窝产合格仔数间均呈线性相关。但对于许多管理技术不够完善的中小型养猪场,母猪第5~6胎次生产性能已经出现显著下降趋势,各种因素导致的母猪机能退化致使母猪尚未繁殖到第6胎就已经被淘汰。

(2)继发性因素 随着母猪胎龄增大、生产任务加重及机体机能下降,导致母猪繁殖性能及免疫机能下降的疾病逐渐增多,但实际生产中主要以猪繁殖与呼吸综合征、猪细小病毒病、猪瘟和猪伪狂犬病等疾病较为常见。各种疾病的感染加剧了母猪生产水平的下降,从而诱发疲劳综合征。

(3)饲养管理因素 母猪的生产环节主要包括配种、妊娠、分娩、哺乳和断奶。每个环节对于母猪的体能都会造成很大的消耗,尤其是泌乳期,因此,适宜的生产环境、均衡的营养水平和良好的管理方式是维持母猪较高生产力的重要因素。但实际生产中由于营养、环境及管理方式存在的问题,造成了母猪繁殖生产的疲劳和健康状况的衰退。

1)营养因素 母猪对营养的需求主要包括能量、蛋白质(氨基酸)、维生素、矿物质4大类,营养对母猪的作用通过两种方式进行调控:一是直接通过营养水平的高低调控机体各器官的发育及正常功能;二是通过下丘脑一脑垂体一肾上腺轴等内分泌的方式调节机体运转。任何一种营养因子的缺失或不足都可能导致繁殖障碍和疾病的发生。

饲料中的能量对于母猪的各项性能起主导作用,营养过剩或不足会影响母猪膘情,从而造成排卵及妊娠上的障碍。蛋白质、维生素及其他各项营养因子都对母猪的繁殖和健康起着间接的调控作用,有研究表明:妊娠期母猪的营养水平过高或过低都会显著影响母猪的产仔及泌乳性能,氨基酸、矿物质和维生素也会对动物的免疫机能造成不同程度的影响,只有根据母猪的生理特点给予较为适宜的营养水平,才可以避免此类因素诱发的母猪生产性能的疲劳状态。

2)温度、湿度等环境因素 在最适环境温度范围内,猪的生产性能最高,机体免疫力也较强,高于或低于最适环境温度都将导致生产性能下降。不同生理阶段的猪只所需的最适温度不尽相同,妊娠期母猪需 $18\sim22℃$,初生仔猪需 $33\sim34℃$,至断乳前逐渐降至 $26℃$ 左右。温度通过调节猪的组织及器官的活跃程度间接影响猪生产性能和机体免疫水平。高温对猪的生长发育以及母猪的繁殖会造成不可逆的损害,圈舍温度过高会导致猪体温升高、心动过速,生产性能大大降低。高温对母猪的最大危害是导致其采食量严重下降。有实验表明体重 90 千克左右的猪在猪舍温度由 $22.7℃$ 上升至 $31.4℃$ 时,采食量由每天 2.8 千克下降到 0.9 千克;当圈舍温度超过 $28℃$ 时,母猪会通过减少采食量以减少体内热量的产生,由于母猪营养摄入的不足而影响其繁殖性能。

养猪生产适宜的环境相对湿度一般为 $65\%\sim75\%$。实验证明:在温度适宜的情况下,湿度对猪的行为生理几乎没有影响,高温时(圈舍温度超过 $28℃$)环境相对湿度增大 10% 相当于温度升高 $1℃$,湿度的不适宜会加剧由于温度原因对于猪只健康造成的损害。

另外,光照不足、缺乏运动、空气污浊(含有大量的氨气、甲烷、硫化氢等有害气体),也是诱发母猪疲劳综合征发生的重要因素。

3)管理方式因素 母猪所表现的返情现象一部分是由于配种不当,在生产中对于母猪发情的时机判定存在一定误差,配种时间过早或过晚都会导致受精失败;部分母猪存在隐性发情及假发情现象增加了对于母猪发情配种时机把握的难度;实际操作中所采用的授精技术、公猪的精液品质也可能导致配种的失败。

母猪所表现的流产现象与饲养密度有关。密度过大或过小对母猪生产极为不利,密度过大易致使母猪流产等现象,密度过小不利于母猪发情。适宜的饲养密度一般根据母猪的生产阶段决定,配种期母猪一般采用小栏圈养,适宜的饲养密度既利于母猪发情又利于查情工作的进行,妊娠前期及哺乳期一般选择不同的限位栏饲养,避免母猪的过度运动导致的流产及仔猪的死亡,妊娠后期应给予母猪一定的活动空间,防止母猪过肥引起的难产。

对仔猪的断奶日龄不能盲目地选择,母猪体况较差应及时断奶以恢复母猪体况,否则会增加对母猪机体的损耗,不利于母猪下一个繁殖周期的正常生产。对母猪营养应适时调整,避免粗放式管理而忽略了部分体况较差的母猪。

4)药物因素　一部分管理不规范的猪场,治疗母猪疾病时滥用药品、错误使用药品的现象大量存在。在某些没有专业兽医师的养猪场,治疗母猪疾病使用药品时,往往严重超过药品正常的使用剂量,抗生素、激素的过度使用不仅会对母猪的健康造成损害,诱发母猪疲劳综合征及形成药品的依赖性,而且更严重的是造成环境中此类药物的污染进而威胁到人类的健康。

三、母猪疲劳综合征的综合防治

引起母猪疲劳综合征的原因复杂多样,针对母猪疲劳综合征的治疗应该首先探明病因,根据母猪情况对症治疗,避免治疗的盲目性。采取综合防治的方式,从根本上解决母猪生产疲劳的状态。

1.加强品种选育,做好种源净化

(1)对原种猪进行科学的选种选配　通过对原种猪的科学选种,淘汰带有各种不良基因的个体,杜绝由于原种猪所带不良基因导致后代存在的生理缺陷,从根源上预防母猪疲劳综合征的发生。育种工作中,应建立完善的系谱档案,避免近亲繁殖。尽管选育工作对于母猪的生产力在短期之内难以显现,但有选育报告表明:通过对新美系大白3个世代的选育,其日增重、背膘厚、抗病性等主要经济性状都有较大幅度的改善。还有大量关于猪的抗逆与繁殖性能育种的研究进展表明,可以通过常规育种或分子育种等方式实现相关性能的提高,在实际生产中具有很高的应用价值,因此,应首先通过育种方式提高猪群的抗逆性能,从而避免母猪疲劳综合征的发生。

(2)做好带毒种猪的净化　搞好疫病鉴别和种群净化工作,防止出现种猪带毒现象,坚决淘汰阳性种猪。最好每半年对全部种猪病毒性繁殖障碍疾病以及各类常发的传染病进行一次检测,淘汰亚型感染或隐性感染种猪。需要引种时应避免带毒种猪,新引进种群应严格隔离45天经检疫合格之后再与本场猪群混养。

2.提高饲养管理水平

(1)控制"适度规模",提高单产水平　养殖过程中实现精细化的饲养管理是避免母猪疲劳综合征行之有效的措施。适度缩小养殖规模,实现对每头猪的精细化饲养管理,通过提高母猪的单产水平(年生产力)来提高生猪的出栏量,对于降低养猪成本、提高养猪生产的经济效益至关重要。

(2)适宜的营养标准　采取分段饲养策略,不同生理阶段的猪群严格执行不同的营养标准,例如,断奶后待配母猪需要较高的营养水平以恢复哺乳期对机体的消耗,妊娠前期(妊娠 30 天以内)应适当控制营养水平,避免营养水平过高不利于受精卵着床等。对于体况过肥或过瘦的母猪应适当调整饲养标准,使其尽快恢复正常体况。

(3)科学的管理措施　加强对母猪繁殖各环节的精细化管理。应根据母猪膘情情况及哺乳仔猪的发育状况确定适宜的哺乳时间,体况良好的母猪可适当延长哺乳时间,选择 28 天断奶,反之则采取 21 天断奶,尽量减少母猪掉膘,保持适宜的体况,以促进断乳母猪的再繁殖。要提高配种查情人员的技术水平,减少由于人为因素造成的配种失败。配种及妊娠期的管理应以减少对母猪的应激为主,使其处于较为安静的环境中,严禁粗暴管理。母猪舍最适宜的环境温度为 16～22℃,相对湿度为 60％～75％,生产中尤其是要防范高温应激对母猪繁殖造成的危害。为给种猪繁殖创造舒适的环境条件,有条件的猪场最好是采取全漏缝或半漏缝高床网上饲养,并配置必要的通风、温控、饲喂、饮水、清粪、消毒等设施设备。

3.完善防疫体系,加强猪群保健

为有效防止母猪疲劳综合征,必须采取卫生和免疫等综合措施做好猪疫病防治,保持良好的环境卫生,构建生物安全体系。首先,规模化猪场应结合当地实际情况和场内猪群的实际状况,有针对性地选择适宜的疫苗和免疫方法,制定适宜的免疫程序,按程序进行疫病的预防免疫接种工作。其次,应保持良好的环境卫生,定期进行消毒。研究表明,脏乱圈舍环境不仅可造成猪轻度炎症反应,还会引起色氨酸代谢的改变,降低生长性能及血浆色氨酸浓度。因此,对猪舍内外的环境及养猪用具应定期进行清洗消毒,对病死猪只和粪污应进行严格的无害化处理。第三,对猪群应定期进行药物预防保健。作为母猪疲劳综合征防治的辅助手段,可以有针对性地选择一些药物添加在饲料或饮水中,定期进行群体药物预防以提高种猪的免疫机能和繁殖内分泌机能;合理选择药物对症治疗。

【提示与思考】

  随着现代养猪业集约化、规模化程度的不断提高,母猪疲劳综合征已成为制约母猪年生产力的重要因素,严重影响养猪业的健康发展。导致母猪疲劳综合征的原因繁杂,既有母猪自身因素,也有管理方式、疾病感染等因素。只有从遗传选育、饲养管理、营养水平、疾病防治及环境控制等方面采取综合性防制措施才能有效控制母猪疲劳综合征,实现母猪可持续的健康生产,提高养猪生产的经济效益。

第四篇

猪 场 混 合 感染疫病防控

猪多种病原混合感染的出现,至少可以追溯到 20 世纪 90 年代初期。由于国家对外开放,畜禽及其产品的流通加快,养猪规模和密度不断加大,抗生素药物的滥用、疫(菌)苗本身存在的问题,以及免疫抑制病的存在,再加上防疫制度的不健全,导致猪病以多重感染或混合感染为主要的流行形式。

猪群发病往往不是由单一病原所致,而是以两种由上的病原体相互协同作用所造成的。这样常导致猪群的高发病率和高死亡率,危害极其严重,而且控制难度大。多重感染包括病毒的多重感染、细菌的多重感染、病毒和细菌的混合感染。在病毒的多重感染中,以猪繁殖与呼吸综合征病毒、猪圆环病毒 2 型、猪瘟病毒、猪流感病毒以及伪狂犬病毒之间的多重感染较为常见,特别是猪繁殖与呼吸综合征病毒和猪圆环病毒 2 型的双重感染最为严重,由此造成猪群的双重免疫抑制和抵抗力下降。细菌的多重感染主要涉及肺炎支原体、副猪嗜血杆菌、传染性胸膜肺炎放线杆菌、猪多杀性巴氏杆菌、大肠杆菌、沙门菌、猪链球菌、附红细胞体等。另外,病原的继发感染在规模化猪场也十分普遍,特别是在猪群存在原发感染(猪繁殖与呼吸综合征病毒、猪圆环病毒 2 型、肺炎支原体)的情况下,一旦遇到应激因素和饲养管理不良,就很容易发生细菌性继发感染。

多种病原混合感染使猪场疫情更加复杂化,给猪病定性诊断和有效防治均带来很大困难,并常出现误诊,导致猪群防控措施不得力,给养猪场造成了严重的经济损失。因此,在临床实践中,对猪多病原混合感染症必须先搞清病因,采取综合措施,才能获得良好的效果。

第二十七章

猪多病原混合感染

第一节　猪蓝耳病病毒、圆环病毒、副猪嗜血杆菌、伪狂犬病毒混合感染

🔗 【知识链接】

　　猪蓝耳病是由蓝耳病病毒引起的,主要表现为母猪厌食、发热,孕猪流产,产死胎、木乃伊胎,仔猪出现呼吸道症状和高死亡率等。圆环病毒病是由圆环病毒2型引起的,主要引起母猪流产、产死胎、断奶前后猪衰竭综合征、皮炎肾病综合征等,临床发病率和死亡率都很高。副猪嗜血杆菌病是由副猪嗜血杆菌引起的,主要表现为猪的肺炎、心包炎和关节炎等。伪狂犬病是由伪狂犬病毒引起的,主要表现为妊娠母猪流产,产死胎、木乃伊胎等,仔猪腹泻、呕吐、大量死亡等,主要通过呼吸道传染。蓝耳病病毒和圆环病毒除了上述危害之外,更重要的是可损害机体的免疫系统,造成免疫抑制,使猪的抵抗力降低,更容易感染副猪嗜血杆菌、伪狂犬病毒等。另外,这4种病都可引起猪的呼吸困难、关节肿大、神经症状等,给临床诊断和用药造成困难,使猪场的损失更大。

【典型案例】

　　一、基本情况

　　我国西部某大型集约化猪场,2007年共有基础母猪2 000头,年底存栏8 000头左右(生产水平极为低下)。2007年10月,该场又陆续从华北某种猪场以每个月500头的速度引进种猪,计划达到母猪群存栏12 000头,实现年产20万头的规模。

　　该猪场的免疫程序如下:①猪瘟。种公猪每年两次注射细胞苗5头份;母猪产后25天注射细胞苗5头份;仔猪25天、60天分别注射细胞苗4头份、7

头份;后备母猪 170 日龄接种猪瘟细胞苗 5 头份。②猪口蹄疫高效苗。种猪群每两个月免疫一次,每次接种 2 头份即 6 毫升;仔猪 45 天、72 天分别注射 1 毫升、2 毫升。③伪狂犬。种公猪每半年免疫一次,每次肌内注射国产苗 2 头份;妊娠母猪产前 21 天接种 2 头份;仔猪 38 日龄接种 1 头份。④细小病毒灭活苗。后备母猪 180 日龄接种 1 头份。⑤链球菌。种猪群每半年免疫一次,每次接种活疫苗 1 头份;仔猪 32 天、56 天分别注射 1 头份。

华北某种猪场给该场制定的保健程序:①空怀、妊娠、哺乳母猪,公猪。每吨饲料中添加黄芪多糖 150 克＋维生素 C 100 克＋痢菌净 250 克＋黄芩苷 80 克＋生物素 420 克。②哺乳仔猪,断奶仔猪,生长前、后期猪群。黄芪多糖 150 克＋维生素 C 100 克＋氟哌酸 250 克＋连翘 80 克＋生物素 420 克。③上述加药程序从 4 月起至 9 月止,每月连续饲喂 15 天,目的主要是控制猪流感、圆环病毒病、支原体肺炎、副猪嗜血杆菌病、沙门菌病和大肠杆菌病等带来的干扰。

2008 年 5 中旬,该场饲养的 8 000 余头 2 个月以上的育成猪,发生了以猪发热和呼吸困难为主、死亡率高的疫病,死亡率达到 25%,一直持续到 6 月下旬,才得以控制。经诊断主要为猪蓝耳病、圆环病毒病、伪狂犬病、副猪嗜血杆菌病等的混合感染,同时并发其他细菌性疾病。

二、发病情况

该场母猪主要表现便秘,临产及哺乳母猪更甚,厌食;保育及育肥前期猪只突然死亡,食欲减退,采食量下降到正常量的 40%,发热及喘气,多为腹式呼吸或犬坐呼吸;有的后肢瘫痪及运动困难,发病率约 70%,死亡率达 25%。

三、临床症状及剖检变化

1. 临床症状

发病猪主要表现为体温升高,一般在 40~41.5℃,精神沉郁,嗜睡,反应迟钝,食欲突然减退甚至废绝;呼吸加快,多呈腹式呼吸或犬坐呼吸。部分病猪出现腹泻,粪便为黄色糊状,具有明显的恶臭味,有的病猪呈进行性消瘦,全身皮肤苍白或发黄,体表淋巴结异常肿大,部分猪皮下出血、瘀血,尤其是以臀部、耳郭、腹下和四肢内侧等部位变化特别明显,关节肿大、跛行、转圈、共济失调。

2.剖检变化

耳尖、腹部及四肢末端有紫红色斑块;全身淋巴结肿大,肠系膜及腹股沟等处淋巴结肿大,口角和鼻孔有泡沫溢出,喉头潮红,脾脏明显肿大,呈紫红色;气管黏膜充血,内充满淡红色泡沫,肺病变部位质地较硬,有大小不等的紫红色病变区,切面呈大理石状,胸腔、腹腔有淡黄色液,个别有似"炒鸡蛋"状的渗出物;关节肿胀,主要为跗关节以下肿胀,关节及肿胀部位囊液混浊、浆膜增生。

四、实验室诊断

通过某专家连续两周的治疗,在病情进一步恶化的情况下,才对各阶段疑似的健康猪只随机采集血样及病料,送科研单位进行检测,其结果如下:伪狂犬抗原阳性100%(51/51);圆环病毒抗原阳性62.8%(32/51);弓形虫抗体阳性5.9%(3/51);蓝耳病抗原阳性51%(26/51);副猪嗜血杆菌抗原阳性100%(51/51);猪瘟抗体不合格100%(51/51)

五、处理措施

某种猪场技术人员认为是"高热病",随后给了一个治疗高热病的"良方":所有种猪群在每吨饲料中加入"强化免疫神-Ⅰ"1 000克;哺乳仔猪、保育仔猪、生长育肥猪每吨饲料中加入"强化免疫神-Ⅱ"1 000克,连续饲喂2周;对发病猪每天注射长效土霉素2次。经过两周的治疗,不但没得到控制,死亡率一直在上升。

根据临床症状和死亡猪只的剖检情况,该场发生的"高热病",主要为病毒病(伪狂犬病、蓝耳病、圆环病毒病)、细菌性疾病(副猪嗜血杆菌病、链球菌病)混合感染所引起。根据化验结果,调整治疗方案:①对发病猪只肌内注射头孢噻呋钠10毫克/千克体重,2次/日,连用4~5天,氟苯尼考注射液20毫克/千克体重,肌内注射,1次/日,连用4~5天。②饲料中添加10%氟苯尼考500克/吨+30%强力霉素1 000克/吨;同时在饮水中加入黄芪多糖500克/吨、电解多维500克/吨,连用10~15天。

【提示与思考】

　　造成猪只大批死亡的主要元凶是副猪嗜血杆菌,所以选择对副猪嗜血杆菌高度敏感的药物如头孢噻呋钠、氟苯尼考等交替使用,同时在饮水中加入黄芪多糖、电解多维以抑制病毒的繁殖并提高猪群免疫力。经过一周的治疗,取得了较好的效果。

　　从整个疫病防治过程来看,是由猪蓝耳病毒、圆环病毒、副猪嗜血杆菌、链球菌等引起的多种病原混合感染所致。蓝耳病病毒感染猪肺巨噬细胞、从而引起肺部免疫功能下降,与蓝耳病相似,圆环病毒也攻击巨噬淋巴系统,从而引起广泛的免疫抑制,加上长期使用霉菌毒素污染的玉米原料,这必然引起动物机体更严重的免疫抑制,而造成其他病原的继发感染。由此推测:霉菌毒素、圆环病毒与蓝耳病病毒感染引起机体的免疫抑制是本病发病的基础;在猪场送检病料中检测到副猪嗜血杆菌、链球菌、巴氏杆菌及弓形虫,这些病例往往表现急性,有胸腹水,死亡快,因此,有理由推测细菌也是造成本病的病原之一。尽管细菌可能是机体免疫抑制后的继发性病原,但可以说细菌是导致本病死亡的主要原因。

　　造成这次重大疫病发生的原因,客观地分析,发病是必然的结果:①免疫程序不规范,有的疫苗接种过于频繁,如口蹄疫疫苗种猪两个月一次;有的该强化免疫的不进行加强,如伪狂犬、细小病毒,再加上其他诸多因素,免疫失败也在情理之中。②本场使用的饲料原料玉米严重霉变,从受损程度来分析,霉菌毒素对动物免疫功能的损害不可疏忽,是造成机体免疫抑制的催化剂。③纵观该场总的情况来看,大规模的引种带来许多新的病原,进一步加剧了本场疾病的复杂化。

　　毫无疑问,任何一位业内人士都不想看到猪病失控的情况发生。在疫病肆虐的日子里,由于该场受某种猪场人员的错误策划,造成一系列的判断失误,导致谁也不想看到,但却不得不面对的残酷现实——人为造成的巨大损失。"无名高热"的概念,对没有专业背景的人士来说,用词不准确,本来无可厚非,然而我们的"商人"、"专家"不加辨别,毫不负责任地冠以"无名高热",使原本就较为复杂的病害更被"无名"化,同时,又推出能治"无名高热"特效良药的"三无产品",虽然业主受损,但"商人"、"专家"获利颇丰。

第二节　猪蓝耳病病毒、猪圆环病毒、副猪嗜血杆菌、小袋纤毛虫混合感染

 【知识链接】

　　猪蓝耳病是由蓝耳病病毒引起的,主要表现为母猪厌食发热,孕猪流产,产死胎、木乃伊胎,仔猪出现呼吸道症状和高死亡率等。猪圆环病毒2型是新确认的猪重要病原体。研究表明,猪圆环病毒2型具有免疫抑制特性,猪圆环病毒2型感染猪的淋巴细胞,使循环B细胞和T细胞的数量下降,淋巴器官中的T、B细胞数量减少。副猪嗜血杆菌病是由副猪嗜血杆菌引起的,主要表现为猪的肺炎、心包炎和关节炎等。猪小袋纤毛虫病是由结肠小袋纤毛虫寄生于猪的大肠内所引起的肠道原虫病,发病速度快,死亡率高,病猪出现下痢、衰弱、消瘦,并因脱水而导致死亡,常见于猪场管理条件较差或者猪群处于免疫抑制状态下。由于蓝耳病和圆环病毒可损害机体的免疫系统,造成免疫抑制,使猪的抵抗力降低,容易感染副猪嗜血杆菌和小袋纤毛虫。猪感染副猪嗜血杆菌以后,加重了猪的呼吸困难症状,使死亡率更高,药物治疗效果更差,猪场的损失也更大。

【典型案例】

　　一、基本情况

　　2007年4月10日,某猪场保育猪发生一起以呼吸困难、关节肿大、顽固性腹泻、脱水、进行性消瘦、全身淋巴结肿大等为主要特征的传染性疾病。该猪场现存栏生产母猪300多头,自繁自养。此次发病主要集中在保育猪,但也有部分哺乳仔猪出现关节肿大,少量中大猪出现严重腹泻等症状,少数母猪有产死胎的现象。2006年至2007年2月该猪场疫苗免疫情况如下:母猪一年注射3次伪狂犬及蓝耳病疫苗,断奶时母猪和仔猪同时注射猪瘟苗;小猪出生3天用猪伪狂犬病毒基因缺失疫苗滴鼻,15日龄注射蓝耳病弱毒苗,25日龄注射猪瘟细胞苗,45日龄蓝耳病弱毒苗二免,60日龄猪瘟细胞苗二免。母猪产前

产后添加头孢拉啶、氟苯尼考、泰乐菌素等药物保健。猪场自2002年就出现部分保育猪关节肿大、呼吸加快等症状,曾在饲料中先后添加磺胺-6-甲氧嘧啶、抗菌增效剂、阿莫西林、强力霉素、氟苯尼考等药物,但关节肿大、呼吸加快等症状的猪只发病率并没有明显减少,一直未得到全面有效的控制。

该猪场在2006年7月流行过蓝耳病病毒变异株,12月才基本稳定,前后共死亡大小猪只1 000多头。现有存栏保育猪共600多头,本次发病率约30%,病死率为30%～70%,除明显关节肿大(约占发病猪的30%)、呼吸加快(约占发病猪的50%)外,其中保育猪及部分中大猪的严重腹泻是这次发病的又一个特征。经流行病学调查、临床症状分析、病理剖检和实验室检测,诊断为猪蓝耳病病毒、猪圆环病毒2型、副猪嗜血杆菌、小袋纤毛虫混合感染。通过采取消毒、隔离、针对性治疗等综合防治措施,疫情得到了有效的控制。

二、临床症状及剖检病变

1. 临床症状

发病猪主要表现为体温升高,一般在40.5℃,很少超过41℃,精神沉郁,嗜睡,被毛粗乱,食欲减退或废绝,呼吸加快,多呈腹式呼吸。大部分病猪出现腹泻,粪便开始为糊状,继而出现水样腹泻,具有明显的恶臭味,稀粪中带有鲜血。有的病猪呈进行性消瘦,全身皮肤苍白或发黄,有的可视黏膜发黄,体表淋巴结异常肿大。部分猪皮肤充血,皮下出血、瘀血,尤其以臀部、耳郭、腹下和四肢内侧等部位皮肤变化特别明显,关节肿大,跛行,转圈、共济失调。

2. 剖检病变

送检3头保育猪(40～60日龄),活体解剖可见全身淋巴结肿大4～5倍,特别是腹股沟、纵隔、肺门和肠系膜与颌下淋巴结病变明显。肺呈明显的间质性肺炎、胰变、失去弹性,肺表面覆盖有大量纤维素性渗出物,肺与胸腔粘连,心包炎、心包积液,腹膜炎、腹腔内有大量纤维素性渗出物,关节腔内有多量脓性分泌物。个别心包与心脏粘连在一起形成"绒毛心"。肾肿大、苍白,表面有点状出血。肠系膜淋巴结肿大;结肠和直肠肠黏膜充血、出血,肠内充满灰白色、糊状内容物。个别猪从空肠到直肠,整个肠黏膜呈弥漫性出血,肠内容物混有少量的新鲜血液。

三、实验室诊断

1. 镜检

取洁净的载玻片,在其中央滴加一滴生理盐水,然后挑取少量病死猪粪便,混匀后加上盖玻片,置显微镜下镜检。均可见大量呈圆形或椭圆形、大小不一、表面有许多纤毛、以较快速度旋转向前运动的虫体,根据形态学特征可以初步确定为猪小袋纤毛虫滋养体。同时取该场腹泻严重及不腹泻的中大猪新鲜粪便镜检同样可看到大量的猪小袋纤毛虫滋养体。

2. 分离培养

取病猪的肺、心血、关节液等接种于胰蛋白胨血液琼脂平板上,37℃恒温培养 24～48 小时,可见针尖大小、圆形、扁平、边缘整齐湿润、灰白色半透明小菌落,不溶血,染色镜检为革兰阴性短杆菌。生化试验结果为该菌能发酵葡萄糖、果糖;不发酵麦芽糖、阿拉伯糖、木糖、甘露醇;尿素、氧化-发酵试验、硝盐酸(还原)测定为阳性;枸橼酸盐、硫化氢、吲哚、鸟氨酸脱羧酶、精氨酸脱羧酶、苯丙氨酸测定为阴性,符合副猪嗜血杆菌的生化特征。该菌对氟苯尼考、头孢噻肟钠中度敏感。

3. 分子生物学诊断

取病死猪的肺、脾、淋巴结组织,用基因诊断方法做猪瘟病毒、蓝耳病病毒、猪圆环病毒 2 型、猪伪狂犬病病毒的基因检测。结果蓝耳病病毒、猪圆环病毒 2 型为阳性,上述其他病毒均为阴性。

依据流行病学、临床特点、病理变化及实验室检测可以初步确定引起本次猪只死亡的主要病原为蓝耳病病毒、猪圆环病毒 2 型、副猪嗜血杆菌、小袋纤毛虫的混合感染。副猪嗜血杆菌是引起猪只关节肿大、呼吸加快的主要病原,而小袋纤毛虫是引起保育猪及中大猪腹泻的主要病原。

四、处理方案

1. 改进保健方案

针对性添加抗菌药物预防细菌性疾病。①在饲料中添加 20％强力霉素 300 克/吨＋替米考星 200 克/吨＋70％阿莫西林 300 克/吨,或 10％氟苯尼考 500 克/吨＋10％阿奇霉素 200 克/吨,连用 7 天。②鉴于该场副猪嗜血杆菌感染严重,发病猪只日龄偏早,对哺乳仔猪 15 日龄、21 日龄分别注射 20％氟苯尼考1～2毫升,饮水中长期添加电解多维1 000 克/吨＋黄芪多糖500 克/吨,让其自由饮用,以提高机体的抵抗力。

2.针对性治疗

①保育猪及中大猪饲料添加中20％替米考星400 克/吨＋10％盐酸恩诺沙星1 000 克/吨＋30％强力霉素1 000 克/吨,连续饲喂1 周;同时注射头孢噻呋钠10 毫克/千克体重或泰乐菌素10 毫克/千克体重。②对腹泻严重且吃料不正常的病猪要及时进行治疗,可腹腔注射5％葡萄糖氯化钠注射液40～60 毫升,维生素C5 毫升,根据缺水程度确定用药次数,每天2～4 次,连用2～3 天。

【提示与思考】

本次疫病发生与气温骤变有一定的关系,当时该地区气温突然下降,下降幅度达10℃以上,猪场保温措施未能跟上。此次发病传播速度并不快,小于40 日龄的猪主要表现为呼吸症状、关节肿大,用药物治疗有一定的效果。而60 日龄以上的猪除表现为呼吸症状外,严重的腹泻最为明显,也有部分育肥猪出现腹泻症状。根据文献报道猪单纯性感染结肠小袋纤毛虫,引起的病变并不严重,通常只表现为腹泻等临床症状。在本次病例中,猪蓝耳病病毒、猪圆环病毒2 型造成猪只免疫力低下,又继发了细菌性疾病,并使猪小袋纤毛虫滋养体进入肠系膜上皮层,为处于活动期的滋养体创造了有利的繁殖环境时,才会使病情快速恶化,严重腹泻,甚至引起猪只大量死亡。猪场一旦感染小袋纤毛虫后,难以净化。

根据本次发病情况,对该场的保健方案及药物进行了重新调整。通过药敏试验,饲料中添加替米考星(支原体、回肠炎敏感的药物)、氟苯尼考(副猪嗜血杆菌敏感的药物),经过半个月左右的药物治疗及综合防治措施,该场疾病得到了有效的控制,关节肿大、呼吸加快、严重腹泻的猪只明显减少。

第三节　猪蓝耳病病毒、圆环病毒、弓形虫、肺炎支原体混合感染

【知识链接】

猪蓝耳病是由蓝耳病病毒引起的,主要表现为母猪厌食发热,孕猪流产,产死胎、木乃伊胎,仔猪出现呼吸道症状和高死亡率等。猪对圆环病毒2型有较强的易感性,常见于6~8周龄猪,哺乳猪及成年猪一般为隐性感染。猪圆环病毒2型感染主要引起断奶仔猪多系统衰弱综合征,其临床特征是渐进性消瘦、苍白、肌无力、精神及食欲欠佳、呼吸困难和有时出现黄疸等。弓形虫病是由龚地弓形虫寄生于各种动物的细胞内引起的一种人畜共患的原虫病,以患病猪的高热、呼吸困难、神经症状及母猪的流产、死胎、胎儿畸形为特征。支原体肺炎又称猪气喘病,是由肺炎支原体引起的一种高度接触性呼吸道传染病,临床表现为咳嗽气喘。这四种病的共同点在于都以呼吸困难、喘气咳嗽为主要特征,临床难以区分,蓝耳病病毒和圆环病毒所造成的免疫抑制,会加重弓形虫和支原体的混合感染,另一方面,这四种病都可通过呼吸系统传播,任何一种病的感染,都使猪的呼吸系统受损,防御门户被打开,使其他的病原乘虚而入,加重病情,给诊断和治疗造成更多的困难。

【典型案例】

一、基本情况

河南某猪场,该场选址符合要求,布局合理,设施先进,管理规范,防疫严格。2004年年初从国外引进种猪,2006年基础母猪已达到500头,存栏4 000多头。截止到2006年9月,该场猪群经多次检验,蓝耳病(未接种过蓝耳病疫苗)、圆环病毒、伪狂犬、猪瘟病原均为阴性。该场猪群生长情况始终良好;伪狂犬、猪瘟、细小病毒、口蹄疫等疫苗按正常免疫程序接种。

2006年10月6日,分娩车间哺乳母猪,突然出现多数不食且发热,进行对症治疗后效果不理想;10月10日,妊娠母猪出现不食、发热;然后空怀母猪也出现类似情况且迅速增多,至18日空怀母猪、妊娠母猪、哺乳母猪、待配后备

母猪、种公猪发病率已达到 60％左右，保育猪及中大猪尚未发现异常情况。

二、临床症状及病理变化

1. 临床症状

发病猪只体温升高，大部分在 40～41.5℃，精神沉郁，不吃料，不饮水，强行轰起，个别猪会站起来，喝几口水，不愿走动，粪便干硬，球状，裹着白色黏液，尿黄而少；部分猪眼结膜潮红，眼睑粘连；病初流清鼻液，数日后多为黏稠鼻液；部分猪皮肤毛孔出血，阴门、腹部、耳朵等处呈蓝紫色，腹部、后躯等处有蚕豆大出血斑。有个别猪只突然死亡，病猪死前呼吸加快，死后鼻孔流出白色泡沫状或带血液体，腹部皮肤淡紫色。

2. 病理变化

肺脏膨满，呈暗红色水肿样，心叶部间质增宽，水肿；病程长者伴发有纤维素性肺炎病变；气管内充满泡沫状液体，有的含有血液；胸腔和腹腔内有大量黄白色的含有纤维蛋白的积液；心衰，心耳及心外膜有出血点；脾脏肿大，瘀血，表面有紫红色出血斑；肝脏肿大质脆，胆汁量少；胃底出血，大肠黏膜出血；肠系膜淋巴结肿大，呈索状；膀胱黏膜充血。

三、实验室诊断

10 月 19 日采发病猪全血 15 头份，分别对蓝耳病、圆环病毒、弓形虫及传染性胸膜肺炎进行抗体监测；猪瘟、伪狂犬做抗原检测，10 月 20 日检测结果：蓝耳病有 12 例抗体呈阳性，阳性率 80％（12/15）；圆环病毒抗体阳性 6 头，阳性率 40％（6/15）；弓形虫抗体全部阳性，阳性率 100％（15/15）；传染性胸膜肺炎抗体有 8 头呈阳性，阳性率约 54％（8/15）；猪瘟、伪狂犬抗原全部阴性。

四、处理方案

根据临床症状和死亡母猪剖检情况，初步判断该场发生了"高热病"，初步怀疑为病毒和细菌混合感染所致。经过检测证实为蓝耳病病毒、圆环病毒、弓形虫、传染性胸膜肺炎混合感染引起猪群发病。根据检验结果，当天调整治疗方案：①发病猪上午全部肌内注射磺胺间甲氧嘧啶，50 毫克/千克体重，每日 1次，首次加倍；下午肌内注射头孢噻呋钠 20 毫克/千克体重，每日 1 次；连用 3天后停药；对于病情较重的发病猪增加静脉注射葡萄糖氯化钠 1 000 毫升，黄芪多糖 20 毫升,维生素 C 20 毫升,维生素 B₁ 10 毫升,每日一次。②对全场未发病的猪,饲料中添加磺胺六甲氧嘧啶 500 毫克/千克＋抗菌增效剂 100 毫克/千克＋碳酸氢钠 2 000 毫克/千克,连用 7 天;同时在发病猪舍饮水中加入黄芪多糖 500 克/吨＋维生素 C 150 克/吨,以抑制病毒的繁殖并提高猪群免疫力。③针对保育中猪,采取饲料加药进行预防,20％替米考星 400 克/吨＋中药复合制剂,连喂 7 天。

经过治疗,21 日有 50 头左右病猪经轰起后饮少量水,吃几口白菜;22 日部分猪吃少许料,吃白菜的逐渐增多,精神逐渐好转,大部分猪已喝水;25 日大部分猪已恢复一定的食欲,但体温仍时高时低,喂料量逐日增加;26 日将不吃料的猪集中放置,每日肌内注射 1 次黄芪多糖,连注 3 次;30 日,仅剩 6 头母猪不吃料,淘汰处理,其余种猪均恢复正常。

强化消毒隔离制度的落实,对全场外环境用 2％氢氧化钠每周进行 2 次消毒,对猪舍选择高效、低毒的消毒剂进行带猪消毒,并对全场各车间进行封锁隔离,同时,对病死猪进行无害化处理。

【提示与思考】

该猪场发病仅局限于种猪群,发病率 65％左右;流产母猪占发病猪的 70％左右;死亡猪占发病猪 11％左右。因为是蓝耳病病毒、圆环病毒病和弓形虫病混合感染,所以治疗方案选择了肌内注射复方磺胺间甲氧嘧啶和国产头孢噻呋以控制弓形虫和传染性胸膜肺炎继发感染,同时饮水中加入黄芪多糖以抑制病毒的繁殖并提高猪群免疫力,对未发病猪群封锁隔离。这些措施取得了较好的效果,该场由于发病后 1 周内没有采取针对性的治疗预防措施,所以造成的损失较大。

从整体分析,该场这次疫病应为蓝耳病病毒、圆环病毒混合感染,同时继发弓形虫及传染性胸膜肺炎所致。蓝耳病、圆环病毒每隔 4～5 年为一个流行周期,我国于 1996 年首次暴发蓝耳病,然后在 2001 年又大范围流行,而圆环病毒病则于 2002 年广泛发生,按此推测 2006～2007 年应是蓝耳病和圆环病毒病流行之年。从检验结果证实:该场蓝耳病、圆环病毒病感染阳性率极高,这和流行规律相符。

因感染该病,造成猪群抵抗力严重下降,其他病原体乘虚而入,也符合疫病发生的特点。有鉴于此,养猪人应关注蓝耳病发病的流行周期。

从这次发病情况来看,尚未波及保育及中大猪,除了控制措施得力外,最主要的原因和该场平时的饲养管理到位及优美的环境是分不开的,两点式饲养的优越性得到了充分体现。

第四节　猪流行性感冒病毒、胸膜肺炎放线杆菌、肺炎球菌、肺炎支原体混合感染症

【知识链接】

猪流感是由 A 型流感病毒引起猪的一种急性、传染性呼吸道疾病。临床上以发病急、咳嗽、呼吸困难、发热为主要特征,本病单独感染可很快康复,若有并发或继发混合感染,可使病情加重,导致死亡。胸膜肺炎是由胸膜肺炎放线杆菌引起猪的一种重要的呼吸道疾病,可引起猪的死亡,如果发展为慢性或潜伏于猪群内,可使猪生长缓慢,提高猪群的治疗及免疫费用,甚至导致死亡损失。肺炎球菌是一种条件性致病菌,在猪的抵抗力下降的情况下,可引起猪发热、咳嗽等肺炎症状。支原体肺炎又称猪气喘病,是由肺炎支原体引起的一种高度接触性呼吸道传染病,临床表现为咳嗽气喘。这四种病的共同点在于都以呼吸困难、喘气、咳嗽为主要特征,临床难以区分,这四种病都可通过呼吸系统传播,任何一种病的感染,都使猪的呼吸系统受损,防御门户被打开,使其他的病原乘虚而入,加重病情,给诊断和治疗造成更多的困难。

【典型案例】

一、发病简况

豫西某猪场发生了一起以突然发热、传播迅速,反复发作、呼吸极端困难和陆续死亡为主要特征的疫病。该猪场是一个年出栏 5 000 头的中型规模猪场,猪舍设计及管理不太规范,尤其是猪舍保温设施太差,卫生清洁一般。

2007 年 9 月,由于气温突变,该场 70 日龄左右的猪只,约 400 头开始出现打喷嚏、流鼻涕、阵发性咳嗽,采食量开始下降,猪只体温突然升高至 41.5～42.0℃;随后呈现腹式呼吸、卧地不起,部分病猪皮肤苍白、黄染、食欲几乎废绝。经本场兽医采取对症治疗,部分猪有所好转,但腹式呼吸的猪只明显增多,绝大部分猪只出现呼吸困难、末端皮肤发绀等各种症状,先后死亡 50 多头,病死率高达 10%以上。根据现场调查、病猪主要病状和病死猪剖检病变以及实验室检验结果,确诊为猪流行性感冒继发三种细菌性肺炎(胸膜肺炎放线杆菌、肺炎球菌和肺炎支原体)混合感染症。

二、主要病状

病猪咳嗽,流泪,鼻流清涕,步态不稳,喜卧,不食,体温多为 40.5～41.5℃。病危猪多表现精神沉郁,食欲废绝,鼻孔内堵塞脓性分泌物,张嘴喘气,呈腹式呼吸,耳、鼻、颈部和四肢内侧均有充血。病猪死前,颈部、四肢内侧、耳尖和鼻盘等处皮肤发绀。

三、剖检病变

共剖检病死猪 6 头,病变主要在呼吸道,其他脏器无明显病变;病变基本一致,现归纳如下:病死猪的鼻腔、咽部、喉头、气管和支气管黏膜均充血、肿胀,气管内充满脓性分泌物或有泡沫状的红色渗出液;肺脏表面被淡黄色的纤维膜包裹,并与胸膜粘连,去掉纤维膜,发现肺脏两侧尖叶、心叶和隔叶散布紫红色、坚实的肝变病灶,肺间质积有白色胶冻样液体。鼻腔内存留黏稠脓样鼻汁。

四、实验室诊断

1.病毒学诊断

用灭菌棉拭子采集病死猪的下呼吸道分泌物,立即放入用生理盐水配制的含 50%甘油的保存液中,置 4℃保存,并送至某实验室检验,检出有猪流行性感冒病毒。

2.细菌学诊断

将病死猪的肺脏送至有关单位进行细菌分离鉴定。结果发现系由胸膜肺炎放线杆菌、肺炎球菌和肺炎支原体等多种病原菌感染引起的肺炎。

五、处理措施

针对该场的实际情况,采取如下处理措施:

1. 加强饲养管理

针对该场的保温及卫生差的状况,应采取防寒保温措施,并对猪舍卫生进行强制性的清理。

2. 加强熏蒸消毒

对发病猪舍用冰醋酸熏蒸消毒,按 3:1 加水,分多点进行,连续熏蒸 10 天,猪场外周围用 2%氢氧化钠进行消毒,3 天消毒 1 次。

3. 提高饲料的营养水平

在当时现有饲料配方的基础上,对保育阶段的饲料添加了 2%油脂,以提高能量水平。

4. 针对性治疗

①在发病猪群的饲料中添加阿司匹林 300 克/吨+20%替米考星 400 克/吨,连喂 7 天。②上午用柴胡注射液 0.2 毫升/千克体重+青霉素 6 万国际单位/千克体重,下午用泰乐菌素 10 毫克/千克体重+地塞米松 0.2 毫克/千克体重+安乃近 0.2 毫升/千克体重,分别肌内注射,一天一次,连用 3 天。③在饮水中添加口服葡萄糖 3 000 克/吨+卡巴匹林钙 200 克/吨+水溶性多种维生素 500 克/吨+40%水溶性林可霉素 200 克/吨,让其自由饮用,以提高机体的抵抗力,控制其他继发感染。

通过采取综合措施,5 天后,猪群采食量逐渐回升,情况逐渐好转,除处理前死亡 43 头外,后又死亡 8 头,除此再无该病发生,避免了重大的经济损失。

【提示与思考】

猪流行性感冒是由猪流行性感冒病毒所引起的急性、高度接触性传染病,不同品种、不同年龄的猪只深秋、冬季、春季等寒冷与天气多变季节特别容易发生,所以在此期间要注意猪群的保温工作,同时要加强通风,提高猪舍内的空气质量,以提高猪抗御流感病毒的抵抗力。

猪流感极易导致继发其他疾病,该场发病猪只的死亡是因继发胸膜肺炎放线杆菌、肺炎球菌和肺炎支原体所致。造成该场发病的原因主要由于管理不力,加上保温较差,卫生及消毒措施不到位而引发。因此,消毒工作是不可忽视的。

在发病期间,让猪得到足量的饮水极为重要,因饮不到足量的水必然会导致脱水、酸中毒、循环障碍等而死亡。

在饲料和饮水中添加抗生素、口服葡萄糖、多种维生素极为重要:一是能有效控制病原菌的感染,二是提高机体免疫力以缩短病程。

在发病期间,猪只数量较多,病情也较为严重,仅靠饲料和饮水给药往往不能奏效,因此,个体治疗不可忽视的,在治疗时,一定要按疗程治疗,切忌见效就停。

第五节　猪瘟病毒、链球菌、绿脓杆菌和支原体混合感染

 【知识链接】

猪瘟是由猪瘟病毒引起的一种急性、热性、高度接触性疾病,流行广泛,发病率及病死率高,危害极大。链球菌病是由链球菌引起的一种猪的常见传染病,各种年龄的猪均可感染,临床上以关节炎、脑膜炎、败血症为主要特征,该病原可通过口、鼻、皮肤伤口感染,本病传入之后,往往在猪群中陆续出现。绿脓杆菌是一种条件性致病菌,在猪的抵抗力下降的情况下多发,主要引起猪的败血症。支原体是引起猪支气管肺炎,又称地方流行性肺炎的主要病原,该病原能在肺中长期停留,其所致疾病是猪特有的一种接触性传染病,以接触性、高度传染性、慢性、高发病率和低死亡率为特点。当猪瘟、链球菌病、绿脓杆菌病、支原体病 4 种疾病混合感染时,猪只多呈败血症最后导致呼吸衰竭而死亡。

【典型案例】

一、发病情况

某猪场 2007 年 3~4 月发生了以病猪精神沉郁,体温升高至 41~42℃,四肢、背、腹下、尾等部位皮肤有出血斑,发病快,死亡率高为特点的疾病。该猪场现有大小猪只 1 200 多头,主要以饲养商品猪为主,自 2007 年 3 月初开始发病,发病猪多为体重 50 千克以上的肥猪,后备母猪也可发病,经产母猪及体重 40 千克以下的猪很少发生。经临床检查、流行病学、病理剖检和实验室诊断,此次疫情确诊为猪瘟病毒、链球菌、绿脓杆菌和支原体混合感染。

二、临床症状与病理变化

1.临床症状

本次疫情以急性发病为主,多数发病猪体温升高至 41~42℃,初期便秘,后期排暗红色液状粪便。病初表现为食欲不振或废绝,精神沉郁,行动迟缓,呼吸困难,咳嗽,气喘,眼结膜潮红、分泌物增多。随着病情的发展,病猪全身肌肉发颤,后躯摇摆,死前体温下降,前后肢做游泳状划动,大多站立不稳,多数发病公猪的包皮积尿,挤压后排出灰白色脓汁,腥臭,病程稍长的病猪由于废食,体质逐渐瘦弱、衰竭死亡。

2.病理变化

共剖检 12 头病死猪,病理变化大致相同。口腔犬齿、门齿两旁呈对称性溃疡。猪的两耳、四肢下端、胸、背、腹部和尾部呈玫瑰红色,剖开后血液凝固不良。多数淋巴结肿大,呈暗红色,周边出血,切面呈大理石样外观。脾暗红色,脾脏边缘有红色颗粒状突起,并有蚕豆大小的三角形梗死灶,呈锯齿状突出脾表面。胆囊充盈,胆汁黏稠呈墨绿色,胆囊黏膜有针尖大小的弥漫性出血点。肾脏稍肿大,肾脏表面可见针尖大小的出血点,切开肾脏可见肾皮质、肾乳头出血。心包积液,心脏质地柔软,心外膜表面有黄色胶冻状物质呈环状环绕心脏,冠状沟两旁有针尖大小的出血点。喉头、气管黏膜充血潮红,气管内充满血红色泡沫,喉头会厌软骨处有条纹状出血。肺的尖叶、心叶、中间叶和隔叶前缘有"肉"样变,切开肺脏,流出白色黏稠的浓汁,肺门淋巴结、纵隔淋巴结呈暗紫红色肿大,切面外翻,周边出血。胃底大面积瘀血或出血,黏膜易脱落。大、小肠肠壁变薄,十二指肠、空肠和结肠黏膜广泛充血或出血,回盲瓣有纽扣状溃疡,有的表面形成黑色结痂,肠系膜淋巴结肿大,呈暗红色,周边出血,呈大理石样外观。膀胱黏膜有弥漫性出血点。

三、实验室检验

1. 直接涂片

取病猪的肺、肝、脾、淋巴结触片,经革兰染色,镜检,可见单个或成双排列,间或 3～4 个菌体相连,呈短链状的革兰阳性球菌与单个、成双或成堆排列的革兰阴性短小杆菌。

2. 细菌分离培养与观察

无菌采取病死猪肺脏、淋巴结和关节液接种普通营养琼脂、鲜血琼脂、麦康凯琼脂平皿和普通肉汤,置37℃培养24小时后,培养基均有细菌生长,普通肉汤培养基变混浊,管底有沉淀,有白色菌膜生成,上层约 1 厘米处出现蓝绿色荧光色素。在普通琼脂培养基上一种菌落生长良好、光滑、湿润、微隆起、边缘整齐或呈波浪状的中等大小的菌落,能产生蓝绿色荧光色素,使培养基变成绿色,培养物有特殊的芳香味,挑取典型菌落涂片染色,镜检为革兰阴性短小杆菌,常单个或成双排列。在鲜血琼脂培养基上长出两种菌落,一种表面光滑、针尖大小、半透明、不溶血。挑取该菌落涂片染色镜检为革兰阳性的球菌,多数单个或 3～4 个连成短链。另一种菌落同普通琼脂培养基上菌落,光滑、湿润、微隆、边缘整齐或呈波浪状的中等大小的灰白色菌落,能产生蓝绿色荧光色素,使培养基变成绿色,挑取菌落涂片染色,镜检为革兰阴性常单个或成双排列短小杆菌。

3. 生化实验

取上述两种典型菌落经两次纯化后的纯培养物做生化试验,生化试验结果:革兰阳性菌生化试验结果与兽疫链球菌的生化特点相符。革兰阴性菌的生化特点与绿脓杆菌的生化特点相符,所以此革兰阳性菌为链球菌,革兰阴性菌为绿脓杆菌。

4. 动物接种实验

取这两种不同细菌的肉汤纯培养物,分别按 0.2 毫升/只腹腔接种 3 只小鼠,同时设 3 只做对照。接种革兰阴性菌的小鼠于接种后 6 小时内全部死亡,接种革兰阳性菌的小鼠于接种后 72 小时内死亡 1 只,而对照鼠正常。剖检发现死亡的小鼠呈败血症变化,并从小鼠脏器中分离到与病死猪体内相同的细菌。

5. 药敏试验

将两种细菌分别做药敏试验,该革兰阳性菌对青霉素、庆大霉素、氯霉素、氨苄西林、丁胺卡那霉素、痢特灵、头孢拉定高敏;对卡那霉素、环丙沙星、氧氟沙星中敏;对链霉素、红霉素、强力霉素、四环素、新霉素、乙酰螺旋霉素、壮观霉素、磺胺嘧啶等低敏。该革兰阴性菌对链霉素、庆大霉素、卡那霉素、诺氟沙星、环丙沙星、丁胺卡那霉素高敏;对强力霉素、氧氟沙星中敏;对青霉素、氯霉素、氨苄西林、痢特灵、头孢拉定、四环素、新霉素、壮观霉素、磺胺嘧啶等低敏。

四、处理方案

1. 应急方案

①及时隔离病猪,对病死猪进行深埋或焚烧。②加强环境消毒,尽量减少污染面积。③对疑似健康的猪群紧急接种猪瘟活疫苗 2 头份/头。

2. 对症治疗

①青霉素 6 万国际单位/千克体重+鱼腥草 0.2 毫升/千克体重或丁胺卡那霉素 5 毫克/千克体重,分别肌内注射,一天 2 次,连用 3 天。②全群饲料中添加 10% 氟苯尼考 400 克/吨+60% 头孢拉定 300 克/吨,连喂 7 天。

【提示与思考】

由于病原的多样性,使该病在流行病学、临床症状和病理变化等方面表现得非常复杂。必须经综合诊断和实验室检验才能得出正确的诊断,经过采取上述措施,疫情得到控制,猪场很快恢复正常,这说明此次疫情诊断是正确的。

所分离链球菌的培养物,对小鼠的致病力弱,在实验中多次都有相同的经历,而直接用病料如关节液接种小鼠,则毒力较强,这可能是因为链球菌经过人工培养,毒力减弱的缘故。

猪支原体病在正常情况下死亡率不高,但本病与链球菌、猪瘟病等并发感染时,常造成严重的经济损失。2007 年 3 月初该猪场就有猪零星发病,因未能及时采取措施,结果造成防治失控。因此,兽医工作者对疫情的处理应做到早发现、早诊断、早采取措施治疗。

第六节　猪圆环病毒、伪狂犬病毒、传染性胸膜肺炎放线杆菌及致病性大肠杆菌混合感染

🔗【知识链接】

猪圆环病毒病是由圆环病毒 2 型引起的,主要表现为母猪流产、死胎、断奶后猪肾衰竭综合征、皮炎肾病综合征等,临床发病率和死亡率都很高,也是引起猪群免疫抑制性疾病的重要毒力因子。伪狂犬病是由伪狂犬病毒引起的,主要表现为妊娠母猪流产,产死胎、木乃伊胎等,仔猪腹泻、呕吐、大量死亡等,主要通过呼吸道传染,也可通过消化道和皮肤伤口传染。传染性胸膜肺炎是由胸膜肺炎放线杆菌引起的一种以出血性、纤维素性和坏死性肺炎为特征的高度接触性呼吸道疾病。致病性大肠杆菌,是引起猪腹泻的主要病原,病原菌黏附在小肠壁细胞表面引起腹泻,可产生肠毒素。圆环病毒病和伪狂犬病均是猪的免疫抑制性疾病,这两种病毒感染猪后,侵害机体的免疫系统,尤其是侵害肺泡巨噬细胞,造成呼吸系统的抵抗力下降,使猪易继发胸膜肺炎放线杆菌及其他病原体引起更严重的临床症状、更高的死亡率。

【典型案例】

一、基本情况

2008 年 2 月初至 3 月初,某养猪场陆续发生仔猪死亡现象,发病死亡猪主要为 20 日龄左右的仔猪及刚断奶仔猪。主要症状为呼吸困难、咳嗽、腹泻,有个别猪因病程短暂未出现临床症状就已死亡。此次发病死亡率高,可达 90% 以上。使用痢特灵、恩诺沙星、长效土霉素等治疗效果不佳。经调查该猪场在此之前发生过猪附红细胞体病、仔猪红痢、白痢等疾病,但死亡率不高,使用柴胡注射液稀释血虫净肌内注射效果良好。母猪分娩前均进行了猪瘟及仔猪腹泻基因工程苗 K88、K99 双价灭活疫苗免疫,且在发病期间未出现母猪流产、死胎、弱胎及公猪睾丸炎等繁殖障碍症状。据了解,此猪场在 2007 年 7 月对全场母猪、育肥猪进行了猪蓝耳病疫苗免疫。

二、临床症状与病理变化

1. 临床症状

主要为呼吸困难、有的呈现呼吸道与消化道症状。病猪表现为呼吸困难，呈腹式呼吸，犬坐姿势，厌食、呕吐、腹泻（黄绿色粪便，夹杂黄褐色泡沫样物质）、极度消瘦、颤抖、抑郁；日龄小的猪表现为大量流涎，断奶仔猪表现为咳嗽、厌食、下痢、苍白、部分体表淋巴结肿大，有的在之后可见躯体末端发绀，口鼻流出血色泡沫，脐部明显肿胀，肛门污垢。小部分无明显临床症状呈急性死亡。

2. 病理变化

剖检发现死亡仔猪均有肠黏膜红肿充血或出血，呈现急性卡他性炎症，肠系膜淋巴结肿大，但盲肠扁桃体无明显病变，胃肠黏膜出血，心、肝、脾、肾等脏器无明显病变；肺脏病变明显，肿胀、紫红色，切面充满血样胶冻样液体，有的有黄色纤维素性渗出物附着于表面，气管、支气管炎症，充满血色泡沫样渗出物；有的有胸膜炎，淋巴结肿胀，切面多汁、色淡，扁桃体发炎。

三、实验室检查

根据流行病学调查、临床症状及剖检变化进行实验室检查。

1. 血清学检验

用酶联免疫和正向间接血凝方法结合胶体金快速诊断方法分别检测伪狂犬病病毒抗体、圆环病毒 2 型抗体、猪呼吸与繁殖综合征病毒抗体、猪瘟病毒抗体、胸膜肺炎放线杆菌抗体，结果伪狂犬病病毒抗体强阳性，圆环病毒 2 型抗体阳性，猪呼吸与繁殖综合征抗体弱阳性，猪瘟病毒抗体阴性，胸膜肺炎放线杆菌抗体强阳性。

2. 微生物检验

①细菌培养：无菌取病死猪肝脏切面与普通琼脂斜面接种后，37℃培养 24 小时。②镜检：采取培养基中的菌落涂片，革兰染色镜检，为革兰阴性菌。③用ATB半自动细菌检定仪测定为致病性大肠杆菌。

3. 药敏试验

取定性为致病性大肠杆菌的菌落做药敏试验，结果：阿莫西林、恩诺沙星、庆大霉素、氟苯尼考、替米考星耐药;先锋Ⅴ、痢特灵低敏;丁胺卡那、菌必治中敏。

从药敏试验结果分析首选治疗大肠杆菌的药物应为丁胺卡那和菌必治。

四、处理方案

1.狠抓源头,不让疾病进场

①做好检疫、引种、隔离工作。提倡自繁自养,若有外地引进新猪,应到无规定疫病地区选购,到规模大、比较正规的猪场选购仔猪。加强饲养管理,实施"全进全出"的生产模式,使猪只所携带的正常菌群相差不大,可避免交叉感染。新进猪要查看检疫、免疫证明,隔离观察3～4周再与原来的猪合群。新猪进场第一周应在饲料中添加一些常用的抗生素,以减免环境应激所引起的疾病。停药3天后应按防疫程序进行疫苗接种,无论其原来免疫如何,建议全部重新进行免疫。②建立严格的入门消毒制度,为了防止饲养管理人员、外来人员及车辆进入所带入的病原体和污物对猪构成威胁,猪场大门口应设置广而深的消毒池和洗手消毒盆,人员及外出回来的车辆要经过消毒方可进场。

2.加强管理,减少发病诱因

①供给优质全价的饲料,提高猪的抵抗力。肽制品可提高动物机体的免疫能力和生产性能,增强抗病能力和抗应激能力。可在饲料中添加0.2%生物活性肽,能有效克服仔猪断奶应激,提高免疫力,同时要保证供给充足的清洁饮水。②加强通风,保持舍内空气的新鲜度,降低氨气、硫化氢等有害气体的浓度,从而减少呼吸道病的发生。同时,注意控制好舍内的温度,做到夏天防暑降温,冬天防寒保暖,尽量使早、晚温差不要太大。分娩舍和保育舍要求小环境保温,大环境通风。③合理分群,调整饲养密度。猪群不宜太大,每个舍内饲养猪的头数尽量不要超过15头;尽量减少猪群转栏和混群的次数,减少应激,使猪群生活在一个舒适、安静、干燥、卫生、洁净的环境。

3.对症下药,综合治疗

根据上述分析结果,本着标本兼治的原则,采取对症下药和综合治疗相结合措施给予治疗。①呼吸道症状对症治疗:针对咳嗽、腹式呼吸等症状,用泰乐菌素10毫升/千克体重＋地塞米松0.1毫升/千克体重肌内注射。也可选用林可霉素0.2毫升/千克体重＋中草药制剂0.1毫升/千克体重肌内注射。对同群猪用泰乐菌素＋阿莫西林拌料预防控制。②消化道症状对症治疗:针对腹泻、呕吐、严重脱水、心力衰竭等症状,维生素 B_6 2～4 毫升,肌内注射。出现脱水现象的用葡萄糖盐水配合维生素 E、维生素 B_1 腹腔注射;若猪出现脱水现象但不严重时加入口服补液盐(氯化钠 3.5 克、氯化钾 1.5 克、碳酸氢钠 2.5 克、葡萄糖 20 克,常水 1 000 毫升配成口服液,让其自由饮用)。③提高免疫力,增强抗病毒力用黄芪多糖注射液配合病毒唑,每头 0.5 毫升经后海穴注射。④调节胃肠道内菌群平衡,预防大肠杆菌病,使用益生菌于新生仔猪吃奶前 2～3 小时,喂 3 亿活菌,以后每日 1 次,连服 3 次。

经过以上治疗,猪只发病情况明显得到控制,发病猪只病症得到缓解,新生仔猪无发病。

【提示与思考】

　　分析判定。经过流行病学调查、临床症状、剖检病理变化及实验室检验结果,初步诊断此次仔猪发病的病原为圆环病毒、伪狂犬病毒、传染性胸膜肺炎放线杆菌及致病性大肠杆菌混合感染。由于母猪分娩前接种过 K88、K99 双价灭活疫苗,2007 年 10 月发生的附红细胞体病、大肠杆菌病已经控制住,且该场经过 PRRS 免疫后,PRRSV 抗体检测阳性,有母源抗体干扰,但也不排除自然感染的情况存在。所以判断此次混合感染中,以呈现强阳性的胸膜肺炎和伪狂犬病为主,圆环病毒在猪群中长期以来存在感染现象,但未发病,属于此次疾病发生的原发病原,其继发了其他病毒的感染,而其他病毒的感染反过来又激发了圆环病毒的感染发病,结果多病原共同作用,导致了高发病率和高死亡率。

　　科学用药提高免疫效果。科学免疫是防控疫病的关键环节,因为没有一个万全的免疫程序能够用于所有的猪场,建议猪场和饲养户可以与当地的兽医及动物疫病防治部门或科研部门的专家合作,根据季节、周围环境、猪场现状、饲养水平等实际情况制定适合本场的免疫程序。

　　药物预防是对疫苗预防的补充和应急。例如秋季气候变冷时,在饲料中添加抗呼吸道病药物,冬季寒冷、猪舍潮湿时添加抗腹泻药物,母猪分娩前后使用抗产褥热和乳腺炎药物,以及对新生仔猪、新购仔猪、断奶仔猪和转群分栏猪使用药物防病,如:对新生仔猪"开奶"

前的用药,在仔猪初生后,未让仔猪吃初乳之前,全窝逐头用抗生素(庆大霉素、链霉素等)口服。以后每天服一次,连用 3 天,防止病从口入,都能收到非常理想的效果。

早期诊断,为治愈创造机遇。猪发病早期症状不明显,需要认真细致观察方可发现,对饲养人员的工作时间进行科学分配,养种猪和仔猪的人员应分配 20％的时间做投料和清扫工作,用 80％的时间来观察猪群,及时发现异常。可以根据周围疫病情况和免疫预防情况怀疑或者排除某些疾病,缩小怀疑范围,一旦确诊,就要用敏感药物进行治疗,最大限度降低由疾病带来的损失。

第二十八章

猪两种病毒混合感染

第一节　猪蓝耳病病毒与猪伪狂犬病毒混合感染

【知识链接】

　　猪蓝耳病是由猪蓝耳病病毒所致猪的一种病毒性传染病,以妊娠母猪的繁殖障碍及各种年龄特别是仔猪的呼吸道疾病为特征。伪狂犬病是由伪狂犬病毒引起的以发热、奇痒、脑脊髓炎为主要特征的急性传染病。国际兽疫局(OIE)将其列为法定报告动物疾病的 B 类多种动物共患病。伪狂犬病呈全球性分布,我国已有 20 多个省市有伪狂犬病的报道。猪蓝耳病病毒主要在单核巨噬细胞系统内复制,尤其是肺泡巨噬细胞。然后转移到局部淋巴组织并进一步扩散到全身多处组织的巨噬细胞和单核细胞中,使感染猪只免疫力降低,产生免疫抑制和免疫干扰,从而继发猪伪狂犬及其他病原感染,造成较高的发病率和死亡率。

【典型案例】

　　一、发病情况

　　2013 年 12 月河南某猪场发生了以发热、呼吸困难、皮肤发红变紫为主要病征的猪高热病病例,该场 11 月底生产情况出现异常,疫病开始抬头,当期有 20 头初产母猪产仔,其中 8 胎发病,所产仔猪全部死亡。至 12 月初,猪群保育、生长肥猪中开始出现以发热、呼吸困难、皮肤发红、变紫为主的发病症状,随后几天发病数量逐渐增加,其发病率高达 50％,死亡率达 30％,经诊断为猪呼吸与繁殖障碍综合征与猪伪狂犬病混合感染。

二、临床症状

发病母猪所产仔猪外表均健康,大小均匀,但产后 3 天开始发病,7 天内整窝死亡。病仔猪精神不振,食欲减退,腹泻,口吐白沫,发抖,运动不协调,痉挛,抽搐,四肢划动,尖叫,叫声嘶哑,体温升高达 41℃以上,咽喉、四肢和腹部皮下水肿,死前体温下降,呈腹式呼吸,12 小时内死亡。中大猪食欲减退,发热,气喘,耳朵、四肢、腹部有紫斑,体温高达 41～42℃,持续几天后逐渐下降,畏寒,每天都有病猪死亡。

三、剖检病变

1. 呼吸道

病死仔猪的鼻腔卡他性炎症,扁桃体及喉头水肿,胸腔内存留大量清亮液体;个别病死仔猪的肺脏水肿。

2. 实质脏器

病死猪的肝脏散布很小的灰白色坏死灶,脑膜充血。

3. 淋巴结

病死仔猪的颌下淋巴结和肠系膜淋巴结均充血、肿大。

四、实验室检验

1. 组织涂片镜检

无菌操作取病死猪脾脏、肾脏等组织涂片,革兰染色,镜检,未观察到细菌。另无菌操作取病猪血液涂片镜检,未观察到任何虫体。

2. 血清学检验

采病猪血清 10 份,送某科研单位检测,其结果如下:猪伪狂犬病应用乳胶凝集试验检测抗体,全部检样均呈阳性;猪细小病毒病也应用乳胶凝集试验检测抗体,全部检样均呈阴性;蓝耳病用美国 IDEXX 蓝耳病抗体检测试剂盒检测抗体,全部检样的 2/3 出现阳性。

综合该场猪只发病情况、临床检查、剖检病变及实验室检验结果,确诊该场发生的疾病为猪呼吸与繁殖障碍综合征及猪伪狂犬病的混合感染。

五、处理方案

1. 针对传染源

首先,病死猪立即深埋,做无害化处理。其次,怀孕母猪和新生仔猪均饲喂广谱抗生素,严防细菌继发感染,减少经济损失。

2. 针对传播途径

强化猪场的兽医卫生防疫工作,采取严格的消毒措施,对猪舍的地面、墙壁、设施和用具等每周消毒 3 次;粪便集中于发酵池处理;加强防鼠和灭鼠工作,以切断流行锁链。将病猪挑出,以便治疗。

3. 全群紧急免疫

在猪群病性确诊后,立即对全群猪紧急接种猪伪犬病双基因缺失活疫苗——接种 1 头份。

4. 针对易感猪群

加强饲养管理,并提供优质的全价饲料,以增强猪体的抗病力。对流产的母猪,推迟一个情期再进行配种。

5. 治疗措施

①为控制继发感染,在饲料中添加林可霉素 2.2 克/吨＋壮观霉素 2.2克/吨＋70%阿莫西林 300 克/吨,连喂 1 周。②为提高机体的免疫力及采食量,在保育及中猪舍中采用支持疗法:在饮水中加入口服葡萄糖 3 000 克/吨＋水溶性黄芪多糖 500 克/吨。③针对性治疗:对喘气发热的用头孢噻呋钠 10毫克/千克体重＋氟尼辛葡甲胺 2 毫克/千克体重或林可霉素 15 毫克/千克体重＋氟尼辛葡甲胺 2 毫克/千克体重;④对流产的母猪用青霉素 6 万单位/千克体重＋链霉素 10 毫克/千克体重,混合肌内注射,每天 2 次,连用 3 天。第一次注射时,加催产素 30 万单位,以清除子宫内的残余物。

【提示与思考】

在控制该病上改用猪伪狂犬病双基因缺失活疫苗,目的是让猪群免疫后能较快地产生保护性中和抗体,可较快地控制疫情。

种猪场一定要立足于自繁自养,千万不能从疫区调入种猪。如要调进种猪,一定要严格执行隔离检疫,并采血送到有条件的实验室进行鉴别诊断,对伪狂犬阳性的种猪坚决不要引进;对蓝耳病阳性的要加强驯化。

第二节　仔猪伪狂犬病毒与猪瘟病毒混合感染

【知识链接】

伪狂犬病毒与猪瘟病毒的混合感染可导致仔猪极高的死亡率。人们不禁要问,为什么猪瘟病毒在短时间内侵入猪的全身脏器并导致其死亡?动物抵御外来致病因子的免疫系统为什么没有能够有效地抵御猪瘟病毒的入侵?许多专家都致力于此问题的研究,力求攻克这一世界难题。国外的 Susa 等指出,猪瘟病毒对猪的淋巴组织有嗜性,并可导致猪免疫系统的损伤。在感染初期,猪瘟就侵入猪的扁桃体及其外周淋巴结的 B 滤泡和上皮细胞中,并在其内复制。随后猪瘟病毒就扩展到淋巴结的其他部分、内皮及上皮细胞。原位杂交显示,作为病毒复制及侵入淋巴结位点的滤泡在晚期结构已遭到严重破坏。另外,猪瘟病毒还感染并损伤淋巴组织的生发中心,阻碍 B 淋巴细胞的成熟,从而使在循环系统及淋巴组织中的 B 淋巴细胞缺失,病猪胸腺萎缩,白细胞减少,病猪的骨髓也遭到破坏。因此,猪瘟病毒对免疫系统的损伤是导致急性死亡的一个重要原因。仔猪伪狂犬病是由伪狂犬病毒引起的,以整窝发病、腹泻、呕吐、神经症状、7 日龄以内仔猪的高死亡率为主要特征,多见于母猪伪狂犬免疫差、母源抗体低的猪场。

【典型案例】

一、基本情况

2007 年 5 月某规模化养猪场哺乳仔猪发生了一起以整窝猪突然发病、出现神经症状、死亡快及死亡率高为主要特征的急性传染病。该猪场年出栏生猪 0.5 万头,免疫程序为:新生仔猪 15 日龄免疫萎缩性鼻炎疫苗 1 头份;20 日龄免疫猪瘟细胞组织苗 2 头份;30 日龄免疫仔猪副伤寒疫苗 1 头份;35～45 日龄免疫伪狂犬病疫苗、猪丹毒肺疫二联疫苗、链球菌疫苗各 1 头份。生产母猪产前 20 天接种大肠杆菌 K88、K99、987P 基因工程疫苗;产后 20 天免疫猪瘟细胞苗 4 头份;猪丹毒肺疫二联疫苗 2 头份;25 天接种猪细小病毒灭活疫苗

1 头份。

3 月初以来,该猪场陆续出现仔猪大量成批发病死亡现象,死亡率较以往成倍增加,表现为整窝发病死亡,而且主要集中在产仔舍的初生仔猪和刚进保育舍的仔猪,死亡仔猪最小为 3 日龄。其中产仔舍死亡仔猪 256 头,死亡率 24.6%;保育舍死亡仔猪 134 头,死亡率 12.9%,死亡率分别为去年同期的 3.9 倍和 3.5 倍。该场技术人员也怀疑是猪瘟感染,曾用猪瘟疫苗进行免疫,但未能得到有效的控制。

二、临床症状

病初仔猪体温升高至 41~42℃;病猪气喘、发抖、精神极度萎靡;有的病例出现呕吐、腹泻、不能吮乳,皮肤黏膜发绀和出血,出现不同程度的神经症状,眼球震颤,兴奋不安,先间歇性抽搐、转圈,有的病例呆立不动或头触栏杆,进而四肢麻痹,不能站立,呈游泳状划动,向前冲或向后移动,伴有流涎,呼吸困难,临床上病仔猪多为整窝发病,最后体温下降,发病后 1~2 天全部衰竭死亡。

三、病理剖检

剖检病死仔猪,可见四肢内侧、远端及耳、尾尖、腹部呈现紫色;脾表面有散在小出血点,边缘大多呈现出血性梗死;肝稍肿大,有少量出血斑和纤维性渗出;胆囊充盈,肾表面有大小不一的点状出血性炎症;肺有出血斑,肺间质增宽,肺组织呈"肉样"变化;心包液显著增多,右心室积血;脑膜充血、瘀血,脑脊液增多;膀胱积尿,膀胱黏膜出血;肠淋巴结呈大理石样变;胃及空肠、回肠臌气,胃底有大面积出血,小肠黏膜出血、水肿。

四、实验室检验

1. 细菌学检查

无菌条件下采取病死仔猪心、肝、脾、肺、肾、肠系膜淋巴结及小肠接种于琼脂平皿培养基,37℃培养 24 小时,未发现细菌生长。

2. 猪瘟抗原检测

采集发病仔猪的脾脏、淋巴结样品,用 IDEXX 公司的猪瘟强毒 ELISA 试剂盒进行检测,结果全部为阳性。

3.伪狂犬病抗体检测

将发病仔猪血清样品,用伪狂犬病乳胶凝集试验抗体检测试剂盒检测抗体,结果全部为阳性。

4.动物接种

死猪脑组织加生理盐水制成10%悬液,并加"双抗",皮下注射接种健康兔3毫升,30～40小时后兔出现奇痒、不断啃咬、皮肤脱毛、出血等典型的伪狂犬病症状;于接种后50小时全部死亡,对照组健康存活。

综合上述该场免疫程序,并根据流行病学、临床症状、病理剖检、病原和血清学检查以及动物接种实验结果,可以确诊为猪伪狂犬病毒与猪瘟病毒混合感染。

五、防制措施

1.扑杀病猪

及时隔离病猪,对病重仔猪立即扑杀深埋,做无害化处理,消除疫源。

2.加强饲养管理

搞好栏舍、用具的消毒;由专人饲养,禁止无关人员进入栏舍,做好灭鼠工作。

3.紧急免疫接种

查清病原后,先后应用猪瘟高效活疫苗1头份/头,对哺乳仔猪进行紧急免疫接种;1周后用猪伪狂犬病基因缺失活疫苗1头份/头对种猪群、仔猪、中猪进行免疫。经采取以上措施后该场仔猪发病死亡逐渐减少,疫情得以控制。

4.完善免疫程序

①猪伪狂犬基因缺失苗:种公猪母每年免疫3次,35～40月二免1头份。②猪瘟高效活疫苗:种公猪每年春、秋季用猪瘟高效活新生仔猪出生后用猪伪狂犬基因缺失活疫苗1头份滴鼻,疫苗免疫接种各1次,2头份/次;种母猪于产后20～25天接种猪瘟高效活疫苗2头份/次;仔猪于20日龄、60日龄各接种1次,1头份/次。

【提示与思考】

　　引起仔猪死亡和母猪流产、死胎原因很多,该场这次流行的疫病,经流行病学、临床症状、病理剖检和实验室检验,确诊为仔猪伪狂犬病和猪瘟混合感染。由于两者协同致病,短时期内造成了较高的发病率和死亡率。

　　猪伪狂犬病是猪场发生繁殖障碍的主要原因之一,而其临床症状与猪瘟相似。因此,本次疫情开始仅怀疑为猪瘟,虽采取了防制措施,但未能控制,最后确诊为两种疾病混合感染,才从根本上扑灭了疫情。

　　猪伪狂犬病病毒通过破坏机体免疫系统,会干扰猪瘟抗体产生,从而使正常免疫接种过猪瘟疫苗的猪抗体水平大幅度下降,易受猪瘟病毒的感染。因此在做好猪瘟免疫工作的同时,应高度重视猪伪狂犬病的免疫工作。

　　纵观该场发病的原因,主要与疫苗免疫不当有关,该场的母猪对伪狂犬未做基础免疫,致使仔猪得不到有效的母源抗体保护。

　　感染伪狂犬病猪场,可采取全群淘汰、淘汰阳性反应猪、隔离饲养阳性反应母猪所生的后裔、扑杀发病仔猪等方法消灭疫源、净化疫病。

第三节 猪流感病毒和猪瘟病毒混合感染

【知识链接】

猪流感是由 A 型猪流感病毒引起的一种急性、高度接触传染性的群发性猪呼吸道疾病。猪瘟是由猪瘟病毒引起的猪的一种急性、热性、致死性疾病。已有研究证实,某些流感病毒能引起猪的免疫器官严重损伤,淋巴细胞大量减少,还可导致 B 细胞在外源性抗原刺激后所产生的免疫球蛋白的结构以及抗原反应性发生改变;某些流感病毒能引起外周血 T 淋巴细胞的转化率显著降低,并引起脾、胸腺及盲肠扁桃体的出血性变化,从而显著地抑制猪的细胞免疫功能,引起猪瘟的免疫失败,导致猪瘟的发生。所以当猪瘟发生时,应从猪瘟疫苗的质量、免疫操作、免疫程序、猪群的饲养管理、健康状况以及药物及饲料添加剂等方面进行原因分析,从而提出对猪瘟免疫失败的防制对策,以控制该病的散发性流行。

【典型案例】

一、发病情况

2013 年 9 月,某规模化猪场发生了以育肥猪发热、呼吸困难为主,死亡率高的疫病。该场存栏母猪 600 多头,分 2 条生产线饲养,2 条生产线间相隔 50 米,每条生产线各有 2 栋育成舍。4 栋育成舍共存栏中、大猪 2 000 多头。9 月 12 日,其中一栋育成舍中的 4 栏猪,每栏有 3～5 头开始发病,一周后波及全场。2 000 多头中、大猪发病,发病率高达 70%,死亡 395 头,死亡率高达 28.2%。经诊断为猪瘟和猪流感混合感染。由于开始认识不足和处理不及时,引起猪大量死亡,造成较大的经济损失,后经采取综合性治疗措施,控制了病情发展,取得较好的效果。

二、临床症状

发病猪初期体温升高到 41～42℃,精神不振,食欲减退,发病第二天拒绝

饮食;病猪常挤卧在一起,行动迟缓无力;眼结膜潮红,眼角有多量黏性或脓性
分泌物。耳、四肢、腹下、会阴处的皮肤有许多小出血点。病猪呼吸急促乃至
困难,个别呈犬坐式,咳嗽,流清鼻水,便秘,拉干粪球,粪便表面覆盖有黏液。
个别病猪见全身发抖,下痢,排水样或黏液性黄色恶臭粪便,小便呈褐黄色。
部分病猪肌肉和关节有痛感,触摸时敏感。先后有 12 头妊娠母猪出现流产。
发病第三天,开始有猪只出现死亡。

三、剖检变化

活体解剖发病第 3~4 天的病猪,主要病变为:肺门淋巴结肿大 2~4 倍,
气管、支气管内充满淡黄色浓稠黏液,肺色泽暗红、水肿,按压硬而有弹性,切
面流出大量泡沫样液体;胸腹腔、心包积液,部分病猪胸腹腔有纤维素性渗出
物;病猪全身淋巴结肿大,呈暗红色,切面呈弥漫性出血或周边性出血;肝有灰
白色坏死点;脾脏边缘有红紫色或黑紫色突起(出血性梗死);喉头、膀胱黏膜
有不同程度的出血点或出血斑;肾苍白,表层有小出血点;小肠有轻度出血;有
1 头发现回盲口有纽扣状溃疡。

四、实验室诊断

1. 涂片镜检

取病猪耳尖静脉血、肝、肺和胸腔积液涂片,自然干燥后,用姬姆萨染色,
镜检,在视野中未发现有弓形虫。采发病 15 天的病猪血清 10 头份进行弓形
虫抗体检测,结果阴性。

2. 血清检测

采用 PCR 及间接血凝检验方法检测猪瘟病原和抗体,结果显示猪瘟抗体
普遍不高,在送检 15 份猪病料中有 11 头检出猪瘟病毒(HCV - Ag 阳性)。采
发病 10 天的病猪血清 18 头份同时检测猪流感抗体(SIV - Ag),13 头呈
H1N1 阳性反应。

3. PCR 检测

用发病 3 天的病猪病料采用 PCR 检测猪伪狂犬病毒,结果为阴性。

从以上实验室诊断结果分析,该场本次发病是猪瘟病毒、猪流感病毒混合
感染。

五、处理方案

及时隔离病猪,淘汰和处理病死猪。加强猪舍的卫生及消毒工作,全场每周做1次大扫除。并应用3%的氢氧化钠对外环境进行彻底消毒,每周2次;用1∶300复合酚对内环境进行消毒。对全场猪群紧急免疫接种猪瘟疫苗,公猪、中大猪各肌内注射猪瘟高效活疫苗2头份/头,小猪1头份/头,做到严格消毒,保证一猪一针,千万不能漏注,千万不能打飞针。

治疗措施:①对症治疗:对发热的病猪用青霉素6万国际单位/千克体重+柴胡0.2毫升/千克体重+氨基比林0.2毫升/千克体重,混合肌内注射,1天2次,连用3天;②对喘气、严重咳嗽的病猪用丁胺卡那霉素8毫克/千克体重+地塞米松0.2毫升/千克体重或泰乐菌素20毫克/千克体重,肌内注射,1天2次,连用3~4天;③控制继发感染,在全群饲料中添加10%无味恩诺沙星1 000克/吨+30%强力霉素1 000克/吨,连用7天。

【提示与思考】

猪流行性感冒是由猪流感病毒引起的一种急性呼吸道传染病。该病的潜伏期很短,从几小时到数天,其特征为突然发病,迅速蔓延全群,以发热、呼吸困难为主要症状。临床上常见与其他病原混合感染,致使病情加重。本病例根据流行病学、临床症状、剖检变化和实验室检查,判断为猪瘟病毒和猪流感病毒混合感染。

发病猪场一直使用猪瘟兔化弱毒细胞苗免疫,母猪配种前接种5头份/头,小猪20、60日龄分别接种4头份/头。从免疫程序及疫苗使用剂量来看还是合理的,但为何仍暴发猪瘟呢?据分析,可能是由于疫苗的运输、保存环节存在漏洞,影响到猪瘟疫苗质量而造成接种后效价降低以致免疫失败,因此改用猪瘟高效耐热保护剂的活疫苗。

根据流感的发病情况,多数在7天后能够自愈,而且死亡率极低。但在本次疫情中,死亡率较高,在发病的1 400多头中大猪中,死亡头数达395头(其中有部分是濒临死亡,将其深埋处理),死亡率高达28.2%。这可能与猪瘟病毒混合感染导致病情加重而出现较高死亡率有关。

第四节　猪蓝耳病病毒与猪瘟病毒混合感染

【知识链接】

　　猪蓝耳病病毒所引起病理组织学变化是肺泡巨噬细胞严重损伤,伴有循环淋巴细胞及黏膜纤毛清除系统的破坏,从而抑制免疫力,使猪对各种继发感染易感。猪蓝耳病病毒感染产生的免疫抑制,也可以恶化慢性传染性疾病,使猪对其他疾病如猪瘟等各种疫苗的免疫应答下降,猪感染猪瘟后淋巴系统将遭到严重的损伤和破坏,从而导致获得性免疫抑制状态产生,将使猪发生二次感染。在生产上有句"有蓝必有猪瘟"的名言,本次病例再次证明了这一点。因此,对猪蓝耳病阳性的猪场,一定要加强猪瘟的防制,否则,常常会因猪瘟病毒和猪蓝耳病病毒混合感染而造成大批死亡。

【典型案例】

一、发病情况

　　2013 年 11 月,某规模化猪场的保育仔猪发生一起以急性、热性、出血性和呼吸困难为主要症状的病例。该场饲养母猪 400 头左右,从 2012 年下半年猪群一直不稳定,断奶前后仔猪腹泻及断奶后仔猪咳嗽两大困扰猪场的难题一直未得到彻底的解决,先后请多家饲料场、兽药厂家技术人员帮助,防疫程序一改再改,治疗方案一换再换,但是收效甚微。经流行病学调查、临床诊断与病理变化确诊为猪蓝耳病病毒与猪瘟病毒混合感染。

二、临床症状与剖检变化

1. 临床症状

　　发病猪群集中在产后 20 天到断奶后 30 天阶段的仔猪,断奶前仔猪主要表现水样腹泻,皮肤发青,腹下有暗紫色出血点,消瘦,个别有呼吸困难现象;断奶后仔猪主要表现为呼吸道症状,咳嗽,腹式呼吸,耳尖发紫,被毛粗乱,走路摇晃,个别便秘、腹泻;母猪群有流产、返情、产死胎现象,但不多,未引起猪场的重视;25 千克之后的育肥猪相对稳定。问询得知:该场蓝耳病疫苗在母猪产前 45 天防疫,仔猪断奶时没有免疫,猪瘟疫苗 0 日龄超前免疫,50 日龄第二次防疫,预防用药:泰妙菌素、阿莫西林、强力霉素等。

2. 剖检变化

先后剖检病死猪、弱仔各 5 头,病变基本一致,归纳如下:病死猪的喉头和会厌软骨,以及心外膜和冠状沟脂肪散布数量不等的出血点;脾脏边缘散布数量不等的锯齿状出血点,并散布少量坏死灶。病死猪肾脏色泽变淡,呈灰色,散布大量大小不同的出血点,类似麻雀蛋。病死猪的腹股沟淋巴结和肠系膜淋巴结呈暗红色,切面多汁、外翻,水肿,散布弥漫性出血。肺部有散在隆起的橡皮状硬块,呈出血性和间质性肺炎。流产胎儿和弱仔胸腔内积有大量清亮液体。

三、实验室诊断

1. 细菌分离培养

从病死猪肝脏中分离细菌,以普通琼脂培养基和巧克力琼脂培养基进行培养,于 37℃ 恒温箱中培养 12～24 小时后,均未见细菌生长。

2. 病原学检测

对送检的 5 头份病猪病料采用 PCR 方法检测蓝耳病病毒,结果均为阳性。

3. 荧光抗体检查

取病死猪的肾脏和脾脏,以冰冻切片机进行冰冻切片,丙酮固定 5～10 分,然后进行猪瘟荧光抗体染色,荧光显微镜观察,发现特异性亮绿色荧光。

通过现场调查、病猪临床表现和病死猪剖检病变,以及上述实验室检验结果,该猪场的猪病确诊为猪瘟病毒和猪蓝耳病病毒混合感染症。

四、处理方案

对发病猪群紧急接种猪瘟高效活疫苗 2 头份/头,为提高机体的免疫力,同时在饮水中加入黄芪多糖 500 克/吨＋维生素 C 100 克/吨,让其自由饮用。为防止细菌的继发感染,同时在饲料中添加 20% 替米考星 400 克/吨,连续饲喂 1 周。

对病死猪、淘汰猪做无害化处理,并隔离病猪。

严格门卫制度,控制人员的随意出入,禁止各猪舍饲养人员互相串舍,以防交叉感染。

强化管理,搞好猪舍的环境卫生及消毒工作,定期带猪消毒,减少各种应激因素,推行"全进全出"制度,适当降低保育舍的饲养密度,保证饲料营养的充足和平衡,做好猪舍的保温和通风换气工作,为猪只创造一个良好的生长环境。

【提示与思考】

通过这次猪场疫情的发生、发展和流行,以及整个防制过程,更清楚地认识到了防疫的重要性和饲养管理的重要地位。严格有效的防疫措施,可有效地阻止传染病的入侵。完善合理的免疫制度和有效的疫苗注射,能保证猪群有较高的抗体水平而抵御传染病的入侵。良好的饲养管理可有效地提高猪群的健康水平,从而提高对各种疾病的抗病力。

本次猪病暴发可能与猪瘟的漏防或免疫失败以及转群应激造成猪只抵抗力下降有关。单纯猪瘟用较大剂量猪瘟疫苗注射,同时配以解热镇痛以及抗菌消炎药,短期内也能控制病情发展,但有蓝耳病并发时,病情会难以控制且病程较长,造成的损失较大。

无论是阴性场还是阳性场应慎重引种,引种前最好是从供种场抽取血清进行血清学检疫,确定为蓝耳病和猪瘟阴性时方可引种。

第五节 猪伪狂犬病毒和猪细小病毒混合感染

🔗【知识链接】

　　伪狂犬病又称奥叶基氏病,是由伪狂犬病病毒引起的多种家畜和野生动物的一种高度接触性急性传染病。猪是该病的主要宿主和传染源,感染仔猪出现发热、腹泻、呼吸困难、肌肉震颤、麻痹、共济失调;母猪出现繁殖障碍。猪细小病毒属于细小病毒科细小病毒属,可导致猪的死胎、木乃伊胎、胚胎早期死亡和不育,除了造成母猪繁殖障碍性疾病外,还可引起猪的肠炎,猪的细小病毒病也与猪的渗出性皮炎、断奶仔猪多系统衰竭综合征和猪呼吸道疾病综合征有关。猪伪狂犬病与细小病毒病都能造成怀孕母猪的繁殖障碍及新生仔猪死亡,虽然猪伪狂犬病在临床上会出现共济失调等神经症状,但不是所有病例都会出现,所以仅仅依靠临床经验来区分猪伪狂犬病和细小病毒病有一定困难,必须综合病理变化及实验室诊断来确诊。猪伪狂犬病毒通过破坏机体免疫系统而干扰细小病毒抗体产生,从而使正常免疫接种细小病毒的猪群整体抗体水平大幅度下降,可能导致细小病毒的感染,因此应高度重视猪伪狂犬病的防疫工作。

【典型案例】

　　一、基本情况

　　河南省某规模化猪场,2004年建场以来,生产水平一直呈现良好趋势。自2007年年底该场的母猪表现繁殖障碍,经常出现流产,产死胎、木乃伊胎等现象;产房仔猪常突然发病,口流泡沫,呈神经症状而死亡;保育猪出现厌食、低热、呼吸困难。该场对疫病的防疫意识较强,对猪瘟、伪狂犬、气喘病、口蹄疫、乙脑和猪链球菌病等常见疫病都进行了免疫接种。2007年年底,该场的母猪经常每胎都会出现2~5头死胎,母猪无明显的临床病状,曾经怀疑为猪繁殖与呼吸综合征引起,后又对蓝耳病疫苗进行免疫,至2008年1~5月,母猪繁殖障碍问题没有停止,继续发展。用多种抗生素、退热药等均无明显疗效,经诊断为猪伪狂犬病病和猪细小病毒病混合感染。

二、临床症状

初产母猪和经产母猪都发生流产或产出死胎或木乃伊胎,产出的弱仔多在 2～3 天内死亡,流产率高达 42%。初生仔猪和 4 周龄以内的仔猪常突然发病,病仔猪厌食,体温 41～42℃,口角流出大量泡沫样唾液,呕吐,腹泻,步态不稳,呈后退、转圈运动,最后死亡,发病率达 40%～50%,病死率高达 95%。耐过的病猪常成为僵猪。2 月龄左右的猪多表现低热,呼吸困难,厌食,流出鼻液,部分病猪呕吐或腹泻,卧地不起,四肢做游泳动作,口吐白沫,最后死亡。

三、剖检变化

流产胎儿出现充血、出血、水肿、脱水(木乃伊化)和体腔积液。病死猪的鼻腔发现化脓性炎症,咽喉黏膜和扁桃体散布不同程度的水肿,肺水肿,胃肠散布出血性炎症。淋巴结肿大、充血、出血和水肿。病死猪的肝、脾散布数量不等的坏死灶;肾脏苍白,散布数量不等的出血点;脑膜充血、水肿,脑脊髓液增多。

四、实验室诊断

2008 年 6 月初,从该猪场采集经产母猪 10 头、后备猪 6 头和种公猪 4 头共 20 头份血清,分别采用布氏杆菌病试管凝集法,猪流行性乙型脑炎、猪细小病毒病、猪伪狂犬病、蓝耳病采用 PCR 方法做病原检测,检测结果如下:猪伪狂犬病共检测 20 头份,阳性率高达 76%;猪细小病毒病共检测 20 头份,阳性率占 57%;猪布氏杆菌病、猪流行性乙型脑炎、蓝耳病病原为阴性。根据现场调查、病猪临床表现和病死猪剖检病变,以及实验室检验结果,可以确诊为该猪场近期发生的母猪流产和仔猪死亡是猪伪狂犬病病毒和猪细小病毒混合感染的结果。

五、处理措施

1. 紧急免疫接种

①对全场猪群紧急接种伪狂犬病基因缺失苗乳猪 1 头份/头、保育猪 1 头份/头、种猪群 1.5 头份/头,以后种猪群采取每年三次免疫;商品猪采用 1～3

天用 1 头份伪狂犬基因活疫苗滴鼻 35～45 天再进行二次免疫 1 头份/头。②应用猪细小病毒病灭活苗,对种公猪、后备母猪、育成公猪及断奶后的母猪进行免疫 2 毫升/头;以后对断奶配种前的母猪跟胎进行免疫 2 毫升/头。

2.对症治疗

对腹泻严重的初生仔猪采用以下方法:①氨苄青霉素 10 毫克/千克体重,环丙沙星 5 毫克/千克体重,分别肌内注射,上、下午各 1 次,连用 3 天,以防止继发感染。②每头灌服口服补液盐 5～10 毫升,以防止脱水。③对发热及喘气的保育仔猪,用丁胺卡那霉素 10 毫克/千克体重或林可霉素 10 毫克/千克体重,交替使用,每天各一次,连用 3 天;同时在饲料中添加 20％替米考星 400 克/吨＋黄芪多糖 500 克/吨,以提高机体免疫力。

3.切断传播途径

①对猪舍及其周围环境进行彻底清洗、消毒。②猪舍做好纱窗、纱网,尽可能搞封闭式饲养,避免吸血昆虫的叮咬传播。③对饲养人员要严格管理,饲养带毒猪群的饲养员的饲养用具及其他物品要严格分开,避免交叉感染。④极力控制猫、狗在猪场的活动,积极开展灭鼠工作。

【提示与思考】

经实地调查,该猪场在 2007 年引进一批种猪,对种猪场的疫病和免疫等实况知之甚少,引种后又没有及时注射上述两种疫病的疫苗,也未进行严格的隔离饲养,因而导致整个猪群感染、发病、死亡,经济损失巨大。

疫病发生的另一原因,可能与该场忽略经产母猪对细小病毒的免疫有一定的关系,该场的免疫只是对初产母猪进行免疫,因此,要规范疫苗的免疫程序。

对感染的种猪要尽可能采取净化淘汰措施,防止疫情的进一步扩散。

第六节　猪蓝耳病病毒与圆环病毒混合感染

🔗【知识链接】

　　猪蓝耳病病毒是一种引起母猪繁殖障碍和新生仔猪呼吸症状的、严重危害养猪业的重要病原之一。猪圆环病毒 2 型是引起断奶后仔猪多系统衰竭的主要病原体,也是猪的重要免疫抑制疾病。虽然目前对猪圆环病毒 2 型引起猪只免疫抑制的机制还不很清楚,但对猪圆环病毒 2 型引起的各种疾病进行研究的结果表明:淋巴滤泡中心和副滤泡中心都存在淋巴滤泡缺失,受害的淋巴组织有组织细胞和多核巨细胞浸润,并能引起细胞凋亡和 B 细胞、T 细胞的减少。猪圆环病毒 2 型感染猪通常伴随蓝耳病病毒的混合感染,在天气寒冷,通风不良等情况下,管理不到位会造成猪群感染加重。

【典型案例】

一、基本情况

　　2007 年 6 月,某猪场出现一种急性传染病,该场共存栏生猪 3 500 头,从 6 月 7 日起,猪群陆续发病,以妊娠母猪流产、早产、产死胎、木乃伊胎及商品猪发热、少食、废食、便秘、咳嗽、呼吸困难、皮肤出血和急性死亡为特征。技术人员用抗生素、抗病毒药、退热药、914 等多种药物治疗,疗效均不佳,每天都有新增病例。截至 6 月 15 日,累计死亡 70 多头。经临床诊断、病理剖检、实验室检验,确诊为蓝耳病病毒与圆环病毒混合感染。

二、临床症状

　　母猪主要表现体温升高,40.8～42℃,食欲不振,泌乳量降低,发情不正常,返情率明显比以前升高,严重者出现食欲废绝,双耳及四肢末端皮肤发绀,呼吸症状明显;哺乳仔猪死亡率上升,特别是 6 周龄左右的断奶仔猪群,僵猪比例上升,表现精神沉郁,体温升高达40.5～41.5℃,扎堆,腹泻、皮肤发绀或苍白,消瘦,咳嗽,呼吸急促,个别呈现腹式呼吸,鼻孔流脓性分泌物,急性病例于2～3天死亡,慢性病例出现症状后于2～3周死亡;育肥猪主要表现食欲减退,体温升高达40.5～41.8℃,轻度呼吸症状,咳嗽,嗜睡,腹式呼吸,逐渐消瘦,后期卧地不起等;耐过猪生长速度降低。

三、病理剖检

剖检可见病死猪消瘦,皮肤苍白,全身淋巴结肿大明显,特别是腹股沟淋巴结和肺门淋巴结,切面呈均质白色或淡黄色与蓝紫色相间;腹腔被白色胶冻样物覆盖,各脏器之间粘连;肾脏色泽变淡、肿大、质地变脆,凹凸不平,有少量灰白色坏死灶和针尖状出血点;脾脏变薄呈蓝紫色,边缘有少量梗死灶;肝脏呈黄色;肠道尤其是回肠和结肠段肠壁变厚,变细,呈"鸡肠样病变",回盲口无明显变化;膀胱有出血点;胸腔积液;心包膜内含大量污浊液体;气管内充满泡沫状物;肺呈弥漫性间质性肺炎,表面凹凸不平,呈纤维素性坏死,病程长的与胸膜、肋壁粘连,肺间质增宽明显,可见斑点状出血,有些地方出现肉样变或胰变,按压无弹性;脑充血、出血。

四、实验室诊断

1.显微镜检查

取病死猪肝脏、肾脏、淋巴结触片,分别用革兰染色和吉姆萨染色,镜检未见细菌。

2.细菌分离培养

无菌取病死猪肝脏、淋巴结接种普通肉汤和普通琼脂培养基,24小时后未见细菌生长。

3.猪瘟抗体检验

选中国农业科学院兰州兽医研究所提供的 HC 抗体间接血凝检测试剂做猪瘟抗体检验,表明猪瘟抗体水平合格。

4.猪繁殖与呼吸系统综合征检验

用 PCR 法检验蓝耳病毒,结果采集的 10 份病料有 9 份为阳性,阳性率达90%。

5.猪圆环病毒检验

用 ELISA 法检验猪圆环病毒抗体,结果采取的 10 份病料有 7 份为阳性,阳性率达 70%。

五、处理措施

猪感染了此种疾病后,对营养需要增高,因此,提高了该场饲料的营养水平,饲料中增加 2% 鱼粉量并添加多维 300 克/吨,以提高抗应激能力。

做好环境治理工作,改善卫生状况,在每排圈舍入口处,增设消毒池,定期换水加药,消毒药物选择两种以上交互使用。环境、场区及圈舍消毒采取喷雾、火焰、熏蒸等多种消毒形式,确保圈舍、环境污染区得到彻底消毒。及时隔离病猪,淘汰和处理病死猪。同时加强灭鼠、灭虫工作,防止传播疾病。

对症治疗:①母猪发热、产后不食和无乳治疗,采用青霉素 6 万国际单位/千克体重＋链霉素 5 毫克/千克体重,同时注射安乃近 0.2 毫升/千克体重＋地塞米松 0.2 毫克/千克体重,每天 2 次;分别肌内注射;无乳时,肌内注射催产素 30 万单位/头;食欲减退时肌内注射维生素 B_1 20 毫升,胃复安 1 毫升/千克体重,每天 1 次,连用 3～4 次。②仔猪腹泻时,灌服硫酸新霉素 5 毫克/千克体重,东莨菪碱 0.01 毫克/千克体重或肌内注射恩诺沙星 5 毫克/千克体重;③育肥猪出现呼吸症状明显时,用乳酸环丙沙星 10 毫克/千克体重或头孢噻呋钠 10 毫克/千克体重,肌内注射,每天 2 次,连用 3 天。④为防止继发感染,在饲料中添加林可霉素 2.2 克/吨＋壮观霉素 2.2 克/吨＋70% 阿莫西林 300 克/吨,连续饲喂 1 周。

【提示与思考】

分析此次疫情暴发的原因主要是由于该地区高温天气提前到来,在 6 月温度已达 36～41℃,此外加上持续干旱,使得天气干热,另外该猪场位于交通沿线附近,周围来往车辆很多,灰尘弥漫,猪场内部卫生环境差,防暑降温条件差,圈舍密度大,致使母猪、仔猪、育肥猪受高温应激,采食量减少,抵抗力降低造成此次疫病的暴发。

近年来,有关蓝耳病毒与圆环病毒混合感染的报道逐渐增多,在研究断奶仔猪多系统衰竭综合征过程中发现患圆环病毒病的猪除了检出圆环病毒外,还常常检出高比例的蓝耳病毒,另外猪圆环病毒单独感染猪一般不出现断奶仔猪多系统衰竭症状,而与蓝耳病毒混合感染后则出现严重的病症。因此认为蓝耳病病毒增强了猪圆环病毒的致病作用。

由于蓝耳病病毒与圆环病毒均可破坏猪的免疫机能,为其他病毒和细菌的入侵创造条件,常常导致一头病猪感染两种以上病原,给兽医工作者的诊断增加了难度。因此在处理过程中最好多剖检几头病猪,并且结合实验室诊断才能确诊。一旦发生,要做到早发现、早预防、早治疗。

第二十九章

猪两种细菌混合感染

第一节　猪胸膜肺炎放线杆菌与大肠杆菌混合感染

 【知识链接】

　　猪传染性胸膜肺炎是由胸膜肺炎放线杆菌导致猪的接触传染性胸膜肺炎，主要表现为急性纤维性胸膜肺炎或慢性局灶性坏死性肺炎，常在 60～70 千克的肉猪中发生，再传染给其他猪群，急性者病死率高，慢性者常能耐过，哺乳仔猪不发病。该病主要通过呼吸道传染，如猪对猪直接接触或经短距离飞沫小滴传递。咳嗽和喷嚏喷出的分泌物是其主要的传染源，也可以经较远距离的气溶胶或经污染物间接传播。大肠杆菌病是由致病性大肠杆菌引起仔猪的一种肠道传染病，包括仔猪黄、白痢和仔猪水肿病三种。大肠杆菌是人和动物肠道内的常住菌，大多数无致病性，其中的某些血清型为病原菌，如 K88 等。这些致病性大肠杆菌特别是引起仔猪消化道疾病的大肠杆菌，多能产生毒素，引起仔猪发病。胸膜肺炎放线杆菌定位于呼吸道，大肠杆菌定位于消化道，当出现应激因素，如猪群转移、混养、拥挤、潮湿、通风不良、气候剧变、管理不善等均会导致这两种疾病的混合感染。

【典型案例】

　　一、基本情况

　　2013 年 7 月，某规模养猪场生猪发生一种具有高热、咳嗽、喘气、呼吸困难、鼻腔流出黏液性鼻液，可视黏膜潮红，眼睑浮肿，腹泻，共济失调，全身皮肤苍白，耳、下颌、四肢、腹下皮肤发绀为主的传染性疾病，2～3 月龄猪只发病率最高，死亡较为严重。技术人员曾使用链霉素、土霉素、四环素、磺胺嘧啶、安乃近等解热抗菌药物治疗，但效果不好，最后多因衰竭窒息死亡。该猪场存栏

2 600 余头,发病 1 186 头,发病率 45.6%,死亡猪只 414 头,死亡率占发病的 34.9%,造成了极大的经济损失。根据该病的流行病学、临床症状、剖检变化、实验室检验确诊为猪传染性胸膜肺炎与大肠杆菌病混合感染。

二、临床症状

患猪常突然发病,精神沉郁,食欲减少或废绝,高热 40.5～42℃;可视黏膜潮红,眼睑、眼结膜、脸部水肿发红;咳嗽、喷嚏、呼吸加快,喘气,犬坐式张口腹式呼吸;有的病猪连续性咳嗽,特别是早、晚和天气突变时较为明显,有的猪间歇性咳嗽,严重者呼吸极度困难;鼻流浆液或黏液性鼻液,严重者口鼻流出淡红色或红色泡沫样液体;有的猪突然发病站立不稳,走路摇摆,共济失调,贫血,全身苍白,卧地不起,触摸猪体有疼痛尖叫,驱赶时四肢呈鸭泳状;头、颈、下颌、腹下、四肢末端皮肤出现紫红色,最后衰竭窒息死亡。

三、剖检变化

病死猪全身苍白,口鼻流出淡红色或红色泡沫样液体,头、耳、颈、下颌、腹下、四肢末端皮肤出现紫红色瘀血斑;眼睑浮肿,气管、支气管充满泡沫样液。胸腔有淡黄色的积液,胸膜腔浆膜与内脏被膜有纤维素性薄膜,常与胸腔粘连;肺水肿,充血、出血,呈红褐色,切面多汁,有血性液体流出,肺门淋巴结肿大,切面多汁,呈髓样变;心包腔有灰黄色的透明液体,心脏增大,有点状出血;脾脏肿大,边缘有针尖大出血点;胃底部的胃壁增厚,有胶冻样液体,有条状出血斑和出血点;肠黏膜水肿,有点状和条状出血;肠系膜淋巴结水肿,有点状出血。

四、实验室检验

1.直接检查

采取病死猪的肺、肝、脾、淋巴结触片,革兰染色、镜检,可见少量革兰阴性小球杆菌和短小杆菌。

2.分离培养

采集病猪的肺、肝、脾、心、肾及淋巴结组织接种普通琼脂、麦康凯琼脂、SS琼脂平板,在 37℃培养 24 小时观察,可见普通琼脂平板长出中等大小、圆形、半透明、灰白色、露珠状的菌落;麦康凯、SS 琼脂平板长出红色菌落。染色镜检:取菌落涂片,革兰染色、镜检,发现有革兰阴性的短小杆菌。生化特性:该菌能发酵乳糖、麦芽糖、甘露醇、葡萄糖,产生靛基质,M-R试验阳性,V-P试验阴性,不产生硫化氢,不利用枸橼酸盐。判定该菌为大肠杆菌。

将采集的肺、肝、脾、心、肾及淋巴结接种于血液琼脂平板上,采用烛缸法在37℃培养24小时观察,可见针尖大小、圆形、边缘整齐、表面光滑、灰白色半透明、露珠状小菌落。染色镜检:取菌落涂片,革兰染色、镜检,发现有革兰阴性小球菌。生化特性:该菌能发酵乳糖、果糖、葡萄糖产酸,水杨苷为迟缓发酵,不发酵甘露醇、山梨醇、鼠李糖及甘露糖。靛基质,甲基红、V-P试验阴性,硝酸盐还原试验为阳性,可水解尿素酶。判定为胸膜肺炎放线杆菌。

根据流行病学、临床症状、剖检变化、实验室检测确诊为猪传染性胸膜肺炎与大肠杆菌混合感染。

五、处理措施

立即隔离病猪,防止健康猪与病猪接触而感染发病;对污染场地、环境、猪舍及用具等用2%氢氧化钠溶液进行全面的消毒,同时用0.1%百毒杀溶液对室内彻底消毒,每2天1次。及时清理舍内的粪便,保持清洁卫生,加强生猪的饲养管理,做好防暑降温工作。

对症治疗:①林可霉素10毫克/千克体重,青霉素6万单位/千克体重＋链霉素10毫克/千克体重,上、下午分别肌内注射1次,同时配氟尼辛葡甲胺2毫克/千克体重,连用3～5天;②对呼吸困难、喘气严重的注射泰乐菌素20毫克/千克体重,同时0.1%肾上腺素注射液0.1毫克/千克体重(对特别严重的有缓解作用,不可常用)。③对腹泻严重的用小诺霉素2毫克/千克体重,肌内注射。④全群防治饲料添加用20%替米考星500克/吨＋30%强力霉素500克/吨,连用7～10天。

【提示与思考】

　　该养猪场发生猪传染性胸膜肺炎与大肠杆菌病混合感染的主要原因:天气突然改变,猪不适应冷、热突变的环境;猪舍高温高湿的环境而诱发该病;猪场饲养管理粗放,圈舍卫生条件差,给致病微生物提供了滋生条件;饲料单一,营养不全面,导致猪体况差,抗病力下降,从而加速了该病的流行和发生。

　　经过选择性药物治疗 3～5 天,病情得到有效的控制。治疗病猪746 头,治愈病猪 672 头,治愈率为 90%。该病对抗生素抗药性强,单一药物长期使用,易产生抗药性,最好做药敏试验,选择敏感药物,以更好地提高疗效。

　　加强猪群饲养管理,减少应激;搞好自繁自养,合理调节饲养密度,可减少该病的感染发病机会。猪舍、运动场、用具要进行定期消毒;并保持猪舍良好的通风和适宜的温度;猪舍环境干燥,清洁卫生,使病原微生物无滋生之地。搞好常年性预防免疫接种菌苗,是有效控制该病发生的关键措施。

第二节　猪多杀性巴氏杆菌与猪胸膜肺炎放线杆菌混合感染

【知识链接】

　　猪肺疫是由多杀性巴氏杆菌引起的一种急性、散发性传染病,急性病例以败血症和器官、组织出血性炎症为主要特征。猪传染性胸膜肺炎是由胸膜肺炎放线杆菌引起的高度致死性的呼吸道传染性疾病,胸膜肺炎放线杆菌主要定居于呼吸道并具有高度的宿主特异性。试验证明,该菌定居于扁桃体并黏附于肺泡上皮,可被肺泡巨噬细胞迅速吞噬或吸附并产生 ApxⅠ、ApxⅡ和ApxⅢ毒素,这些细胞毒素对肺泡巨噬细胞、内皮细胞及上皮细胞有潜在的毒性;胸膜肺炎放线杆菌可存在于健康猪的扁桃体、鼻腔、气管中,成为主要的传染源。在猪群抵抗力下降时,这两种病原均可迅速增殖导致严重的呼吸系统疾病。

【典型案例】

一、基本情况

2013 年 2 月某猪场存栏的 1 000 头杜长大优质三元杂交猪,有 130 头发病,其中死亡 20 头。患病猪只主要表现咳嗽、发热,呼吸困难,食欲废绝,发病后主要用头孢噻呋、磺胺间甲氧嘧啶对症治疗。用药两天后好转,兽医私自停药,结果又陆续发病 160 头,死亡 40 头,随后连续用药 7 天,除 2 头死亡外,全群恢复正常。

二、临床症状

该猪场猪发病的当天,有少部分猪食欲正常,第二天无临床症状死亡。大部分患猪表现为体温升高达 40.5～41.5℃,初期咳嗽,继而呼吸困难,呈犬坐式呼吸,哮喘,张口露舌,烦躁不安,口吐泡沫和黄色液体。便秘,腹泻,黄尿,精神沉郁,心跳加快,步态不稳,拒食呆立,颈部红肿、发热。耳根、前胸、腹侧、四肢潮红,指压褪色。

三、剖检变化

全身淋巴结肿大、出血、颈部红肿,皮下组织出现大量的出血点。咽喉部周围组织有淡黄色或灰青色液体,并附有纤维性胶状物,附近肌肉出现坏死。口鼻腔中有红色泡沫液体流出,肺呈现化脓性支气管肺炎,呈灰色肝变,水肿,表面有一层浆液性、纤维性分泌物,一部分猪肺脏同胸膜粘连,胸腔积水。脾脏、肝脏出血,心包膜、胃肠黏膜出血,脑膜充血、出血。

四、实验室检验

取肺部病灶、胸水、心包液、肝脏、脑组织和心血等病料送科研单位进行实验室检验:

1.直接涂片

将临床典型的病猪的心脏、肺脏送某科研单位进行培养,病变部位涂片,革兰染色镜检有革兰阴性多形态的小球杆菌及两端浓染的长椭圆形小杆菌。

2.分离培养

将采集的肺、肝、脾、心、肾及淋巴结接种于血液琼脂平板上,采用烛缸法在 37℃培养 24 小时观察,可见两种菌落:一是灰色、细小、不溶血、黏性的针尖样菌落,铺满整个培养皿;二是针尖大小、圆形、边缘整齐、表面光滑、灰白色半透明、露珠状小菌落。染色镜检:取菌落涂片、革兰染色、镜检,发现有革兰阴性小球菌和两端浓染的长椭圆形小杆菌。经生化试验确定为多杀性巴氏杆菌和猪放线杆菌。

五、处理方案

1.隔离消毒

用石灰乳、百毒杀等消毒药品全场消毒,建立消毒隔离带,严禁人员进出。将健康猪群同病猪群严格分开,饲料、用具、饮水、粪便严格分离,防止人员串栏,每天用 0.2%的过氧乙酸对全场喷雾消毒一次。

2.紧急治疗

病猪分别肌内注射乳酸环丙沙星 8 毫克/千克体重、丁胺卡那霉素 5 毫克/千克体重,每天 2 次。也可肌内注射泰乐菌素 10 毫克/千克体重或头孢噻呋 10 毫克/千克体重,每天 2 次。对于发热的病猪用氟尼辛葡甲胺 2 毫克/千克体重+地塞米松 0.2 毫克/千克体重做辅助治疗,连续治疗 7 天;在饲料中添加 20%替米考星 500 克/吨+30%强力霉素 1 000 克/吨,连续饲喂 1 周,通过 7 天的治疗,猪群状况明显好转,症状逐渐消失。

【提示与思考】

注意区分和本病极易混淆的疾病。本病在临床症状上易与猪圆环病毒病、蓝耳病、猪瘟、副猪嗜血杆菌病、支原体病等相混淆,须通过病理剖检和实验室检测进行确诊。

规范免疫程序。该厂卫生管理工作落后,防疫措施没有落实,存在严重卫生安全隐患。在防治工作获得成功后,要及时制定免疫程序,对公猪、母猪、仔猪进行科学合理免疫,并加强对仔猪的保健工作。

坚持科学治疗。发病后,该场用头孢噻呋、磺胺间甲氧嘧啶等药物进行治疗,效果十分明显。但是该场兽医人员擅自停药(误认为猪病已经好了),使猪病重新反弹,不仅错过了最佳治疗时间,而且使疫情更加复杂化,增加了防治工作的难度。因此,在防治本病时,要做好药敏试验,做到针对性用药,并适当延长治疗时间,才能达到提高治愈率的目的。

第三节　断奶仔猪链球菌与大肠埃希菌混合感染

【知识链接】

　　猪链球菌病是由不同荚膜型的链球菌引起的不同临床类型传染病的总称,以散发和地方性流行为主。猪水肿病是由某些特定血清型的溶血性大肠埃希菌引起的地方性流行或零星散发的疾病,通常发生于断奶后 1～2 周的仔猪。猪水肿病的发生与饲料和饲养方式的改变、气候变化、母源抗体保护的丧失、仔猪的免疫力降低、猪群的易感性、营养水平和遗传因素等有关,其他病毒、细菌、寄生虫等病原体的感染是本病的诱发病原。这两种条件致病性疾病,多因管理不当引起混合感染而造成大批猪只的死亡。

【典型案例】

　　一、基本情况

　　2013 年 10 月下旬,某规模化猪场一批 300 头断奶仔猪,从产房转入保育舍 2 周,突然出现精神异常、食欲减少、发热、眼睑肿胀、四肢关节肿大、急性死亡为特征的疫病。该批猪从分娩舍转入保育舍后,由于受各种应激因素的影响,加之间隔 5 天连续注射 2 次疫苗,于 2 周后突然发生该病。该场兽医认为是注射疫苗的反应,没有及时治疗,2 天后发病猪增多,经用庆大霉素、青霉素及解热药治疗效果不佳,并出现死亡。经确诊为断奶仔猪链球菌病与水肿病混合感染。

　　二、临床症状

　　发病猪精神萎靡,食量减少或废绝,口吐白沫,呼吸困难,叫声嘶哑;眼睑、头部、颈部、前胸部水肿;体温升高至 41～42℃,呈高热稽留;鼻镜干燥,从鼻腔中流出浆液性或脓性分泌物,耳、颈部、胸部、腹部出现红斑或紫斑;粪便干燥,有的呈算盘珠样,粪便带有血液或黏液;后期出现神经症状,转圈、空嚼、磨牙、后躯麻痹、侧卧倒地,四肢呈游泳状,最后衰竭而亡。全群发病猪 57 头,发病率 31.7%,死亡 17 头,死亡率 29.8%。

三、剖检病变

剖检病死猪可见鼻黏膜紫红色,充血及出血,喉头、气管充血,并有大量泡沫;眼睑、结膜水肿,胃大弯和肠系膜水肿较明显;肺充血水肿;全身淋巴结有不同程度的肿大、充血和出血;脾脏肿大 1～2 倍,呈暗红色,边缘有黑红色出血性梗死区;胃和小肠黏膜有不同程度的充血和出血,有的脑切面可见针尖大小的出血点。

四、实验室诊断

1.链球菌检验

(1)涂片镜检　无菌采取病死猪肝、脾、淋巴结、心血涂片,革兰染色镜检,可见单个或成对链状排列的革兰阳性球菌。

(2)细菌分离培养　无菌采取病死猪肝、脾、淋巴结,接种于血液琼脂培养基上,37℃培养 24 小时,可见针尖大小、灰白色、半透明的、圆形、湿润、光滑、隆起小菌落,挑取典型菌落进行革兰染色镜检,可见长短不一、链状排列的阳性球菌,与病料涂片结果相同。

2.溶血性大肠杆菌的检测

(1)涂片镜检　无菌采取病死猪肝、脾、淋巴结、心血涂片,革兰染色镜检,可见阴性的短小杆菌。

(2)分离培养　无菌采取肝脏、颌下淋巴结、肠系膜淋巴结划线,分别接种于普通琼脂培养基,麦康凯琼脂培养基上,可见灰白色、光滑、边缘整齐、圆形、稍隆起的小菌落。取菌落涂片,革兰染色镜检,可见革兰阴性、平直、两端钝圆的小杆菌。

(3)生化试验　将得到的细菌纯培养基做生化试验,结果该菌能产生靛基质,不分解尿素,不产生硫化氢,不液化明胶,M.R.试验阳性,V-P试验阴性,能发酵葡萄糖、乳糖、甘露醇,并能产酸产气。生化试验结果表明,该菌为大肠杆菌。

根据发病特点、临床症状、剖检病变、实验室检查,确诊该病为断奶仔猪链球菌病与水肿病混合感染。

五、处理方案

1. 药物治疗

①选用敏感药物对患猪进行的治疗,肌内注射氧氟沙星 8 毫克/千克体重,每日 2 次,硫酸丁胺卡那霉素 10 毫克/千克体重,每日 2 次,磺胺-6-甲氧嘧啶钠 30 毫克/千克体重,每日 1 次;大群治疗可在饲料中加土霉素 800 克/吨和磺胺-6-甲氧嘧啶钠粉 500 克/吨,饲喂 3~5 天。②针对水肿病辅助治疗是不可少的手段,同时采用 0.1%亚硒酸钠维生素 E 注射液,每头仔猪肌内注射 1~2 毫升;并在每吨饲料中添加亚硒酸钠维生素 E 粉 1 000 克,饲喂 7~10天。为阻止大肠杆菌毒素的吸收并快速排出体外,发病早期,可用活性炭 20克加水 200 毫升灌肠,以使其吸附毒素,阻止机体吸收;待 1~2 小时后,用人工盐 100 克或硫酸镁 50 克加水 400 毫升配成溶液再灌肠,使活性炭吸附的毒素排出体外。还可用 50%葡萄糖 40~50 毫升、维生素 C 5 毫升、樟脑磺酸钠1~2毫升、磺胺嘧啶钠 10 毫升,静脉注射。对发病猪及同窝其他健康猪只,立即注射抗水肿病的高免血清,效果最好,一般只需注射一次,即可奏效。

2. 药物预防

仔猪断奶是一大应激,因此,在饲料中添加一些抗生素及抗应激药物是有必要的,在饲料中添加 30%强力霉素 1 000 克/吨＋10%硫酸新霉素 1 000 克/吨＋维生素 E 100 克/吨,可有效防止细菌性疾病的发生。

3. 免疫接种

对猪群采用链球菌病多价灭活疫苗进行免疫。种公猪每年 2 次,肌内注射 3 毫升/头;妊娠母猪在产前 20~30 天,肌内注射 3 毫升/头;后备母猪在配种前 15~30 天,肌内注射 3 毫升/头及产后 30 天肌内注射 3 毫升/头;仔猪生后 30 天和 45 天各肌内注射 2 毫升/头,母猪产前 20 天和仔猪生后 15 日龄时接种猪水肿病基因工程苗。

4. 坚持严格消毒制度

定期消毒,采用高效消毒液(消毒威、百毒杀、灭毒净、新消毒王),对猪舍、环境和饲养用具进行消毒处理,消毒液要经常交替使用,防止产生耐药菌,粪便堆积发酵,病死猪进行无害化处理。

5. 加强饲养管理

强化猪场内外良好的环境卫生条件,保持清洁和良好通风,饲养密度要适宜,坚持"全进全出"制,防止交叉感染。

【提示与思考】

从该场的发病来看,主要是猪舍温度偏低,猪只转到保育舍后,由于环境条件的改变加上饲料的更换及一周内连续接种两种疫苗所致。当猪感染链球菌病时,猪群抗病力下降,从而诱发了猪水肿病。在猪水肿病的防治上,应以预防为主。首先,加强断奶前后仔猪的饲养管理,提早补料,训练采食,使其能适应独立生活。其次,断奶不要太突然,不要突然改变饲料和饲养方法,断奶要坚持"母去仔留"的原则,尽量减轻对仔猪的应激。第三,圈舍要保持干燥清洁,消除致病的应激因素。第四,母猪怀孕期饲喂含维生素 E 和硒的添加剂,仔猪断奶后,应尽快对仔猪进行维生素 E 和硒的补喂工作。第五,饲料方面要减少饲喂含"三高"(高蛋白、高脂肪、高能量)的精饲料,同时要注意优化饲料的配比和用法。

第四节　副猪嗜血杆菌和肺炎支原体混合感染

【知识链接】

副猪嗜血杆菌是上呼吸道常住菌,在一定条件下可侵入机体并引起严重的全身性疾病,如纤维性多发性浆膜炎、关节炎和脑膜炎;猪肺炎支原体是引起猪气喘病(猪地方性流行性肺炎)的主要病原,主要表现咳嗽、喘气、生长发育迟缓及饲料转化率降低为特征,具有发病率高、死亡率低的特点。在自然条件下,单纯的肺炎支原体感染很少,这两种病原都能抑制免疫反应,降低肺的防御功能,是猪呼吸道疾病综合征的主要始作俑者。

【典型案例】

一、基本情况

2013 年 11 月,河南某规模化猪场,保育猪舍出现严重的呼吸道疾病,发病猪多在 45～50 日龄,首先表现咳嗽、体温升高、采食量下降、眼角分泌物增多、眼睑肿胀、耳朵发紫、呼吸困难、后肢站立不稳,部分猪只表现多发性浆膜炎等。该场采用仔猪 28 天断奶、35 天转群的饲养模式,产房阶段仔猪一切正常,转群 1 周后有个别猪出现咳嗽,两周开始有咳嗽症状的猪数量增多,并出现眼睑红肿、耳朵发紫、呼吸困难、后肢站立不稳,采食量下降,体温升高,并有死亡的情况,发病率达 30％左右,病死率 90％。该场兽医诊断为仔猪水肿病和猪链球菌病,用抗生素治疗效果不明显。

二、临床症状

大部分猪只体温 40.5℃左右,厌食或采食量下降,咳嗽、气喘,严重的呈痉挛性咳嗽,呼吸困难,腹式呼吸明显,耳尖发紫,消瘦,被毛粗乱,个别猪中间大两头小像刺猬,后肢关节肿大,不愿站立,强行驱赶跛行或站立不稳,病程稍长的呈后肢麻痹站立不起,临死前出现角弓反张等神经症状。

三、剖检病变

胸腔积液、肺肿大、肺的心叶和隔叶呈肉样状,气管和支气管内有少许白色泡沫;腹腔充满纤维性状物,覆盖在肝脏、脾脏、肠管表面,使肠管粘连在一起;肝脏肿大变硬,胆囊萎缩无胆汁,个别猪脾脏肿大边缘有锯齿状;肾表面有凹陷且稍有出血斑点;前、后肢关节腔均有胶状透明液;肺门淋巴结和腹股沟淋巴结肿大,切面有渗出液,胃壁切面没有胶冻样水肿;回盲口未见溃疡。根据流行特点、临床症状、病理变化等诊断为猪支原体感染后继发副猪嗜血杆菌病。

四、实验室诊断

无菌采取病猪的胸水、腹水、心包腔渗出物、肝、肾、心以及血液涂片染色,显微镜下观察有大小不等短小杆菌、球状杆菌、丝状等多种不同形态细菌,美蓝染色两极浓染,革兰染色阴性。胸水、腹水、心包腔渗出物中细菌数量较多,把胸水、腹水、心包腔渗出物,接种于普通营养琼脂培养基、巧克力培养基,37℃培养 48 小时后,普通琼脂培养基上没有发现菌落生长;巧克力培养基上生长边缘整齐、光滑、圆形的小菌落,未见溶血现象,将此菌落涂片镜检,形态和染色特征同直接涂片。

猪支原体病间接血凝试验:抽检 16 头猪血清,做间接血凝试验,结果支原体病抗体阳性 5 份、占 31.3%,可疑 3 份、占 18.8%(该猪场未进行猪气喘病的免疫,间接血凝试验支原体病抗体阳性率较高,表明猪群已感染了猪支原体)。

五、处理方案

1. 控制病情

①对所有保育猪分群,分四个层次:一是健康无病猪;二是刚出现咳嗽但没有喘气的猪;三是已出现明显喘气,但症状并不十分严重的猪,这部分猪有治疗价值;四是严重喘气并消瘦的猪。健康和刚出现咳嗽的猪仍留在保育舍,有治疗价值的喘气猪放在一个隔离舍,严重喘气消瘦的猪及时淘汰。②对采食量较好的健康猪群,在饲料中添加如下药物:10%氟苯尼考 400 克/吨＋70%阿莫西林 300 克/吨或 80%泰妙菌素 120 克/吨＋15%金霉素 3 000 克/吨＋70%阿莫西林 300 克/吨,连续饲喂 1 周;同时肌内注射林可霉素 10 毫克/千克体重或丁胺卡那霉素 8 毫克/千克体重。③隔离舍猪采用饮水给药与注射相结合的办法,在饮水中加入 10%水溶性氟苯尼考 400 克/吨＋40%水溶性林可霉素 200 克/吨,让其自饮;同时注射复方长效磺胺嘧啶 10 毫克/千克体重或泰乐菌素 10 毫克/千克体重。

2. 调整保健方案

针对该场发病的特点,调整了饲料药物添加保健方案:①35～42 日龄添黄芪多糖 500 克/吨＋10%氟苯尼考 400 克/吨。②42～47 日龄,10%无味恩诺沙星 1 000 克/吨＋30%强力霉素 1 000 克/吨。③10～18 周龄时猪呼吸道疾病易高发,可针对性地添加药物进行预防,如 20%替米考星 400 克/吨＋30%强力霉素 1 000 克/吨。

3. 拟定措施

针对该场存在的管理状况,拟定了主要措施如下:①在生物安全方面,一定执行"全进全出"制,在产房的仔猪,转向保育舍,最好是保持原窝不变,以减少应激。②在保育舍仔猪转入前,一定做好温度的控制,使其保持在 21～23℃,为猪只提供一个舒适干净的优良环境。③选择刺激性小的消毒药物,每周进行 2 次消毒。

【提示与思考】

　　该场发病期间,正处于秋冬交替时期,空气湿度小,昼夜温差较大,特别是晚上温度低于猪所承受的临界温度,加上管理松懈,在病初未能引起足够重视,导致疫病的发生。值得注意的是作为这两种呼吸道疾病的主要病原,单靠药物治疗是达不到应有的目的,预防疾病的最好的方法:一是给猪只提供一个舒适的环境,二是给予适合其需要的日粮。只有采取综合防治措施,才能达到理想的效果。

第五节　猪巴氏杆菌和副猪嗜血杆菌混合感染

【知识链接】

　　猪肺疫又叫猪巴氏杆菌病,俗称"锁喉风"或"肿脖子瘟"。它是由特定血清型的多杀性巴氏杆菌引起的急性或散发性和继发性传染病。急性病例呈出血性败血病、咽喉炎和肺炎的症状。慢性病程主要表现为慢性肺炎病状;呈散发性发生,常作为其他病的继发病出现。副猪嗜血杆菌引起猪的纤维素性多发性浆膜炎、关节炎和脑膜炎,严重危害 2～4 周龄的青年猪。尤其是高度健康猪群,一旦遭遇到应激因素,更易暴发本病,感染过程也更为严重,发病率可达 10%～15%,死亡率可达 50%。据报道,副猪嗜血杆菌病,也是引起纤维素性、化脓性支气管肺炎的原发因素之一,如和猪巴氏杆菌混合感染,将使病情复杂化。

【典型案例】

　　一．基本情况

　　近年来一些规模化猪场,都不同程度地感染了副猪嗜血杆菌病,多呈慢性经过,剖检以胸膜炎和腹膜炎为主。2008 年冬,河南省有几个猪场发生了一种以急性、热性、出血性且伴有呼吸困难为主要特征的疫病,死亡快,死亡率高,多种药物治疗效果不佳,其慢性型以皮肤苍白、关节肿大为主要特征,给养殖业主造成了较重的经济损失,其中有一猪场,存栏猪只2 300多头,保育仔猪

500头,中大猪1 000余头,猪场一切管理正规,猪舍防寒性能较好,装有热风炉。11月初,该场猪群首先从保育舍发病,出现高热,咳嗽且带有血液,后来中大猪也零星发病,用青霉素、链霉素、卡那霉素、庆大霉素等药物治疗,效果不明显。半月内发病猪236头,死亡93头,患病率47.2%,病死率39.4%。后经实验室确诊为猪巴氏杆菌和副猪嗜血杆菌混合感染,并采取综合防治措施将其扑灭。

二、临床症状

首先出现两头猪突然死亡,死前无任何症状表现,病死猪的腹部、双耳、四肢发绀。接着发现急性患病猪只,表现精神不振,食欲减退或不食,体温升高到41~42.5℃,咳嗽,鼻流清液,有的带血,口鼻发紫,咽喉肿胀,犬坐式呼吸,咳嗽,耳、颈、腹部有出血性红斑,治疗不及时或不当,常于3天内死亡。稍长病例表现病猪跛行,腕、跗关节肿大,站立困难,有的排灰色稀便。慢性病例病程较长,可达10天以上,表现寒战,挤堆,被毛粗乱,皮肤苍白,腹式呼吸,拉稀,四肢无力,生长不良,猪只逐渐消瘦,以至死亡。

三、剖检变化

病猪全身黏膜、浆膜和皮下组织有大量出血点,咽喉及其周围结缔组织呈现出血性浆液性浸润,全身淋巴结肿大、出血,切面红色,主要病变在胸腔,胸腔内有红色血样液体和纤维素性渗出物凝块,肺呈大叶性肺炎变化,肺肿大,严重充血、出血,切面呈紫红色或灰色肝变,似大理石花纹样,有的肺表面有大量纤维素性渗出物,与胸壁之间有纤维素粘连,有小化脓灶。气管、支气管有黏性分泌物,带血。心外膜有小出血点,有的心包膜内有干酪样渗出物,使外膜与心脏粘连在一起。肝肿大有坏死灶,脾肿大有出血性变化。胃、小肠有出血变化。慢性病例全身肌肉苍白,关节肿大,淋巴结充血、黄染。

四、实验室诊断

无菌采集濒死病猪血液、肺、肝制成触片,革兰染色镜检,见有革兰阴性短小杆菌或球杆菌和革兰阴性两极浓染的短杆菌。

将肺脏病变部位、胸腔渗出液、肝、脾分别接种于巧克力琼脂平板和鲜血琼脂平板上培养48小时。巧克力琼脂平板上有圆形、边缘整齐、灰白色不透明菌落,直径约 0.5 毫米,涂片,革兰染色镜检,见有革兰阴性中等大小杆菌或球杆菌。鲜血琼脂平板上生长灰白色、半透明、圆形、湿润的小露珠样小菌落,不溶血,挑取典型菌落涂片,革兰染色镜检,见两极浓染的革兰阴性短杆菌。

挑取巧克力琼脂培养的典型菌落,接种于鲜血琼脂培养平板上,再将金黄色葡萄球菌点种其上,37℃培养 24 小时,见有"卫星现象"。

细菌分别分离纯化后,立即对分离菌做药敏试验,共同结果是:环丙沙星高度敏感;氟苯尼考、阿莫西林中度敏感;磺胺嘧啶、青霉素、链霉素、土霉素、庆大霉素、红霉素不敏感。

五、处理方案

根据药敏试验结果,全群饮水中加入 10％氟苯尼考 500 克/吨＋70％阿莫西林 300 克/吨＋黄芪多糖 500 克/吨,连续饮用 5～7 天;②饲料中添加 10％无味恩诺沙星 1 000 克/吨＋40％林可霉素 200 克/吨,连喂 5～7 天;③病猪肌内注射环丙沙星 8 毫克/千克体重或氟苯尼考 20 毫克/千克体重,连用 3～5 天。

对个别急、慢性重症病例予以扑杀、采取无害化处理。

加强猪舍防寒保温及通风换气工作(特别是注意白天和夜间温差过大);加强舍内外环境、用具的消毒和卫生管理。

经一周后,猪群逐渐稳定,并口服接种猪多杀性巴氏杆菌弱毒苗 2 头份/头。

【提示与思考】

　　近两年冬季猪病复杂,诊疗难度不断加大,建议养猪朋友一定要树立"预防为主,防重于治"这个观念。猪只转群后,首先要在饲料中添加抗应激药和抗菌药物,提高机体抵抗力和预防急性细菌性疾病的发生。创造一个适宜的养猪环境,绝对可以减少甚至杜绝这些细菌病的发生。该场发病的主要原因与昼夜温差过大有极大关系(上午温度高达 24℃,夜间经常在 18℃左右),这一点容易被忽视。

　　猪场一定要加强技术培训,提高饲养员的整体素质,当猪群发病时一定要诊断清楚,方可对症下药,不要盲目地打针甚至接种疫苗,这样做可以减少损失。

第六节　猪链球菌和胸膜肺炎放线杆菌混合感染

🔗【知识链接】

　　猪链球菌是革兰阳性兼性厌氧球菌,根据其荚膜多糖抗原性的差异分为35个血清型,其中猪链球菌2型是毒力最强、危害最严重、流行最广泛的血清型之一,可引起猪败血症、脑膜炎及急性死亡,并可导致人感染,甚至死亡。传染性胸膜肺炎是由胸膜肺炎放线杆菌引起的一种以出血性、纤维性和坏死性肺炎为特征的高度传染性呼吸道疾病。猪链球菌Ⅱ型广泛存在于正常猪的呼吸道中,猪群是否会发生猪链球菌病与其带菌率的高低无直接的关系,即使是100%带菌率的猪群其发病率通常也不高于5%。这可能是因为不同猪链球菌2型菌株的致病力不同,而这种差异与各菌株的毒力因子直接相关,猪的发病是因各种原因使免疫系统的平衡被破坏引起的。

【典型案例】

　　一、基本情况

　　猪链球菌病与传染性胸膜肺炎混合感染在临床上少有报告,大多数情况下都是与猪瘟并发。曾见到一个猪场发生猪链球菌病与传染性胸膜肺炎混合感染,发病率、死亡率都很高。起初发生1~2头,1~2周内迅速波及全群。各种年龄的猪都有发生,若不及时治疗则很快死亡或转为慢性,生长发育受阻,长期带毒排毒;若诊断治疗及时则很快康复。

　　二、临床症状

　　病猪精神沉郁、嗜睡,部分站立不稳、喜卧,被毛粗乱。早期眼结膜潮红,后期发绀,眼角有分泌物。体温40.5~41℃,呼吸80~100次/分,脉搏100~120次/分。呼吸高度困难,呈浅表的腹式呼吸。鼻镜干燥,流出红色浆液性或铁锈色分泌物。部分猪有干咳症状。少数病例胸部触诊有痛感。食欲废绝或减退,粪便干燥,尿液呈茶黄色,使用抗生素治疗,食欲略有恢复,停药后食欲废绝或欲食不能,离槽呆立。少数有短暂呕吐、腹泻现象出现。耳、头颈、背部早期广泛性出血、潮红;后期耳、腿、腹下部呈现大小不一的出血性紫斑,病程长则结痂、坏死、脱落。

三、病理变化

鼻黏膜充血,喉头器官充血或出血。气管、支气管内有大量的血色泡沫样液体。肺高度充血、水肿、出血,间质增宽,呈现不同程度的肝变区,或"肉变",有的支气管肺泡间质充满黄白色胶冻样液体,堵塞支气管、肺泡。有的出现坏死性纤维素性炎症。少数出现肺脓肿,与胸膜、心包膜发生粘连。肝脏肿大、瘀血、出血,少数肿大1~2倍,严重者胆囊有出血。胃肠黏膜有不同程度的充血、出血、溃疡,少数有纤维素性炎症覆盖物。胸腹腔有少量不等渗出液,接触空气呈胶冻状。肾肿大、瘀血、出血,少数肿大1~2倍,颜色黑红,有的有坏死灶。膀胱黏膜呈点状或弥漫性出血。全身淋巴结均有不同程度肿大、充血、出血,以肝门、肾门、肺门、肠系膜淋巴结最为严重。血凝不良,似水样或鲜红色。心包积液,淡黄色,少数见纤维素性炎症,心内外膜、心耳有出血斑点,脾脏呈暗红或蓝紫色,少数肿大1~3倍,有的有纤维素性覆盖,柔软易脆,边缘钝圆,有出血性梗死区。脑膜有不同程度的充血,有的出血,脑切面部分可见针尖大的出血点。

四、实验室诊断

1. 直接镜检

取病死猪的血液、肝、脾、肺、淋巴结、胸腹腔渗出液涂片染色镜检,可见革兰阳性的单个、成双、短链或偶见数十个长链状球菌,革兰染色阴性的球杆菌。

2. 分离培养

将病料接种鲜血琼脂培养基上,可见生长成半透明、灰白色、圆形隆起的呈β溶血菌落,挑取典型菌落染色镜检,可见革兰阳性的单个、成双、短链或偶见数十个长链状球菌。

3. 间接血液凝集试验

对未免疫的猪采集血清,用兰州兽医研究所的传染性胸膜肺炎诊断试剂进行间接血液凝集试验,测得抗体为阳性。

五、处理方案

1. 紧急处理方案

①规范免疫程序,按要求进行链球菌和传染性胸膜肺炎的免疫注射。②加强消毒,猪舍用消毒威、菌毒敌等高效广谱消毒剂每周消毒2次,猪舍周围环境用2%氢氧化钠每周消毒1次。③加强饲养管理,搞好圈舍卫生,及时发现隔离病猪,粪便无害化处理,禁止人员出入猪舍或买卖病猪。

2. 针对性治疗

①饲料中添加土霉素800克/吨+10%氟苯尼考400克/吨;或20%替米考星400克/吨+30%强力霉素1 000克/吨,连喂1周。②在饮水中加入30%水溶性阿莫西林300克/吨+30%强力霉素1 000克/吨,连饮1周。③治疗越早越好,症状消失后继续用药1～2天,中途不能停药。严重感染者必须加大剂量。病猪易产生抗药性,最好选用敏感药物。临床上,有下列方案可供选择:头孢拉定10毫克/千克体重无论选择哪一组药物,针对发热都有配合解热药物,如氟尼辛葡甲胺2毫克/千克体重或磺胺六甲氧嘧啶20毫克/千克体重或氟苯尼考20毫克/千克体重,肌内注射,每天2次,连用3～4天。④氟苯尼考与头孢拉定合用,剂量同上,连用3～4天疗效显著。⑤氟苯尼考20毫克/千克体重、卡那霉素15毫克/千克体重,分别肌内注射,每天2次,连用3～4天。

【提示与思考】

一旦发病,及早隔离治疗病猪是关键,因大多数是直接接触感染,最好同栏圈的猪都隔离,距离越远越偏越好。

清栏消毒,搞好栏圈卫生,以控制杀死病原微生物,降低感染率。

淘汰病猪,加强检疫,不引进慢性隐性感染种猪,坚持自繁自养是避免疫情的有效方法。

第三十章

猪两种病原混合感染

第一节 猪附红细胞体与猪瘟病毒混合感染

【知识链接】

　　附红细胞体病病原是一种寄生在猪红细胞上的支原体,其可造成红细胞的改变而容易为体内的网状内皮系统或吞噬细胞所破坏,因而造成红细胞数量的减少,导致贫血、黄疸、发热、发育减慢。猪瘟是由猪瘟病毒引起的一种流行性广、传染性强的传染病,是我国养猪业的大敌。近年来随着免疫接种强度的不断提高,急性、典型的临床症状已减少,成年猪的发病率不高,疫情缓和,以温和型或无症状为主,病理变化由以前广泛性、弥漫性出血逐渐转变为病理变化不明显,其原因是多方面的,但免疫程序不科学、持续感染、免疫抑制性疾病存在,母源抗体参差不齐,是目前猪瘟多发的主要原因,近年来由于免疫抑制疾病的干扰,常常导致机体对抗原免疫应答水平低下,使机体抵抗力降低,二者相互感染,从而使临床症状变得更加复杂,给诊断和治疗增加了难度。

【典型案例】

　　一、基本情况

　　河南省某规模化饲养场,存栏商品猪 1 470 余头,2006 年 8 月上旬,当时天气比较炎热,由于猪舍较为低矮,通风不良,在商品猪群中开始发病,90 日龄育肥猪表现精神不振,食欲减退,以呼吸困难、皮肤贫血苍白、之后发黄或发紫及便秘为主要特征的传染病,体温多在 40～42℃,该场兽医用青霉素、地塞米松及一些解热镇痛药治疗,效果不佳,很快波及全群。经多次治疗,仍不断死亡。截至 8 月 14 日,已死亡 73 头,死亡率达 36.7%。后经综合诊断,确诊为猪附红细胞体病与猪瘟混合感染。

二、临床症状

病猪体温升高,达 40～42℃,寒战,喜卧,扎堆;流涕;皮肤及可视黏膜苍白,继之发黄,背部有粟粒大出血点,呈铁锈色。后期,在两耳、四肢、胸腹下和会阴等处的皮肤上有多量大小不等的出血紫斑,指压不褪色,耳尖变干硬。有的公猪包皮内积混浊恶臭尿液,小便色赤,有的呈血尿。病初大便干燥黏附肠黏膜,后期腹泻。

三、剖检变化

共剖检病死猪 8 头。大多数猪血液稀薄;胸腹部皮下脂肪及内脏浆膜黄染;全身淋巴结肿大、出血,切面湿润;肺充血、出血,间质水肿;心脏冠状沟脂肪轻度黄染,有的心内膜有数量不等的小出血点;肾脏颜色变淡,呈土黄色,有针尖状出血点;脾脏肿大,表面有粟粒大小丘疹样出血结节和针尖大小的坏死灶,边缘有梗死;膀胱黏膜、喉头等处有出血斑,有的胆汁浓稠呈胶冻样;回肠末端、结肠、直肠及回盲瓣有溃疡灶。

四、实验室诊断

1. 细菌学检验

(1)鲜血压片　取病死猪心血 1 滴,加 1 滴生理盐水后盖上盖玻片,迅速置油镜下镜检,可见红细胞及血浆中有不规则斑点状虫体,使红细胞形态出现变化,表面多呈星状突起。在血浆中的虫体较活跃,可见其做伸缩、转体等运动。

(2)涂片镜检　取心血涂片,用姬姆萨染色法染色后,用高倍油镜观察,可见红细胞表面有许多粉红或紫红色的多形状虫体。

(3)细菌培养　无菌取心血及肝、脾、淋巴结等病料接种于鲜血琼脂平板、麦康凯琼脂平板及普通琼脂平板上培养,在 37℃恒温下 24 小时后未见细菌生长。

2. 病原学检验

共采病猪、死猪血 26 份,用 PCR 法测蓝耳病、圆环病毒、伪狂犬病毒,均为阴性。取 16 份病猪全血,用美国 IDEXX 公司的猪瘟强毒 ELISA 检测试剂盒,进行猪瘟病原检测,结果有 9 份猪瘟抗原为阳性,说明已被猪瘟强毒感染。

五、处理方案

对病猪进行隔离,无治疗价值的猪只做深埋处理。对易感猪群紧急接种猪瘟高效活苗 1 头份/头,同时肌内注射黄芪多糖 5 毫升。病情严重的猪肌内注射抗猪瘟血清 2 毫升/千克体重,每天 1 次,连用 3 天。

对症治疗:对发病猪只首先用血虫净 7 毫克/千克体重,肌内注射(2 次后停用),同时注射土霉素 20 毫克/千克体重,每日各 1 次,连用 5 天;②发热者肌内注射氟尼辛葡甲胺 2 毫克/千克体重,每日 1 次;贫血的加用维生素 B_{12} 针剂 0.025 毫克/千克体重;③在饲料中添加土霉素 800 克/吨＋阿散酸 180 克/吨,连喂 7 天。

对猪舍环境进行彻底清理,每天傍晚用 1% 敌百虫溶液喷洒猪体和猪舍,以杀死媒介吸血昆虫,7 天后改为隔日喷洒;同时用 2% 的氢氧化钠溶液对猪场外环境喷雾消毒,每天 1 次。经实施上述措施后,猪场病情逐渐开始好转,病情进一步得以控制。

【提示与思考】

目前,猪附红细胞体感染在猪场中已很普遍,除了通过手术器械、注射针头及打架撕咬等途径传播外,节肢动物(虱、疥螨)也是主要传播媒介,夏季蚊、蝇叮咬的传播作用更为突出,而该猪场发病时节正处于蚊虫肆虐的夏季,也印证了这一点。猪群感染附红细胞体病后,抵抗力下降又继发感染了猪瘟。所以,夏季应加强猪场环境卫生管理,减少应激因素,以预防附红细胞体病的发生。

免疫猪瘟疫苗时,最好同时配合使用提高机体免疫力的药物,这样可大幅度提高猪瘟的抗体滴度,增强其免疫力和保护力。

第二节　猪瘟病毒与链球菌混合感染

【知识链接】

　　猪瘟是由猪瘟病毒引起的急性、接触性传染病,是目前危害我国养猪业发展的主要疫病之一,猪瘟的发生往往继发或混合感染一种或几种细菌性、病毒性和寄生虫性疾病,这种混合感染或继发感染的诊断和防治十分困难。猪链球菌也是一种常见的猪传染病,世界各地均有发生,危害严重,也是一直困扰我国养猪业的重要传染病之一,猪链球菌参与很多疾病综合征的发生过程,有时甚至是相互促进发病的关系,如猪瘟感染链球菌病后会发生很高的死亡率。

【典型案例】

　　一、基本情况

　　2013 年 7 月,某新建规模化猪场存栏的 1 600 多头育肥猪,猪群发生一种以高热、拒食、眼结膜潮红、流泪、皮肤有紫红斑为临床特征的疫病,部分猪表现精神不振、不食、便秘、行走缓慢、挤堆、腹部皮肤有出血点并扩散到全身,后期呼吸困难,使用青霉素等抗生素进行治疗虽有一定效果,但发病 1 周后出现死亡,随后波及全群,根据发病情况确诊为猪瘟病毒与链球菌混合感染。

　　二、临床症状

　　病猪表现精神沉郁,食欲不振或废绝,畏寒、颤抖、挤堆,不愿走动,体温升高至 41～42℃,眼结膜潮红、流泪,眼睑附着黏性或脓性分泌物,口、鼻黏膜潮红,有浆液性鼻液,耳、腹下及四肢有紫红斑,有的部位呈现散在或弥散性出血点,粪便干结或便秘与下痢交替出现,干粪球表面附有黏液,个别病猪出现跛行或站立不稳,有的病猪呈现咳嗽、气喘、呼吸困难等病状,也有的病猪出现颈部强直、偏头或转圈、痉挛等神经症状。

三、剖检变化

解剖病死猪,可见被毛粗乱,消瘦,眼角有脓性分泌物,尾根和肛门附近被粪便污染,全身皮肤有明显的出血点、出血斑;颈部皮下水肿,包皮积尿;全身淋巴结肿大,出血,切面大理石样外观;胸腔积液并含有纤维素性渗出物,全身浆膜、黏膜有明显出血点;喉头,气管黏膜有出血点,气管,支气管黏液增多;肺瘀血肿大,有不同程度的肝变区、出血斑和大面积肺炎病灶;心耳和心冠有多量出血点;肝大,有密集的针尖大小灰黄色坏死灶;脾瘀血柔软而易碎裂、色暗红,边缘有小的出血性梗死灶;胃底黏膜有明显的出血斑;盲结肠黏膜有扣状肿胀和较多边缘不整齐的溃疡灶;膀胱黏膜有出血点和出血斑,肾肿大,色淡、呈土黄色,被膜不易剥离,皮质部有小出血点;胆囊肿大,浆膜出血,黏膜坏死。

四、实验室检查

1.涂片镜检

无菌采取病死猪心血进行抹片,肝脏、脾脏、肾脏、心脏、肺脏及淋巴结进行触片。待干燥后,分别用革兰、瑞氏染色液进行染色。在显微镜下观察,仅在肝触片中发现革兰阳性球菌,其他脏器和血液中未发现菌体。

2.细菌培养及纯培养

将采取的病料组织在无菌的条件下接种于鲜血营养琼脂培养基,37℃恒温培养 24 小时,见有半透明、湿润、圆形、表面光滑、呈 β 溶血的小菌落。涂片染色镜检:溶血的菌落为革兰阳性球菌,单个、两个或多个成短链状存在。将革兰阳性球菌接种于营养肉汤,24 小时、37℃恒温培养后,有轻度混浊,轻轻摇动可看到有黏稠丝状物悬浮。

3.生化实验

对革兰阳性球菌进行生化实验,发现其能发酵乳糖、葡萄糖、蔗糖和麦芽糖,产酸而不产气,不发酵母糖、阿拉伯糖。

4.动物回归实验

将恒温培养后细菌接种于营养肉汤,分别接种于两只小白鼠,每只 2 毫升,同时设两只对照。24 小时后,接种的两只小白鼠相继死亡,晚死者皮下及肝脏处有化脓灶,并从其肝脏内分离得到革兰阳性球菌。

5.猪瘟兔体交叉免疫试验

取健康家兔4只,每只体重1～1.5千克,预测体温3天。体温正常者分成两组,每组2只,其中一组为对照。取病猪脾脏和淋巴结,磨碎后以生理盐水1:10稀释,加青霉素、链霉素处理,经离心沉淀后取上清液接种于试验组家兔,每只5毫升,对照组不注射。实验兔免疫接种后每隔8小时测体温一次,观察7天均无体温变化。第8天给试验组和对照组家兔每只静脉注射1:20稀释的猪瘟兔化弱毒疫苗1毫升,24小时后每隔6小时测体温一次,连续3天。结果试验组家兔均无体温变化,对照组家兔出现定型热反应。证明该病料含有猪瘟病毒。

五、处理方案

立即隔离病猪,对病死猪进行销毁无害化处理,用0.1%百毒杀药物对圈舍、饲养用具消毒,搞好环境卫生,并对周围环境进行消毒,对没发病的猪,紧急接种猪瘟脾淋苗2头份/头和链球菌多价苗3毫升。

对症治疗:①对发病较严重的患猪,用抗猪瘟高免血清,肌内注射,剂量0.5毫升/千克体重,每天2次,连用2天。②青霉素3万国际单位/千克体重,配合使用链霉素10毫克/千克体重或恩诺沙星8毫克/千克体重,肌内注射,每天2次,连用2～4天;为提高疗效,同时肌内注射黄芪多糖0.2毫升/千克体重;对病情严重的猪,静脉注射5%葡萄糖氯化钠注射液、维生素C,如出现发热配合解热类药物。③为控制整群发展,在饲料中添加80%泰乐菌素120克/吨＋磺胺二甲氧嘧啶500克/吨＋抗菌增效剂100克/吨,连续饲喂5天。经连续1周的治疗,疫情得到了有效控制,为巩固疗效,视个别猪的病情状况,再连续用药2～3天。据统计,整个病程共有500多头猪发病,死亡118头、淘汰40头,死淘率大概31.6%。

【提示与思考】

当前猪病混合或继发感染问题已十分严重,引人注目,这是由于它具有普遍性、复杂性、多因性和艰巨性四大特点。因此,一定要加强饲养管理,搞好环境卫生与消毒,减少不良应激因素,防止饲料和饮水污染,做好猪场常规疫苗的免疫接种。

本场引起该病的原因有三个方面:第一,使用的猪瘟疫苗是政府免费发送的,可能因疫苗运输及保存不当,使疫苗效价降低,引起免疫失败;第二,由于当时天气炎热,猪的饲养密度过大,加上通风不良,猪只发生生理应激,导致机体抗病能力下降,是发生本病的主要诱因;第三,发病后耽误了时间,未能及时紧急接种猪瘟疫苗,致使本次疫情蔓延。

第三节　猪瘟病毒与大肠埃希菌混合感染

🔗【知识链接】

猪瘟是猪的一种急性高度接触性传染病。它传染性强,致死率高;水肿病是仔猪常见的一种急性致死性传染病,主要是由某些特定血清型的大肠埃希菌引起,以神经症状和全身水肿,特别是胃大弯、肠系膜及脑部水肿为特征,本病发病率不高,但发病突然,病程短,死亡快,如果与猪瘟混合感染,对规模化猪场危害很大。

【典型案例】

一、发病情况

河南省某养猪场,饲养母猪 200 头,种公猪 8 头,育肥猪 800 余头,仔猪280 头。2008 年 6 月中旬,有一栋猪舍内 51 日龄的仔猪突然发病,接着相邻猪舍内的仔猪陆续发病,症状、病变基本相同。猪场兽医用青霉素、链霉素、安痛定等多种药物治疗,但疫情并未得到控制,结合临床症状、剖检变化及化验诊断确定该病为猪瘟与仔猪水肿病混合感染。

二、临床症状

50 日龄左右的仔猪突然发病,病猪精神沉郁,发抖,体温达 40～41℃,呼吸加快,绝食,耳缘、四肢、腹下皮肤首先出现发绀、出血。眼睑、面部和颈部皮下严重水肿,眼结膜充血,叫声嘶哑。共济失调,步态不稳,盲目行走或转圈,继而后肢麻痹,倒地侧卧,四肢划动,表现痛苦,以至呼吸困难和间歇性痉挛而死。

三、病理变化

共剖检病死猪 4 头,均可见到耳、四肢、腹下皮肤发紫。眼睑、颈部肿胀,切开肿胀部位,皮下有胶冻样水肿液,喉头高度水肿。心内外膜有出血斑或出血点。胃壁、肠系膜水肿,切开胃大弯黏膜与肌层之间充满胶冻状水肿物。胃底呈弥漫性出血,大肠系膜呈胶冻样水肿,小肠黏膜出血。全身淋巴结水肿,充血和出血,心包、胸腔和腹腔有较多积液。脾脏边缘有出血性梗死病灶,肾脏表面呈麻雀蛋状出血外观。膀胱黏膜有出血点。

四、实验室检验

取病死猪十二指肠内容物和肠系膜淋巴结,涂片染色镜检,发现有少量散在、两端钝圆革兰阴性短杆菌。

细菌培养:无菌操作采集病死猪肝、脾、淋巴结分别接种于普通营养琼脂、麦康凯琼脂、鲜血琼脂培养基上,37℃恒温培养,24 小时观察,结果普通营养琼脂上形成圆而隆起、光滑、湿润、边缘整齐、半透明无色菌落;麦康凯琼脂上形成圆而隆起、光滑、边缘整齐、中等大小的红色菌落;鲜血琼脂上呈 β 溶血。取菌落涂片做革兰染色,镜检为革兰阴性小杆菌。

分离菌能发酵葡萄糖、乳糖、蔗糖、麦芽糖和甘露醇,产酸产气,能产生靛基质,不产生硫化氢,不分解尿素,M.R 试验阳性,V-P 试验阴性。不利用枸橼酸盐,产生靛基质(吲哚),在氧化钾培养基中不能生长。

药敏试验:用纸片法进行,结果对环丙沙星、氟苯尼考、恩诺沙星、磺胺类药物高敏,对青霉素、链霉素、氨苄青霉素、庆大霉素不敏感。

取病猪脾、扁桃体触片,猪瘟荧光抗体染色,细胞质有绿色荧光。

五、处理方案

加强饲养管理,采用营养全面的配合饲料,适当增加多种维生素的含量,尤其是维生素 E,以提高猪体抗病力。

对已患病的猪只进行隔离治疗,死猪深埋。对场地、用具、圈舍及周围环境用 0.2%氢氧化钠进行彻底消毒。

对猪场所有的假定健康猪,采取加大免疫剂量进行猪瘟高效细胞活疫苗紧急预防接种,大、小猪一律接种 1 头份/头的猪瘟疫苗。空怀母猪在配种前 2 周再用 1 头份/头猪瘟疫苗强化免疫一次。

病猪治疗:①应用猪瘟高免血清 0.5 毫升/千克体重,紧急注射。②注射恩诺沙星 8 毫克/千克体重,磺胺嘧啶钠 30 毫克/千克体重,上、下午各 1 次,连用 3~5 天。③整群治疗:在饲料中添加 10%无味恩诺沙星 1 000 克/吨+土霉素 800 克/吨,连续饲喂 3~5 天。

【提示与思考】

经了解,该猪场原来猪瘟免疫只用 1 头份疫苗的普通组织也只是仔猪断奶时免疫 1 次,仔猪到 50 天左右,其抗体滴度迅速下降,达不到保护的目的,受到猪瘟强毒感染后而患上猪瘟,并导致仔猪抗病力差,这样仔猪极易并发仔猪水肿病,造成混合感染,这是本病发生的主要原因。因此,为有效地控制猪瘟的发生,必须在接种猪瘟疫苗时选择高效优质的活疫苗,为提高免疫质量在第一次免疫接种后过20~30 天再加强免疫一次。加强饲养管理,饲料配合原料多样化:增加多种维生素,增强猪体的抗病力,搞好防疫灭病工作,是预防本病的关键。

仔猪水肿病致病机制是一个比较复杂的过程,表现为大肠埃希菌在宿主肠道大量增殖,产生毒素,被机体吸收后引起疾病,但目前尚无中和、缓解这类毒素的特效药。因此,对已出现临床症状的病猪进行治疗,可能为时已晚。但对体内已存在病原性大肠埃希菌而尚未表现临床症状的同窝仔猪采用免疫预防或其他相应措施,可控制或抑制肠道内大肠杆菌的数量,防止产生大量毒素而导致发病。

第四节　猪传染性胃肠炎病毒与大肠杆菌混合感染

【知识链接】

　　传染性胃肠炎是由猪传染性胃肠炎病毒引起的一种高度接触性肠道传染病。以引起 2 周龄以下仔猪呕吐、严重腹泻、脱水和高死亡率(通常 100％)为主要特征。虽然其他的猪也易感,但 5 周龄以上的猪很少死亡;猪大肠杆菌病是由致病性大肠杆菌引起的仔猪的一种肠道传染病,包括仔猪黄、白痢和仔猪水肿病三种,临床上以发生肠炎、肠毒血症为特征。当传染性胃肠炎伴发猪大肠杆菌病混合感染时,每种病原体都以不同的方式侵害肠道,导致严重腹泻,引起脱水和死亡。

【典型案例】

　　一、发病情况

　　某规模化猪场,存栏母猪约 400 头,2013 年 12 月开始发病,全场泌乳母猪、妊娠母猪、育肥猪及小猪都出现腹泻,其中发病最严重的是哺乳仔猪,几乎出生后就开始发病,主要表现为呕吐、剧烈腹泻、脱水及迅速死亡,许多小猪整窝死光,到 12 月底,已死亡 400 多头小猪,死亡率高达 90％以上。猪场在发病后曾用氟苯尼考、痢菌净、庆大霉素和磺胺六甲氧嘧啶等药物治疗,几乎没有效果。根据发病情况、临床症状、剖检病变及实验室诊断,确诊为猪传染性胃肠炎病毒与大肠杆菌混合感染。

　　二、临床症状

　　各阶段猪都有不同程度的腹泻。泌乳母猪普遍厌食、腹泻、粪便呈灰褐色,体表无异常,少数猪体温轻微升高,个别猪呕吐,一些经前期治疗的母猪反而出现便秘。少数育肥猪和妊娠母猪也有腹泻。症状明显的是哺乳仔猪,表现呕吐、剧烈水样腹泻,粪便呈黄色、乳白色或灰白色,混有未消化的乳凝块和气泡、恶臭;脱水明显,四肢无力、站立不稳,死亡率高。

三、剖检病变

剖检 8 头死亡小猪,病变一致:病死猪体表脱水非常明显,腹部膨胀、胃胀满,内充满乳白色未消化的乳凝块,胃底黏膜呈暗红色,充血或弥漫性出血;小肠充气半透明、局部肠段充血、肠内有黄色或黄白色水样粪便,有气泡和未消化的乳凝块;肠系膜充血;肠系膜淋巴结充血、出血;肺脏有轻微的炎症;肾脏暗红、瘀血。其他内脏器官未见明显异常变化。

四、实验室诊断

1.细菌检查

取病死猪心、肝、脾、肺、肾脏等组织直接涂片染色观察,可见革兰阴性杆菌;再将心、肝、脾、肺、肾脏组织及小肠内容物等无菌接种于普通平板和鲜血琼脂平板,37℃培养 24 小时,结果普通平板和鲜血平板均长出圆形、光滑、湿润、突起、半透明的细菌,鲜血平板上有明显的溶血,染色观察可见革兰阴性杆菌。生化鉴定分离菌为大肠杆菌,小白鼠接种菌液后于 24 小时内死亡。

挑取大肠杆菌单个菌落于 LB 肉汤振摇培养后涂满平板,用纸片法进行药敏试验,结果大肠杆菌对丁胺卡那霉素、氧氟沙星敏感,对环丙沙星、氟哌酸、庆大霉素、氟苯尼考、痢菌净、强力霉素、四环素、复方新诺明及先锋 V 等低敏或不敏感。

2.病毒检测

用美国 IDEXX 公司的猪瘟病原 ELISA 检测试剂盒检测猪瘟病毒为阴性;IDEXX 的 gE - ELISA 检测猪伪狂犬病野毒抗体阴性;用 RT - PCR 检测猪蓝耳病病毒阴性;取 4 个病猪空肠用免疫荧光抗体检测猪流行性腹泻病毒、猪传染性胃肠炎病毒及猪轮状病毒,结果 4 个样品均显示猪传染性胃肠炎病毒阳性。

根据临床表现、剖检病变及实验室检测结果综合判定为猪传染性胃肠炎病毒与大肠杆菌混合感染。

五、处理措施

1.预防接种

全场妊娠母猪于产前 20～30 天,交巢穴接种猪传染性胃肠炎—猪流行性腹泻二联苗4毫升。

2. 对症治疗

①母猪：腹泻母猪用白细胞干扰素3万国际单位/头，每天1次，15%盐酸吗啉胍（病毒灵）注射液，25毫克/千克体重，每天2次；硫酸丁胺卡那霉素，15毫克/千克体重，每天2次；10%维生素C注射液，2克/头，每天2次。以上药物均为肌内注射，连用3天。在饮水中添加口服补液盐，自由饮水，病情特别严重的母猪配合葡萄糖静脉输液。②仔猪：发病仔猪用白细胞干扰素1万国际单位/头，每天1次，15%盐酸吗啉胍（病毒灵）注射液，25毫克/千克体重，每天2次；硫酸丁胺卡那霉素，15毫克/千克体重，每天2次；10%维生素C注射液，1克/头，每天2次。以上药物均为肌内注射，连用3天。同时每天2～3次强制服用口服补液盐，（氯化钠3.5克、碳酸氢钠2.5克、氯化钾1.5克、葡萄糖20克、温水100毫升）自由饮用，病情严重的仔猪以氯化钠注射液、碳酸氢钠注射液、氯化钾注射液及葡萄糖注射液混合后腹腔补液。产房所有新生小猪出生后立即注射一次干扰素。治疗同时要注意产房保暖。

经采取上述措施后，第2天母猪精神好转，4天后小猪死亡逐渐停止，病猪逐渐康复。

【提示与思考】

　　猪传染性胃肠炎是一种急性胃肠道传染病，临床症状表现呕吐、严重腹泻、脱水和迅速死亡，2周龄以内的仔猪死亡率达100%，该病常与猪流行性腹泻、大肠杆菌病混合感染，加剧死亡，难以控制。猪传染性胃肠炎应立即采取口服补液、缓解酸中毒、抗病毒和防止继发感染的综合措施，才能使病猪尽快康复和降低死亡率。实践证明，应用干扰素、口服补液盐与敏感抗生素治疗猪传染性胃肠炎及继发感染效果明显。

　　猪传染性胃肠炎已在我国各地普遍存在，近年来有进一步扩大流行的趋势。该病发病急、病程短、死亡率高，因此猪场在冬春季节应高度重视该病的免疫预防。

第五节　猪圆环病毒与附红细胞体混合感染

【知识链接】

　　猪圆环毒病是由猪圆环病毒引的一种新的传染病；猪附红细胞体主要破坏猪的红细胞，使血红蛋白代谢出现障碍，导致机体贫血和黄疸，皮肤出血严重者死亡。猪附红细胞体病和圆环病毒病在一定时期内具有很强的侵害力，二者均是引起猪群免疫抑制性疾的重要毒力因子，与圆环病毒单独感染相比，混合感染能引起更严重的临床症状、更高的死亡率。

【典型案例】

　　一、基本情况

　　某猪场共存栏 560 多头育肥猪，2013 年 7 月，由于生产规模扩大，引进 50 头后备母猪，平均体重 50 千克左右。该批猪引进入栏后 15 天，50 头猪陆续开始发病，以皮肤上出现黑色斑块状丘疹为特征，身体消瘦，食欲不振，皮肤苍白，多数腹泻，个别猪粪便干燥，部分猪高度呼吸困难，用磺胺类药和青霉素、链霉素等药物治疗后效果不显著并死亡 6 头。经综合诊断为猪圆环病毒与附红细胞体混合感染。

　　二、临床症状

　　临床检查，病猪腹部、臀部以及后肢两侧皮肤上出现圆形或不规则形状的黑色斑块状丘疹，丘疹向中央凹陷，已形成痂皮；个别猪的鼻端、四肢、下腹部和背部出现紫红色瘀斑。病猪耳朵发紫，多数体温在 40℃左右；眼结膜苍白，猪颌下淋巴结和腹股沟淋巴结明显肿大，尤其是腹股沟淋巴结。病猪前腔静脉采血，可见血液稀薄似水。

　　三、剖检变化

　　共剖检病死猪 4 头，呈现多器官广泛性病理损伤，病变程度差异较大。主要病变有皮下肌肉苍白,全身淋巴结,特别是腹股沟、颌下、肺门淋巴结显著肿大,可达正常的 2～3 倍,切面严重出血,呈大理石状外观;肠系膜淋巴结呈索状肿胀。心包积液,心冠脂肪出血,心外膜和心内膜有大量出血点;肺脏高度水肿,间质增宽,个别猪肺尖叶和心叶实变,胸腔内有较多胸水。肝脏轻微肿大,胆囊充盈,胆汁浓稠;脾脏严重萎缩,肾脏严重肿胀、苍白,在其被膜下有大量出血点和白色坏死点,肾盂出血;膀胱黏膜呈弥漫性出血。胃黏膜形成大片溃疡且肺门淋巴结肿大,小肠呈弥漫性出血,肠黏膜大部分已脱落。

四、实验室检查

1. 涂片检查

病猪前腔静脉采血,经生理盐水稀释后制成均匀的血涂片,其中一张进行瑞氏染色。不染色的血涂片在显微镜下可见,多数红细胞边缘呈锯齿或星芒状凹凸不整,红细胞表面和边缘有 3～6 个黑色颗粒,瑞氏染色的血涂片可见红细胞着色为淡紫红色,边缘不整齐。有数量不等的淡天蓝色颗粒附着在红细胞表面。

2. 细菌培养

无菌取心血及肝、脾、淋巴结等病料接种于鲜血琼脂平板、麦康凯琼脂平板及普通琼脂平板上培养,在 37℃恒温培养,24 小时后未见细菌生长。

3. 显微病变

取肺脏、淋巴结、肝脏、脾脏等组织制备病理切片镜检。主要病变有:淋巴结、脾脏内淋巴细胞明显减少,单核巨噬细胞浸润,并形成合胞性多核巨细胞的高度浸润而显著扩大;腹股沟淋巴结内出现多灶性凝固性坏死,坏死细胞内出现嗜酸性核内包涵体。肺脏呈多灶性坏死性间质性肺炎,肺泡中含有中性白细胞、嗜酸性细胞;肝脏门静脉周围有轻度至中度的炎症及肝细胞坏死。肾脏有不同程度的多灶性间质性肾炎,主要在皮质部发生淋巴细胞、组织细胞的浸润;心肌呈现不同程度的心肌炎,在小肠的固有层形成合胞体。

五、处理方案

对无治疗价值的病猪进行淘汰处理,采用对圆环病毒最有效的强效菌毒杀进行带猪消毒,每天 2 次,连用一周后改为 3 天一次,这样能最大限度地控制病原菌的浓度和病原菌传播。

采取对症治疗：①对发病猪只首次注射血虫净 7 毫克/千克体重，同时配合长效土霉素 20 毫克/千克体重，1 天各 1 次，连用 3～5 天。②辅助治疗，对严重贫血的猪，每头注射牲血素 3～5 毫升，同时配合提高机体免疫力的黄芪多糖 0.2 毫克/千克体重。③饲料中添加 30％强力霉素 1 000 克/吨＋阿散酸 180 克/吨，连喂 5～7 天。

【提示与思考】

圆环病毒病是当前危害猪只最大的免疫抑制性疾病，在生产上一定要选择优质高效的疫苗进行免疫。

圆环病毒可通过垂直传播，一旦进入猪场很难通过药物来根治，其潜在和主要危害是与其他疾病"协同作用"，导致猪免疫系统的破坏，使机体免疫力大大下降。因此圆环病毒疾病的预防关键在于：加强饲养管理、实行"全进全出"制、保持适当的饲养密度、减少应激因素。提高饲料营养浓度，确保猪群的整体免疫力。实行严格的生物安全措施，坚持自繁自养，慎重引种，防止细菌、支原体及其他病毒侵入猪群。对发现早的疑似感染猪进行详细检查，隔离、淘汰、加强消毒。

猪附红细胞体无细胞壁，无鞭毛，对青霉素类不敏感，而对强力霉素敏感，最近将猪附红细胞体列入柔膜体纲支原体属，主要附着在红细胞上繁殖并导致红细胞破坏。它可以通过多种传播途径感染。附红细胞体多数情况下不引起明显的临床症状，但饲养管理不当或应激因素使猪群免疫力下降时，该病原体大量繁殖，破坏红细胞，导致严重血液凝固障碍，引起出血、溶血；同时使红细胞膜抗原发生改变，被自身免疫系统视为异物，导致自身免疫溶血性贫血和免疫抑制。控制附红细胞体病主要通过切断传播途径，如定期杀灭蚊蝇等动物、避免注射针头及阉割手术器械被污染。同时，加强管理，防止猪群争斗、乱咬等；并在饲料中定期添加强力霉素等药物加以预防。

第六节　猪瘟病毒与弓形虫混合感染

【知识链接】

　　猪瘟是由猪瘟病毒引起的一种急性、热性、接触性传染病,是当前严重危害养猪业的最重要疾病,发病率和死亡率非常高;弓形虫病,病原为龚地弓形虫,属真球虫目肉孢子虫科弓形虫属,虫体呈弓形或新月形,是人畜共患的一种原虫病,可在养猪场突然暴发,发病急、流行快、死亡率高,临床主要表现为发热、便秘、呼吸困难和中枢神经系统疾病,怀孕母猪发生流产、死胎。在生产实践中,常常是猪瘟病毒或其他病原造成猪体抵抗力下降或体内代谢紊乱,而使体内微生物菌群平衡被破坏,一些非致病性菌转成了致病菌造成生猪发病,还有是环境中的条件性致病菌,使生猪在体质差时受到感染,造成复合性疫病,使得其他传染病的流行加剧。

【典型案例】

　　一、发病情况

　　某养殖小区有一养猪场,饲养 420 头猪,其中育肥猪 300 头,妊娠母猪 60头,带仔母猪 10 头,后备母猪 50 头。猪瘟的免疫程序是种公猪每年春、秋季,各免疫一次,母猪在配种前 3 周左右免疫,每次免疫剂量 2 头份/头,仔猪采用超前免疫,二免于 50 日龄进行,剂量为 3 头份/头,其他疫苗均按常规免疫。本次发病始于 2013 年 11 月,发生一种以高热、体表充血、呼吸困难、先便秘后下痢、贫血为主要症状的传染病,使用抗生素类等药物治疗无明显效果,刚开始有 13 头育肥猪发病,迅速蔓延到 147 头,发病率达 35%,死亡 69 头,病死率46.9%,发病期间曾用青霉素、链霉素治疗,效果不明显,经综合诊断为猪瘟和弓形虫混合感染。

　　二、临床症状

　　病猪体温升高至 40.3～42℃,呈稽留热,精神委顿、食欲减退甚至废绝,皮肤出现紫斑和出血点,大便先是干燥,粪便上带有黏液,有些后来变为腹泻,还有的猪呕吐、呼吸次数增加,体表淋巴结尤其腹股沟淋巴结明显肿大,咳嗽,眼结膜充血和流水样鼻液;后期病猪出现呼吸困难,常呈腹式呼吸或犬坐式呼吸,后肢麻痹不能站立,母猪表现流产、早产、死产、产弱仔、死胎等。弱仔多于出生后 3～5 天死亡,后期衰竭卧地不起,死前体温急骤下降。

三、剖检变化

剖检病死及濒死猪,全身脏器和组织均可见明显的病理变化,病死猪四肢、腹下等处有瘀血斑和出血点,颌下淋巴结、腹股沟淋巴结、肠系膜淋巴结等充血、肿大,周边出血,严重者切面出现大理石样外观;肝脏肿大,有针尖大、粟粒大甚至还有黄豆大的灰白色或灰黄色坏死灶,伴有针尖大出血点;胆囊黏膜表面有轻度出血和小的坏死灶;肺脏肿大呈暗红色带有光泽,间质增宽,肺表面有粟粒大或针尖大的出血点和灰白色病灶,切面流出多量混浊粉红色带泡沫的液体;心脏内外膜有出血点;脾肿大表面有灰白色小坏死灶;肾脏呈黄褐色表面有散在出血点和灰白色坏死灶,膀胱黏膜出血,胃底黏膜有出血点。

四、实验室诊断

无菌操作取典型病变肝、肺、脾等接种鲜血琼脂平板,37℃培养 24～48 小时,均未见细菌生长。

无菌采病猪及同群猪血 20 份,每份 3～5 毫升,离心取血清供检验。选用中国农科院兰州兽医研究所提供猪瘟抗体间接血凝检验试剂,按间接血凝常规法操作,结果 40 份血样猪瘟抗体效价均低于 1:16,猪瘟抗体不合格,不能提供有效的保护。

检测猪瘟抗原用 ELISA 法,检验试剂盒购自美国 IDEXX 公司。按试剂盒提供的计算公式和判定标准确定样品的阴阳性。检验结果 5 头病猪均为猪瘟抗原阳性。

取肺门淋巴结、肝、脾等涂片经瑞氏染色 20 分后镜检,结果在肺门淋巴结触片中发现多个半月形、椭圆形的弓形虫滋养体,胞质呈浅蓝色,核呈深蓝紫色,偏于虫体一端。

取 15 头病猪血清应用 ELISA 和间接血凝法进行弓形虫抗体检查,结果全部为阳性(ELISA 法抗体效价≥1∶200 判为阳性,间接血凝法抗体效价≥1∶16判为阳性)。

五、处理方案

对病死猪、流产的胎儿及一切排泄物一律焚烧深埋处理,隔离病猪,严格猪舍、圈养用具及环境的消毒。对猪场全群猪紧急免疫接种猪瘟高效活疫苗 2 头份/头。

对症治疗:①用磺胺间甲氧嘧啶注射液 15 毫克/千克体重(首次加倍),肌内注射,每天 2 次,连续使用 3～5 天。②全群饲料中添加磺胺五甲氧嘧啶 600 克/吨＋抗菌增效剂 120 克/吨＋碳酸氢钠 2 000 克/吨,连续饲喂 5 天。

【提示与思考】

> 猫是弓形虫病的传染源,可以通过被污染的饲料、饮水传播该病。通过调查了解到,该场经常有野猫出入猪场饲料库,因此造成饲料污染,可能是该病发生的一个主要原因。
>
> 猪瘟是一个常发病、多发病,因此在饲养管理过程中,猪瘟的预防免疫工作应当作为头等大事,造成猪瘟的免疫失败的原因可能是因该场经常停电,使疫苗保存不当造成猪瘟疫苗的效价降低,也是猪场疫病暴发的一个原因。
>
> 猪场一定要定期对全场疫病进行检测,确保抗体维持在一个较高水平,才能有效地抵御各种传染性疾病的侵袭;同时要加强猪场生物安全措施的落实,及时灭鼠,减少一些传染源。

第七节　仔猪伪狂犬病毒与大肠埃希菌的混合感染

🔗【知识链接】

　　猪伪狂犬病是由伪狂犬病毒引起的,断奶前后的仔猪,主要表现为呼吸系统症状,呈呼吸困难、咳嗽、流鼻涕等,也有部分猪出现神经症状、腹泻和呕吐等,发病率和病死率明显低于新生仔猪,发病率一般为 20％～40％,病死率约为 30％。擦痒往往是其他家畜特有的症状,而猪却不明显,但目前出现痒感的仔猪日益增多,1/3 的患病猪前期呈现擦痒,表明伪狂犬病毒在流行过程中有毒力增强迹象,但到目前为止,仍然只有 1 个血清型存在。猪水肿病又名猪胃肠水肿,肠毒血症,是由致病性大肠埃希菌的毒素引起,本病一年四季均可发生,但以春、秋两季发病率为高,多发病于营养状况良好,生长速度较快的猪。在饲养管理不当或遭环境应激时,最易发病。该病主要表现为突然发病,运动共济失调,惊厥,局部或者全身麻痹及头部水肿,剖检变化为头部皮下,胃壁及大肠黏膜水肿。当猪群遭受伪狂犬病毒侵袭引发猪水肿病混合感染的情况下,使仔猪本来就发育不健全的免疫系统抵抗力显著降低,使疫情发生流行更加复杂化,形成发病后防不胜防的被动局面。

【典型案例】

一、基本情况

　　2013 年 11 月,河南某专业户养猪场,该养殖户为了补栏,从外地购进 1 个月龄左右的商品仔猪 240 头,进场后就用猪瘟疫苗免疫,饲养 1 周后开始发病,一圈中先有 1～2 头发病,经 3～5 天全栋发病,以表现神经症状为主,同时伴有眼及头部水肿,该场兽医人员立即采用抗生素、磺胺类药物治疗,病情未见好转,并导致仔猪整圈死亡,2 周内共有 129 头猪发病,死亡 90 头,病死率 70％,从发病情况、病理变化和实验室诊断确诊为仔猪伪狂犬病和水肿病混合感染,通过采取综合防治措施,取得了良好效果。

二、临床症状

该病潜伏期很短,一般只有1～2天。病初仔猪主要表现精神沉郁,食欲不振,呼吸加快,体温升高达40.5℃,个别达41℃,中后期体温很快降到常温或偏低。两耳后倾,叫声嘶哑,呼吸困难,眼圈发红并明显水肿,眼球外突,口角流出白色泡沫,个别猪呕吐。病初走路后躯摇摆,后退时易跌倒,随即出现后躯站立不稳或卧地不起,四肢划动,有的转圈,叫声嘶哑,最终抽搐而死,从出现神经症状到死亡一般为10～15小时。发病后期部分病猪体表尤其是耳部、下腹部、后肢和尾部等因瘀血及皮下渗出性出血而呈紫红斑。

三、剖检变化

全身淋巴结尤其是肠系膜淋巴结肿大、充血、瘀血,肺充血、瘀血;肝脏稍微肿大并散有针尖至黄豆大灰白或灰黄色坏死灶;肾脏的表面和切面有大量针尖样红色出血点;胃底部有大面积出血,胃大弯水肿,胃壁明显增厚,切开可见浆膜和肌层夹有大量胶冻样物质,并容易分离;小肠充血、瘀血,肠黏膜潮红、肥厚、糜烂,从空肠至结肠有出血斑点,回盲口明显出血,结肠祥上有大量胶冻样渗出物;脑膜充血、出血;脑组织出血、水肿,剪开脑膜,可见脑回平展发亮,并有大量血样渗出物自动流出。

四、实验室检查

无菌采集病猪的心、肝、淋巴结接种于普通琼脂平板上,37℃培养12小时后,在培养基上形成突起、光滑湿润的灰白色菌落。挑取培养基上单个菌落,接种于麦康凯和鲜血琼脂平板上,37℃培养24小时后,可见鲜血平板上形成边缘整齐、圆形光滑的白色菌落,周围有溶血环形成;麦康凯培养基上有光滑、湿润、凸起的粉红色菌落形成。

取培养物涂片,用革兰染色镜检,发现菌体为单个,或成排连接排列的革兰阴性球杆菌。

该菌在无菌条件下接种于葡萄糖、麦芽糖、乳糖、蔗糖、尿素的发酵管中,密封后放在37℃恒温箱中24小时,可观察到该菌能发酵葡萄糖、麦芽糖、乳糖,不发酵蔗糖,且不能产生硫化氢,不分解尿素。

在无菌条件下,将药敏纸片呈梅花状贴在均匀涂有该菌的普通营养琼脂平板上,在 37℃培养 6 小时后,发现该菌对丁胺卡那霉素、磺胺类药物及恩诺沙星、庆大霉素高度敏感,对青霉素、链霉素、红霉素和氯霉素有一定的耐药性。

血清学检测:用猪伪狂犬病乳胶凝集试剂盒对发病猪血清 15 份、未发病猪血清 15 份进行伪狂犬病抗体检测,方法按试剂盒使用说明进行。结果发病猪血清阳性率约为 87%(13/15),未发病猪血清阳性率约为 73%(11/15)。

动物接种:①病料处理。分别取症状典型、剖检变化明显的 4 头死亡仔猪的脑,常规处理后,制成 10%悬液,离心取上清液。②家兔接种:分别给 2 只健康家兔于后肢外侧皮下接种上清液 2 毫升/支,同时另取 2 只家兔于后肢外侧皮下接种生理盐水 2 毫升/只做对照,96 小时内注意观察,结果一只家兔于接种后 30 小时出现奇痒症状,用嘴啃咬注射部位,直至破皮、出血,最后死亡;另一只家兔于 48 小时后死亡,死前也出现上述症状;对照组表现正常。通过以上实验室诊断可以确定,此次仔猪大批死亡是伪狂犬病合并仔猪水肿病引起的。

五、处理方案

1.紧急处理方案

①对已出现明显神经症状、卧地不起的中后期病猪不予治疗并深埋。②对发病猪群中暂无症状和仅有轻度表现的猪立即肌内注射猪伪狂犬双基因缺失苗 2 头份;同时对本场的易感猪群全部注射伪狂犬双基因缺失苗 2 头份;以后新生仔猪 30 日龄时颈部接种伪狂犬双基因缺失苗 1 头份。③产前 21 天的母猪注射水肿病多价灭活苗 2 毫升/头,2 周龄仔猪颈部肌内注射水肿病多价灭活苗 1 毫升/头。

2.强化饲养管理措施

①针对该场舍内室温普遍偏低,产房及保育舍采用保温灯和煤火相结合的加热方式,要求饲养员使其温度保持在 20～22℃,特别是夜间的温度。②针对饲料存在的问题,立即更换为优质全价开口料及保育浓缩料,要求仔猪出生后 7 天,即应开始补料,在吸乳的同时,让其尽早适应人工饲料。所用饲料要求新鲜,少量多次添喂,促进胃肠功能。在断奶仔猪料中,添加黄芪多糖 500 克/吨＋土霉素 800 克/吨,以提高机体的免疫力及细菌感染。③做好环境卫生的清洁及消毒工作,每天中午在气温高的情况下,对舍内用 2%百毒杀消毒

1次,同时做好外环境的消毒。

【提示与思考】

　　此次发病,主要与长途运输、饲料变更、气温骤变、猪瘟疫苗注射等应激因素密切相关。该场购猪后立即接种了猪瘟疫苗,加上环境应激因素,造成猪只大批发病,发病后又没有及时采取相应的防控措施,使病死率达 70％以上,花钱买病的教训应引以为戒。

第八节　猪圆环病毒和猪链球菌混合感染

【知识链接】

　　猪圆环病毒 2 型是新近确认的一种猪的重要病原体。猪链球菌病是链球菌引起的急性发热性传染病,在暴发时疫情猛烈,传播迅速,病猪体温骤然升高到 41℃以上,几乎看不到典型症状,数小时内即可死亡,已成为规模化猪场的一种常发病。已有研究表明,猪圆环病毒 2 型具有免疫抑制特性,猪圆环毒 2 型使感染猪的循环 B 细胞和 T 细胞的数量下降,器官中的 T 淋巴细胞、B淋巴细胞数量减少,淋巴组织中巨噬细胞浸润,外周血和淋巴组织中的巨噬细胞、单核细胞数量升高。当猪圆环病毒 2 型与猪链球菌混合感染时,由于免疫功能下降,使猪群对其他病原体的抵抗力大大降低,因此,危害也更严重。

【典型案例】

一、基本情况

2013 年 8 月,某新建猪场,建成后为缩短周期,先后两次从外地购进育肥仔猪 560 头。仔猪购回后,病猪精神沉郁、喜卧、挤推、不食,技术人员认为可能是因长途运输引起的反应,遂在饮水中加入口服补液盐以缓解应激。两天后,猪只仍然拒食,出现发热,体温多在 40～41℃;呼吸频率加快,并呈腹式呼吸,严重的出现高度呼吸困难;少数病猪皮肤出现出血点和皮炎,皮肤呈紫红色,有的病猪出现磨牙,共济失调;眼结膜充血、潮红;粪便秘结,成黑色或棕黑色球状;尿液颜色发黄或为血红蛋白尿。发病率高达 60％以上,先后应用多种抗菌药和抗病毒药物治疗,部分病猪治愈;部分病猪用药后,病情曾获缓解,但停药后又出现反复,病死率亦高达 50%。后经综合诊断为猪圆环病毒 2 型和猪链球菌混合感染。

二、临床症状

病猪被毛粗乱,渐失光泽,皮肤苍白,精神委顿,食欲不振或废绝,喜卧,聚堆,体温升高,可达 41.5℃,呼吸浅表而快,呈腹式呼唤,严重者呈犬坐姿势。部分病猪耳郭、头颈部、背部和后肢内侧皮肤充血;少数病猪皮肤出现出血点和皮炎,先在耳部、臀部后侧皮肤上出现大小不等的近似圆形的红色疹块,逐步向全身蔓延,疹块中央由红色逐渐变为褐色。病猪眼结膜苍白或黄染;病初排黄色稀粪,尿液呈红色或茶色。少数病猪耳朵、四肢下端和腹下皮肤呈紫红色;病猪出现共济失调,磨牙,倒地后四肢呈游泳状划动等明显的神经症状;部分病猪后期一肢或几肢关节肿胀,出现跛行。多数病猪表现渐进性消瘦。病程较长,为 2～3 周。耐过猪多生长缓慢,终成为僵猪。

三、剖检变化

先后共剖检 6 头病死猪,病变基本一致,归纳如下:病死猪尸僵不全,血液稀薄;全身淋巴结不仅水肿、黄染,而且在切面上散布数量不等的坏死灶。胸腔积液,心肌色淡,心内膜散布数量不等的点状出血;肺脏肿胀,质地坚硬似橡皮,其上散布大小不一、数量不等的紫褐色实变区,肝脏肿大,质地变硬;有的病死猪有黄染现象,脾脏肿大,呈暗红色;有的脾脏边缘出血性梗死;有的呈现肺水肿和间质性肺炎病变。肾脏肿大,多数病例肾脏色泽变淡,散布大小不一、数量不等的坏死灶。严重病例肾脏表面凹凸不平;少数病例肾脏呈暗红色,表面散布密集的大小不等的出血点。病死猪病变不一,有的小肠充血,有的浆膜出血,有的大肠溃疡。部分病死猪还伴发纤维素性浆膜炎、脑膜充血、脑脊髓液混浊和关节炎等病变。

四、实验室诊断

1.涂片镜检

无菌采取 3 头病死猪的心血、肝脏、脾脏和肺脏等病变组织涂片,革兰染色镜检,发现单个、散在、成对、偶有 3～5 个短链的革兰阳性球菌。

2. 分离培养

无菌采取 3 头病死猪的心血、肝脏、脾脏、肺脏和淋巴结等病变组织,分别接种于普通琼脂培养基和鲜血琼脂培养基,置于 37℃温箱培养 24 小时。结果如下:在普通琼脂培养基生长差或不生长;而在血液琼脂培养基上生长良好,菌落周围发现透明或草绿色溶血环。取单个菌落革兰染色镜检发现革兰阳性球菌,多呈 3~5 个短链,少数呈长链。根据上述实验室检测结果,该菌为猪链球菌。

3. 抗体检测

猪圆环病毒 2 型血清抗体检测,选用某大学动物医学院研制的圆环病毒 2 型抗体检测酶联免疫吸附试验诊断试剂盒,对该猪场猪群的 20 头份血清样品进行检测,结果血清抗体阳性率达 40%(8/20)。

4. 排病试验

①猪瘟直接免疫荧光抗体试验:取肾脏有出血点、脾脏边缘有梗死或溃疡性肠炎病变的 3 份病死猪肾脏、脾脏、扁桃体和淋巴结直接触片或做冰冻切片,以猪瘟荧光抗体处理后,置荧光显微镜下观察。结果如下:猪瘟免疫荧光抗体试验均为阴性。②猪附红细胞体检查:无菌采取 3 头发热初期的病猪血液,制作血片,经姬姆萨染色镜检,并做悬滴片活体镜检。结果猪附红细胞体检查均为阴性。

根据现场调查、病猪临床表现和病死猪剖检病变,以及上述实验室检测结果,该猪场猪群的这次疫情可确诊为猪圆环病毒病与猪链球菌混合感染。

五、处理方案

1. 加强管理

①首先把病猪进行隔离,对圈舍使用氯制剂或双链季铵盐类进行全方位的消毒,坚持做到一天一次。②做好清洁工作,保持圈舍干燥、卫生。③注意通风换气,以减少舍内污浊的空气刺激而加剧病情。

2. 对症治疗

①群体给药,在饲料中加入磺胺间甲氧嘧啶钠 600 克/吨＋碳酸氢钠 3 000克/吨连喂5~7天,在饮水中加入 40%林可霉素 200 克/吨＋70%阿莫西林 300 克/吨＋水溶性黄芪多糖 500 克/吨,让其自由饮用。②个体治疗,头孢

噻呋钠 10 毫克/千克体重,恩诺沙星 8 毫克/千克体重,同时配合黄芪多糖 0.2
毫升/千克体重,肌内注射,上、下午各 1 次,连用 3～5 天;对有神经症状的注
射磺胺嘧啶钠 15 毫克/千克体重(首次加倍),同时注射镇静剂。

【提示与思考】

> 猪圆环病毒 2 型感染是一种免疫抑制性疫病;猪链球菌病则是
> 猪的常发传染病。因此,当猪群发生圆环病毒 2 型感染症时,极易并
> 发猪链球菌病的混合感染,造成较高的发病率和病死率。
>
> 在上述两病混合感染时,由于猪圆环病毒病至今尚缺乏有效的
> 药物防治,因此,一定要做好猪圆环病毒疫苗、猪链球菌病的接种免
> 疫,以减少前者所造成的经济损失。
>
> 从该场造成的损失应该归咎于引种不慎,应吸取教训。

第九节　仔猪伪狂犬病毒与大肠杆菌混合感染

【知识链接】

　　猪伪狂犬病是危害世界养猪业的重大传染病之一。临床症状随日龄和机
体免疫力的不同而有很大差别。初生仔猪可引起中枢神经紊乱,出现运动失
调、麻痹等症状。仔猪黄痢是由致病性大肠杆菌引发出生后 1 周以内的仔猪
腹泻、死亡的一种常见病,以 1～3 日龄最常见。由于新生仔猪胃肠功能还没
有完善,该病致使新生仔猪突然发病,排黄色稀粪,同窝仔猪几乎均患病。伪
狂犬病可通过消化道、呼吸道、破损的皮肤和配种等方式传播,也可垂直传播,
带毒怀孕母猪能将该病直接传染给胎儿,出生后仔猪即表现为大量发病死亡。
由于伪狂犬可导致免疫抑制,引起机体的免疫力下降,两病相加更进一步提高
死亡率。

【典型案例】

一、基本情况

该猪场于 2012 年新建,自繁自养,以长白猪为主,饲料中添加了发酵的豆渣,采用人工饲喂。从 2013 年开始,部分母猪出现产死胎、木乃伊胎,初生仔猪出现神经症状和下痢,仔猪死亡率高,200 头仔猪死亡 30 多头,而初生仔猪出现神经症状和下痢,应用恩诺沙星、泰妙菌素、氟苯尼考等药物进行防治,症状不见缓解。经调查,结合临床症状、病理解剖和实验室诊断,确诊为猪伪狂犬病病毒和黄痢混合感染,并采取了相应的防治措施,控制了病情。

二、临床症状

仔猪出生后 1~3 天内突然发病,体温上升至 41℃以上,精神沉郁,肌肉颤抖,呕吐,排黄色蛋花样稀粪,站立不稳、四肢无力,在栏内转圈,严重时卧地不起、四肢呈游泳状划动,大多在发病后 2 天内死亡。带仔的母猪均为初产母猪,母猪无明显的临床症状,只是出现死胎。种公猪无明显临床症状。

三、剖检变化

外观尸僵完全,体表苍白、消瘦,肛门周围粘有黄色粪便。剖检病死猪 2 头,肠道膨胀,有大量黄色液状内容物和气体,肠黏膜呈急性卡他性炎症病变,以十二指肠最为严重,肠系膜淋巴结有弥漫性小出血点,脑膜明显充血、出血和水肿,脑积液增多。肺有小叶性间质性肺炎。

四、实验室诊断

无菌操作取病猪的胃和十二指肠内容物,接种于麦康凯琼脂平板,于 37℃培养 24 小时后形成红色、圆形、光滑、湿润、中央隆起、中等大小的菌落。转接于 LB 琼脂平板上 37℃培养 24 小时后得到纯培养菌,呈圆形、光滑、湿润、隆起、半透明的近无色菌落。镜检呈革兰阴性短杆菌。

生化试验结果显示,分离菌分解葡萄糖、乳糖和甘露醇、产酸产气;对麦芽糖、蔗糖、甲基红试验和硝酸盐还原为产酸不产气;对硫化氢、V - P 试验、枸橼酸盐和尿素酶试验阴性,分离的致病菌株符合大肠杆菌的生化反应特性。

药敏试验结果表明,分离的大肠杆菌对喹诺酮类、丁胺卡那霉素、链霉素敏感,对磺胺二甲氧嘧啶、四环素、红霉素、头孢氨苄、先锋Ⅴ、先锋Ⅳ和新霉素低敏或不敏感。

伪狂犬病毒的 PCR 检测结果为阳性。由此可证实病料中含有伪狂犬病病毒。

五、处理方案

1. 强化猪舍环境卫生及消毒工作

①对周围环境及场区用 2‰氢氧化钠进行一次全面的消毒,减少病源的传播;加强妊娠舍、分娩舍的卫生管理,保持干净、清洁。②圈舍要彻底消毒。具体做法是:冲洗(地面、墙壁、笼架)→干燥→消毒(20 克/升氢氧化钠热水溶液)→干燥(4 天以后)→冲洗→消毒(墙壁用生石灰溶液喷刷,笼架用火焰喷灯消毒,每平方米不少于 3 秒),这样可以杀灭圈舍中的有害细菌。③加强母猪体表的消毒。母猪进入分娩舍前选用高效低毒的喷雾灵或百毒杀进行体表消毒,一般浓度为 1:300;转入分娩舍后每 2 天对母猪体表进行喷雾消毒一次。④抓接产、防污染,保仔猪健康出生。分娩舍要保持干燥与温暖,防止贼风侵入,保温箱上装上电热灯,使仔猪在出生 1 周内温度控制在 28～32℃,接产时用 0.01‰高锰酸钾把母猪的腹部及乳头冲洗干净,在仔猪食初乳前再把每个母猪的乳头中的乳汁挤掉少许,以冲掉躲藏在乳头中的细菌,然后再用消毒药液擦洗一次后,再让仔猪吮乳,以防感染。

2. 做好基础免疫工作

①被动免疫。给产前 40 天和 14 天的母猪注射仔猪黄白痢基因工程三价苗(K88、K99、987P),使仔猪通过吸吮初乳获得高效价的保护性抗体,有效地防止仔猪黄白痢的发生;②选用伪狂犬病病毒基因缺失灭活苗紧急免疫接种。种用猪群每头耳后肌内注射 1 头份,4 周后加强 1 次,以后母猪在产前 30 天免疫一次,种公猪 6 个月 1 次。仔猪出生后 3 天进行首免滴鼻 1 头份,断奶后 35～45 天二免。1 头份免疫用注射器、针头等煮沸消毒,做到一猪一个针头,阻止交叉感染。③仔猪预防性投药,吃初乳前可口服益生素 50～100 毫克/千克体重。

3. 对症治疗

治疗仔猪黄白痢的中西药很多,根据临床经验,以下药物效果较好:①恩诺沙星 8 毫克/千克体重,每天 2 次,连用 1～2 天(维持量减半)。②乳酸环丙沙星 5 毫克/千克体重,肌内注射,每天 2 次,连用 1~2 天。③"痢链"合剂。2%痢菌净＋30 万单位硫酸链霉素＋250 克/升葡萄糖 10 毫升,腹腔注射。④特效肠炎灵 0.2 毫升/千克体重,肌内注射,每天 2 次,连续 2 天。⑤口服补液盐治疗。黄白痢造成仔猪死亡通常为脱水后电解质紊乱所致,因此,口服补液盐是减少仔猪死亡的重要措施。⑥母仔兼治。在选择各种给药途径的同时,对严重腹泻的,可给母猪灌服中草药煎剂:葛根 40 克,炒黄连、炒黄芩各 35克,茯苓、泽泻、山楂、神曲各 30 克,木香 20 克,甘草 10 克,煎 2 次,分上、下午灌服,可提高疗效。

【提示与思考】

通过分离细菌的特性、生化试验证实该猪场仔猪腹泻是由致病性大肠杆菌引起的,通过 PCR 方法证实该猪场仔猪的神经症状是感染伪狂犬病毒引起的。

通过对分离菌的药敏试验,选择敏感的药物进行治疗,取得了很好的效果。但是在停药后部分猪又出现腹泻症状,不能很好地控制该病,这与临床上乱用抗生素关系密切,导致了大肠杆菌的耐药性。因此,防治该病的重点是预防为主,提高仔猪抵抗力,抓好母猪和产房环境卫生,搞好猪瘟等重大疫病的防疫工作。

伪狂犬病是多种动物共患的传染病,伪狂犬病疫苗可有效地控制本病的发生。但因母源抗体产生较慢,对新生仔猪达不到有效保护,对受此病主要威胁的场,在仔猪出生 2 日内,应选择伪狂犬高效基因缺失疫苗滴鼻。所以加强伪狂犬病的免疫、采用优质的免疫和制定出合理的免疫程序是预防该病的最有效措施。

第十节 猪附红细胞体与高致病性猪蓝耳病病毒混合感染

【知识链接】

近年来,猪附红细胞体病对养猪生产造成的影响和损失越来越大,病本身不引起猪只死亡,但因附红细胞体破坏猪血液中的红细胞,使其携氧功能丧失而引起猪抵抗力下降,极易并发感染其他疾病。高致病性猪蓝耳是近几年来和该病发病率较高,对养猪业影响较严重的传染病,积极做好预防,尽早确诊治疗是减少发病传播和经济损失的首要措施。

【临床案例】

一、基本情况

2013 年 8 月中,编者应邀随某集团公司走访各农户时,在某农户养殖场看到猪发生一种以体温升高、咳嗽喘气、共济失调、皮肤发红为主要表现的疾病。该场有生猪 149 头,其中,母猪 14 头、肥猪 85 头、仔猪 50 头。养殖户告之 8 月 17 日生猪开始发病,头 3 天用磺胺类药治疗无效,后调整治疗方案,通过近 2 天的治疗,效果不佳。本次共发病生猪 48 头,其中肥猪 45 头、母猪 3 头,死亡仔猪 6 头,母猪流产 3 头。根据流行病学、临床症状初步诊断:猪附红细胞体与高致病性猪蓝耳病的混合感染,对原因的治疗方案进行了修订,最后经实验室检测证明当初的诊断是正确的。

二、临床症状

病猪体温升高至 40.5～42℃;心跳加速,120～160 次/分;呼吸加快,30～40 次/分。眼睑水肿,咳嗽、气喘、呼吸困难,部分病猪后腿无力,不能站立,共济失调,有的病猪出现流鼻涕、打喷嚏、皮肤发红、便秘,病猪食欲废绝、嗜睡。

三、病理变化

解剖发现皮下水肿,胸腹腔有积液,脾脏肿大,边缘有梗死灶,肾脏呈土黄色,剥去被膜,可见针尖大小出血点,扁桃体、心脏、肝脏及肠道可见不同程度的出血点,肝脏质脆,肺水肿,间质增宽,支气管内有泡沫样黏液。

四、实验室检查

1. 血液涂片染色镜检

采集病猪耳静脉血涂片,经瑞氏染色,红细胞呈紫红色,可见附红细胞体附于红细胞上,红细胞呈锯齿状、星芒状等不规则形态,红细胞边缘和中间有 1 至数个附红细胞体,呈圆形、椭圆形、月牙形、杆形,也可看到单个游离的附红细胞体呈蓝紫色,轮廓清晰,大多近似圆形。

2. 内脏器官镜检

取肾、肝、心、脾的新鲜面压片,在显微镜下观察,发现肾间质性炎,心、肝、脾有出血性炎和不同程度的渗出性炎等病变。

五、诊断

根据流行病学、临床症状、病理剖检及实验室诊断,对当初判断猪附红细胞体与高致病性猪蓝耳病的混合感染的诊断是正确的。

六、治疗

由于该病为混合感染,于是采取了多种药物综合治疗的方案。起止:①对全群猪只饲料中添加 20% 替米考星 400 克/吨＋黄芪多糖 500 克/吨,连喂 7～10 天。②个案对症治疗:第 1 天用复方恩诺沙星混悬注射液注射 10 毫克/千克＋复方板蓝根注射液 1 毫升/千克分侧注射;第 2～3 天改用复方板蓝根注射液 1 毫升/千克＋头孢噻呋钠混 5 毫克/千克;第 4 天部分病猪开始进食;第 5 天用第 4 天的方法维持 1 天,猪群食欲明显增加,病猪病情稳定。

【提示与思考】

猪附红细胞体与高致病性猪蓝耳病的混合感染往往造成生猪的高发病率和高死亡率,但是只要治疗及时、用药得当,同样会收到很好的效果。

猪场发病后,切记不要惊慌,保持清醒的头脑,并根据疾病的症状进行综合判断方能确诊,切忌单凭个别症状和经验判断某病而延误最佳治疗时机。

由于该病病毒能在巨噬细胞内生长繁殖而破坏猪的免疫系统,从而引起各种疾病的综合感染,切不可用一种药物盲目加大剂量使用,从而造成药物对内脏的损害。

在治疗过程中一直在饮水中大量投放口服葡萄糖和电解多维,应该是值得参考的方法。

在猪场高密度的饲养条件下,疫病的传播会很快,因此,必须对健康的猪群采取药物保健,并做到每天消毒,才能防止疫病的扩散和蔓延。

参考文献

[1]赵鸿璋,等.集约化养猪场疫病流行的动态及应对措施[J].当代养猪,
    2003,(3).

[2]曹广芝.规模化猪场疫病流行的现状分析及防控策略[J].今日养猪,2008
    (5).

[3]赵鸿璋.规模化猪场的免疫接种与驱虫的模式[J].当代畜禽养殖业,2002
    (2).

[4]赵鸿璋.规模化猪场疫病控制措施[J].动物医学进展,2000,21(4).

[5]曹广芝,等.规模猪场寄生虫病的危害及防控措施.今日畜牧兽医,2012,
    (8).

[6]樊福好.猪的群体免疫学——揭开中国猪病高发生率的神秘面纱[J].养
    猪,2008(3).

[7]卫秀余,等.2007年猪病诊断回顾和2008年流行趋势预测[J].养猪,2008
    (3).

[8]李彩辉.猪群亚健康状态发生原因及防治措施[J].规模养猪,2008(5).

[9]章红兵,等.猪免疫抑制的发生与防制[J].规模养猪,2008(4).

[10]肖翆,等.猪的免疫抑制性疾病及其防治[C].第九届全国规模化猪场主要
    疫病监控与净化专题研讨会论文集.武汉,2008.

[11]赵鸿璋,等."猪高热综合征"流行病学的调查与思考[J].今日畜牧兽医,
    2008(4).

[12]邓博文.猪高热症候群疫病的分析与对策[J].猪业科学,2008(1).

[13]梁大明.关于防控猪繁殖与呼吸综合征的反思[J].养猪,2008(3).

[14]芦惟本,等.接种进口疫苗引发蓝耳病流行的报道[J].养猪,2007(4).

[15]梁皓仪.蓝耳病临床简易判断与有效控制措施[J].湖北养猪,2008(3).

[16]邱骏,等.当前我国猪瘟的流行现状及控制与净化措施[J].今日养猪业,
    2007(2).

[17]范先超,等.提高规模化猪场猪瘟免疫效果措施探讨[J].福建畜牧兽医,

2007(6).

[18]潘凤琴. 猪瘟免疫失败原因分析及防制措施[J]. 畜禽业、南方养猪,2007(5).

[19]于桂阳,等. 规模化猪场猪伪狂犬病的控制与净化[J]. 中国猪业,2007(11).

[20]施国锋. 猪伪狂犬病综合防制技术[J]. 中国畜牧兽医,2006 年(2).

[21]王彦军. 猪圆环病毒 2 型感染对猪场的危害及防治措施[J]. 猪业科学,2007(11).

[22]邹品扬. 猪圆环病毒的致病作用与防制措施[J]. 湖北畜牧兽医,2003(6).

[23]夏春香,等. 猪圆环病毒病研究进展[J]. 动物医学进展,2005(1).

[24]江斌. 猪圆环病毒病的危害性及其防治措施[J]. 福建畜牧兽医,2008(2).

[25]曹伟,等. 猪细小病毒病诊断与防治[J]. 猪业科学,2008(2).

[26]徐高原,等. 猪乙型脑炎免疫防控策略[C]. 第八届全国规模化猪场主要疫病监控与净化专题研讨会论文集,武汉,2006.

[27]曹广芝. 猪和山羊附红细胞体病的流行病学调查及防治技术的研究[D]. 华中农业大学研究生论文武汉,2006.

[28]赵鸿璋,等. 猪附红细胞体病[J]. 湖北养猪,2009(1).

[29]曹广芝,等. 附红细胞体的病原学特点及致病机制[J]上海畜牧兽药杂志,2009(2).

[30]赵鸿璋,等. 副猪嗜血杆菌病研究进展[J]. 湖北养猪,2008(3).

[31]曹广芝,等. 副猪嗜血杆菌病致病机制与综防措施的研究进展[J]. 中国猪业,2008(11).

[32]张长刚,等. 猪场呼吸道疾病的成因[J]. 今日畜牧兽医,2007(11).

[33]吴增鉴,等. 谈谈猪呼吸道疾病综合征病猪的治疗[J]. 养猪,2006(1).

[34]曹广芝,等. 规模化猪场猪气喘病的危害及防治措施[J]. 规模养猪,2009(1).

[35]曹广芝,等. 规模化猪场猪喘气病的综合防制[J]. 今日畜牧兽医,2008(12).

[36]何启盖,等. 猪传染性胸膜肺炎在中国预防和控制的研究进展[C]亚洲猪病学会第三届学术会议论文集. 武汉,2007.

[37]赵鸿璋,等. 猪增生性肠病流行的特点及控制方案[J]. 河南畜牧兽医,

2005(12).

[38]曹广芝,等.猪增生性回肠炎的研究进展[J].中国畜牧兽医,2009(3).

[39]禹波,等.猪链球菌病研究进展[J].甘肃畜牧兽医,2006(6).

[40]周志刚.猪链球菌病的诊断与防治[J].湖南畜牧兽医,2006(5).

[41]谭诗文.猪链球菌病的研究进展[J].贵州畜牧兽医,2006(6)

[42]张泉鹏,等.猪链球菌病的综合诊断与治疗[J].中国畜牧兽医,2008(2).

[43]路玲玲,等.2型猪链球菌毒力因子研究进展[J].中国卫生检验杂志,2008
(3).

[44]赵鸿璋,等.规模化猪场兽医临床工作中存在的误区及对策[J].河南畜牧
兽医,2005(11).

[45]曹广芝,等.规模化猪场猪病流行的趋势及对策[J].中国猪业,2008(5).

[46]曹广芝,等.规模化猪场用药的误区及对策[J].中国猪业,2008(3).

[47]赵鸿璋,等.规模化养猪大讲堂[M].郑州:中原农民出版社,2008.

[48]赵鸿璋,等.猪场经营与管理[M].郑州:中原农民出版社,2010.

猪流行性腹泻

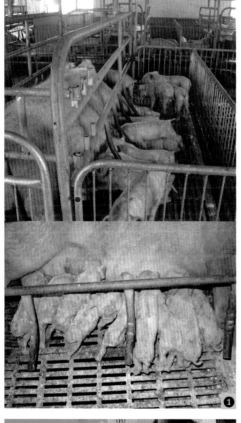

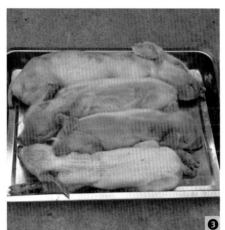

❶猪出生后即腹泻
❷不吃出现脱水
❸死亡猪只消瘦，被毛无光泽
❹肠及系膜充血、水肿

猪伪狂犬病

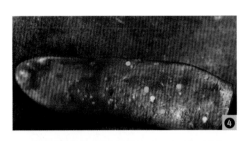

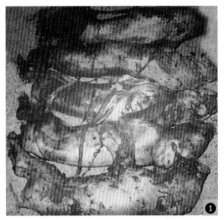

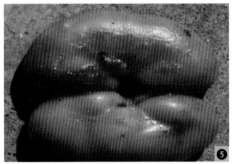

❶死胎和木乃伊胎
❷育肥猪出现典型的神经症状
❸脑实质出现针尖大小的出血点
❹脾脏有散在黄白色坏死结节
❺肾脏散在针尖状出血点
❻肺点状、片状出血

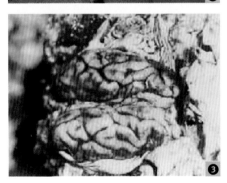

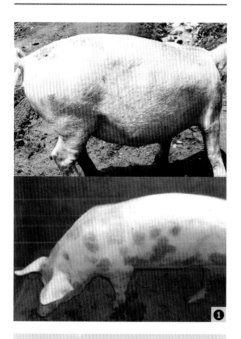

❶皮肤丹毒性红斑
❷肺部呈花斑样
❸胃底部和十二指肠病变

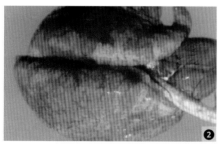

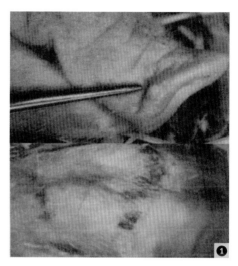

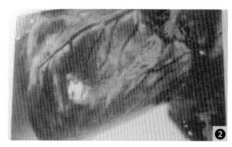

❶猪外端吻突水疱，蹄冠部水疱
　破裂、出血
❷心肌炎性病变呈虎斑心
❸乳头水疱

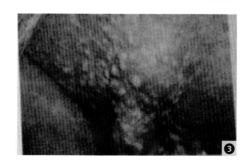

猪呼吸道疾病综合征

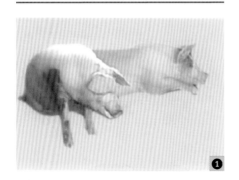

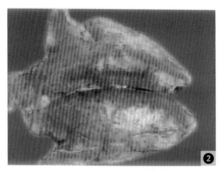

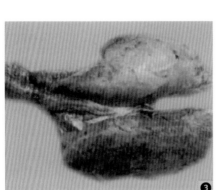

❶猪只外观症状：咳嗽、气喘
❷肺部弥漫性出血点
❸肺部呈大小不一出血斑

猪群亚健康

❶猪只不吃、慢性消瘦、精神沉郁
❷母猪被毛粗乱，表现出严重的消化系统障碍

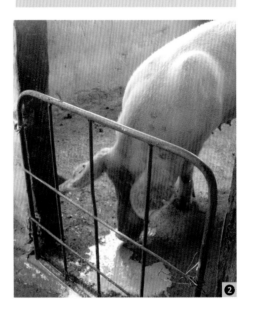

4

猪免疫与抑制综合征

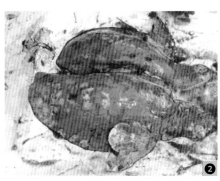

❶引起的猪复合性呼吸道疾
 病，表现为咳嗽、气喘
❷肺部出现炎症病变及钙化

霉变饲料中毒

❶母猪阴户红肿
❷猪只表现严重的腹泻
❸肠道出血
❹肝脏肿大

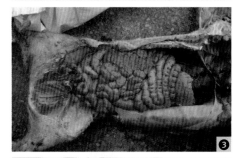

猪高热综合征

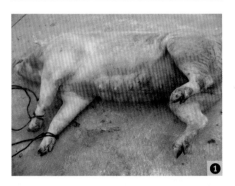

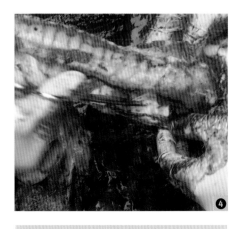

❶ 母猪死后呈败血症状
❷ 濒死前母猪高度呼吸困难
❸ 耳部末端发绀
❹ 气管充满污秽分泌物，扁桃体未见异常
❺ 肺尖叶肉变
❻ 脾脏肿大

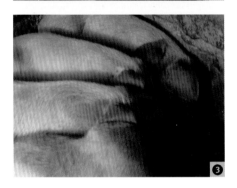

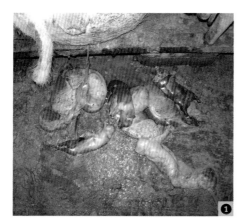

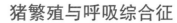

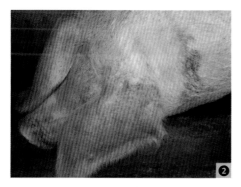

❶母猪后期流产
❷猪耳朵发绀
❸脾脏边缘或表面出现梗死灶
❹肺部病变肿胀，呈大理石病
　变

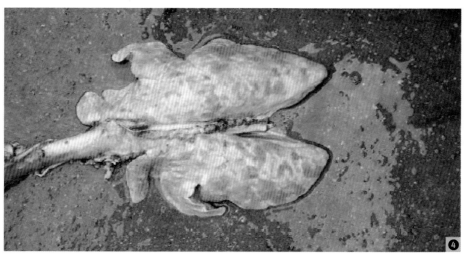

猪瘟

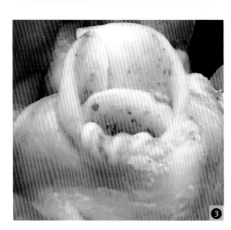

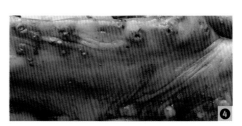

❶猪只外观呈败血症状、仔猪顽固性拉稀
❷肾脏呈弥漫性出血点
❸喉头出血
❹回肠、结肠形成纽扣状溃疡
❺慢性猪瘟的外观症状
❻脾脏边缘梗死

猪圆环病毒病（圆环病毒2型）

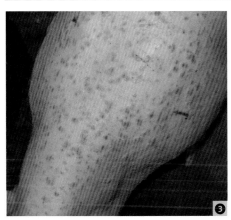

❶ 猪只慢性消瘦
❷ 淋巴结肿大
❸ 皮肤有红色的斑点
❹ 肾脏出血水肿
❺ 肺部水肿呈橡皮肺

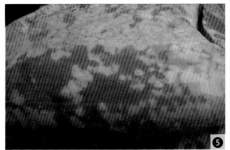

猪流行性感冒

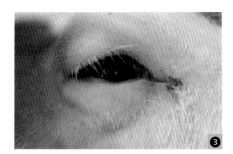

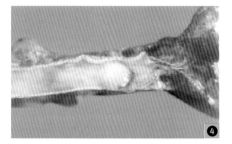

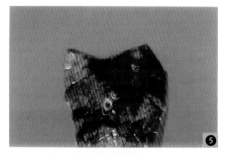

❶ 精神沉郁、行动无力、扎堆
❷ 初期可见鼻炎症状，流水样鼻液
❸ 可见结膜炎、结膜潮红
❹ 支气管有大量分泌物
❺ 肺切面支气管黏膜肿胀充血
❻ 肺切面间质增宽、弥漫性充血

猪细小病毒病

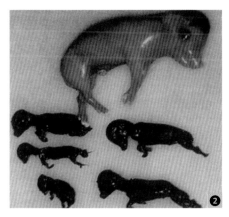

❶ 在同一窝中所见不同孕期死
  亡的异常胎儿
❷ 死胎及木乃伊胎
❸ 子宫中的死亡胎儿和木乃伊
  胎

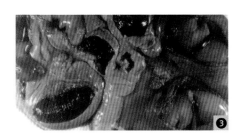

猪乙型脑炎

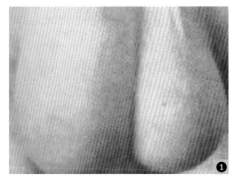

❶ 单侧睾丸及阴囊肿大
❷ 软脑膜充血、脑实质积液
❸ 肝脏多发性坏死

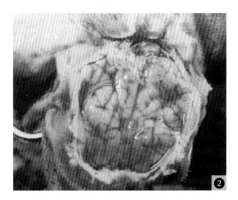

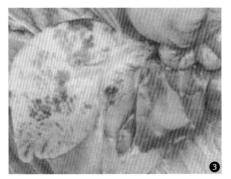

副猪嗜血杆菌病

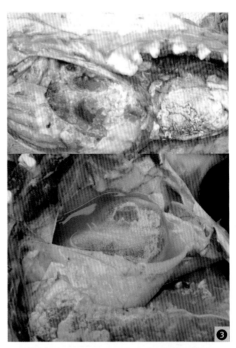

❶病猪扎堆、被毛粗乱
❷关节肿大、后期呈僵猪
❸心包积液、绒毛心

猪附红细胞体病

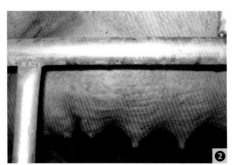

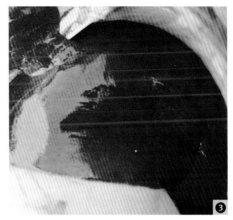

❶血液稀薄、不良
❷皮下毛孔有出血点
❸腹腔黄染
❹肾脏黄染、有出血点

猪增生性回肠炎

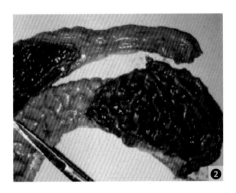

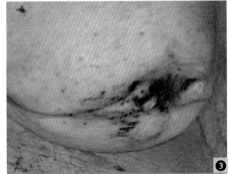

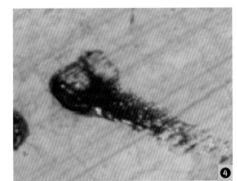

❶回肠段呈脑回样增生、肥厚
❷回肠增生肥厚、出血
❸肛门周围被血变污染
❹粪便呈褐色血便
❺发病猪突然死亡，皮肤苍白

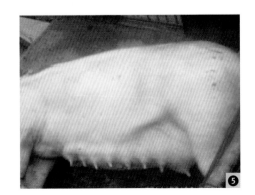

猪气喘病

❶ 犬坐式、痉挛咳嗽
❷ 体温升高、皮肤发红
❸ 同日龄个体差异大
❹ 生长猪毛长、生长缓慢
❺ 肺对称性肉变
❻ 混合感染其他细菌及病毒
❼ 肺塌陷、呈紫灰色

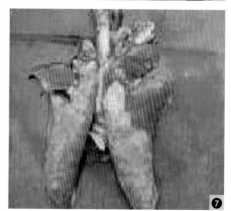

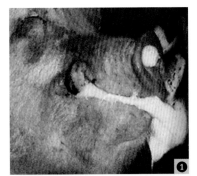

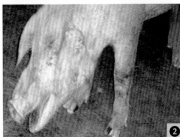

猪传染性胸膜肺炎

❶鼻腔内有血性泡沫
❷病猪呼吸困难
❸肺出血呈花斑状
❹肺表面有纤维素
❺肺泡内有泡沫液体
❻心包炎引起心包积液
❼肺切面病变界限明显
❽肺小叶有纤维覆盖

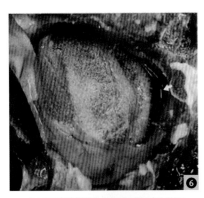

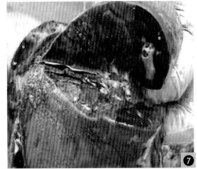

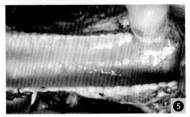

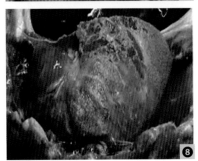

猪链球菌病

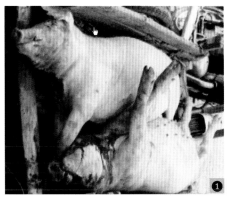

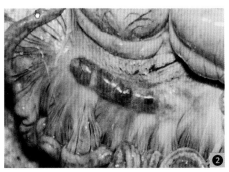

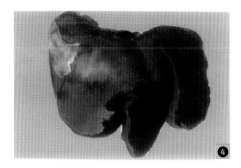

❶对病死猪放血，流出紫色血液

❷败血型病理变化：肠系膜淋巴结出血

❸败血型链球菌感染，肺脏有出血斑

❹败血型病链球菌感染，肝大呈暗红色

❺败血型病链球菌感染，膀胱及尿有出血点或充血带

母猪疲劳综合征

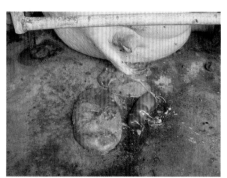

猪蓝耳病病毒、圆环病毒、副猪嗜血杆菌、伪狂犬病毒混合感染

❶耳朵发绀、皮肤苍白、消瘦、关节肿大

❷病猪角弓反张、出现神经症状

❸肺部布满大面积的出血斑点及局部坏死、淋巴结肿大

猪蓝耳病病毒、猪圆环病毒、副猪嗜血杆菌、小袋纤毛虫混合感染

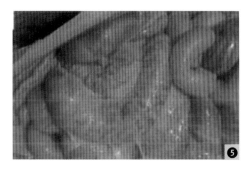

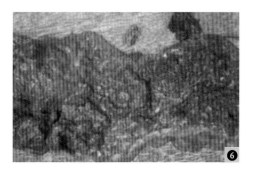

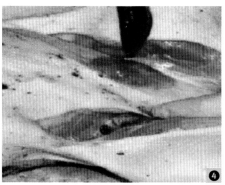

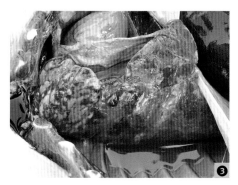

❶ 病猪耳朵发绀、消瘦，呈"毛毛猪"
❷ 病猪耳朵发绀、后关节肿大，呈"毛毛猪"
❸ 肺表面覆盖有大量纤维素性渗出物
❹ 淋巴结肿大、坏死
❺ 小袋纤毛虫——结肠黏膜出现灰白色结节
❻ 小袋纤毛虫——结肠黏膜面的显著溃疡

猪蓝耳病病毒、猪圆环病毒、弓形虫、支原体混合感染

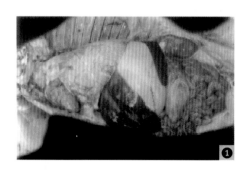

❶死亡弱仔肺、心叶、间叶、隔叶均有块状病灶
❷肺隔叶典型的支原体肺炎

猪流行性感冒病毒、胸膜肺炎放线杆菌、肺炎球菌和肺炎支原体混合感染

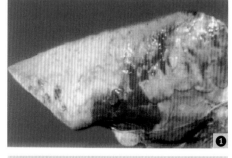

❶肺隔叶下部为支原体肺炎病灶
❷纤维素性、化脓性、坏死性胸膜炎、肺炎

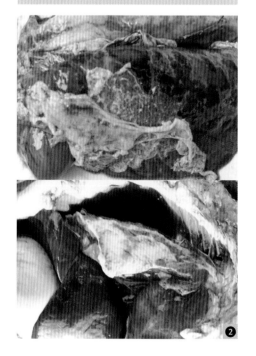

猪瘟病毒、链球菌、绿脓杆菌和支原体混合感染

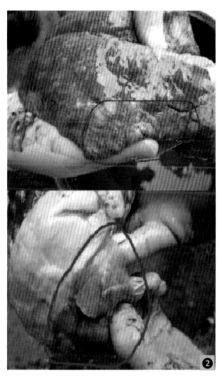

❶ 猪绿脓杆菌感染

❷ 在链球菌病的剖检中常见肺脏的尖叶、心叶出现明显的肉变并伴发着白色的化脓灶、肉突极其明显

❸ 肺切面流出泡沫性液体，右肺上角边缘暗红色中心化脓灶为继发链球菌感染

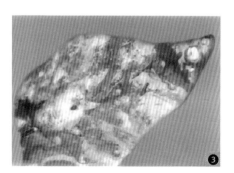

圆环病毒、伪狂犬病毒、传染性胸膜肺炎放线杆菌及致病性大肠杆菌混合感染

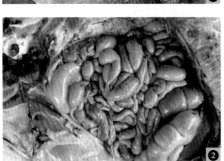

❶ 右侧隔叶肿大坚实，肺脏表面有纤维素形成
❷ 腹腔有少量腹水及纤维素形成

猪蓝耳病病毒与猪伪狂犬病毒混合感染

❶ 伪狂犬病——肺脏白色坏死灶
❷ 蓝耳病后期流产的胎儿

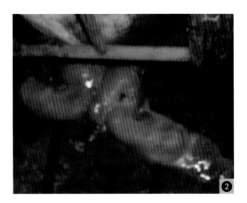

仔猪伪狂犬病毒与猪瘟病毒混合感染

猪流感病毒和猪瘟病毒混合感染

二者表现为新生仔猪顽固性腹泻

❶二者混合感染后其外观精神沉郁，行动无力，常堆挤一处

❷猪流感的肺部变化——弥漫性肺炎，水肿、间质增宽

猪蓝耳病病毒与猪瘟病毒混合感染

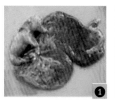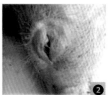

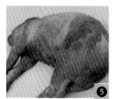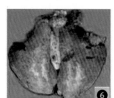

❶蓝耳病导致怀孕母猪流产
❷眼眶四周皮肤淡蓝色
❸耳朵出现红色出血斑
❹耳朵出现淡蓝色
❺全身皮肤出现紫红色出血斑
❻肺脏出现间质性肺炎和水肿

猪伪狂犬病毒和猪细小病毒混合感染

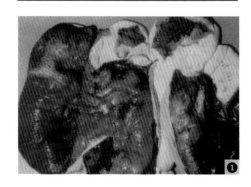

❶母猪伪狂犬病感染产出的死胎及木乃伊胎
❷母猪猪细小病毒感染产出的死胎及木乃伊胎

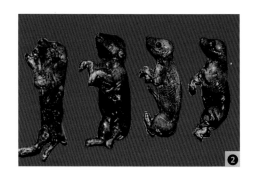

蓝耳病病毒与圆环病毒混合感染

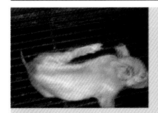

木乃伊胎、弱胎

耳朵发蓝

母猪流产、死胎

感染后母猪粪便干燥

育肥猪感染后，后肢中风

仔猪感染后，眼睑水肿

大群仔猪发热、体温在39~40℃，体弱消瘦，精神沉郁扎堆

股部出现紫斑

❶

❷

❶ 蓝耳病感染的特征
❷ 胸腔结水，肺脏有胶冻状渗出

猪胸膜肺炎放线杆菌与大肠杆菌混合感染

❶ 传染性胸膜肺炎：死亡前，口鼻流出血液
❷ 大肠杆菌导致的仔猪黄白痢

猪多杀性巴氏杆菌与猪胸膜肺炎放线杆菌混合感染

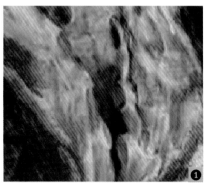

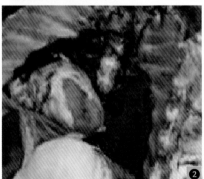

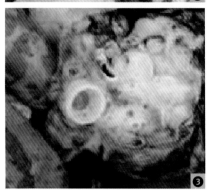

❶ 黄色胶冻样纤维渗出物
❷ 血液颜色暗红、血凝不良
❸ 气管有大量泡沫黏液

断奶仔猪链球菌与大肠埃希菌混合感染

① 仔猪水肿病——肠黏膜水肿、胃黏膜水肿
② 仔猪水肿病——喉头黏膜水肿，肝脏瘀血水肿，结肠间膜呈明显的浆液性水肿

副猪嗜血杆菌和肺炎支原体混合感染

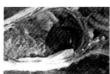

后肢多发性关节炎、呼吸困难　　肠浆膜出血、腹腔积水

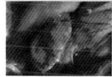

淋巴结大理石样病变　　心包炎、纤维素性渗出

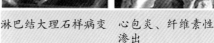

副猪嗜血杆菌病和支原体肺炎病理变化

猪巴氏杆菌和副猪嗜血杆菌混合感染

肺切面，水肿，肺小叶散在出血

心包的纤维素性炎与肺的纤维素性炎

猪链球菌和胸膜肺炎放线杆菌混合感染

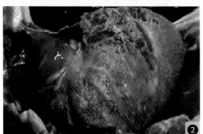

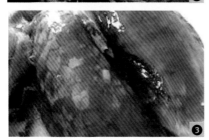

❶肺切面出血肉变，界限明显
❷肺小叶上有纤维素覆着
❸肺出血呈花斑状
❹肺表面有纤维素膜

猪瘟病毒与链球菌混合感染

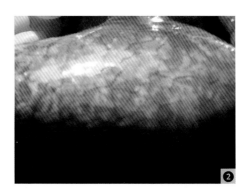

❶眼睑水肿
❷肺水肿，肺间质增宽
❸肝脏出血斑，肝功能减弱

猪瘟病毒与大肠埃希菌混合感染

❶病猪眼结膜肿胀
❷水肿病大肠系膜呈胶冻样水肿
❸肠系膜水肿、淋巴结水肿出血
❹小肠血管充血，结肠散在出血
斑块

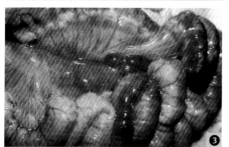

猪传染性胃肠炎病毒与大肠杆菌混合感染

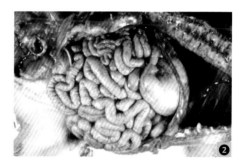

❶外观可见猪只消瘦、脱水
❷十二指肠回肠可见明显扩张
❸肠内含有黄色和胃内含有未
消化凝乳块，小肠壁变薄且
透明

猪圆环病毒与附红细胞体混合感染

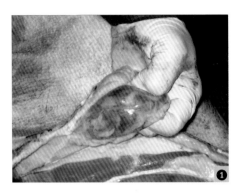

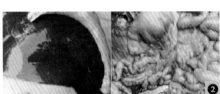

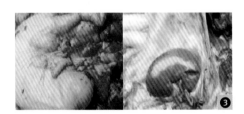

❶ 猪圆环病毒感染淋巴结肿大、坏死
❷ 胃浆膜弥漫与所属淋巴、肾外观黄染
❸ 肝脏有坏死灶及小肠与肠系膜弥漫性黄染

猪瘟病毒与弓形虫混合感染

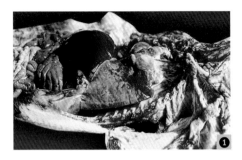

❶ 猪肺部与膈叶前下缘出现肺炎灶
❷ 小肠肠系膜淋巴结肿大，呈灰白色
❸ 体表淋巴结肿大，呈灰白色

仔猪伪狂犬病毒与大肠埃希菌混合感染

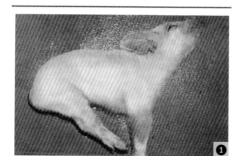

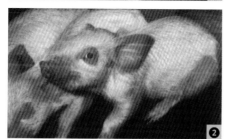

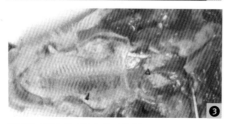

❶仔猪表现神经症状，四肢呈划水状

❷病猪神经紧张，眼发直

❸猪伪狂犬病：扁桃体化脓，牙龈出血，糜烂

❹大肠杆菌水肿病

猪圆环病毒和猪链球菌病混合感染

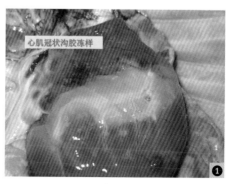

心肌冠状沟胶冻样

❶心肌冠状沟胶冻样

❷肺脏出血，有的呈土黄色脾脏肿大

❸脑膜广泛出血

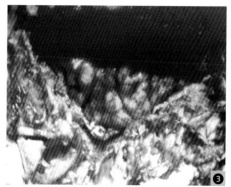

仔猪伪狂犬病毒与大肠杆菌混合感染

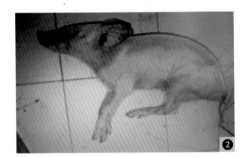

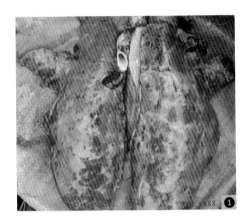

❶肛门沾满黄色的粪便
❷猪只角弓反张
❸肠管扩张血管充血，内有黄色液体

猪附红细胞体与蓝耳病病毒混合感染

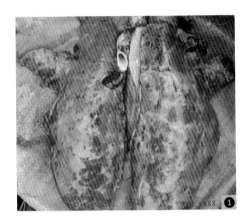

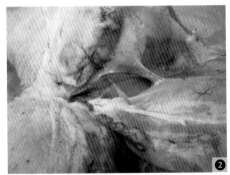

❶肺脏瘀血出血斑
❷腹股沟淋巴结肿大、瘀血、周边出血
❸喉头黏膜和气管外膜黄染